全国高等职业教育“十二五”规划教材
中国电子教育学会推荐教材
全国高等职业院校规划教材·精品与示范系列

建筑 CAD 绘图技术

（第 2 版）

胡　可　杨文军　主编
黄　鹄　苏英志　张植莉　副主编

電子工業出版社
Publishing House of Electronics Industry
北京·BEIJING

内 容 简 介

本书是在全国许多院校广泛使用《建筑 CAD 设计基础》(第 1 版)的基础上，充分听取教师反馈意见和专家建议，根据行业职业岗位的技能需求，结合国家示范院校建设项目成果以及作者多年来的课程改革经验编写而成。

本书以实际工程实例为基础安排教学内容，共分为 6 个学习情境和 2 个附录，内容包括：建筑 CAD 设计基础，设置建筑绘图环境，用 AutoCAD 软件绘制平面图、立面图、剖面图，用天正建筑 TArch 软件绘制平面图、立面图、剖面图，查询建筑图形信息，AutoCAD 软件版本对照，计算机绘图员职业技能鉴定等。本书易教易学，注重实际 CAD 绘图应用能力的培养，全面安排操作示例，结合职业技能鉴定需要，适当增加实训内容。

本书为高等职业本专科院校土建类各专业的教材，也可作为开放大学、成人教育、自学考试、中职学校、培训班的教材，以及建筑工程技术人员的参考工具书。

本书配有免费的电子教学课件、习题参考答案，详见前言。

图书在版编目（CIP）数据

建筑 CAD 绘图技术 / 胡可，杨文军主编. —2 版. —北京：电子工业出版社，2011.1
全国高等职业院校规划教材·精品与示范系列
ISBN 978-7-121-12405-1
Ⅰ. ①建… Ⅱ. ①胡… ②杨… Ⅲ. ①建筑设计：计算机辅助设计－应用软件，AutoCAD－高等学校：技术学校－教材 Ⅳ. ①TU201.4

中国版本图书馆 CIP 数据核字（2010）第 231057 号

策划编辑：陈健德（E-mail：chenjd@phei.com.cn）
责任编辑：陈健德
印　　刷：北京天宇星印刷厂
装　　订：北京天宇星印刷厂
出版发行：电子工业出版社
　　　　　北京市海淀区万寿路 173 信箱　邮编　100036
开　　本：787×1 092　1/16　印张：19.25　字数：492 千字
版　　次：2007 年 2 月第 1 版
　　　　　2011 年 1 月第 2 版
印　　次：2021 年 2 月第 15 次印刷
定　　价：39.00 元

凡所购买电子工业出版社图书有缺损问题，请向购买书店调换。若书店售缺，请与本社发行部联系，联系及邮购电话：（010）88254888, 88258888。

质量投诉请发邮件至 zlts@phei.com.cn，盗版侵权举报请发邮件至 dbqq@phei.com.cn。

本书咨询联系方式：chenjd@phei. com. cn。

职业教育　继往开来（序）

自我国经济在新的世纪快速发展以来，各行各业都取得了前所未有的进步。随着我国工业生产规模的扩大和经济发展水平的提高，教育行业受到了各方面的重视。尤其对高等职业教育来说，近几年在教育部和财政部实施的国家示范性院校建设政策鼓舞下，高职院校以服务为宗旨、以就业为导向，开展工学结合与校企合作，进行了较大范围的专业建设和课程改革，涌现出一批示范专业和精品课程。高职教育在为区域经济建设服务的前提下，逐步加大校内生产性实训比例，引入企业参与教学过程和质量评价。在这种开放式人才培养模式下，教学以育人为目标，以掌握知识和技能为根本，克服了以学科体系进行教学的缺点和不足，为学生的顶岗实习和顺利就业创造了条件。

中国电子教育学会立足于电子行业企事业单位，为行业教育事业的改革和发展，为实施"科教兴国"战略做了许多工作。电子工业出版社作为职业教育教材出版大社，具有优秀的编辑人才队伍和丰富的职业教育教材出版经验，有义务和能力与广大的高职院校密切合作，参与创新职业教育的新方法，出版反映最新教学改革成果的新教材。中国电子教育学会经常与电子工业出版社开展交流与合作，在职业教育新的教学模式下，将共同为培养符合当今社会需要的、合格的职业技能人才而提供优质服务。

近期由电子工业出版社组织策划和编辑出版的"全国高职高专院校规划教材·精品与示范系列"，具有以下几个突出特点，特向全国的职业教育院校进行推荐。

（1）本系列教材的课程研究专家和作者主要来自于教育部和各省市评审通过的多所示范院校。他们对教育部倡导的职业教育教学改革精神理解得透彻准确，并且具有多年的职业教育教学经验及工学结合、校企合作经验，能够准确地对职业教育相关专业的知识点和技能点进行横向与纵向设计，能够把握创新型教材的出版方向。

（2）本系列教材的编写以多所示范院校的课程改革成果为基础，体现重点突出、实用为主、够用为度的原则，采用项目驱动的教学方式。学习任务主要以本行业工作岗位群中的典型实例提炼后进行设置，项目实例较多，应用范围较广，图片数量较大，还引入了一些经验性的公式、表格等，文字叙述浅显易懂。增强了教学过程的互动性与趣味性，对全国许多职业教育院校具有较大的适用性，同时对企业技术人员具有可参考性。

（3）根据职业教育的特点，本系列教材在全国独创性地提出"职业导航、教学导航、知识分布网络、知识梳理与总结"及"封面重点知识"等内容，有利于老师选择合适的教材并有重点地开展教学过程，也有利于学生了解该教材相关的职业特点和对教材内容进行高效率的学习与总结。

（4）根据每门课程的内容特点，为方便教学过程，为教材配备相应的电子教学课件、习题答案与指导、教学素材资源、程序源代码、教学网站支持等立体化教学资源。

职业教育要不断进行改革，创新型教材建设是一项长期而艰巨的任务。为了使职业教育能够更好地为区域经济和企业服务，我们殷切希望高职高专院校的各位职教专家和老师提出建议，共同努力，为我国的职业教育发展尽自己的责任与义务！

中国电子教育学会

前　言

随着我国经济的快速发展，各种式样的新型建筑拔地而起，建筑行业需要大量的懂得CAD 设计的高级技能型人才，为此许多职业院校都开设本课程。而且，建筑 CAD 设计也是现代社会应用于建筑设计与绘图的主要方法。这种设计方法的掌握，对于建筑类各专业的工程技术人员是非常必要的。编写本教材的目的是为学习建筑 CAD 设计的人员提供一本实用、高效且易于学习的教材，本教材以实际工程实例为基础，提供丰富的操作训练性内容，注重实际工程 CAD 绘图应用能力的培养。

本书是在全国许多院校广泛使用《建筑 CAD 设计基础》(第 1 版）的基础上，充分听取教师反馈意见和专家建议，根据行业职业岗位的技能需求，结合国家示范院校建设项目成果以及作者多年来的课程改革经验编写而成。全书主要介绍 AutoCAD 绘图软件的操作及在建筑 CAD 设计中的应用。学习情境 1～6 重点介绍建筑 CAD 设计基础，用 AutoCAD 绘制平面图、立面图和剖面图，用天正建筑 TArch 软件绘制平面图、立面图和剖面图，查询建筑图形信息；附录部分主要介绍 AutoCAD 软件版本对照、计算机绘图员职业技能鉴定等。

本书是作者常年从事建筑 CAD 设计及课堂教学的经验总结，在编写过程中以实际工程项目为基础，注重实际应用能力的培养，全面安排操作示例，结合职业技能鉴定需要，适当增加实训内容。在考虑 AutoCAD 绘图软件、天正建筑 TArch 绘图软件操作完整性的基础上，重点介绍 AutoCAD 绘图软件、天正建筑 TArch 绘图软件的通用性操作及应用核心内容，弱化软件学习的版本约束问题。

本书由广东科学技术职业学院胡可、邢台职业技术学院杨文军担任主编，广东科学技术职业学院黄鹄、邢台职业技术学院苏英志、黑龙江建筑职业技术学院张植莉担任副主编。参与本书编写的人员还有邢台职业技术学院王丽和张广峻。

本书语言简练、内容完整、实用性强、实例丰富，为高职高专院校土建类各专业的教材，也可作为应用型本科、成人教育、自学考试、电视大学、中职学校、培训班等相应课程的教材，以及建筑工程技术人员的参考书。

由于作者水平有限，书中不妥之处在所难免，恳请专家和广大读者多提宝贵意见，以便在今后的工作中改进和完善。

为了方便教师教学，本书还配有免费的电子教学课件，请需要的教师登录华信教育资源网（www.hxedu.com.cn）免费注册后再进行下载，在有问题时请在网站留言或与电子工业出版社联系（E-mail：hxedu@phei.com.cn）。

编　者

目　录

随着计算机硬件设备和应用软件的快速发展，计算机辅助设计（CAD）的技术内涵及应用领域都得到了非常广阔的拓展，本学习情境将重点介绍建筑 CAD 设计的基本概念，以及主要应用软件 AutoCAD 软件系统的基础知识和基本操作方法。

学习单元 1　建筑 CAD 设计的主要内容与应用软件

1. 建筑 CAD 设计的主要内容

计算机辅助建筑设计（简称建筑 CAD 设计）就是在基本建筑设计理念形成的基础上，使用相应的计算机应用软件，完成建筑设计过程中建筑工程图形计算机绘制的一般过程。目前，在建筑工程领域的各类建筑设计中，建筑 CAD 设计是普遍采用的基本设计方法。为满足现代建筑设计的实际需要，从事建筑工程领域设计的工程技术人员必须在掌握建筑工程设计基本知识的基础上，熟练掌握相应的建筑 CAD 设计计算机应用软件。建筑计算机应用软件的使用是一门综合性的技术，这一技术不仅从事专业设计的技术人员需要掌握，从事专业设计的辅助人员也需要掌握。建筑 CAD 设计的主要内容包括以下两方面。

（1）建筑 CAD 的平面设计。使用 AutoCAD 软件系统完成平面方案图、平面施工图、立面施工图、剖面施工图等各类建筑平面工程图的计算机绘制。

（2）建筑 CAD 的效果设计。使用相应的计算机专用软件（如 3DS MAX、PhotoShop 等）完成建筑设计过程中各种效果图形的计算机绘制。

在建筑工程的专业设计过程中，借助于 AutoCAD 软件系统进行建筑 CAD 设计的一般过程可归纳为以下两个方面。

（1）根据专业要求，结合实际需要形成基本设计方案。

（2）使用不同的计算机应用软件，完成各类设计方案图形的计算机绘制。

建筑 CAD 设计课程的主要教学内容是：在初步掌握建筑制图基本知识及建筑设计基本概念的基础上，学习在建筑 CAD 设计过程中，重点使用 AutoCAD 计算机应用软件的基本知识及操作方法，学习掌握利用 AutoCAD 应用软件进行建筑工程图计算机绘制的一般方法。

2．AutoCAD 软件的发展

AutoCAD 应用软件是完成建筑 CAD 平面设计的主要工具软件。AutoCAD 是美国 Autodesk 公司开发的主要应用软件之一，现今被广泛地应用于各类工程图的计算机绘制，这一应用软件在不断的发展升级过程中基本可划分为三个阶段。

（1）R10.0 版本以前的各版本为 AutoCAD 软件的初级阶段。

（2）R10.0 版本到 2000 版本为 AutoCAD 软件的发展阶段。

（3）2000 版本以后的各版本为 AutoCAD 软件的现代阶段。

现代阶段的 AutoCAD 软件与以前的同类软件相比较，主要在以下几个方面增强了软件的操作功能。

（1）设计中心（Design Center）功能。

（2）快捷菜单功能。

（3）优越的一体化图形输出功能。

（4）快速标注功能。

（5）强大的网络功能。

（6）与外部数据库的连接功能。

（7）多文件管理功能。

（8）自动追踪捕捉功能。

3．学习 AutoCAD 应注意的问题

现代阶段的 AutoCAD 软件系统是我们学习的主要内容，在学习过程中应注意以下几个方面。

1）掌握 AutoCAD 软件各版本的通用性

虽然现代阶段 AutoCAD 软件系统有不同的版本区别，但是，不同版本 AutoCAD 软件系统的命令操作具有很强的通用性。在学习过程中，应注意把握软件系统通用性的学习，这样只需全面地学习一个版本的软件系统操作，就会达到掌握各种不同版本 AutoCAD 软件系统基本操作的目的。

2）了解 AutoCAD 软件不同版本的操作区别

尽管不同版本 AutoCAD 软件系统的命令操作具有通用性，但是不同版本 AutoCAD 软件的某些命令操作还是有区别的。在学习过程中，注意了解这些操作的区别，这样就能在掌握各种不同版本 AutoCAD 软件基本操作的基础上，更加全面地掌握 AutoCAD 软件的操作。

3）理解 AutoCAD 软件命令操作的一般过程

使用 AutoCAD 软件系统可以实现多种工程图绘制的功能，这些绘图功能的实现是由 AutoCAD 软件的命令操作完成的。AutoCAD 软件的命令操作包括两个方面，即命令操作的启动方式和命令操作的参数响应，在学习过程中应注意理解和掌握，这样有利于 AutoCAD 软件的学习。

4）把握 AutoCAD 软件命令的功能及功能实现的一般方法

AutoCAD 软件系统具有较强的绘图功能。在学习过程中，如何把握绘图功能实现的一般方法，对于更好地掌握 AutoCAD 软件系统的使用是非常必要的。因此，要及时归纳和总结 AutoCAD 软件系统各类命令的绘图功能，以及区别不同命令的命令名称，只有这样才能更好地掌握 AutoCAD 软件系统。

5）注重实际的练习操作

作为一门综合性的应用技术，要想更好地掌握 AutoCAD 软件系统命令的基本操作，就必须有针对性地进行大量的、反复的练习操作。在学习的过程中，必须注重实际的练习操作，理解和掌握使用 AutoCAD 软件系统进行建筑工程图计算机绘制的一般操作方法。

6）掌握好二维图形绘制方法，有助于学习三维功能

AutoCAD 软件不仅具有很强的平面工程图计算机绘制功能，同时也具有三维图形的绘制及建模功能。比较其他的绘图软件（如 3D Studio MAX 等），尽管 AutoCAD 软件的三维效果有待完善，但是对于一般的三维图形绘制，尤其是三维建模，AutoCAD 软件提供了较好的操作功能。用户可以在 AutoCAD 软件二维图形的基础上，完成三维图形的绘制、渲染、着色等，也可以直接用 AutoCAD 软件的三维命令完成三维图形的绘制。关于 AutoCAD 三维图形的操作，用户可以在掌握 AutoCAD 二维图形绘制方法与技巧的基础上，能够借助于 AutoCAD 软件的系统帮助文件比较容易地完成学习与操作。

现代阶段 AutoCAD 软件普遍地应用于各类工程图计算机绘制的实际操作中，考虑 AutoCAD 软件系统的整体概念，附录 A 以总结方式给出不同版本 AutoCAD 软件的操作区别。

学习单元2　AutoCAD 工作界面

本单元主要以 AutoCAD 2006 为例介绍 AutoCAD 软件工作界面的标题栏、下拉菜单、图形窗口、工具栏、命令窗口、状态栏、屏幕菜单。这些内容是 AutoCAD 软件操作的基本知识，对于进一步学习绘图技术是非常必要的。

1．标题栏

如图 1.1 所示，标题栏位于绘图界面的最上方，分别显示软件的名称及版本。当单击左上角的 AutoCAD 2006 图标后，就会弹出一个下拉菜单，包含“移动”、“大小”、“最大化”、“最小化”和“关闭”命令菜单。右上角有“最大化”、“最小化”和“关闭”三个按钮。“最大化”按钮可以使 AutoCAD 窗口占满整个屏幕；“最小化”按钮就是使 AutoCAD 整个窗口界面缩小到 Windows 系统的状态栏，当要放大或激活 AutoCAD 窗口时，单击该状态栏中

AutoCAD 图标就可以马上打开其工作窗口；单击“关闭”按钮时使 AutoCAD 软件关闭即退出，与“文件”菜单中的“退出”命令功能一样。

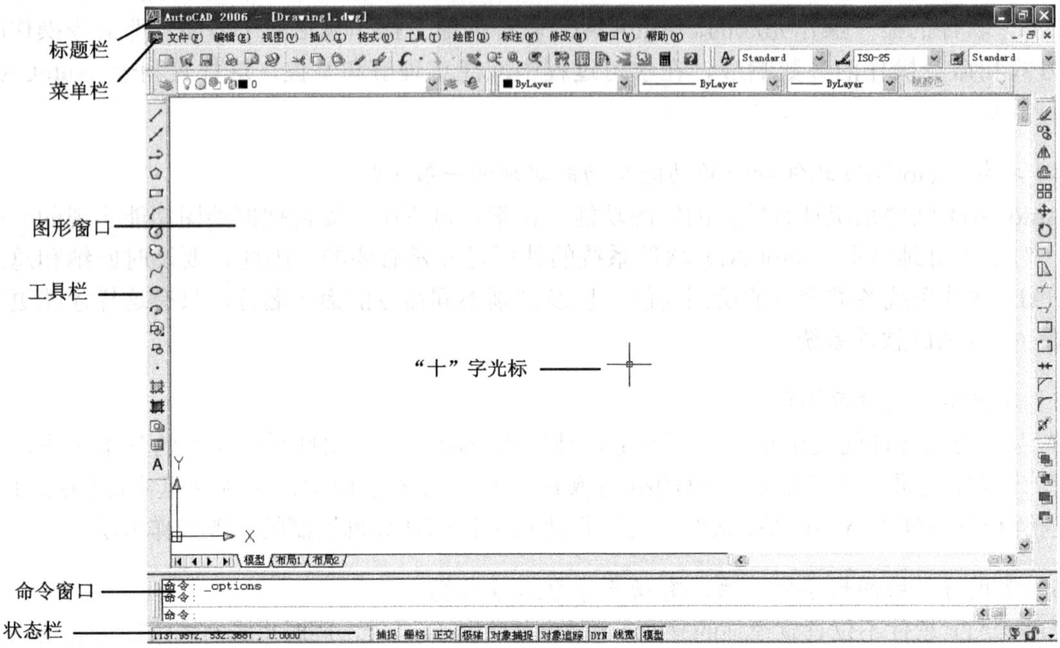

图 1.1　AutoCAD 工作界面

2．下拉菜单

当单击菜单栏命令时，将出现如图 1.2 所示的下拉菜单。下拉菜单中菜单命令项右边有

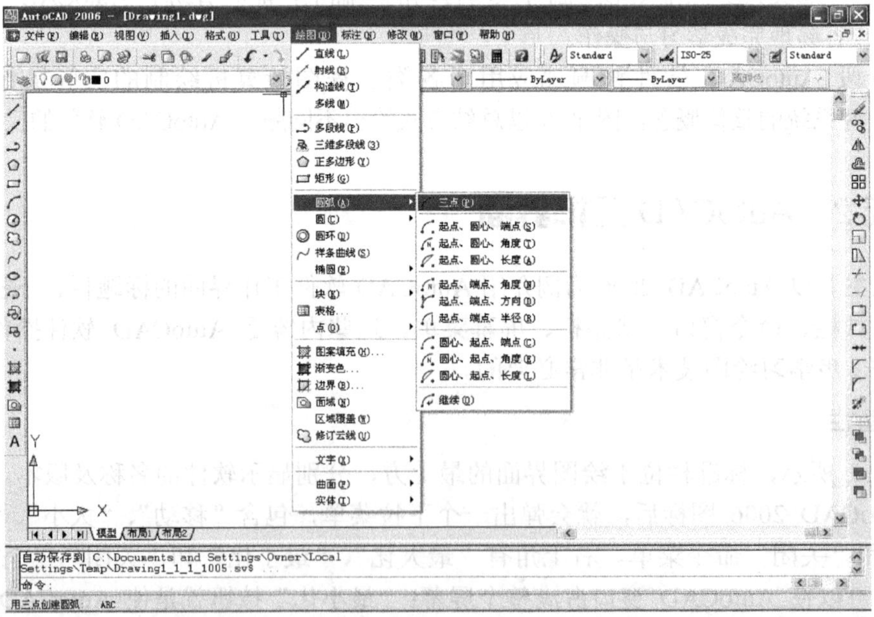

图 1.2　下拉菜单

一个黑色三角符号时，表明该菜单项有下一级子菜单，也就是单击该菜单项将会出现一个子菜单。有时，菜单栏的菜单项呈灰色，说明该菜单项此时无法使用。菜单栏的菜单项后面有“…”符号时，表示单击该菜单项将弹出一个对话框。

3．图形窗口

启动 AutoCAD 2006 时，将出现如图 1.1 所示的工作界面，图形窗口就是图 1.1 所示的中央部分，是进行绘图及其编辑的区域，通俗地讲，就相当于手工绘图的图纸。

4．工具栏

使用工具栏可以更加快捷而简便地执行命令，它由一些形象生动的图形按钮组合而成，如图 1.3 所示的“标注”、“修改”和“绘图”工具栏。

当鼠标箭头放在任意工具条上，单击鼠标右键，就会弹出如图 1.4 所示的“工具栏”菜单。“工具栏”菜单包含标准、绘图、修改、标注等 30 余项，选中所需的“工具栏”菜单命令，在命令项左侧就会出现一个对钩，同时就会弹出相应的工具条，要关闭某个工具条，在“工具栏”菜单中取消选中即可，同时命令项左侧的对钩消失。

图 1.3 “标注”、“绘图”和“修改”工具栏

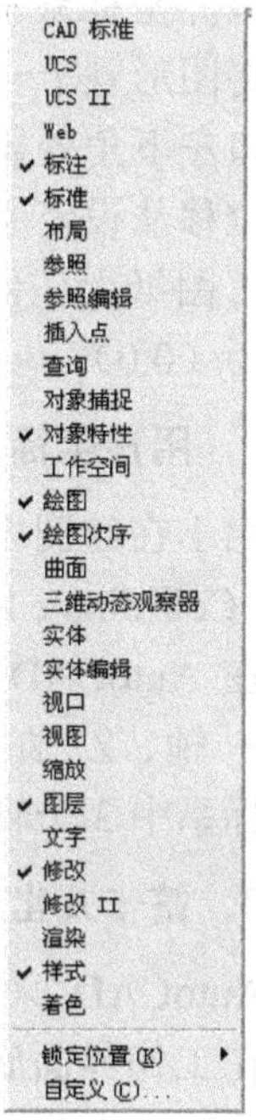

图 1.4 “工具栏”菜单

5．命令窗口

命令窗口就是通常所说的命令行。命令窗口是用键盘输入命令及进行信息提示的窗口，是进行精确绘图的一种非常有效的手段。命令窗口是一个浮动窗口，可移动到屏幕上的任何地方。在执行一个命令时需退出或终止该命令时，可按“Esc”键，使其回到初始命令状态。命令窗口由两部分组成：一部分是命令窗口左边的命令，主要是进行命令输入和信息提示；另一部分是命令窗口右边的滚动条，通过单击向上或向下滚动条来浏览以前执行过的命令。

当然，也可用鼠标左键拖动命令窗口边界，使命令窗口区域放大，以便浏览命令窗口区域内的命令及信息提示。

6. 状态栏

状态栏位于工作界面的下端，其左边显示绘图区光标的当前坐标（X、Y、Z），右边依次为“捕捉”、“栅格”、“正交”、“极轴”、“对象捕捉”、“对象追踪”、“DYN”、“线宽”和“模型”9 个功能按钮，当按钮凹下去时，该功能即被打开。

学习单元 3　AutoCAD 坐标系

为了对图形进行准确定位，需要在绘图前引入并设定好坐标系。AutoCAD 为用户提供了世界坐标系、用户坐标系和笛卡儿坐标系 3 种坐标系，用户可以根据需要选择不同的坐标系。

1. 世界坐标系

世界坐标系（World Coordinate System，WCS）是 AutoCAD 的基本坐标系，AutoCAD 默认将图形置于一个 WCS 中。WCS 包括 X 轴、Y 轴、Z 轴，在图形窗口左下角处显示 WCS 图标，如图 1.5 所示。

位移从设定原点计算，沿 X 轴向右及 Y 轴向上的位移被规定为正向。图纸上任何一点，都可以用原点的位移来表示，“□”原点的坐标为（0,0）。

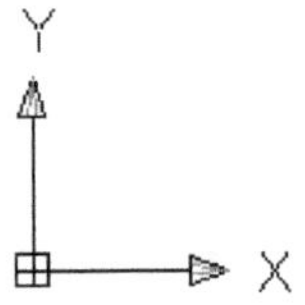

图 1.5　世界坐标系图标

2. 用户坐标系

由于在绘图中经常需要修改坐标系的原点和方向，所以产生了用户坐标系。用户坐标系（User Coordinate System，UCS）是 AutoCAD 提供给用户的可变坐标系。

在 AutoCAD 中，用户可以使用 UCS 命令来创建用户坐标系。在 UCS 中，原点以及 X 轴、Y 轴、Z 轴方向都可以移动及旋转，甚至可以依赖于图形中某个特定的对象。尽管在用户坐标系中 3 个轴之间仍然互相垂直，但是在方向及位置上都有更大的灵活性。

3. 笛卡儿坐标系

AutoCAD 采用三维笛卡儿坐标系（Cartesian Coordinate System，CCS）来确定点的位置。在工作界面底部状态栏上所显示的三维坐标值，就是笛卡儿坐标系中的数值，它准确无误地反映出当前“十”字光标所处的位置。

在 AutoCAD 中，用户生成的大多数图形都由 AutoCAD 基本对象所构成，如直线、圆弧、圆和文本等，所有这些对象都要求用户输入点，以指定它们的位置、大小和方向，如圆的中心、线段的起点和弧的终点等。如果用户知道点的绝对坐标或它们从（0,0）出发的角度及距离，则可以从键盘上以几种方式输入坐标。其中包括直角坐标、极坐标、球坐标和柱坐标等。下面介绍不同笛卡儿坐标系的设置和使用。

1）绝对直角坐标系

在绝对直角坐标系中以原点（0,0,0）为基点定位所有的点，AutoCAD 推荐的坐标原点位于绘图窗口的左下方。用户可以用分数、小数或科学记数等形式输入点的 X、Y 和 Z 坐标值，坐标间用逗号隔开。例如（3.5,7.55,5.75）和（6.3,2.1,3.4）均为合法的坐标值。

说明：在二维空间中，坐标只有 X 和 Y 位移，Z 坐标默认为 0 或采用当前默认高度设置。因此，用户输入 X、Y 坐标即可。例如，（0,4）和（7,6.9）均为合法的平面坐标。

2）绝对极坐标系

一般情况下，绝对极坐标通过相对于极点的距离和角度来定义。在系统默认下，绝对极坐标均以原点作为极点，以逆时针方向为角度正向。极坐标输入格式为（$\gamma<\alpha$），前一个数值表示长度距离，后一个数值表示该点与原点连线及 0° 方向（一般为 X 轴正方向）之间的夹角。例如，（50<30）表示该点离极点距离为 50 个图形单位，该点与原点连线及 X 轴正方向的夹角为 30°。

极坐标也是把输入看成是对（0,0）的位移，只不过给定的是距离和角度。其中，距离和角度用“<”号分开，并且规定 X 轴正向为 0°，Y 轴正向为 90°。例如，8.03<64、6<30 均为合法的极坐标。

3）相对坐标系

在相对坐标系中，某点通过相对于指定点的相对位置来定义。通常情况下，绘图中将上一个操作点作为定义相对位置的点，后面的绘图操作实际上是相对于这个特定点进行的。

使用绝对坐标是有局限的，因为在一般情况下，用户只知道一个点相对于另一个点的 X 和 Y 位移、距离和角度。根据这些参数值输入的坐标即为相对坐标。

在 AutoCAD 中，绝对直角坐标和绝对极坐标都可以指定为相对坐标，其表示方法是在绝对坐标表达式前加一个“@”号，例如，（@2,3）和（@6<30）均为合法的相对坐标。

在相对极坐标系中，某点通过相对于某一特定点的极长距离和偏移角度来表示。相对极坐标以某一特定点为极点，而不是以原点为极点，这是与绝对极坐标之间的区别。通常以（@$\gamma<\alpha$）的形式来表示相对极坐标，例如（@50<30）表示该点与指定的极点之间距离为 50 个图形单位，该点与相对极点的连线与 X 轴正方向的夹角为 30°。

学习单元 4　AutoCAD 命令的执行

现在学习 AutoCAD 基本的知识点，就是如何执行命令。AutoCAD 的绘图功能是通过调用命令来实现的。本单元就来学习命令的输入方法，以及重复执行命令和透明执行命令的操作方法。

1.4.1　命令的输入

AutoCAD 的命令调用方式很多：通过键盘在命令窗口中输入、通过下拉菜单调用、通过快捷菜单调用、通过工具栏调用等。

1）命令的键盘输入

AutoCAD 所有的命令都可以通过键盘来输入，就是在 AutoCAD 屏幕下方的命令窗口中输入命令。在提示符[命令：]的提示下，在其右边的横线上输入想调用的命令。如果想画一条直线，就可以输入“line”，然后按“Enter”键就行了。

在执行 AutoCAD 命令的过程中，会发现同一个命令后面会有很多选项，选项之间用“/”隔开，每个选项后面有一个括号（），括号里面会有一个大写的英文字母，只要在后面的命令行上输入这个字母就表示选择了这个选项。默认选项不用选择，只需要按“Enter”键或空格键就行了。

2）菜单命令的调用

只要将鼠标光标移到要调用的菜单命令项上单击就行了。下面介绍通过下拉菜单调用命令绘直线的过程，步骤如下。

（1）单击“绘图”下拉菜单，在屏幕上显示“绘图”菜单的各个命令项。

（2）单击“直线”命令项，下拉菜单就会接着消失。命令行就会提示：

指定第一点：

（3）用鼠标光标在 AutoCAD 的图形窗口上单击任意一点，也可以在命令行上输入点的坐标，如（100,100），记住再按“Enter”键，然后命令行就会接着提示：

指定下一点或[放弃(U)]：

按照同样的方法，指定下一点，就可以画出一条直线。但命令行还是会接着提示：

指定下一点或[闭合(C)/放弃(U)]：

因为 AutoCAD 的有些命令如果不主动地关闭，会一直处于激活状态，要关闭命令时只需要按“Enter”键即可。

3）工具栏命令调用

工具栏是 AutoCAD 调用命令最容易和最快捷的方法。要提高绘图的效率，就要学会灵活熟练地使用工具栏。通过工具栏调用命令非常简单，只需单击工具栏上选定的一个按钮，就相当于在命令行上输入了该按钮所对应的命令。例如，要画一条直线，只需在绘图工具栏上单击按钮，命令行就会给出绘图的提示。只需按照提示和上面的做法，即可完成直线的绘制。

工具栏上的命令非常多，尤其是初级读者，一般都不容易记住，所以一定要更多地上机操作。需要注意的是，当光标经过每个按钮时工具栏提示会对此按钮进行说明。工具栏提示是非常重要的，一定要多加利用。

1.4.2 重复执行命令

在使用 AutoCAD 时，有时会连续使用一个命令。如果一直用上面的方法调用，就显得比较费事。因此，AutoCAD 提供了一种方法，可以非常方便地重复执行一个命令。在下面的例子中要重复执行“直线”命令。

在命令行上输入“multiple”命令，然后在命令行提示下输入“line”命令，就可以重复执行“直线”命令。命令行提示如下：

命令：multiple

输入要重复的命令名：line
指定第一点：
指定下一点或[放弃(U)]：
LINE 指定第一点：
指定下一点或[放弃(U)]：

技巧：按空格键或“Enter”键，就可重复执行上一个刚刚在执行的命令，也可在绘图区空白处右击，调出快捷菜单，在其顶部会有一个[重复…]的提示，单击它即可实现重复调用的动能。

1.4.3　透明执行命令

透明命令指在其他命令正在执行的过程中也可以执行的命令。许多命令可以透明使用。透明命令经常用于更改图形设置或显示选项，如 GRID 命令或 ZOOM 命令。在命令参考中，透明命令通过在命令名前加一个单引号来表示。

要以透明的方式使用命令，单击其工具栏按钮或在输入命令之前输入单引号“'”。在命令行中，双尖括号“>>”置于命令前，提示 AutoCAD 显示透明命令。完成透明命令后，将恢复执行原命令。在下面的例子中，在绘制直线时要把捕捉间距设置为一个单位间隔，然后继续绘制直线。命令行提示如下。

```
命令：_line
指定第一点：'snap
>>指定捕捉间距或[开(ON)/关(OFF)/纵横向间距(A)/旋转(R)/样式(S)/类型(T)] <100000>：1
正在恢复执行 LINE 命令
指定第一点：
```

取消选择对象、创建新对象或结束绘图任务的命令通常可以透明使用。在透明打开的对话框中所做的修改，直到被中断的命令已经执行后才能生效。同样，透明重置系统变量时，新值在开始下一命令时才能生效。

学习单元5　绘图环境的设置

在建筑绘图中，为了能更加准确地进行绘图，通常要在绘图前根据设计要求对绘图环境进行设置。本单元就详细讲解在 AutoCAD 2006 中怎样设置绘图环境。

1.5.1　“启动”对话框设置绘图环境

AutoCAD 2006“启动”对话框，如图 1.6 所示。通过“启动”对话框上部的“从草图开始”按钮、“使用样板”按钮、“使用向导”按钮，来快速设置绘图环境的各个项目，例如图层、颜色和线型等。

单击“使用样板”按钮，可在绘图时直接利用 AutoCAD 提供的标准样板文件和用户自定义的样板文件，样板文件的选择如图 1.7 所示。

也可单击“从草图开始”按钮来设定绘图时采用的单位。一般都是用默认设置，即选择

“公制”作为绘图的单位，如图 1.8 所示。

也可单击“使用向导”命令按钮来设定绘图的单位格式、角度单位、角度测量、角度方向和区域等，如图 1.6 所示。

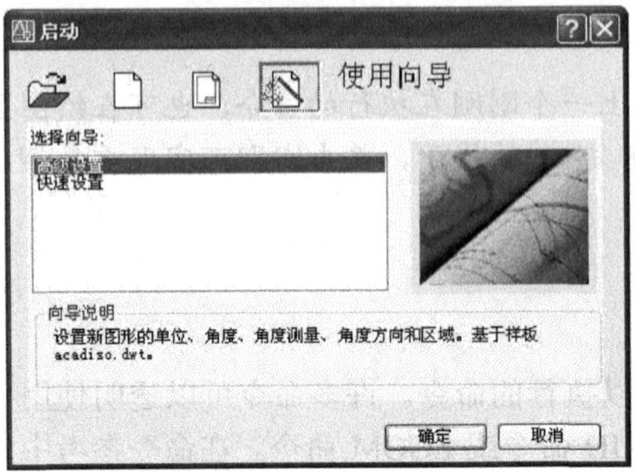

图 1.6 “启动”对话框

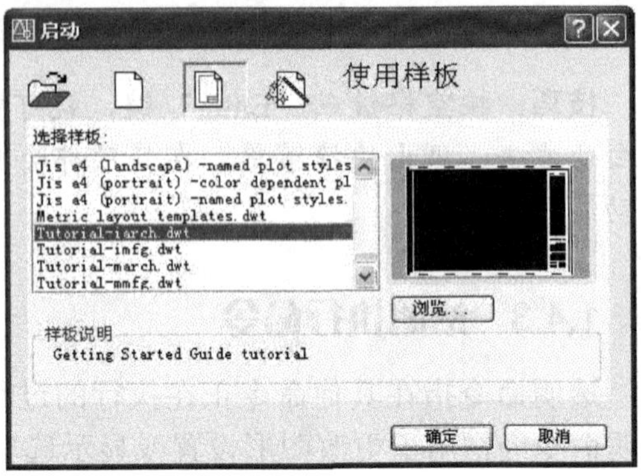

图 1.7 在“启动”对话框中选择样板文件

1.5.2 绘图单位设置

以上讲述的是如何在新建的图形上设置绘图单位，用户还可以在已有的图形上更改绘图单位。具体操作步骤如下。

（1）选择“格式”→“单位”菜单命令，或者在命令行上输入“UNITS”，即可调出“图形单位”对话框，如图 1.9 所示。

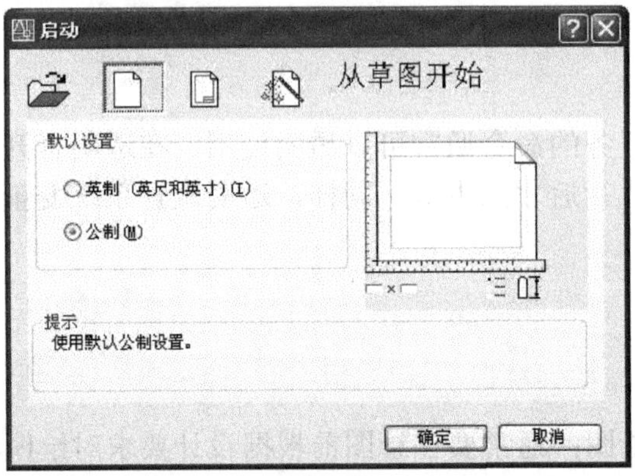

图 1.8 在“启动”对话框中选择绘图单位

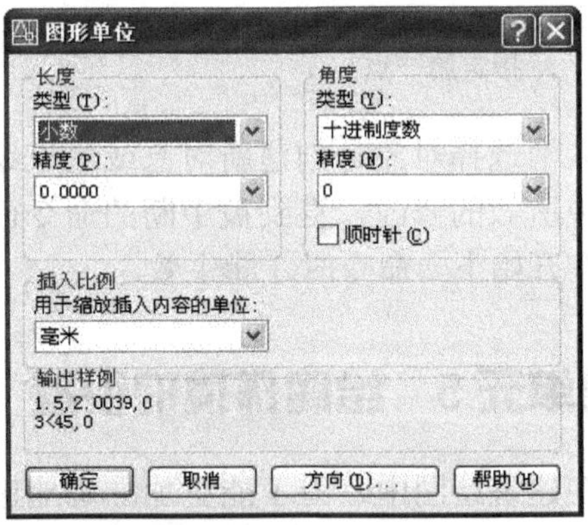

图 1.9 “图形单位”对话框

（2）在打开的“图形单位”对话框中对长度、角度、插入比例等进行设置。

1.5.3 设置绘图界限

绘图界限是指能够进行绘图的区域边界，又称做图形界限（LIMITS）。绘图区域中用户定义的矩形边界即栅格界限，当栅格打开时界限内部将被点覆盖。绘图界限的设置如下。

（1）选择“格式”→“图形界限”菜单命令，或者直接在命令行上输入“LIMITS”。

（2）在命令行的提示下进行操作。命令行的操作提示如下：

```
命令：LIMITS
  重新设置模型空间界限：
指定左下角点或[开(ON)/关(OFF)]<0.0000，0.0000>:
指定右上角点<559.0000,400.0000>：
```

需要注意的是，当绘图界限打开时，读者就不能在绘图界限之外绘图，只能在定义的绘图区域内绘制。当读者选择“ON”时，绘图界限即打开。

1.5.4　设置系统环境

AutoCAD 的环境可以通过“选项”对话框来设置。“选项”对话框的调用有 3 种方式。利用“工具”菜单、利用快捷菜单，然后选择“选项”命令，或者在命令行上输入“OPTIONS”命令，即可打开“选项”对话框，如图 1.10 所示。

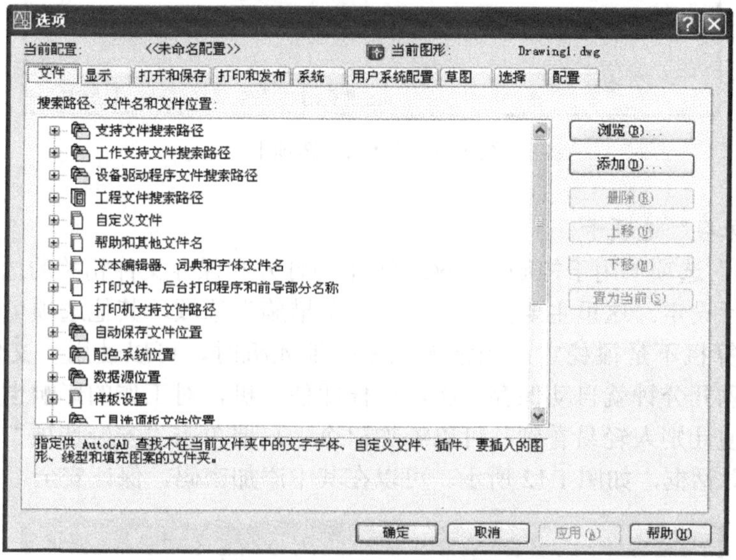

图 1.10　“选项”对话框

“选项”对话框有 9 个选项卡，各个选项卡的意义如下。

1）“文件”选项卡

“文件”选项卡用于指定 AutoCAD 搜索支持文件、驱动程序、菜单文件和其他文件的文件夹，还指定一些可选的用户定义设置，例如，哪个目录用于进行拼写检查。

要指定文件夹或文件的位置，可在列表中双击其名称。单击“浏览”按钮，弹出“浏览文件夹”对话框（标准的文件选择对话框），找到要使用的文件夹或文件。

如果想详细了解“文件”选项卡其他选项的意义，可以单击对话框右下角的“帮助”按钮，如图 1.10 所示。

2）“显示”选项卡

“显示”选项卡定义 AutoCAD 的显示情况，定义窗口元素的特性、显示精度、布局元素、显示性能、十字光标大小、参照编辑的褪色度等，也可以通过“帮助”按钮了解其含义，其选项卡如图 1.11 所示。

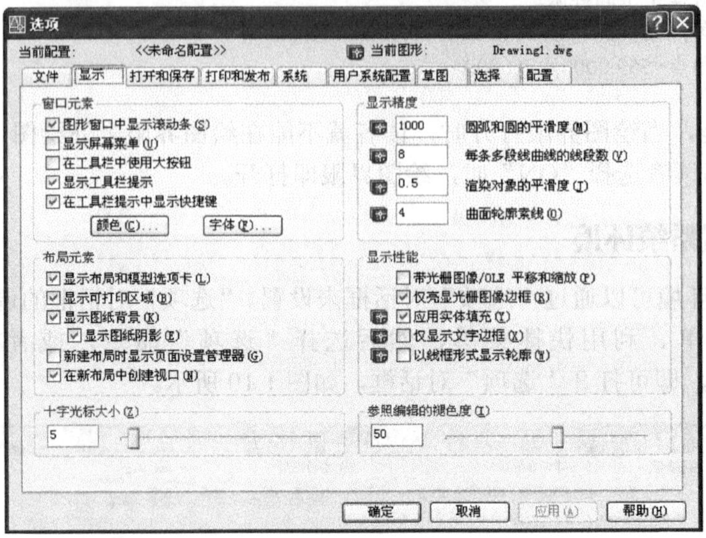

图 1.11 “显示”选项卡

3）“打开和保存”选项卡

“打开和保存”选项卡用于控制 AutoCAD 中与打开和保存文件相关的选项，可以对文件的保存类型等进行设定。这里主要介绍“文件安全措施”选项，其他选项可以参见帮助文件进行了解。当计算机不是很稳定、经常无缘无故地死机时，可以使用“文件安全措施”选项。可以设定每隔几分钟就自动保存一次，这样即使死机，对工作的影响也不大。当文件很重要时，不能随便让别人轻易看到，可以添加口令。只要单击“安全选项”按钮，就可以调出“安全选项”对话框，如图 1.12 所示。可以在其中添加密码，保证安全。

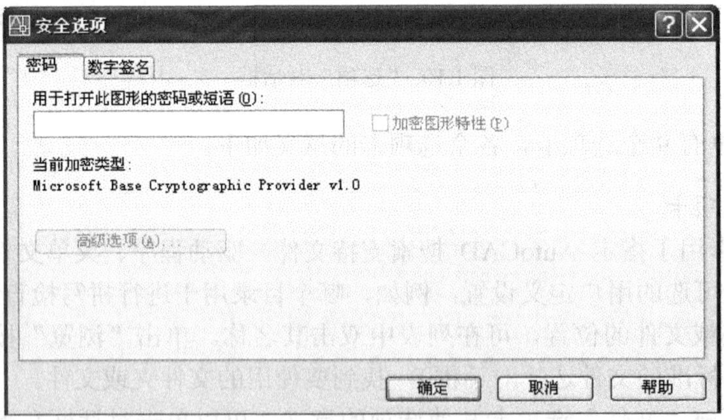

图 1.12 “安全选项”对话框

4）“打印和发布”选项卡

“打印和发布”选项卡用于控制与打印有关的选项。如果需要对打印功能进行设置，可以参考帮助文件。

5）“系统”选项卡

“系统”选项卡用于控制 AutoCAD 的系统设置，其主要的选项功能如下：

（1）“当前三维显示”：列出可用的三维图形显示系统。读者也可以单击“特性”按钮，调出“三维图形系统配置”对话框，进行三维图形系统的设置，如图 1.13 所示。

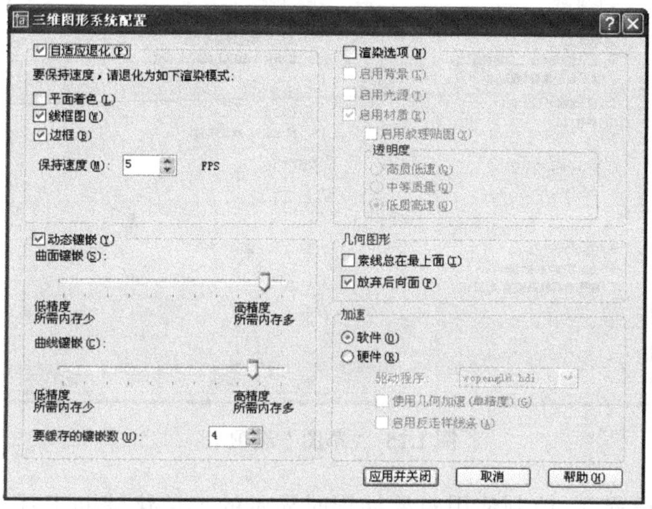

图 1.13 “三维图形系统配置”对话框

（2）“基本选项”：可以设置系统的一些基本特性，也可以设置是否在用户出错时出现声音提示，启动时是否显示“启动”对话框等。

6）“用户系统配置”选项卡

“用户系统配置”选项卡用于控制工作方式优化的选项。可以根据实际需要对其中的“自定义右键单击”、“插入比例”、“字段”、“隐藏线设置”、“线宽设置”、“坐标数据输入的优先级”及“编辑比例缩放列表”等进行设置，如图 1.14 所示。

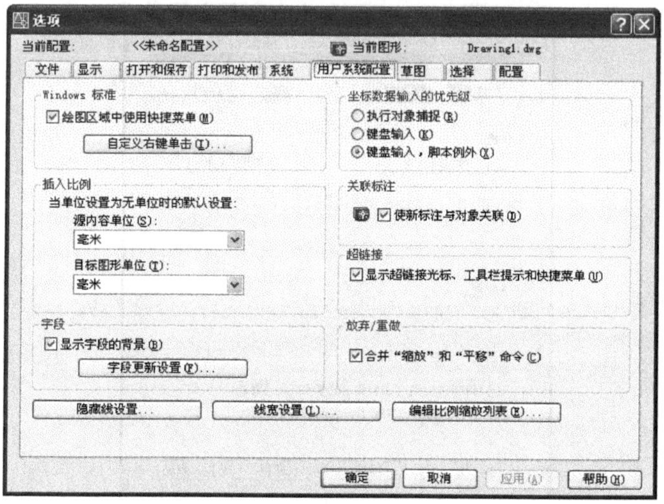

图 1.14 “用户系统配置”选项卡

7）"草图"选项卡

"草图"选项卡用于指定许多基本编辑选项，如图 1.15 所示，其主要功能如下：

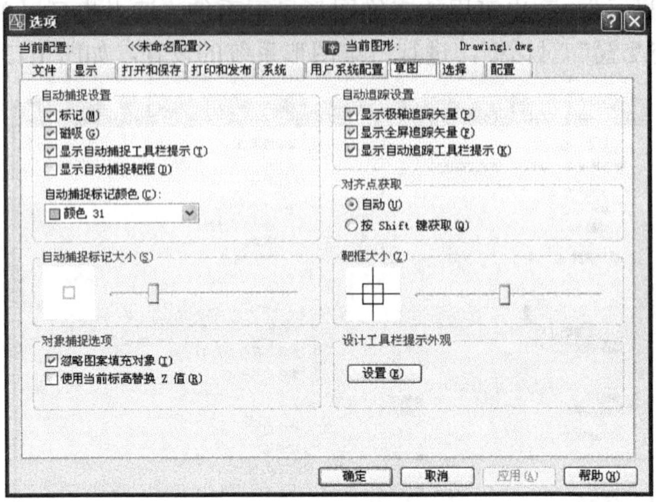

图 1.15 "草图"选项卡

（1）"自动捕捉设置"：控制使用对象捕捉时显示的形象化辅助工具（称做自动捕捉）的相关设置。

（2）"自动捕捉标记颜色"：指定自动捕捉标记的颜色。默认的颜色是黄色，若要修改颜色，只要单击下三角按钮并选择需要的颜色即可。

（3）"自动捕捉标记大小"：设置自动捕捉标记的显示尺寸。

（4）"自动追踪设置"：控制与自动捕捉方式相关的设置，此设置在极轴追踪或对象捕捉追踪打开时可用。

（5）"设计工具栏提示外观"：用于对工具栏的外观进行设置。单击"设置"按钮，弹出"工具栏提示外观"对话框，如图 1.16 所示。

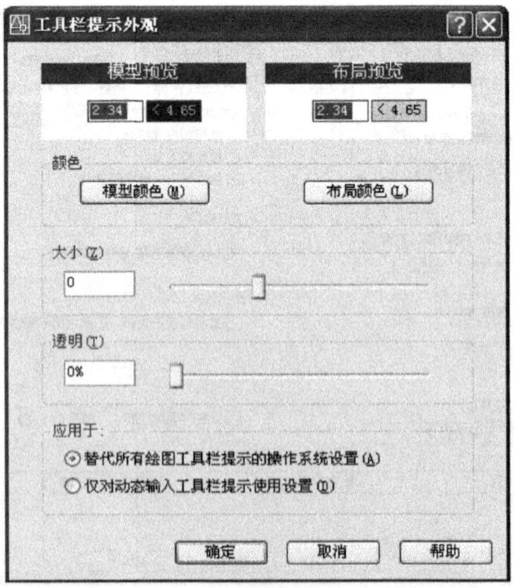

图 1.16 "工具栏提示外观"对话框

8）“选择”选项卡

“选择”选项卡用于控制与拾取操作有关的操作，如图 1.17 所示。初级读者最好使用默认值，在对 AutoCAD 比较熟悉之后再进行个性设置，才不会产生混乱。

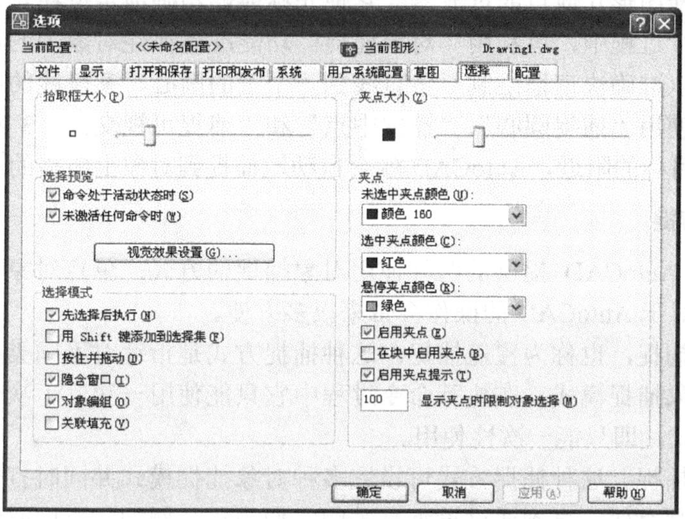

图 1.17　“选择”选项卡

9）“配置”选项卡

“配置”选项卡用于控制配置的使用，如图 1.18 所示。配置是由用户定义的系统运行参数。

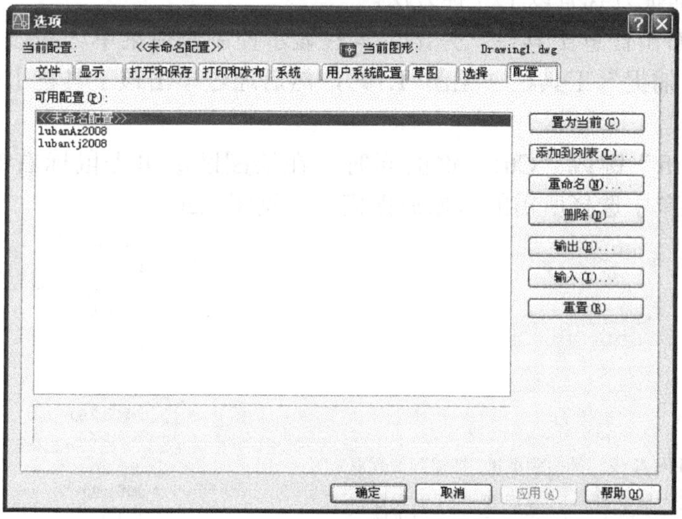

图 1.18　“配置”选项卡

学习单元 6　对象捕捉的设置

“对象捕捉”是 AutoCAD 提供的一个十分有效的方法，若想要选择某些目标对象上的几何点，如直线的端点和中点、圆的圆心和圆的四分点（象限点），就要采用“对象捕捉”的方式。

AutoCAD 提供了智能化程度很高的“对象捕捉”功能。“对象捕捉”实际上是 AutoCAD 提供的一个用于选择图形几何点的过滤器，它使光标能够精确地定位在对象上的一个几何点上。在绘图命令执行过程中，可利用“对象捕捉”功能准确抓住对象上的特殊点。例如，使用“对象捕捉”可以准确快速地绘制一条直线到一个圆的圆心、某段线的中点或两条直线的交点处，只要分别使用“捕捉圆心”、“捕捉中点”和“捕捉可视交点”3 种捕捉模式，然后将光标移动到对象目标的附近，AutoCAD 就会自动地捕捉到对象上所需的点。

1．打开对象捕捉

这里主要介绍 AutoCAD 提供的两种使用对象捕捉的方式：单点对象捕捉和运行对象捕捉。学习这些知识对于 AutoCAD 的操作会带来很多方便。

（1）单点对象捕捉，也称为覆盖捕捉。这种捕捉方式是指针对不同类型的几何点分别打开该类型点临时对象捕捉模式。在执行命令过程中它只能使用一次，下次使用时必须再次打开该种对象捕捉模式，即只能一次性使用。

（2）运行对象捕捉。这种捕捉方式可设置多种对象捕捉模式并同时打开它们，各种模式在整个绘图过程中都有效，直到通过设置来关闭它们为止。例如，可同时设置并打开端点和交点捕捉模式，这时当光标移动到不同位置会自动捕捉到各种端点或交点。运行对象捕捉与单点对象捕捉最大的区别就是“在运行过程中”可连续使用而不必每次打开该捕捉模式。

1）单点对象捕捉的激活

激活单点对象捕捉方式有以下 3 种方法。

（1）使用鼠标右击任意工具栏，弹出工具栏显示控制快捷菜单。在该菜单中选择“对象捕捉”，打开“对象捕捉”工具栏（见图 1.19），然后通过单击该工具栏上的图标来激活所需的单点对象捕捉模式。

（2）按住“Shift”键或“Ctrl”键的同时，在绘图区域单击鼠标右键，然后从弹出的“对象捕捉”快捷菜单中选择所需的对象捕捉模式（见图 1.20）。

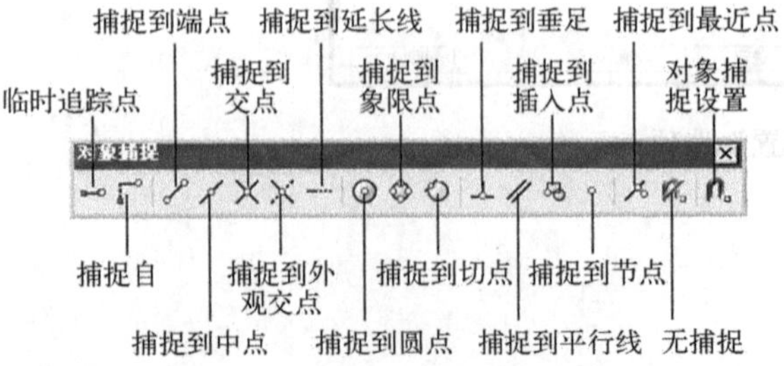

图 1.19 “对象捕捉”工具栏

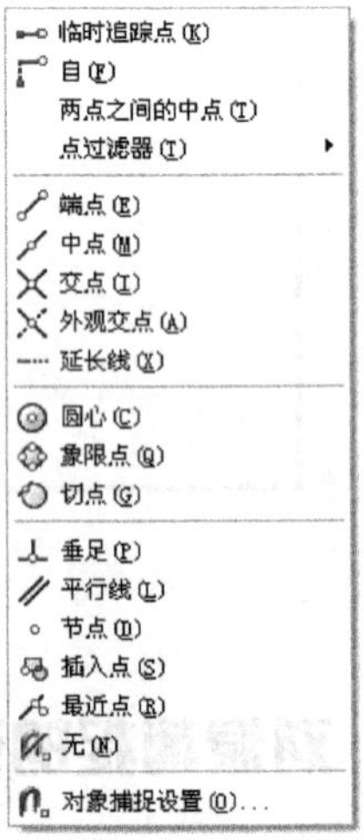

图 1.20 “对象捕捉”快捷菜单

（3）在命令运行中提示定义点时，直接从命令行输入某种对象捕捉模式的缩略字母。例如，中点捕捉的缩略字母为“MID”，系统会在命令行显示“of”标记。如要一次设置多种对象捕捉模式，输入的各种模式之间用“,”隔开。例如，要想捕捉直线的中点或端点，且拾取点距哪点近则捕捉哪一点，则可在命令提示行输入“MID,END”。

表1.1列出了AutoCAD 2006所具有的对象捕捉模式的关键词。

表1.1　AutoCAD 2006所具有的对象捕捉方式的关键词

模　式	关键词	模　式	关键词
外观交点/捕捉到外观交点	APP	最近点/捕捉到最近点	NEA
圆心/捕捉到圆心	CEN	节点/捕捉到节点	NOD
端点/捕捉到端点	END	无/无捕捉	NON
延伸/捕捉到延长线	EXT	平行/捕捉到平行线	PAR
自/捕捉自	FRO	垂足/捕捉到垂足	PER
插入点/捕捉到插入点	INS	象限点/捕捉到象限点	QUA
交点/捕捉到交点	INT	切点/捕捉到切点	TAN
中点/捕捉到中点	MID	临时追踪点	TT

2）运行对象捕捉的激活

通过“草图设置”对话框可激活运行对象捕捉功能。

（1）打开“草图设置”对话框。选择“工具”→“草图设置”菜单命令（见图1.21），或选择“对象捕捉”工具栏的“对象捕捉设置”图标按钮，或者用鼠标右击状态栏上的“对象捕捉”按钮，在快捷菜单中选择“草图设置”命令，或者输入命令“DSETTINGS”，都可打开“草图设置”对话框（对象捕捉），如图1.22所示。

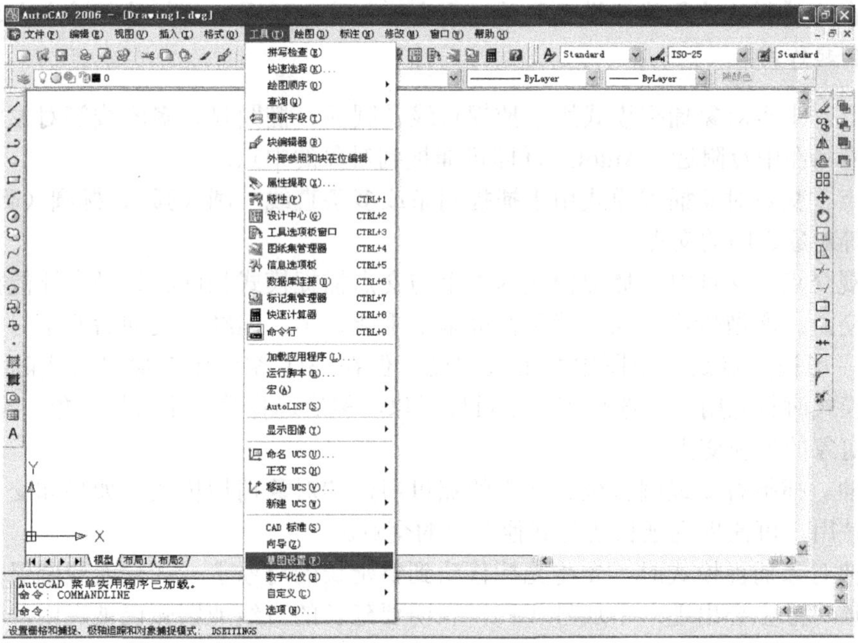

图1.21　选择“草图设置”菜单命令

（2）在“草图设置”对话框中，选中“启用对象捕捉”复选框，或按“F3”键打开对象捕捉。

（3）在“对象捕捉模式”栏中选择想要的捕捉模式，然后单击“确定”按钮退出设置。

只要处于对象捕捉模式中，将光标移动到一个捕捉点时，AutoCAD 就将显示出一个几何图形（称为“捕捉标记”）。AutoCAD 将根据所选择的捕捉模式来显示几何图形。不同的捕捉模式会显示出不同形状的几何图形，例如，端点是“□”，交点是“×”。各种捕捉标记样式可从图 1.22 中看到。

（4）单击“选项”按钮，可设置捕捉标记的颜色和大小。

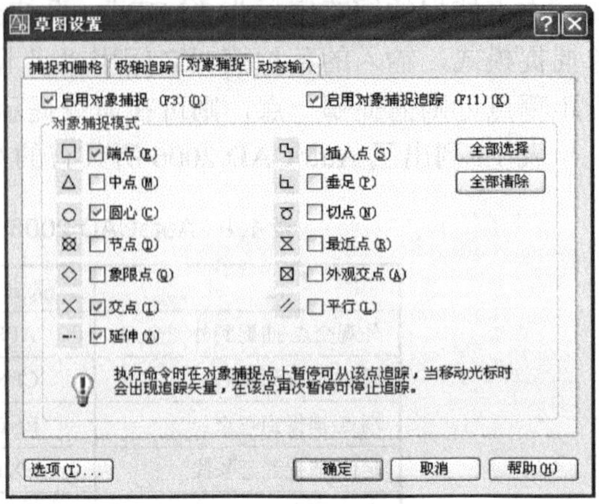

图 1.22 “草图设置”对话框（对象捕捉）

2. 对象捕捉模式

AutoCAD 提供了多种对象捕捉模式，利用对象捕捉模式可以方便地进行计算机绘图的操作。下面就各种模式进行简单说明。

（1）端点。端点对象捕捉模式用于捕捉直线、圆弧、椭圆弧、多段线等对象最近的端点。选择“对象捕捉”工具栏中的“捕捉到端点”或在命令提示行输入“END”选择该模式，然后移动十字光标靠近目标对象的端点位置，AutoCAD 在端点处就会显示捕捉标志和提示，单击鼠标左键确定，AutoCAD 将自动选择该端点。如果在光标附近有多个对象的端点，则 AutoCAD 会捕捉最靠近十字光标的那个端点。

注意： *在运行各种对象捕捉模式之前，应先运行其他绘图、编辑等相关命令，这时对象捕捉功能才会起作用。*

（2）中点。中点对象捕捉模式用于捕捉直线、圆弧、椭圆弧、多段线等对象的中点。使用该模式时光标在中点附近，AutoCAD 即可捕捉到对象的中点。

（3）交点。交点对象捕捉模式用于捕捉两条或多条直线、圆（弧）、椭圆（弧）、样条曲线、多段线等对象之间的交点。

（4）外观交点。这种对象捕捉模式基本上与交点捕捉模式相同。只是它还能捕捉到投影交点和可视交点。所谓投影交点，就是在屏幕上不能显示，但经过延伸后两个对象可以想象相交的交点；可视交点是在视图中看上去相交，但在 3D 空间中对象没有实际相交的重影点。使用该模式时首先用光标选择第一个目标对象，然后选择第二个目标对象，AutoCAD 就会选中两个对象的外观交点。

（5）延伸。捕捉直线或圆弧延长线上的点可用延伸对象捕捉模式。如果和交点或外观交点模式一起使用，可捕捉到延长线与其他对象的交点。

使用延伸对象捕捉模式时，先将光标移动到要延长的对象上，在直线或圆弧的端点处停留一会后，该对象上会出现一个加号（+），表明要延长的直线或圆弧已被选中。沿着要延长的方向移动光标，就会显示一条临时辅助线（虚线），这时随光标移动，在光标右下方动态地显示出当前光标的极坐标位置，显示的是从被选择对象的端点到捕捉点的长度和角度，即“延伸:长度<角度”。圆弧的延伸是沿该圆弧所在圆的方向，显示的是“延伸:长度<圆弧”。在一定位置上单击鼠标左键就能捕捉到所选对象延长线上的一点。

（6）圆心。使用圆心对象捕捉模式可以捕捉圆、圆弧或椭圆的中心点。使用该模式时，只需移动鼠标到圆、圆弧或椭圆上，单击目标对象，即可选中对象的圆心点。

（7）象限点。使用象限点对象捕捉模式可以捕捉圆、圆弧或椭圆的 1/4 圆弧点。使用该模式时，应移动鼠标最靠近圆弧上所要捕捉的圆弧象限点。

（8）切点。使用切点对象捕捉模式可以绘制与已知圆、圆弧或椭圆相切的直线。使用该模式时，移动鼠标到目标对象上，单击对象任意位置即可选择对象上的切点。切点位置与直线的另一端点位置相匹配。

（9）垂足。使用垂足对象捕捉模式可以绘制通过某点且与已知直线、圆、圆弧或椭圆相垂直的直线。使用该模式时，用鼠标选择目标对象后，AutoCAD 会自动计算出垂足点的位置。

（10）平行。使用平行对象捕捉模式时，鼠标在画平行对象的直线上停顿一会，该直线必须是在鼠标捕获框内唯一的一个对象，然后该对象上将会出现一个平行线符号，表明已获取了该直线。如果创建的对象路径与已获取的直线方向平行时，AutoCAD 会显示出一条辅助线（虚线），可精确按此辅助线的方向绘制出与原来直线平行的对象。

（11）插入点。插入点对象捕捉模式用于捕捉所插入的块、文字、图形或特性的插入点。例如，文字的对齐方式有左对齐，文字的对齐点就是文字的插入点（至于块的插入点是由用户定义的）。要捕捉这些点，就用此模式。

（12）节点。节点对象捕捉模式用于捕捉已经存在的点对象。这一功能使用之前，必须有事先用 POINT 命令绘制好的点标识。

（13）最近点。最近点对象捕捉模式用于捕捉目标对象上离光标选择位置最近的点。首先移动光标到目标对象上，在对象上会显示最近点的标志符号标明捕捉点位置，单击选择对象，AutoCAD 则获取对象上标记处的点。

（14）无捕捉。无捕捉对象捕捉模式允许在命令执行过程中提示选择点时关闭所有运行中的对象捕捉模式。例如，在运行对象捕捉中设置了圆心和交点对象捕捉模式，从“对象捕捉”工具栏中单击“无捕捉”图标或在命令提示行输入“NON”后，则圆心和交点对象捕捉无效。

注意： 如果在选择了一种对象捕捉模式后，立即改用其他模式，则命令提示两种目标捕捉都无效，必须再次选择所需对象捕捉模式。

3. 自动捕捉和自动追踪

下面主要介绍 AutoCAD 软件的自动捕捉、自动追踪、对象捕捉追踪的功能，这些功能的使用，可以提高计算机绘图的质量与速度。

1）自动捕捉

AutoCAD 的对象捕捉功能中包含一种可视化的帮助，称为自动捕捉，可用于更有效地观看和使用对象捕捉模式。

自动捕捉设置可通过“选项”对话框的“草图”选项卡来改变。方法如下：

（1）选择菜单“工具”→“选项”命令项，或在处于非命令状态下用鼠标右击绘图区域弹出的快捷菜单中选择“选项”命令，也可从命令行输入“OPTIONS”命令，打开“选项”对话框。

（2）在“选项”对话框中选择“草图”选项卡（见图 1.23），在“草图”选项卡上，选择或清除自动捕捉设置。AutoCAD 默认时“自动捕捉设置”栏中的“标记”、“磁吸”和“显示自动捕捉工具栏提示”三要素是打开的。

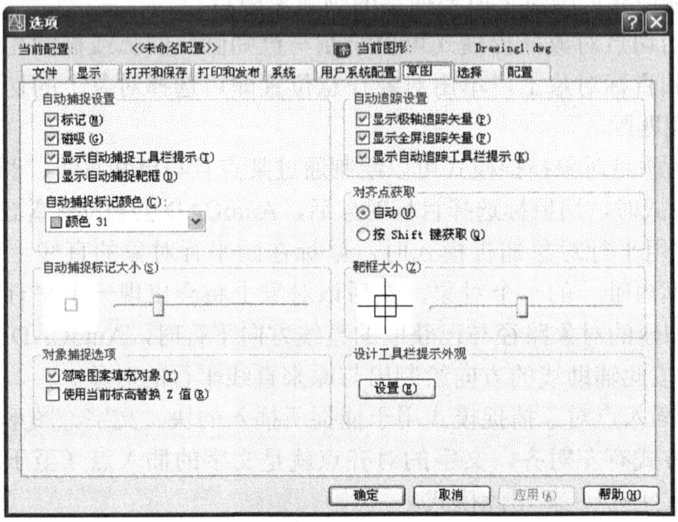

图 1.23 “选项”对话框（草图）

（3）还可改变自动捕捉标记的颜色、大小及调整捕捉框的大小等，单击“确定”按钮退出。

“自动捕捉设置”栏的各项说明如下。

（1）标记。通过在对象捕捉位置上显示一个标记符号来指明当前的捕捉模式，如端点标记是一个方框“□”，可设置标记的大小和颜色。

（2）磁吸。指当光标靠近捕捉点时，自动地将光标移动并锁定到捕捉点上。

（3）显示自动捕捉工具栏提示。在对象捕捉位置的光标下面用于标识当前对象捕捉模式的文字提示。通常用一个黑色方框来显示提示文字。

（4）显示自动捕捉靶框。自动捕捉靶框是指围绕十字光标线的一个四边形方框，移动光标时 AutoCAD 只对该方框内的目标对象进行捕捉。是否显示捕捉框及捕捉框的大小是可以设置的。

（5）自动捕捉标记颜色。通过此下拉菜单可以选择自动捕捉标识的颜色。

说明： 当设置了多种运行捕捉模式时，按“Tab”键可在目标对象上的各种捕捉点之间循环切换。例如，当运行对象捕捉设置了“象限点”和“圆心”两种模式，把捕捉框移动到目标对象圆上，按“Tab”键可循环选择圆的 4 个 1/4 圆弧点和圆心点。

2）自动追踪

自动追踪用于按特定角度或与其他对象图形的相互关系绘制图形。如果打开自动追踪功能，通过一条临时的对齐路径便可按精确的位置和角度绘制图形。自动追踪有两种方式：极轴追踪和对象捕捉追踪。对象捕捉追踪连同对象捕捉一起使用，要对一个目标对象点追踪必须先设置对象捕捉。对象捕捉框的大小决定了在自动追踪的对齐路径显示前，光标必须靠近对齐路径的程度。使用时可通过单击状态栏上的“极轴”（或按“F10”键）和“对象追踪”（或按“F11”键）按钮来打开或关闭自动追踪。

（1）极轴追踪

极轴追踪的追踪光标所沿对齐路径是相对于命令起始点的角度方向。可按设定的追踪角度增量来使用极轴追踪。追踪角度增量一般的设置为 90°、60°、45°、30°、22.5°、18°、15°、10° 和 5°，也可以自定义其他的角度值。

选择下拉菜单“工具”→“草图设置”命令，打开“草图设置”对话框，选择“极轴追踪”选项卡（见图 1.24），可设置“极轴追踪”的开与关等功能。

① 极轴角设置。设置追踪角度的增量值，除提供可选的角度外可自定义其他角度。

② 对象捕捉追踪设置。设置对象捕捉追踪为正交追踪还是按所有的极轴角追踪。

③ 极轴角测量。设置极轴角的测量方法是绝对角度，还是相对最后绘制线段的角度。

（2）对象捕捉追踪

使用对象捕捉追踪可追踪以对象捕捉点为基础的对齐路径。使用对象捕捉追踪时，将光标移动到目标对象捕捉点上，不要单击，停留一会儿可临时获取该点。用此方法可获取多个点。然后当移动鼠标到基于该点的水平、垂直或追踪极角增量方向的对齐路径时，这些路径就会显示出来（虚线显示）。沿路径移动鼠标可定位到所需点上，鼠标旁会显示离获取点的长度和追踪极角值等。

使用前，首先打开“对象捕捉”（单点对象捕捉或运行对象捕捉）功能，然后按“F11”键或单击状态栏上的“对象追踪”按钮。也可在“草图设置”对话框的“对象捕捉”选项卡中选中“启用对象捕捉追踪”复选框，如图 1.25 所示。

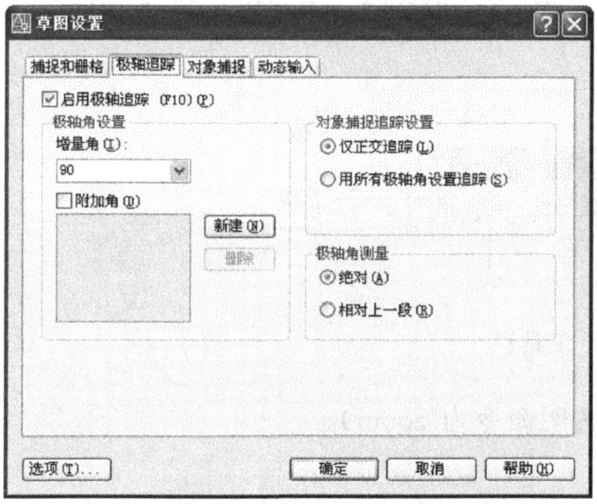

图 1.24 “草图设置”对话框（极轴追踪）

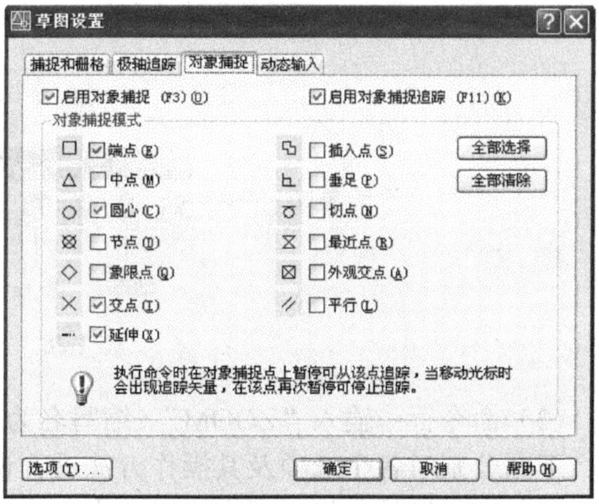

图 1.25 “草图设置”对话框（对象捕捉）

学习单元 7 图形的显示控制

利用 AutoCAD 可在计算机工作界面上画出任意大小、高精度、高度复杂的图形，这是因为它提供了一种类似于照相机的显示控制功能，可以随时用任何比例来显示图形的任何部位和范围；还可以在不同的视口中同时显示图形的不同部位。使绘图与读图的过程非常方便。

1．图形的缩放

通过图形缩放功能，可以放大或缩小图形的屏幕显示尺寸，而图形的真实尺寸保持不变。图形缩放的操作方式有如下 3 种。

（1）下拉菜单：选择“视图”→“缩放”命令（见图 1.26）。

（2）图标按钮：单击“标准”工具栏的缩放图标（见图 1.27），或“缩放”工具栏图标（见图 1.28）。

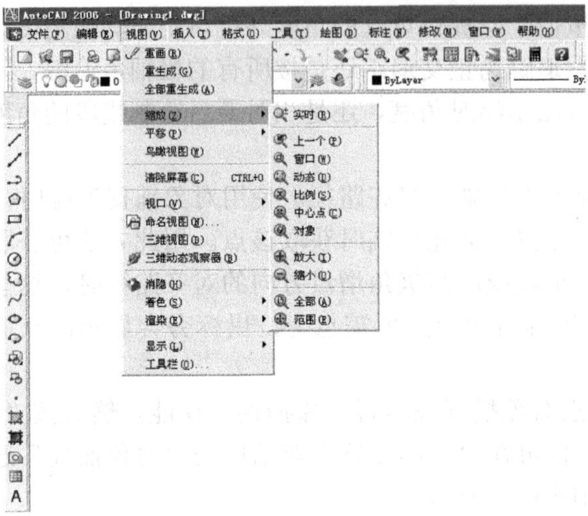

图 1.26 “缩放”菜单命令

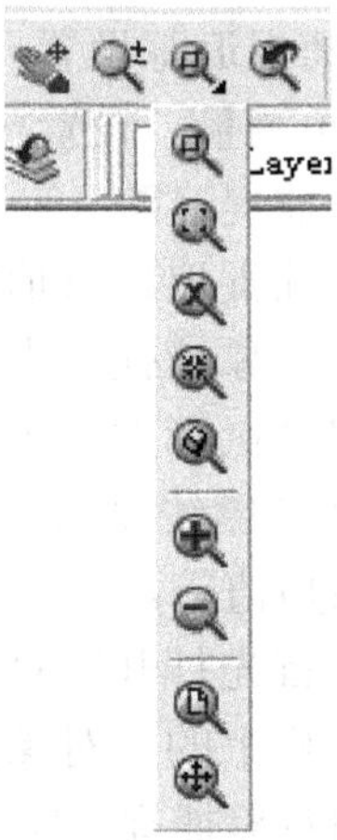

图 1.27 “标准”工具栏的“缩放”图标

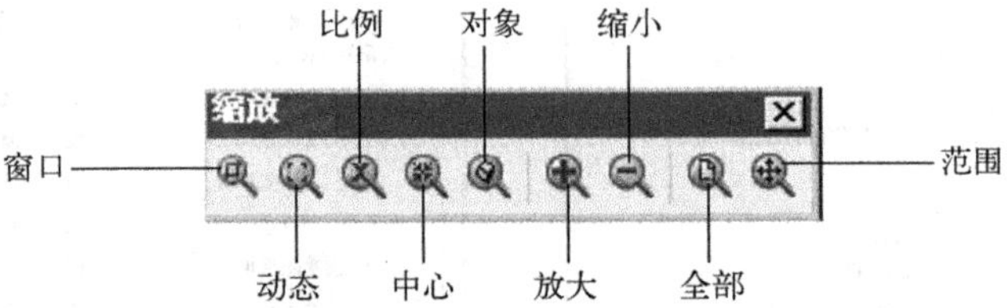

图 1.28 “缩放”工具栏

（3）命令行：输入“ZOOM”（缩写名为 Z，透明命令为'zoom）。

下面分别对各个选项及其操作方法进行说明：

（1）窗口缩放。指定两点为对角点，AutoCAD 将把两对角点形成的矩形范围内的图形放大到全屏幕。

（2）动态缩放。用该选项可以在显示全图范围的基础上确定新视图的位置和大小，从而很方便地改变显示区域和减少重生成的次数。

执行该选项后，屏幕上出现三个方框。绿色虚线框表示图形的最大范围。蓝色的虚线框表示当前视图范围。第三个是“视图框”，它有两种状态：当方框内有一个“×”符号时，它只能靠移动鼠标来实现“平移”，不能改变大小，“×”处是下一个视图的中心点位置；另一个状态是“缩放”，此时框内符号变为指向该框右边线的箭头，移动光标就可以调节框的大小。这两种状态可以单击鼠标左键进行切换。调整满意后，按“Enter”键。

（3）比例缩放。按缩放比例实现缩放。执行该选项后，命令窗口就会提示用户输入比例值，AutoCAD 将按该比例值缩放图形对象。

（4）中心缩放。重设图形显示中心和缩放倍数。执行该选项后，命令窗口会提示要确定新的中心点和比例值，AutoCAD 将以新指定的中心位置把图形显示在绘图窗口，并对图形按指定的比例值缩放。如果在“输入比例或高度<当前值>”提示下给出的是高度值，AutoCAD 将以“当前高度/输入高度”的值作为比例值对图形进行缩放。

（5）对象缩放。执行该选项后将使所选中的对象充满整个屏幕。

（6）放大。选择“放大”选项，图形将放大一倍。

（7）缩小。选择“缩小”选项，图形将缩小一半。

（8）全部缩放。按照图形界限命令 LIMITS 所设定的范围显示。当有些图形对象超出界限时则显示全图。

（9）范围缩放。可以在屏幕上尽可能大地显示所有图形对象。与“全部缩放”不同的是，“范围缩放”的显示边界是图形范围而不是图形界限。

（10）实时缩放。实时缩放图形对象。执行该选项后，此时绘图显示区的十字光标就会变成图标。按住鼠标左键并向上拖动鼠标，可放大图形对象；向下拖动鼠标，则缩小图形对象。按“Esc”键或“Enter”键，将结束本次缩放操作。如果单击鼠标右键，则弹出一个快捷菜单供用户选择。

（11）缩放上一个。恢复上一次显示的图形。可逐步退回到前面 10 个显示的图形。

2．图形的平移

平移当前显示区域中的图形对象，可以在不改变缩放比例的条件下，观察图形对象的不同部分。图形平移的操作方式有如下 4 种。

（1）下拉菜单：选择“视图”→“平移”命令（见图 1.29）。

（2）图标按钮：单击“标准”工具栏的图标。

（3）命令行：输入“PAN”（缩写名为 P，透明命令为’pan）。

（4）快捷菜单命令：光标在绘图区时单击鼠标右键，从弹出的快捷菜单中选择“平移”选项命令。

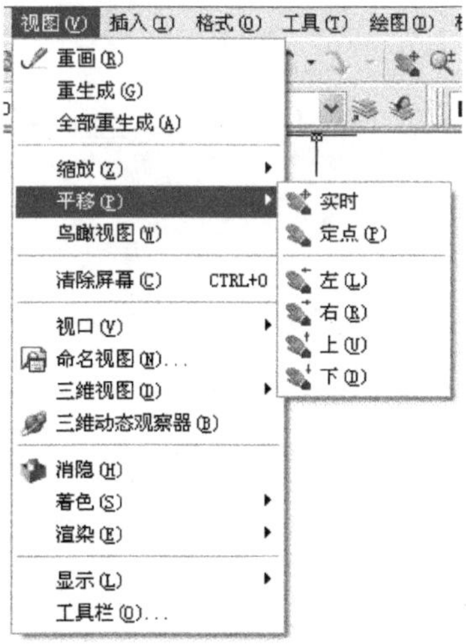

图 1.29　“平移”菜单命令

下面分别对各个选项及其操作方法进行说明：

（1）实时。单击“标准”工具栏的图标，可直接平移该图，此时光标变成小手掌形状，按住鼠标左键并拖动鼠标，窗口中的图形将沿光标移动的方向移动。放开鼠标左键，则平移停止。可根据需要调整鼠标位置，以便继续平移图形，直到显示出所需的位置。

（2）定点。该选项可通过指定基点和位移值来平移图形。

（3）左。将图形窗口的右边部分向中间平移，即图形向左边平移。

（4）右。将图形窗口的左边部分向中间平移，即图形向右边平移。

（5）上。将图形窗口的下边部分向中间平移，即图形向上平移。

（6）下。将图形窗口的上边部分向中间平移，即图形向下平移。

还可以用绘图区右边和下边的滚动条来上、下或左、右平移图形。

思考与练习题 1

1．简述建筑 CAD 设计的一般方法。

2．简述现代阶段 AutoCAD 软件系统的基本概念。

3．简述现代阶段 AutoCAD 软件系统工作界面的基本组成。

4．简述 AutoCAD 软件系统命令输入的基本操作方式。

5．简述 AutoCAD 软件系统的对象捕捉方式。

6．简述 AutoCAD 软件系统图形显示命令的基本操作。

学习情境2 AutoCAD 绘制平面图

本学习情境通过对一幢 6 层砖混结构住宅楼标准层平面图的绘制，介绍用 AutoCAD 软件绘制建筑平面图的一般方法，其中包括设置图层、绘制轴线、绘制墙线、绘制平面门窗、绘制平面阳台及楼梯、标注文字、完成图形绘制、标注尺寸、绘制图框及指北针等，该住宅工程平面图各部分的尺寸如图 2.1 所示。通过学习，掌握计算机绘制建筑平面图的方法，培养计算机绘图员职业岗位的工作能力。

学习单元 1　设置图层

在 AutoCAD 中，图层好像是一层透明的薄膜，在不同的图层上存放着各种不同的绘图信息。在不同图层上可绘制不同的对象。当各种对象的图层叠加在一起时，即可构成所绘图形。如图 2.2 所示，绘制的是一个圆结构图，分别在层 1、层 2、层 3 上绘制了圆的中心线、轮廓线及尺寸线，所有层叠加在一起，就形成了圆的结构图。

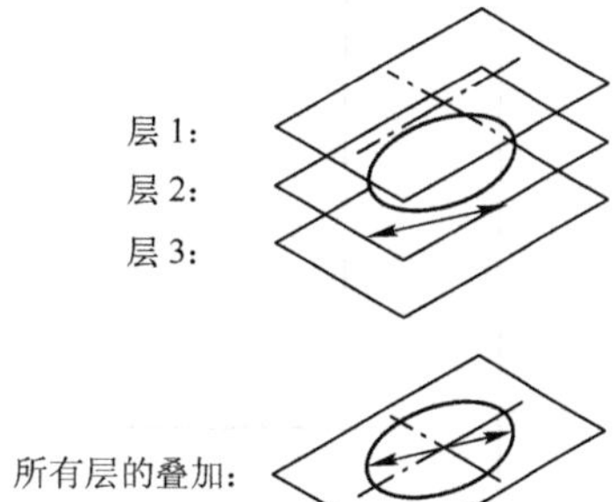

图 2.2　圆结构图的图层组成

对象的公用性质包括颜色、线型和线宽等，可以通过层向对象赋予这些公用特性。也可使用层将各种物体对象分组来管理，同时定义不同的颜色、线型和线宽，来区分不同图层组成的图形。若能组织好层和层上的对象，在管理绘图信息时，将变得非常容易。例如，可将图形的尺寸标注和图形

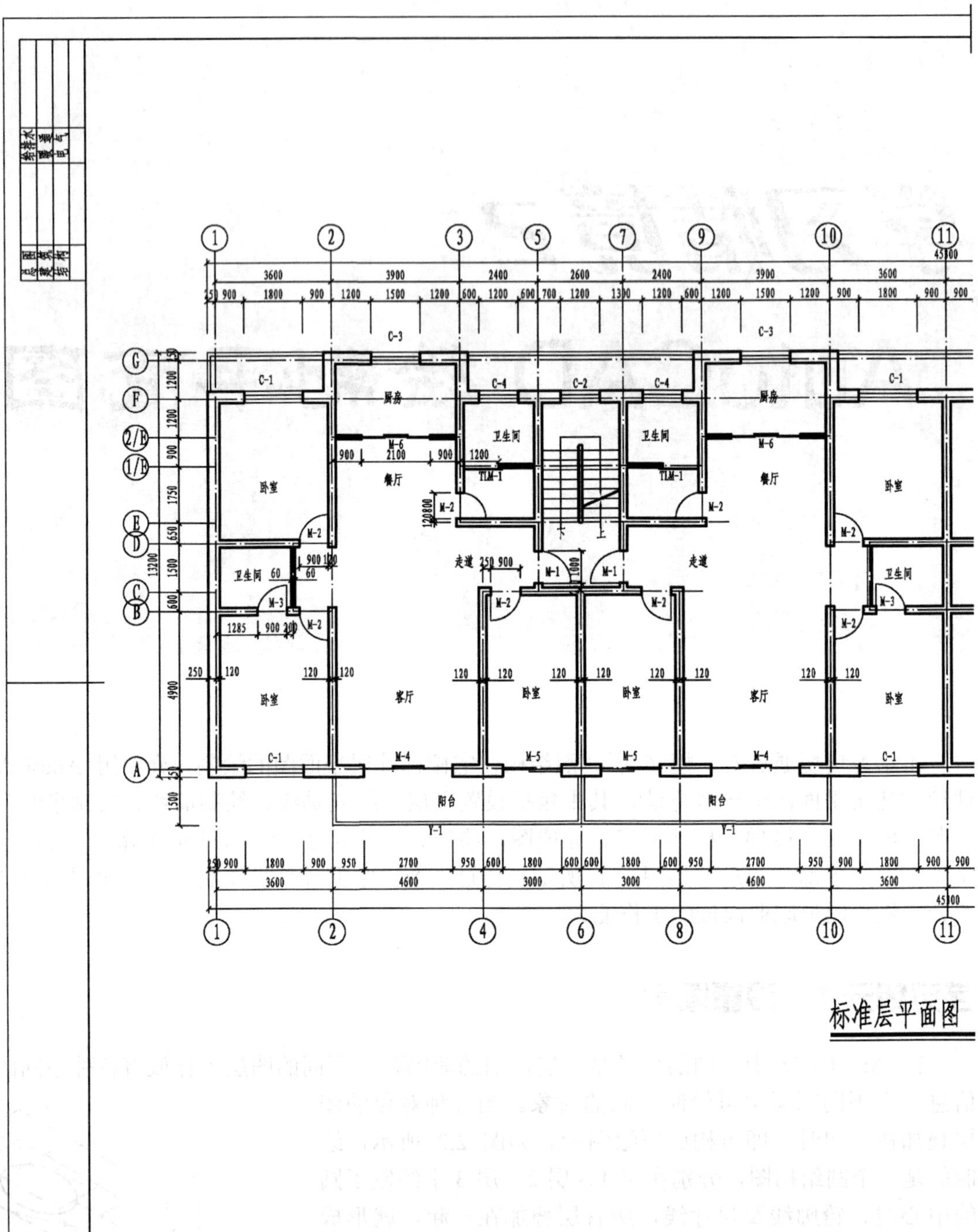

图 2.1　砖混住宅标准

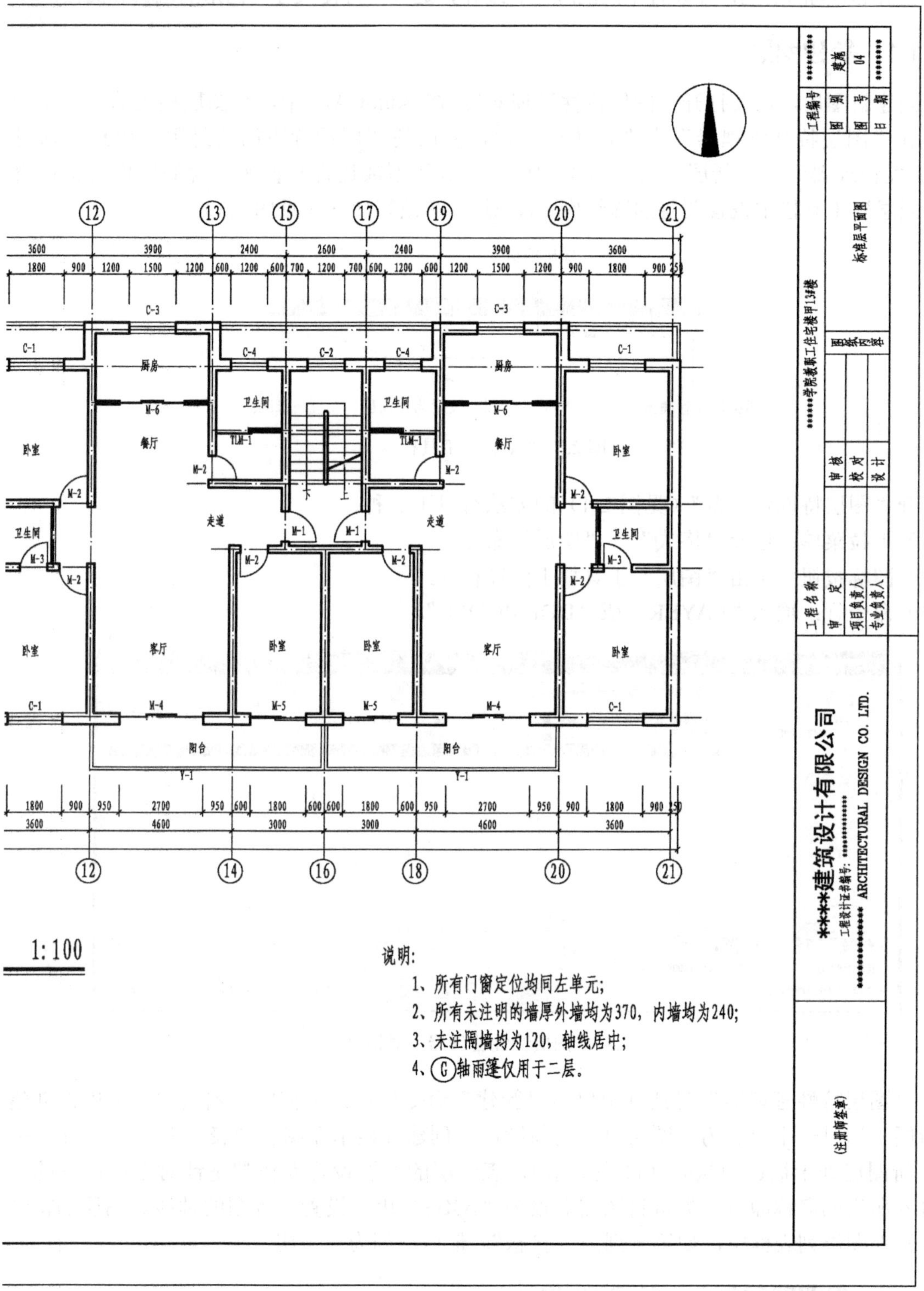

工程编号 ********
图别 建施
图号 04
日期 ********
******学院教职工住宅楼甲13#楼
标准层平面图
图纸内容
审核
校对
设计
工程名称
审定
项目负责人
专业负责人
****建筑设计有限公司
工程设计证书编号：**********
*************ARCHITECTURAL DESIGN CO. LTD.
(注册师签章)
3600 3900 2400 2600 2400 3900 3600
1800 900 1200 1500 1200 600 1200 600 700 1200 700 600 1200 600 1200 1500 1200 900 1800 900 250
C-3
C-1
C-4
C-2
厨房
卫生间
M-6
餐厅
卧室
TLM-1
M-2
M-1
下
上
走道
M-3
客厅
M-4
M-5
阳台
Y-1
1800 900 950 2700 950 600 1800 600 600 1800 600 950 2700 950 900 1800 900 250
3600 4600 3000 3000 4600 3600
12 13 15 17 19 20 21
12 14 16 18 20 21
1:100
说明:
1、所有门窗定位均同左单元;
2、所有未注明的墙厚外墙均为370，内墙均为240;
3、未注隔墙均为120，轴线居中;
4、C轴雨篷仅用于二层。

层平面图

的轮廓绘制在不同的层上，并设置不同的颜色、线宽，这样可方便尺寸与图形的编辑和阅读。

2.1.1 新建图层

要创建新图层，需要打开“图层特性管理器”。在 AutoCAD 中，与图层相关的一些功能都集中在“图层特性管理器”中进行统一管理，从而使图层设置更简洁易用。用户可通过“图层特性管理器”创建新层、给层赋予颜色、设置线型或进行其他所包含的操作。也可直接从“图层”工具栏中设置图层的冻结/解冻、锁定/解锁等功能（见图 2.3）。

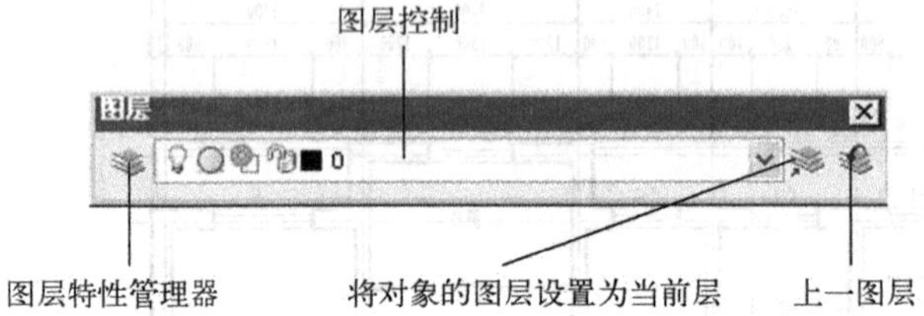

图 2.3 “图层”工具栏

打开“图层特性管理器”（见图 2.4）的方法有以下 3 种：

（1）下拉菜单：选择“格式”→“图层”命令。

（2）图标按钮：单击“图层”工具栏上的图标。

（3）命令行：输入“LAYER”或“DDLMODES”。

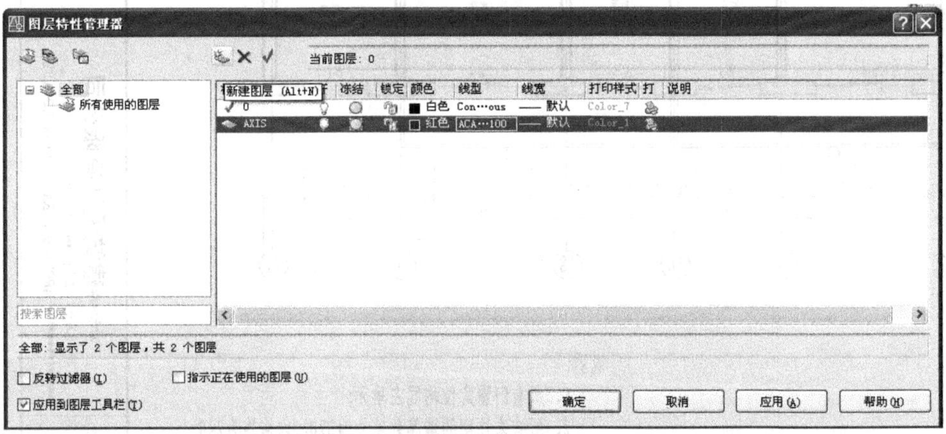

图 2.4 “图层特性管理器”对话框

在“图层特性管理器”对话框中单击“新建”命令按钮，可依照“图层 0”为模板创建一个新层。这时一个命名为“图层 1”的新图层被创建并显示在图层列表框中，如图 2.4 所示，且新图层处于被选中状态（高亮显示），表示层的特性设置操作都是针对该层而言的。然后输入所需的名称即可，如可将图层名设为“AXIS”用于设置工程图的轴线。图层的特性分列显示在图层列表框中，如第一列为“状态”，最后一列为“说明”。

2.1.2 设置图层颜色、线型和线宽

颜色、线型和线宽是图层设置的基本操作内容，在计算机绘图过程中，一般情况下不同

的图层其颜色、线型和线宽的设置是不同的。

1．颜色设置

在图 2.4 中选中要设置颜色的图层，单击图层中的“颜色”图标，AutoCAD 会弹出一个“选择颜色”对话框。在对话框中选择所需的颜色，单击“确定”按钮即可。系统通常提供 7 种标准色：红、黄、绿、青、蓝、紫、白，分别对应颜色值 1～7。若不满意，还可选择 0～255 种颜色中的一种分配给该图层。

2．线型设置

在图 2.4 中选中要设置线型的图层，单击图层中的“线型”图标，AutoCAD 会弹出一个“选择线型”对话框，见图 2.5（a）。

从对话框的“已加载的线型”列表框中选择所需的线型，单击“确定”按钮即可。若列表框中没有所需的线型，可单击“加载”按钮装载线型，弹出对话框见图 2.5（b）。该对话框中显示的是在“acadiso.lin”文件中的所有线型，可选择其中一种或按住“Ctrl”键或“Shift”键，再选择所需的多种线型，然后单击“确定”按钮，被选线型即被装入。

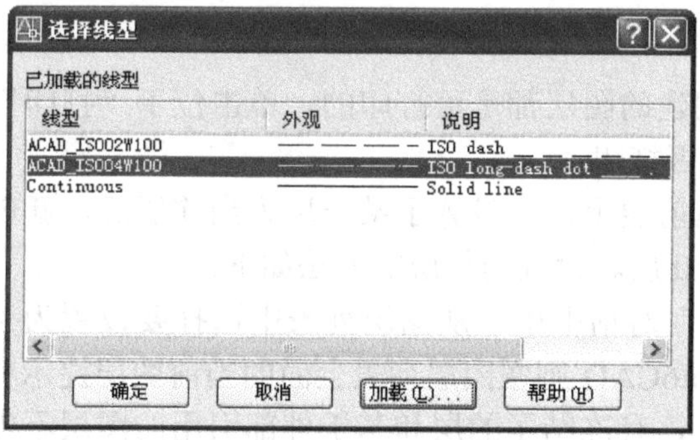

（a）“选择线型”对话框

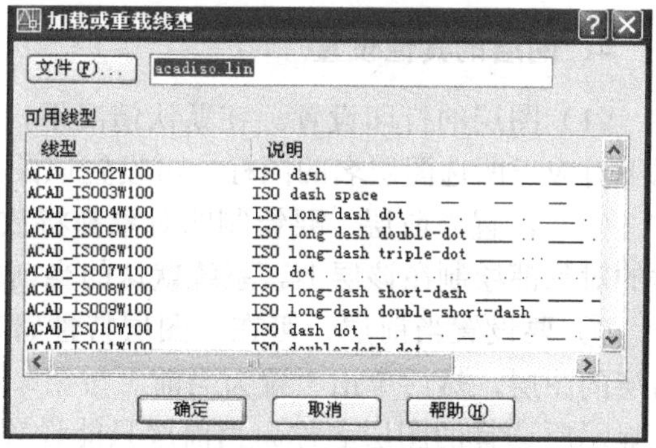

（b）“加载或重载线型”对话框

图 2.5　线型设置

3．线宽设置

在图 2.4 中选中要设置线宽的图层，单击图层中的“线宽”图标，AutoCAD 会弹出一个“线宽”对话框（见图 2.6）。该对话框的“线宽”列表框中列出了系统默认和 0.00～2.11 mm 各种线型的粗细宽度。选择其中的一种后，单击“确定”按钮即可。

图 2.6　“线宽”对话框

2.1.3　图层的显示控制

在图 2.4 中选中要设置的图层，然后可选择“开/关”、“冻结/解冻”、“锁定/解锁”切换图标来控制图层的显示。

1．开/关控制

单击“开/关”图标可设置图层的打开和关闭。当图层打开时，图层上的对象可显示和打印；如果关闭图层则不能显示和打印。如果关闭当前层，AutoCAD 会弹出警告对话框，提示用户关闭了当前正在工作的图层。

2. 冻结/解冻控制

在“图层特性管理器”对话框中，单击“在所有视口冻结”图标，可冻结/解冻所选中的图层。

AutoCAD 不会显示、打印或重新生成被冻结的图层上的对象，从而加快了 ZOOM、PAN、VPOINT 命令的执行速度，有利于对象的选择，节省了复杂图形重新生成的时间。直到图层被解冻，AutoCAD 重新生成图形并显示解冻图层上的对象。

3. 锁定/解锁控制

当要编辑某些图层上的对象而不想让其他图层上的对象受到影响，可将这些不用编辑的对象所在的图层锁住。这样只能编辑没锁住图层上的对象，而不能选择和编辑锁定图层上的对象，但锁定图层上的对象仍可见，并可进行对象捕捉。用户可将当前层设置为锁定并且在上面绘制对象。与冻结不同的是锁定的图层可以被打印。

4. 图层的其他设置

（1）图层的打印设置。在默认情况下，新创建的图层都是可打印的。单击位于“打印”列下对应于所选图层名的图标，可设置该图层是否打印。

（2）设置当前层。要绘制的对象都将放在当前层上，当设置了某一层为当前层后，新创建的对象都绘制在该层上。系统默认的当前层为 0 层。设置当前层的方法如下：

① 要设置当前层，可在“图层特性管理器”对话框中，从图层列表中选择要设置为当前层的图层，然后单击“置为当前”按钮，AutoCAD 则在图层列表上面的当前图层提示栏上显示所选择的图层名称。当前层只能设置一个，且冻结了的层和基于外部引用的图层不能设置为当前层。

② 单击“图层”工具栏中的“将对象的图层设置为当前层”图标来设置当前层。单击该图标后，系统提示选择一个对象，则与该对象相关的层就被设置为当前层。

③ 在“图层特性管理器”对话框中用鼠标双击某一层即可将该层设置为当前层。

（3）删除图层。可删除一些不必要的空白图层。其方法是选择要删除的图层，然后单击“删除”按钮即可。但要注意的是，不能删除 0 层、定义点层、当前层、外部引用所在层及包含有对象的图层。

2.1.4 线型设置

线型设置的方法有下面两种：

（1）下拉菜单：选择“格式”→“线型”命令。

（2）命令行：输入“LINETYPE”。

在绘制图形时，都要使用一定的线型，例如可见轮廓线用实线，看不见的轮廓线用虚线等。可使用线型管理器来设置当前新绘制图形所使用的线型。打开的线型管理器如图 2.7 所示。

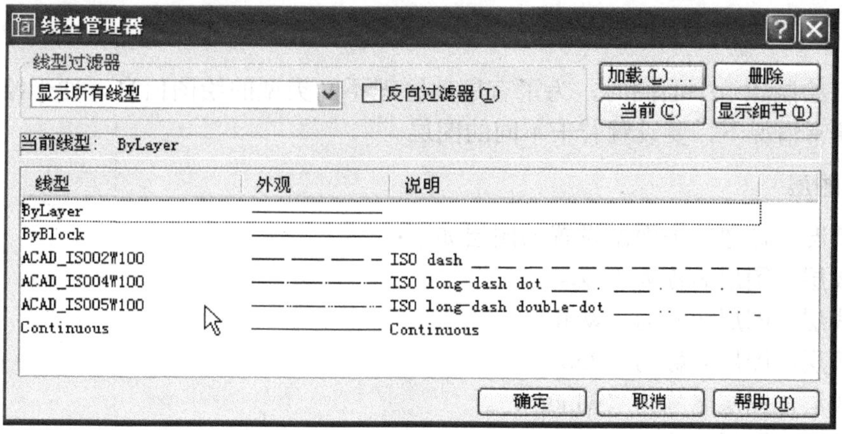

图 2.7

1. 设置当前线型

在“线型管理器”对话框的线型列表框中显示的有“随层（ByLayer）”、“随块（ByBlock）”和其他一些线型，例如“连续（Continuous）”等。可选择其中一种线型，然后单击“当前”按钮，即可设置该线型为当前绘图线型。

选择“随层”表示当前绘图线型与图层的线型一致。通常绘图线型都设置为随图层线型，这样在哪个图层上绘图就使用该层的线型。

选择“随块”表示绘制的对象是随块的线型。

如果选择的是其他线型而非“随层”和“随块”，则以后绘制的对象都使用该种线型，而不受绘制对象所在当前层线型的影响。

2. 载入线型

当“线型管理器”中的线型列表框内没有所需的线型时，可单击“加载”按钮，从弹出的“加载或重载线型”对话框（见图 2.5（b））中选择一种或多种线型，然后单击“确定”按钮即可（前面已有说明）。

3. 线型的可选择显示

当载入的线型太多时，为方便浏览线型，在 AutoCAD 中可选择“线型过滤器”来设置线型列表的方式。“线型管理器”对话框的“线型过滤器”下拉列表中提供了以下 3 个选项：

（1）显示所有线型。

（2）显示所有使用的线型。

（3）显示所有依赖于外部参照的线型。

“线型过滤器”下拉列表框右边的复选框“反向过滤器”表示过滤方式与所选项相反。例如，若过滤方式为“显示所有线型”，又选中“反向过滤器”复选框，则在线型列表框里不显示任何线型。

在“线型管理器”中单击“显示细节”按钮，会显示“详细信息”栏，通过此栏用户可对某种线型的特征进行详细设置。

2.1.5　设置建筑平面图的图层

在计算机绘制建筑平面图时，为了有序地管理不同类型的绘图信息，便于绘制不同类别的图形，在通常情况下，要设置若干不同的图层。

1．新建图层

在一般情况下，建筑平面图设置的图层如下：

（1）轴线层，图层名称为“axis”。

（2）墙线层，图层名称为“wall”。

（3）门线层，图层名称为“door”。

（4）窗线层，图层名称为“window”。

（5）楼梯层，图层名称为“stair”。

（6）文字标注层，图层名称为“txt”。

（7）尺寸标注层，图层名称为“dim”。

（8）其他层，图层名称为“other”。

以上 8 个图层只是建筑平面图图层的一般设置，在具体绘图过程时可根据实际需要随时来建立所需的图层。图层命名可以是汉字、英文单词或汉语拼音，一般推荐使用英文单词或汉语拼音。图层建立结果如图 2.8 所示。

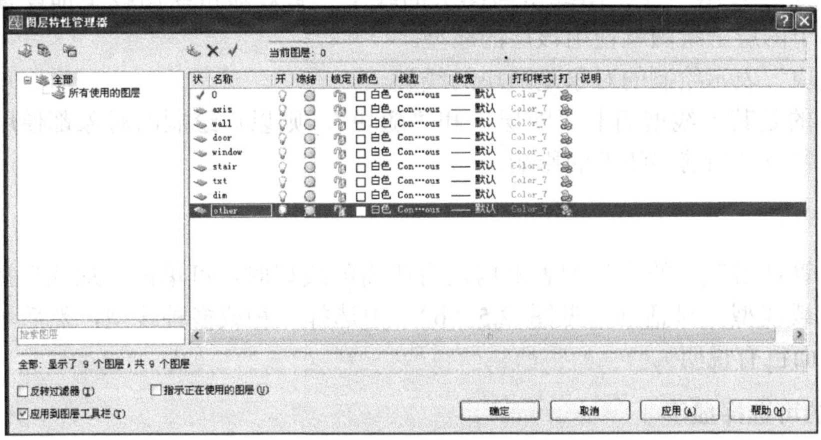

图 2.8　建立图层

2．设置图层颜色及线型

在一般情况下，建筑平面图设置的图层颜色及线型如下：

（1）轴线层，颜色为红色，线型为点画线，点画线线型名称为“ACAD_ISO04W100”。

（2）墙线层，颜色为白色，线型为实线，实线线型名称为“Continuous”。

（3）门线层，颜色为黄色，线型为实线。

（4）窗线层，颜色为黄色，线型为实线。

（5）楼梯层，颜色为绿色，线型为实线。

（6）文字标注层，颜色为白色，线型为实线。

（7）尺寸标注层，颜色为绿色，线型为实线。

（8）其他层，颜色为蓝色，线型为实线。

以上图层的颜色和线型设置在具体绘图过程时，可根据实际需要随时来设置所需的颜色和线型。图层颜色和线型设置结果如图 2.9 所示。

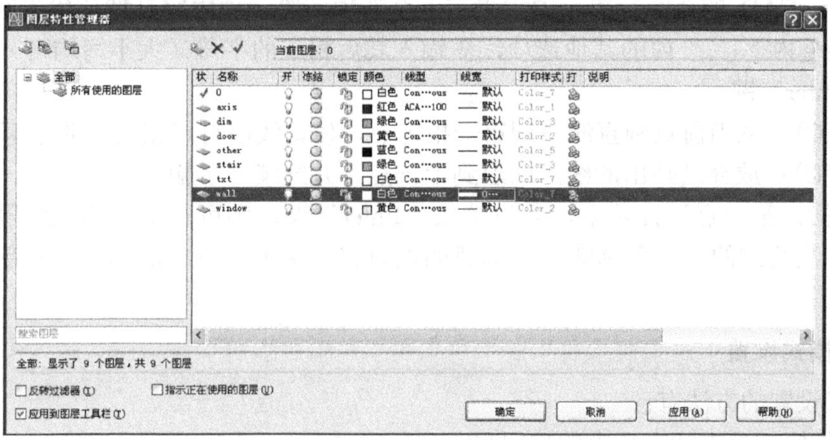

图 2.9　图层颜色、线型和线宽设置

3．设置图层线宽

在一般情况下，建筑平面图的图层线宽除了墙线层设置为粗实线，线宽数值一般为 0.5，其他图层线宽都设为默认，在具体绘图过程中根据实际情况来设定。图层线宽设置结果见图 2.9。

在设置建筑平面图的图层时，以上几步可以同时进行，在新建一个图层时，可以同时设置图层的名称、颜色、线型和线宽。

学习单元 2　绘制轴线

轴线绘制是建筑平面图绘制中非常重要的一步，绘制时一定要注意轴线尺寸的正确性。平面图绘制时都是按照 1∶1 的比例来进行绘制的。下面具体介绍轴线绘制的过程。

2.2.1　基本命令

绘制两条相互垂直的轴线主要涉及直线命令、正交模式设置和移动等命令，下面首先介绍这几个命令。

1．直线命令

（1）功能：绘制直线段。

（2）命令格式及操作如下：

① 下拉菜单：选择“绘图”→“直线”命令。

② 图标按钮：单击“绘图”工具栏上的按钮 。

③ 命令行：输入“LINE”（缩写名为 L）。

```
命令：_line
指定第一点：（指定直线起点）
指定下一点或[闭合(C)/放弃(U)]：（继续指定点绘制直线，也可按“Enter”键结束命令）
```

对该命令选项的说明如下。

① 在 AutoCAD 的命令行提示中如果有多个选项，第一项内容是默认优先回答的选项，若要执行方括号内“[ ]”内的其他选项，需输入其后相应的字母（大小写均可），如“C”或“U”并按“Enter”键。

② 闭合(C)：从当前点画直线段到第一指定点，使直线段首尾相连，并结束命令。

③ 放弃(U)：放弃刚画出的线，回退到上一点，并继续提示输入点。

④ 在“指定第一点”提示下，若直接按“Enter”键，则可从上次画完线段的终点继续画直线；若上次绘制的是一条圆弧，则圆弧的端点将定义为新直线的起点，且新直线与该圆弧相切。

2. 正交模式设置

正交模式设置的方法有：

① 图标按钮：单击状态栏上的按钮正交。

② 命令行：输入“ORTHO”。

使用该命令可打开或关闭正交模式。正交模式允许绘制相互垂直的直线而不必使用目标（垂点）捕捉。当绘制直线时，指定第一个点后，连接光标和起点的直线总是平行于 X 轴或 Y 轴，若不使用对象捕捉或直接输入点坐标值，而单纯用鼠标在绘图区指定点给出的线往往是水平线或垂直线（由光标移动的方向来决定），且指定的第二点不一定就是直线的另一端点（见图 2.10）。

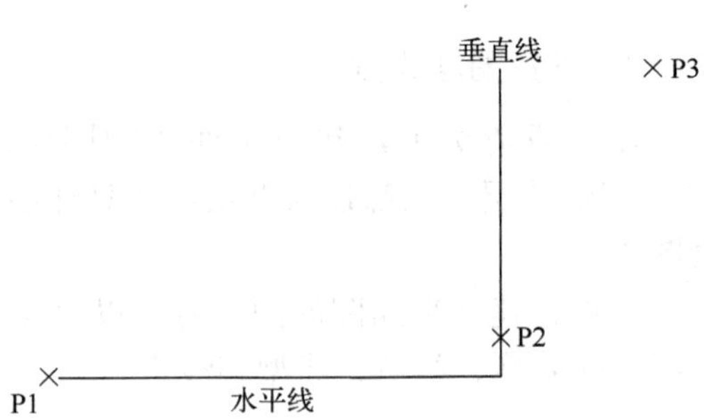

图 2.10　在正交模式下绘制直线

```
命令：_ortho
输入模式[开(ON)/关(OFF)]：
```

开(ON)/关(OFF)：打开或关闭正交模式。按功能键“F8”或单击状态栏上的“ORTHO”按钮也可快捷地打开或关闭正交模式。

3. 移动（MOVE）命令

（1）功能：改变（平移）图形位置。

（2）命令格式及操作如下：

① 下拉菜单：选择“修改”→“移动”命令。

② 图标按钮：单击“修改”工具栏上的按钮✥。

③ 命令行：输入“MOVE”（缩写名为 M）。

```
命令：_move
```

选择对象：指定对角点（找到一个）
选择对象：
指定基点或[位移(D)]<位移>：
指定第二个点或<使用第一个点作为位移>：

4．删除（ERASE）命令

（1）功能：擦除图中指定的图素。

（2）命令格式及操作如下：

① 下拉菜单：选择“修改”→“删除”命令。

② 图标按钮：单击“修改”工具栏上的按钮。

③ 命令行：输入“ERASE”（缩写名为 E）。

命令：_erase
选择对象：（选择对象）
选择对象：（按“Enter”键，删除所选对象）

5．恢复（OOPS）命令

（1）功能：恢复最后一次被 ERASE 命令所删除的全部图素。

（2）命令格式及操作如下：

命令行：输入“OOPS”。

恢复命令只能恢复最近一次删除命令所删除的实体。若连续多次使用删除命令后又想恢复前几次删除的实体，则只能使用 UNDO 命令。

6．放弃（UNDO）命令

（1）功能：取消上一次或上几次命令操作。在具体的绘图过程中，常会有绘制错的地方，可用 UNDO 命令取消绘制过程中的错误。

（2）命令格式及操作如下：

① 下拉菜单：选择“编辑”→“放弃”命令。

② 图标按钮：单击“标准”工具栏上的按钮。

③ 命令行：输入“UNDO”（缩写名为 U）。

对该命令选项的说明如下。

① UNDO 可以无限制地逐级取消多个操作步骤，直到返回当前图形的开始状态。

② UNDO 不受存储图形的影响，可以保存图形，而 UNDO 命令仍然有效。

③ UNDO 适用于几乎所有的命令，UNDO 命令不仅可以取消绘图操作，而且还能取消模式设置、图层的创建以及其他操作。

④ UNDO 提供了几个用于管理命令组或同时删除几个命令的不同选项。

⑤ UNDO 命令不能取消如 PLOT、SAVE、OPEN、NEW、COPY 或 CLIP 等对设备做读、写数据的命令。

7．重做（REDO）命令

（1）功能：恢复前面所放弃的命令，是 UNDO 命令的逆过程。

（2）命令格式及操作如下：

① 下拉菜单：选择“编辑”→“重做”命令。

② 图标按钮：单击“标准”工具栏上的按钮。

③ 命令行：输入“REDO”。

REDO 命令不可以用 R 代替，也不一定能够往前逐一恢复被取消的执行结果，在 UNDO 命令之后又执行另外的命令，则 REDO 命令将会失败。

2.2.2　绘制两条相互垂直的轴线

在绘制两条相互垂直的轴线时，两条轴线总长度比建筑物的总开间和总进深要长一些。绘制完第一条轴线用范围缩放重新显示整个图形，然后绘制与其垂直的轴线。

（1）设置轴线层为当前图层，打开正交，查建筑平面图总开间尺寸，根据总开间尺寸适当延长，用直线命令来绘制第一条轴线（点画线）。若平面图每个单元都是轴对称图形，则只需绘制一个户型或单元。本套建筑工程图纸中的每单元都是轴对称图形，因此只需绘制一个户型即可。一个户型总开间是 11200，因此轴线总长取 15000，如图 2.11 所示。

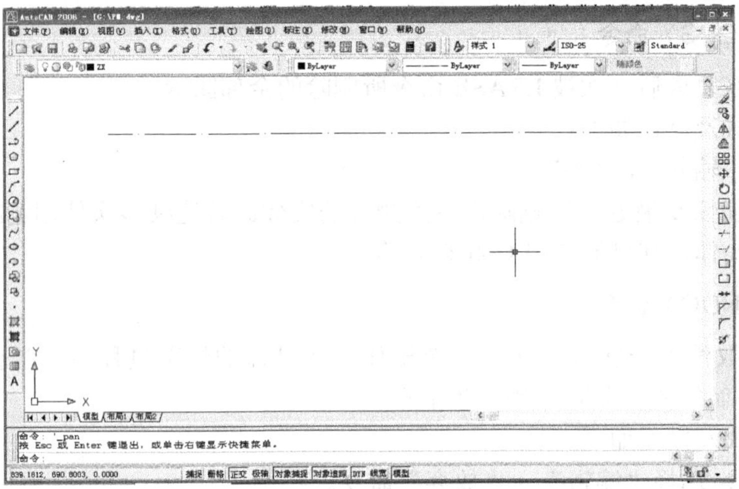

图 2.11　绘制第一条轴线

（2）执行缩放命令（ZOOM）、平移命令（PAN），或在绘图区单击鼠标右键，选择快捷菜单的“范围缩放”命令重新显示图形，如图 2.12 所示。

（3）查建筑平面图总进深，用直线命令绘制与第一条轴线垂直的轴线（第二条）。总进深为 13200，输入总长 17000，然后用“范围缩放”命令重新显示（见图 2.13）。

（4）轴线缩放完后可看到点画线显示为实线，实际上是由于点画线间的间距过密而显示为实线。此时，可以通过修改线型比例因子数值来实现点画线及虚线等线条的显示，如图 2.14 所示。

在命令窗口中输入线型比例因子命令：LTSCALE。

```
命令：_ltscale
输入新线型比例因子 <1.0000>：100
正在重新生成模型。
```

图 2.12　重新显示图形

图 2.13　绘制第二条轴线

图 2.14　用线型比例因子命令显示点画线

2.2.3 绘制其余轴线

绘制完两条相互垂直的轴线后，其余轴线绘制主要是由偏移命令来完成的。查建筑平面图的每个开间和进深尺寸，根据这些尺寸输入不同的偏移距离来完成其余轴线的绘制。

1. 偏移对象（OFFSET）命令

（1）功能：根据指定距离或通过一指定点，构造一个平行于已知图素的新图素。

画出指定对象的偏移，即等距线。直线的等距线为平行等长线段；圆弧的等距线为同心圆弧，保持圆心角相同；多段线的等距线为多段线，其组成线段将自动调整，即其组成的直线段或圆弧段将自动延伸或修剪，构成另一条多段线。

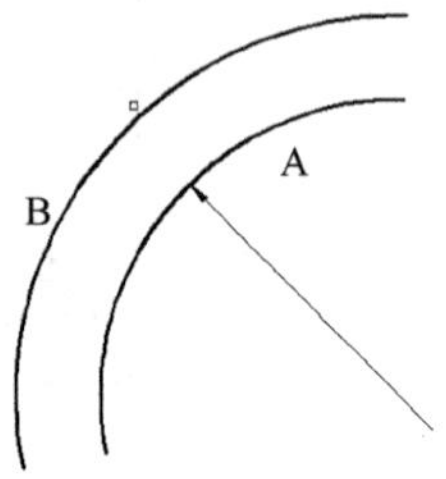

图 2.15 指定偏移距离

（2）命令格式及操作如下：

① 下拉菜单：选择“修改”→“偏移”命令。

② 图标按钮：单击“修改”工具栏上的按钮。

③ 命令行：输入“OFFSET”（缩写名为 O）。

（3）指定偏移距离值偏移对象，结果如图 2.15 所示。

命令：offset
当前设置：删除源=否，图层=源，OFFSETGAPTYPE=0
指定偏移距离或[通过(T)/删除(E)/图层(L)]<1.0000>：10（给定偏移距离）
选择要偏移的对象，或[退出(E)/放弃(U)]<退出>：（指定对象，圆弧 A）
指定要偏移的那一侧上的点，或[退出(E)/多个(M)/放弃(U)]<退出>：（在 B 点这一侧获得等距线，则在这一侧单击鼠标左键）
选择要偏移的对象，或[退出(E)/放弃(U)]<退出>：（继续选择另一对象或按“Enter”键结束命令）

出现[退出(E)/多个(M)/放弃(U)]提示时，若选择“多个(M)”选项，只需选择一次要偏移的对象，在偏移的那一侧单击一次鼠标左键就可获得一条等距线，多次单击可获得多条等距线。

（4）通过(T)：若选择该选项可不给定偏移距离，只要指定偏移后新创建对象所经过或延长通过的偏移点即可在偏移点创建新对象。但通常也可以坐标方式精确定位偏移对象通过的点，这样，在激活一次 OFFSET 命令的情况下，可以输入不同通过点的坐标而获得不同偏移距离的新对象。选择该选项后，命令提示序列如下（结果如图 2.16 所示）：

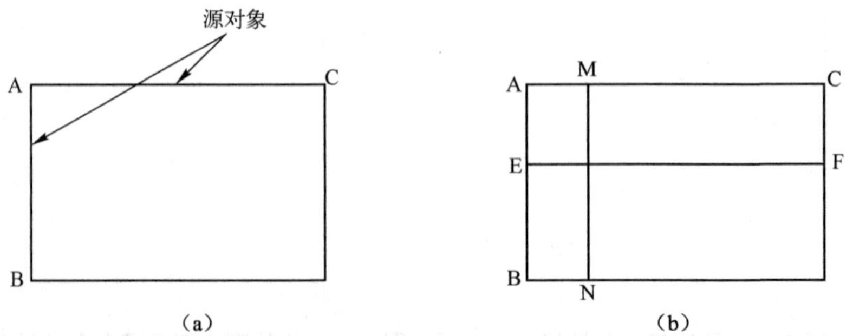

图 2.16 指定通过点

```
命令：_offset
当前设置：删除源=否，图层=源，OFFSETGAPTYPE=0
指定偏移距离或[通过(T)/删除(E)/图层(L)]：T
选择要偏移的对象，或[退出(E)/放弃(U)]<退出>：(选择直线 AB)
指定通过点或[退出(E)/多个(M)/放弃(U)]：@12<0（指定精确点，按“Enter”键获得直线 MN）
选择要偏移的对象，或[退出(E)/多个(M)/放弃(U)]<退出>：(选择直线 AC)
指定通过点或[退出(E)/多个(M)/放弃(U)]：@16<90（指定精确点，按“Enter”键获得直线 EF）
选择要偏移的对象，或[退出(E)/多个(M)/放弃(U)]<退出>：(按“Enter”键结束 offset 命令)
```

（5）删除(E)：选择该选项，命令提示序列如下。

```
命令：_offset
当前设置：删除源=否，图层=源，OFFSETGAPTYPE=0
指定偏移距离或[通过(T)/删除(E)/图层(L)]<通过>：E
要在偏移后删除源对象吗?[是(Y)/否(N)]<否>：(选择 Y，偏移后删除源对象；选择 N，偏移后不删除源对象)
```

（6）图层(L)：选择该选项，命令提示序列如下。

```
命令：_offset
当前设置：删除源=否，图层=源，OFFSETGAPTYPE=0
指定偏移距离或[通过(T)/删除(E)/图层(L)]<10.0000>：L
输入偏移对象的图层选项[当前(C)/源(S)]<源>：C（选择 C，偏移后对象图层为当前层；选择 S，偏移后对象图层与源对象图层一致）
```

2．绘制其余轴线

根据轴线间的尺寸关系，用直线命令、偏移命令等基本命令绘制其余轴线，结果如图 2.17 所示。本书开始介绍的基本命令，在以后的工程图绘制过程中要经常用到，在初学 AutoCAD 时要多练习，以提高绘图技巧。

通过以上步骤，就可以绘制出一个户型的轴线。如果有多种户型，按照以上步骤，用偏移命令等分别绘出各条轴线。

学习单元 3　绘制墙线

绘制墙线一般有两种方法：第一种方法是利用轴线生成墙线，绘出轴线后用偏移命令偏移轴线，然后改变偏移后线条的图层，把偏移后线条的图层从轴线层改为墙线层，最后用修剪命令修剪这些线条形成墙线；第二种方法是利用多线命令绘制墙体，然后对这些多线进行编辑形成墙线。这里只介绍利用多线命令绘制墙线的方法。

2.3.1　多线命令

多线命令可用于绘制由多条平行线段组成的复合线，它由 1～16 条平行线构成，这些直线称为多线的元素。多线命令所绘制的图形对象，不管包括多少元素，系统都将视为一个对象。在绘制多线对象前，应首先设置其多线的样式，然后再用该命令绘制多线对象。

1．定义多线样式（MLSTYLE）命令

（1）功能：创建、保存多线样式，指定当前多线样式。

（2）命令格式及操作如下：

① 下拉菜单：选择“格式”→“多线样式”命令。

② 命令行：输入“MLSTYLE”。

执行 MLSTYLE 命令后，AutoCAD 将弹出如图 2.18 所示的“多线样式”对话框。

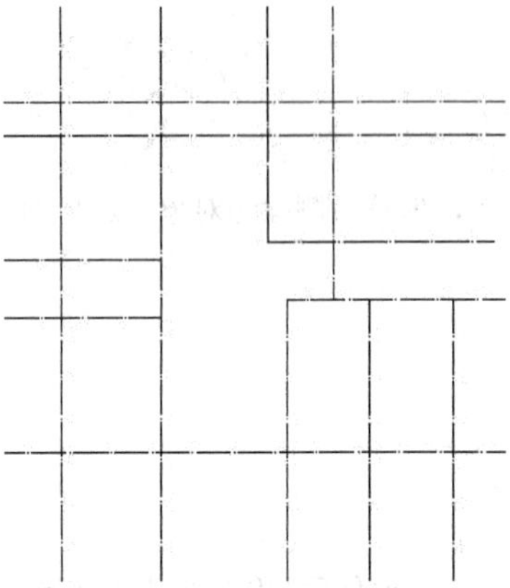

图 2.17 绘制其余轴线

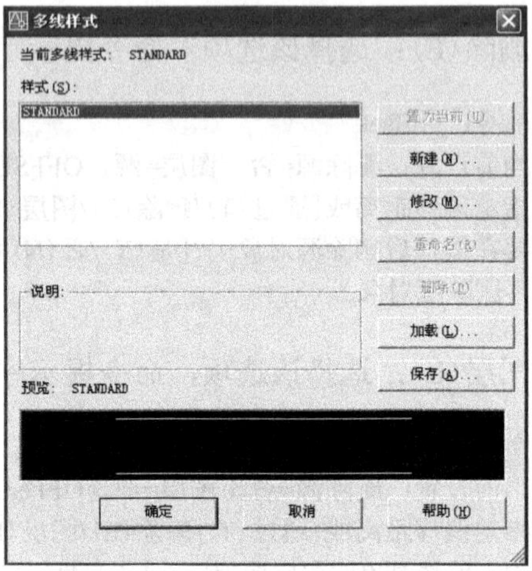

图 2.18 “多线样式”对话框

（3）对话框操作说明如下。

①“样式”列表框：显示当前图形中可使用的多线样式名，系统默认名为“STANDARD”。

②“说明”栏：列出选定样式的注释说明。

③“预览”区：预览选定样式的多线样式。

④“新建”按钮：用于新建多线样式。单击该按钮，则 AutoCAD 将弹出如图 2.19 所示的对话框。

图 2.19 “创建新的多线样式”对话框

在对话框中输入新建样式名后，即可打开如图 2.20 所示的“新建多线样式”对话框。在该对话框中可设置多线样式的元素特性，该对话框的具体操作说明如下。

- “说明”文本框：用于输入新建多线样式的注释说明文字。
- “元素”选项区：用于为多线样式添加或删除多线元素，并为其设置偏移量、线型和颜色等。操作方法为：单击“添加”按钮，可为当前设置的多线样式添加一条多线元素，即多线所包含的直线。

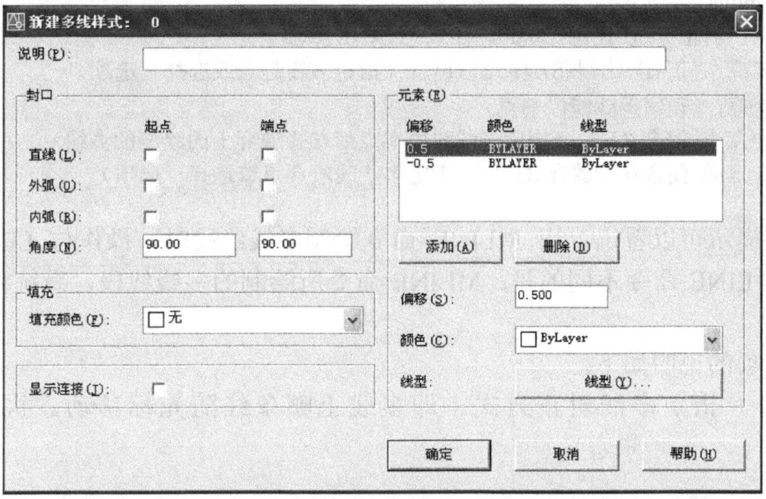

图 2.20 “新建多线样式”对话框

在多线元素列表框中，若选择了已有的多线元素，则可进行以下操作：单击“删除”按钮可删除该多线元素；在“偏移”文本框中可修改所选元素偏移多线中心的距离，但应注意所输入的数值并非实际偏移量。实际偏移量为所输入的数值乘以特定的比例而得出。在“颜色”下拉列表中可设置该元素的颜色特性。单击“线型”按钮可打开“加载线型”对话框，通过该对话框可为所选的多线元素设置所需的线型。

- “封口”选项区：用于设置多线起始端部的封口样式和封口角度。通过选择各封口样式后的复选框和输入具体角度进行设置。
- “填充”选项区：用于设置多线的填充颜色。
- “显示连接”复选框：用于设置是否在多线转角处显示连接线。

在“新建多线样式”对话框中设置完毕后，单击“确定”按钮，则返回如图 2.18 所示的“多线样式”对话框。

⑤“修改”按钮：修改选定的多线样式设置。选择一条已有多线样式后单击该按钮，则系统将弹出类似于图 2.20 所示的对话框，在对话框中即可修改选定多线样式的设置。

⑥“重命名”按钮：对选定的多线样式重新命名。

⑦“删除”按钮：删除选定的多线样式。

⑧“加载”按钮：从多线库文件（.MLN）中加载已定义的多线。单击该按钮，系统会弹出“加载多线样式”对话框，供选择和加载已定义的多线样式。

⑨“置为当前”按钮：将选定样式设置为当前多线样式。

在定义好多线样式后，即可用 MLINE 命令来绘制多线。

2．绘制多线（MLINE）命令

（1）功能：按当前多线样式绘制多线线段。

（2）命令格式及操作如下：

① 下拉菜单：选择“绘图”→“多线”命令。

② 命令行：输入“MLINE”。

命令：_mline
当前设置：对正=上，比例=20.00，样式=STANDARD
指定起点或[对正(J)/比例(S)/样式(ST)]：（指定多线起点或选择一选项）
指定下一点：（指定多线线段端点）
指定下一点或[放弃(U)]：（指定多线线段端点或选择放弃上面绘制的多线）
指定下一点或[闭合(C)/放弃(U)]：（指定多线线段端点或选择一选项）

从以上命令提示可以看出，用 MLINE 命令绘制多线线段时，操作与 LINE 命令基本相似。但应注意与 LINE 命令不同的是：MLINE 命令所绘制的多线线段，系统将其全部视为一个图形对象。

对该命令选项的说明如下。

① 对正(J)。指定多线对正方式，即多线上哪条线随光标移动。执行该选项时，AutoCAD 提示：

输入对正类型[上(T)/无(Z)/下(B)]<上>：

上(T)：当从左向右绘制多线时，多线上最顶端的线随光标移动，如图 2.21（a）所示。
无(Z)：绘制多线时，多线的中心线随光标移动，如图 2.21（b）所示。
下(B)：当从左向右绘制多线时，多线上最底端的线随光标移动，如图 2.21（c）所示。

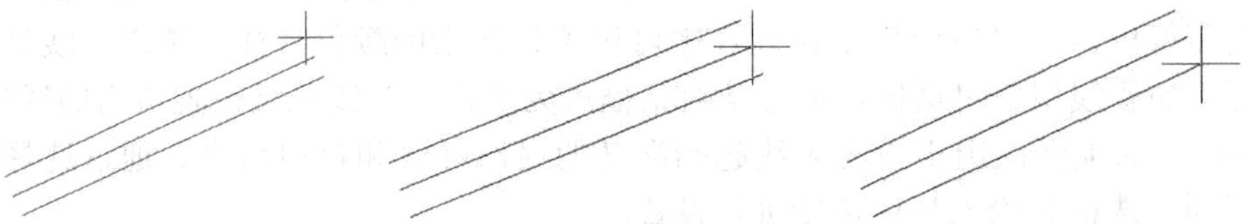

(a)“上(T)”对齐　(b)“无(Z)”对齐　(c)“下(B)”对齐

图 2.21　对正(J)类型

② 比例(S)。确定多线宽度相对于多线定义宽度的比例因子。执行该选项时，AutoCAD 提示：

输入多线比例<20.00>：

在该提示下，输入比例因子值即可。

③ 样式(ST)。用于确定绘制多线时所需要的线型样式。默认线型样式为“STANDARD”。执行该选项时，AutoCAD 提示：

输入多线样式名或[?]：

此提示下，可以输入已有的多线样式名，也可以输入“?”，则显示已有的多线样式名称及说明。

2.3.2　分解命令

（1）功能：把由多个元素组成的图形或块分成单个元素。

（2）命令格式及操作如下。

① 下拉菜单：选择“修改”→“分解”命令。

② 图标按钮：单击“修改”工具栏上的按钮 。

③ 命令行：输入“EXPLODE”。

命令：_explode
选择对象:（选择要分解的对象）
选择对象:（接着选择要分解的对象，如果已经选完，则单击鼠标右键或按“Enter”键结束）

2.3.3　修剪命令

（1）功能：指定剪切边（边界边）后，可单个或连续修剪被切边。

（2）命令格式及操作如下。

① 下拉菜单：选择“修改”→“修剪”命令。

② 图标按钮：单击“修改”工具栏上的按钮 。

③ 命令行：输入“TRIM”（缩写名为 TR）。

命令：_trim
当前设置：投影=UCS，边=无
选择剪切边…
选择对象或<全部选择>：（选定剪切边界，如图 2.22 所示，可连续选取，按“Enter”键结束该项操作）
选择对象：（按“Enter”键，结束边界选择）
选择要修剪的对象，或按住“Shift”键选择要延伸的对象，或[栏选(F)/窗交(C)/投影(P)/边(E)/删除(R)/放弃(U)]：（选择要修剪的边、改变修剪模式或取消当前操作）

对该命令选项的说明如下。

修剪的步骤是首先选择剪切的边界，然后修剪对象。

① 选择要修剪的对象：AutoCAD 根据选取点的位置，搜索与边界边的交点，判定修剪部分，如图 2.22 所示，选取 1 点，则上面线两条边界边的中间段被修剪，继续选取 2 点，则中间线的右端被修剪。

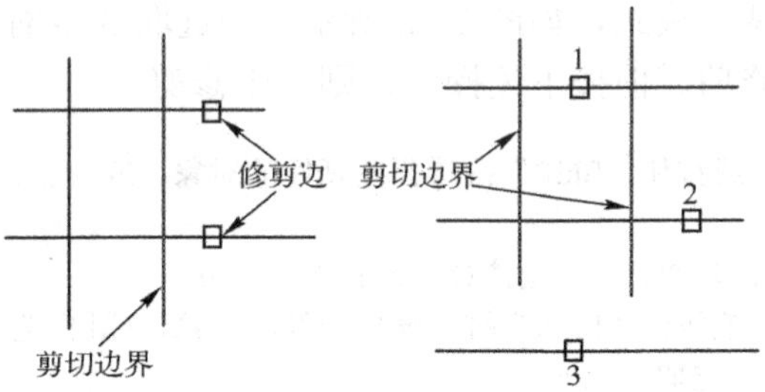

图 2.22　修剪图形对象

② 按住“Shift”键选择要延伸的对象：先选择延伸边界，然后选择要延伸的边，其功能与后续的延伸命令一样，如图 2.23 所示。

③ 栏选(F)：绘制如图 2.24 所示的一条开放多点栅栏（一段或多段直线）来选择，其中所有与栅栏线相接触对象均被选中称为栏选。选择该项，可提高修剪效率，但当指定剪切边界和栏选范围后，若与要修剪的对象产生矛盾，可能出现多种结果时，则修剪失败。

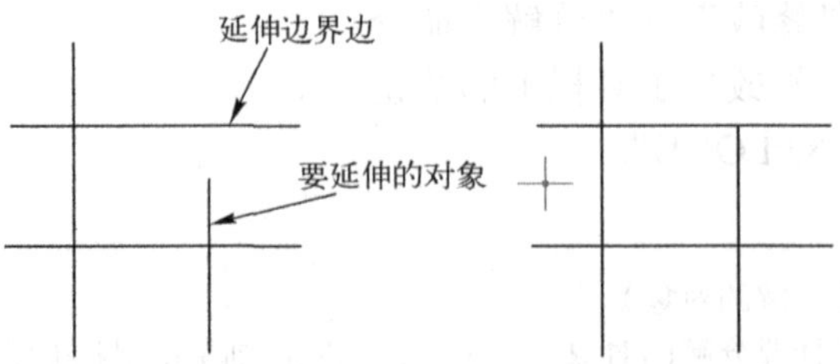

（a）延伸前　　（b）延伸后

图 2.23　选择要延伸的对象

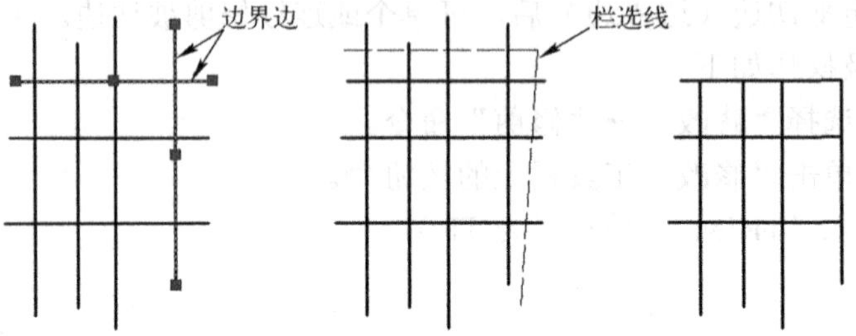

（a）指定边界　　（b）绘制栏选线　　（c）修剪结果

图 2.24　栏选选项

④ 窗交(C)：从右向左作反选虚线框，如图 2.22 所示的修剪框，使反选虚线框与要修剪的对象相交。指定边界后，选择该选项后修剪反选框内的对象，可多次作反选框直至修剪完要修剪的对象。

⑤ 投影(P)：选择修剪的投影模式，用于三维空间的修剪。在二维绘图时，投影模式=UCS，即修剪在当前 UCS 的 XOY 平面上进行。

⑥ 边(E)：选择剪切边的模式，可选项如下。

输入隐含边延伸模式[延伸(E)/不延伸(N)]<不延伸>：

即延伸有效和不延伸两种模式，如图 2.22 所示，当选取 3 点时，因开始时边界边模式为不延伸，所以将不会产生修剪。但按下述操作，则产生修剪。

选择要修剪的对象，或按住“Shift”键选择要延伸的对象，或[栏选(F)/窗交(C)/投影(P)/边(E)/删除(R)/放弃(U)]：e
输入隐含边延伸模式[延伸(E)/不延伸(N)]<不延伸>：e
选择要修剪的对象，或按住“Shift”键选择要延伸的对象，或[栏选(F)/窗交(C)/投影(P)/边(E)/删除(R)/放弃(U)]：(选取 3 点)

⑦ 删除(R)：指定边界后选择该选项，可删除选定的对象而无须退出修剪命令。若删除的对象为选定的边界，删除选项执行完后继续执行修剪命令时，已被删除的边界变成隐形边界，仍然起作用。

2.3.4　绘制墙线

墙体绘制在计算机绘制建筑工程图的过程中有特定的操作方法：首先设置多线的样式，

再用多线命令完成大轮廓线绘制，之后用多线编辑命令进行完善。

1．设置墙线所用的多线样式

墙线所用的多线样式根据墙厚主要有三种：第一种是外墙线，本例中墙厚 370，以轴线为界，一边 120，一边 250；第二种是内墙线，墙厚 240，以轴线为界，两边各 120；第三种是内隔墙，墙厚 120，以轴线为界，两边各 60。具体设置如图 2.25～图 2.27 所示。

图 2.25　370 墙体多线设置

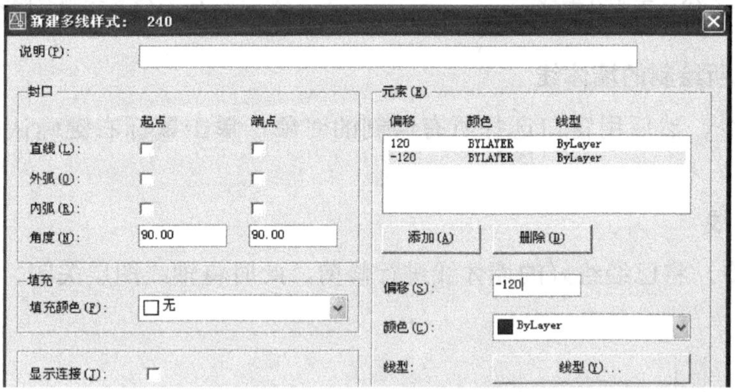

图 2.26　240 墙体多线设置

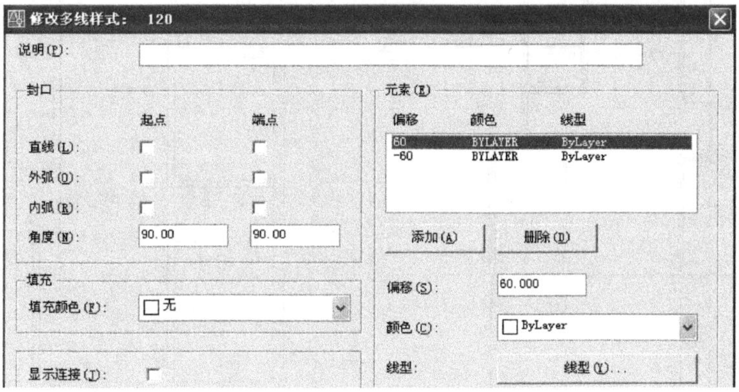

图 2.27　120 墙体多线设置

2．用设置好的多线绘制墙体

在用设置好的多线绘制墙体时，首先要调整当前设置，设置结果如下：对正=无，比例=1.00，样式=370（240、120），然后进行墙体的绘制。用多线绘制墙体时，要打开对象捕捉功能，精确地捕捉每个点位，确保墙体位置的准确性。本例墙体的绘制结果分别如图 2.28～图 2.30 所示。

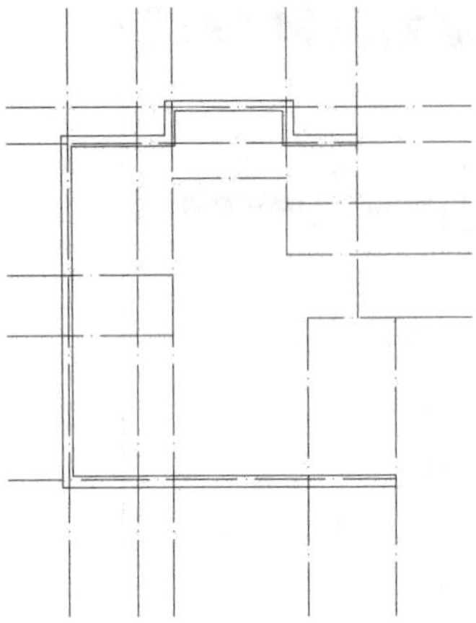

图 2.28　绘制外墙线

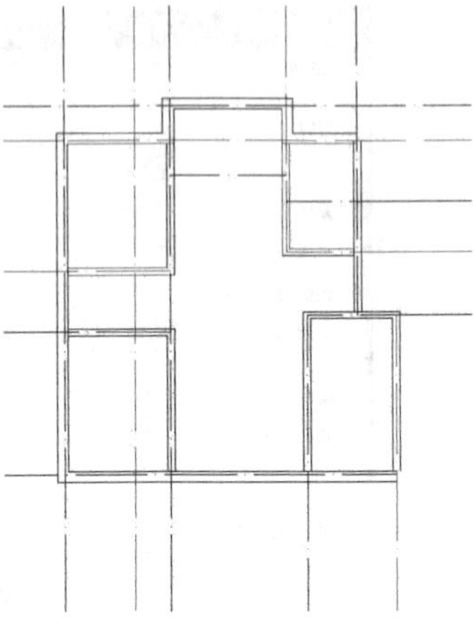

图 2.29　绘制内墙线

3．分解多线所绘制的墙体线

执行分解命令，然后用窗口选择所有绘制的对象，单击鼠标右键确认即可分解所有的多线。

4．修剪墙体线

执行修剪命令，将已经绘好的墙体线进行修剪，此时将轴线图层关闭。修剪后的墙体线如图 2.31 所示。

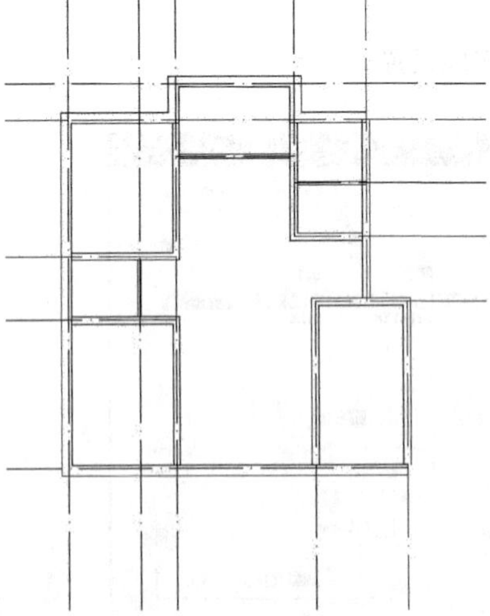

图 2.30　绘制内隔墙

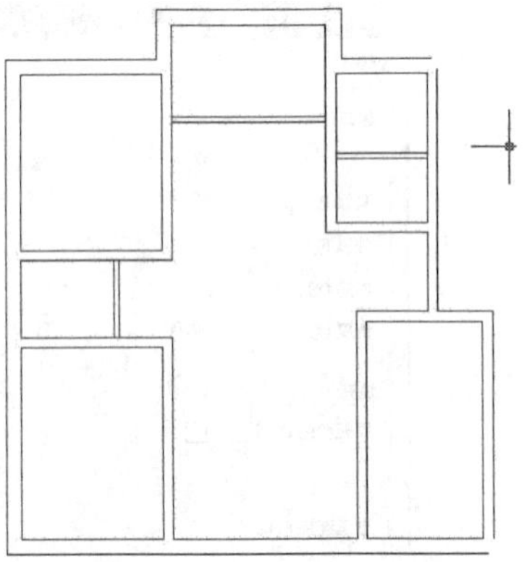

图 2.31　墙体修剪结果

5. 绘制门窗洞口

门窗洞口的绘制方法是：根据轴线到门窗洞口的尺寸，偏移轴线；然后将轴线从轴线层改变为墙线层；最后将这些偏移的线条进行修剪即可绘制出门窗洞口。具体步骤如下。

（1）用偏移命令偏移轴线，见图 2.32（a）。

（2）将偏移轴线的图层修改为墙线层，见图 2.32（b）。

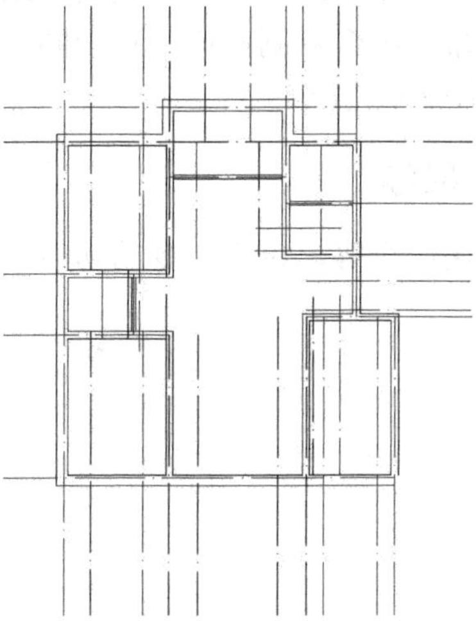
（a）偏移轴线

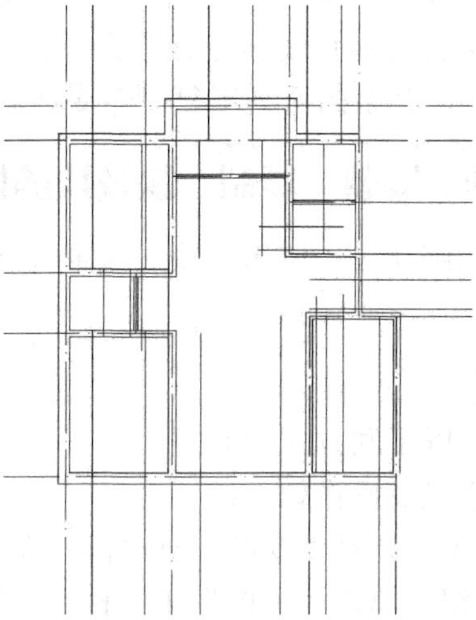
（b）偏移轴线改图层

图 2.32

（3）用修剪命令修剪偏移后的门窗洞口线条，此时关闭轴线图层，见图 2.33（a）。在修剪门窗洞口线条时，要注意合理选择剪切边和修剪顺序，遵循“修剪哪部分就选择该部分”的原则。

（4）打开轴线图层，墙线绘制完成后见图 2.33（b）。

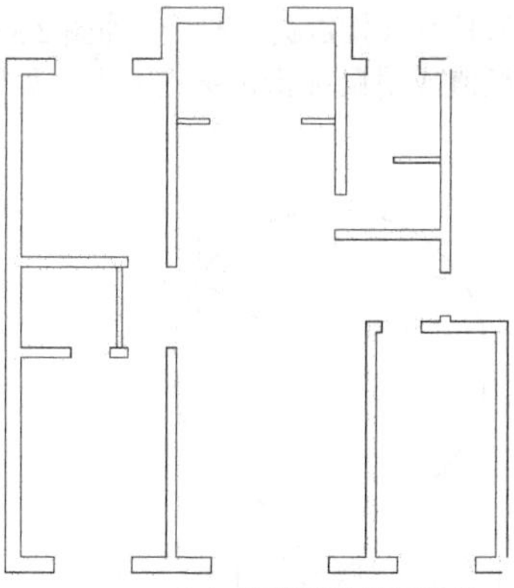
（a）修剪后的门窗洞口

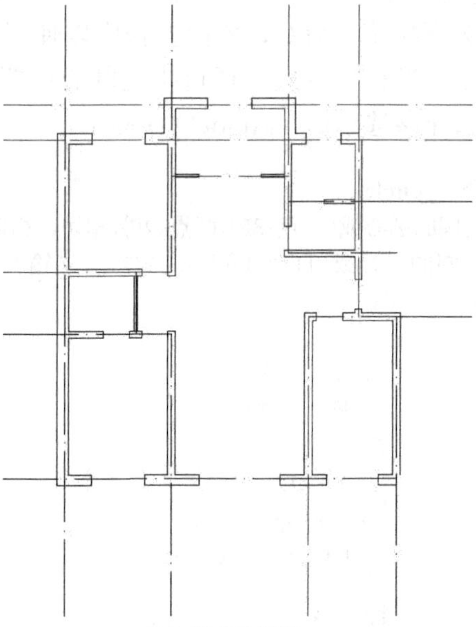
（b）完成的墙线

图 2.33

通过以上步骤就可以完成墙体的绘制。最右边有一条墙线没有封口，这是因为后面在完成整个户型绘制后要对这个户型进行镜像复制，这条墙线是要删除的，因此不需要封口。

学习单元 4　绘制平面门窗

平面窗户主要有以下两种绘制方法：一是用直线命令绘制；二是利用多线命令绘制。平面门窗的绘制主要是用直线命令、圆命令、圆弧命令组合绘制而成。对于同一种类型的门窗只需要绘制一个，其余的可利用复制命令或者块命令来完成。

2.4.1　圆、圆弧、复制、块及块的插入命令

这部分介绍圆命令、圆弧命令、复制命令、块命令等，包括命令的功能、操作及一般绘图方法。

1．圆命令

（1）功能：以不同方式绘制圆。

（2）命令格式及操作如下：

① 下拉菜单：选择“绘图”→“圆”命令。

② 图标按钮：单击“绘图”工具栏上的按钮。

③ 命令行：输入“CIRCLE”（缩写名为 C）。

> 命令：_circle
> 指定圆的圆心或[三点(3P)/两点(2P)/相切、相切、半径(T)]：

对该命令选项的说明如下。

上述三种命令操作方式均可绘制圆，而 AutoCAD 提供了以下 6 种绘制圆的命令方法。如图 2.34 所示为下拉菜单命令，实际操作中以使用下拉菜单输入命令最为直观。

①“圆心、半径”方式。通过指定圆心位置和圆的半径绘制圆。该项是 CIRCLE 命令的默认选项，选择该选项后，AutoCAD 提示：

> 命令：_circle
> 指定圆的圆心或[三点(3P)/两点(2P)/相切、相切、半径(T)]：（指定圆的圆心，如图 2.35 中的 1 点）
> 指定圆的半径或[直径(D)]<63.5775>：（输入圆的半径值或用鼠标指定圆上一点，如图 2.35 中的 2 点）

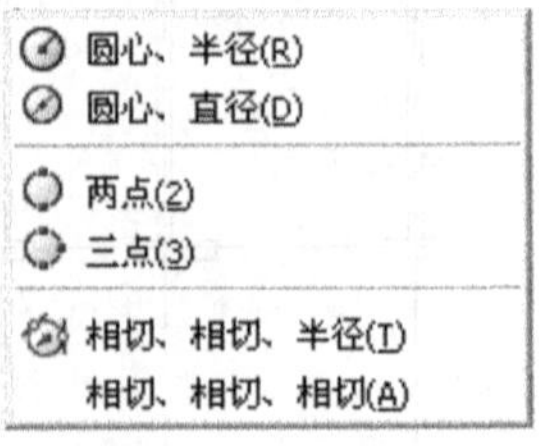

图 2.34 “圆”下拉菜单

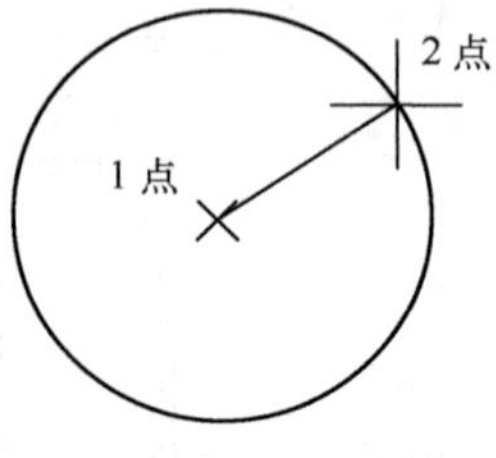

图 2.35 “圆心、半径”方式

②“圆心、直径”方式。通过指定圆心位置和圆的直径绘制圆。选择该选项后，

AutoCAD 提示：

命令：_circle
指定圆的圆心或[三点(3P)/两点(2P)/相切、相切、半径(T)]：(指定圆的圆心，如图 2.36 中的 1 点)
指定圆的半径或[直径(D)]<87>：d
指定圆的直径<174>：(输入圆的直径值或用鼠标指定直径的端点，如图 2.36 中的 2 点)

③“两点”方式。通过指定圆直径线上的两端点位置绘制圆。选择该选项后，AutoCAD 提示：

命令：_circle
指定圆的圆心或[三点(3P)/两点(2P)/相切、相切、半径(T)]：2p
指定圆直径的第一个端点：(如图 2.37 中的 1 点)
指定圆直径的第二个端点：(如图 2.37 中的 2 点)

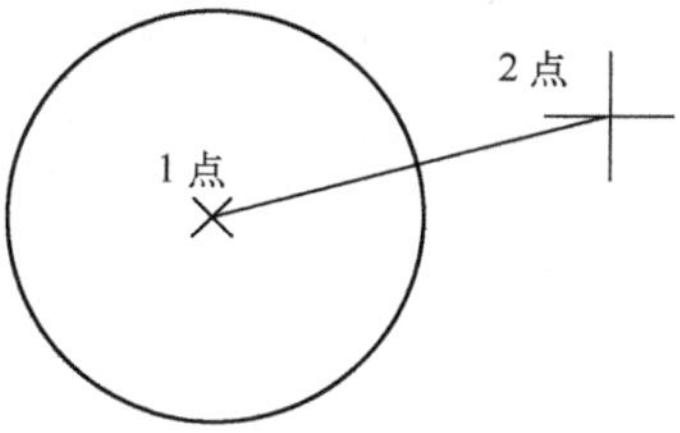

图 2.36 “圆心、直径”方式

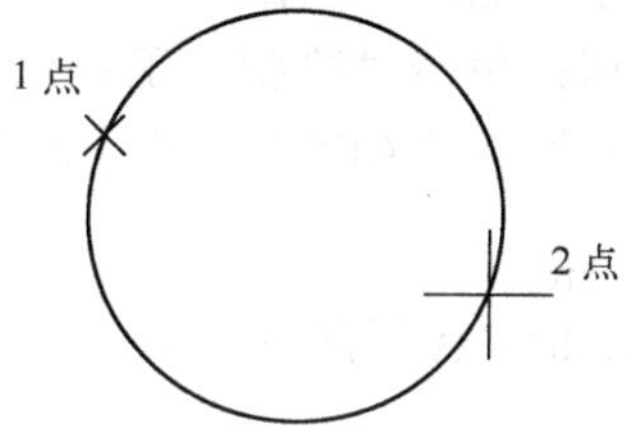

图 2.37 “两点”方式

④“三点”方式。通过指定圆上的三个点绘制圆。选择该选项后，AutoCAD 提示：

命令：_circle
指定圆的圆心或[三点(3P)/两点(2P)/相切、相切、半径(T)]：3p
指定圆上的第一个点：(如图 2.38 中的 1 点)
指定圆上的第二个点：(如图 2.38 中的 2 点)
指定圆上的第三个点：(如图 2.38 中的 3 点)

⑤“相切、相切、半径”方式。通过指定所绘圆的两个相切对象和圆的半径绘制圆。选择该选项后，AutoCAD 提示：

命令：_circle
指定圆的圆心或[三点(3P)/两点(2P)/相切、相切、半径(T)]：T
指定对象与圆的第一个切点：(指定相切对象 1)
指定对象与圆的第二个切点：(指定相切对象 2)
指定圆的半径<33.0009>：(输入圆的半径，如图 2.39 所示。)

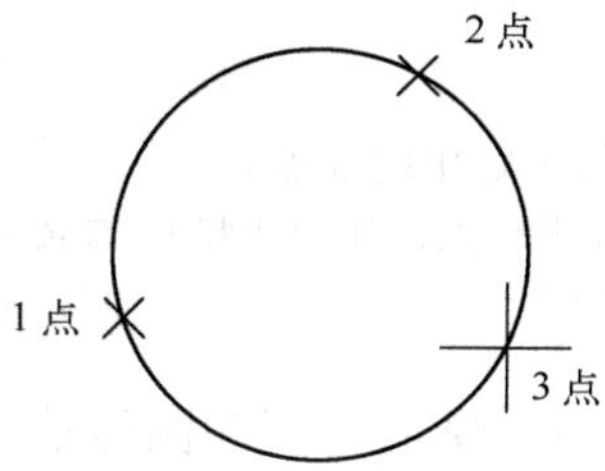

图 2.38 “三点”方式

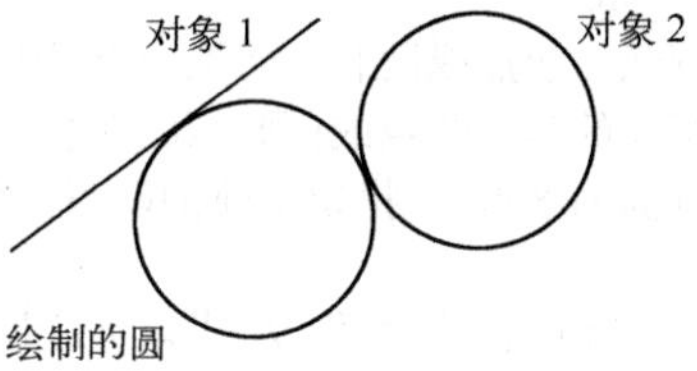

图 2.39 “相切、相切、半径”方式

⑥“相切、相切、相切”方式。通过指定所绘制圆的三个相切对象绘制圆，此选项只能选择下拉菜单命令方式输入命令。选择该选项后，AutoCAD 提示：

命令：_circle
指定圆的圆心或[三点(3P)/两点(2P)/相切、相切、半径(T)]：_3p
指定圆上的第一个点：_tan 到（指定相切对象 1）
指定圆上的第二个点：_tan 到（指定相切对象 2）
指定圆上的第三个点：_tan 到（指定相切对象 3，如图 2.40 所示）

2．圆弧命令

（1）功能：以不同方式绘制圆弧。
（2）命令格式及操作如下。
① 下拉菜单：选择“绘图”→“圆弧”命令。
② 图标按钮：单击“绘图”工具栏上的按钮。
③ 命令行：输入“ARC”（缩写名为 A）。

命令：_arc
指定圆弧的起点或[圆心(C)]：

对该命令选项的说明如下。

AutoCAD 提供了 11 种绘制圆弧的方式，如图 2.41 所示为下拉菜单命令。与绘制圆对象一样，实际操作中仍以使用下拉菜单输入命令最为直观。

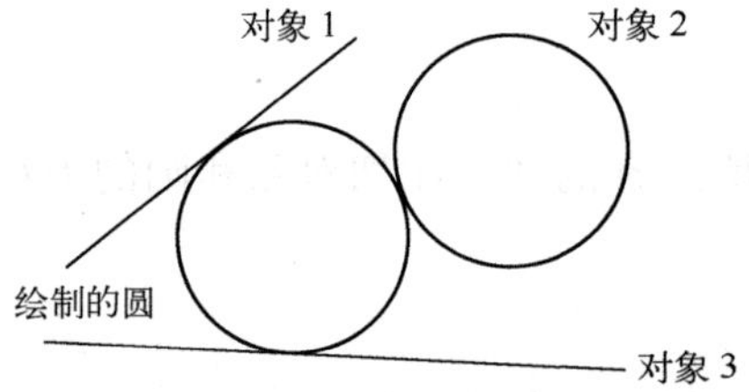

图 2.40 “相切、相切、相切”方式

图 2.41 “圆弧”下拉菜单

①“三点”方式。通过指定圆弧上的三个点绘制圆弧。该项是 ARC 命令的默认选项，选择该选项后，AutoCAD 提示：

命令：_arc
指定圆弧的起点或[圆心(C)]：（指定圆弧的起点，如图 2.42 中的 S 点）
指定圆弧的第二个点或[圆心(C)/端点(E)]：（指定圆弧上一点，如图 2.42 中的 R 点）
指定圆弧的端点：（指定圆弧的端点，如图 2.42 中的 E 点）

②“起点、圆心、端点”方式。通过指定圆弧的起点、圆心位置和圆弧端点画逆时针圆弧。选择该选项后，AutoCAD 提示：

命令：_arc
指定圆弧的起点或[圆心(C)]：(指定圆弧的起点，如图 2.43 中的 S 点)
指定圆弧的第二个点或[圆心(C)/端点(E)]：_c
指定圆弧的圆心：(指定圆弧的圆心，如图 2.43 中的 C 点，SC 线段长为圆弧半径)
指定圆弧的端点或[角度(A)/弦长(L)]：(指定圆弧的端点，如图 2.43 中的 E 点)

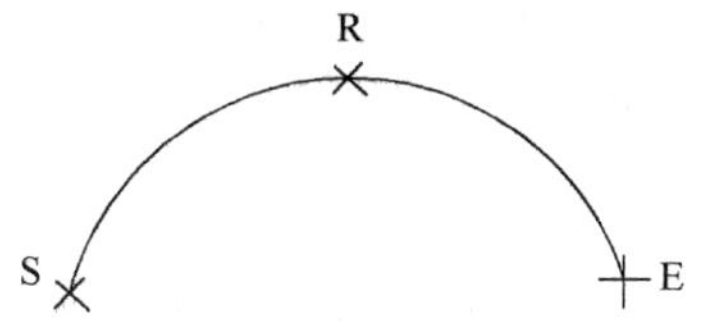

图 2.42 “三点”方式

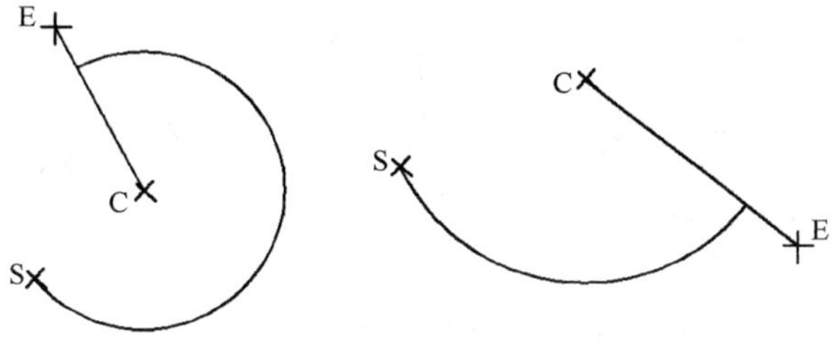

(a) (b)

图 2.43 “起点、圆心、端点”方式

③“起点、圆心、角度”方式。通过指定圆弧的起点、圆心位置和包含角绘制圆弧。当输入角度为正数时逆时针画圆弧；当输入角度为负数时顺时针画圆弧。选择该选项后，AutoCAD 提示：

命令：_arc
指定圆弧的起点或[圆心(C)]：(指定圆弧的起点)
指定圆弧的第二个点或[圆心(C)/端点(E)]：_c
指定圆弧的圆心：(指定圆弧的圆心)
指定圆弧的端点或[角度(A)/弦长(L)]：_a
指定包含角：90 (输入圆弧的包含角，如图 2.44 所示)

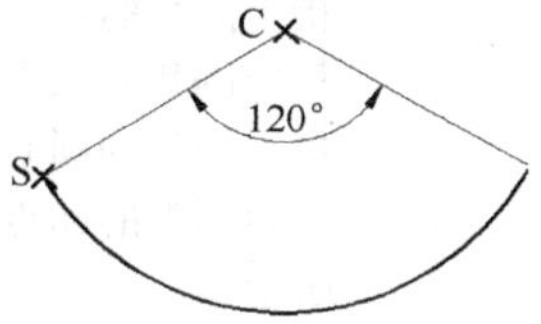

图 2.44 “起点、圆心，角度”方式

④“起点、圆心、长度”方式。通过指定圆弧起点、圆心位置和弦长绘制圆弧。圆弧从起点开始，按逆时针方向画出圆弧。输入弦长值为正数时，画一段逆时针圆弧，如图 2.45 (a) 所示；输入弦长值为负数时，画一段顺时针圆弧，如图 2.45 (b) 所示。选择该项后，AutoCAD 提示：

命令：_arc
指定圆弧的起点或[圆心(C)]：(指定圆弧的起点如图 2.45 (a) 中的 S 点)
指定圆弧的第二个点或[圆心(C)/端点(E)]：_c
指定圆弧的圆心：(指定圆弧的圆心如图 2.45 (a) 中的 C 点)
指定圆弧的端点或[角度(A)/弦长(L)]：_l
指定弦长：400 (输入圆弧的弦长，如图 2.45 (a) 所示)

⑤“起点、端点、角度”方式。通过指定圆弧的起点、端点位置和包含角绘制圆弧，如图 2.46 所示。选择该选项后，AutoCAD 提示：

命令：_arc
指定圆弧的起点或[圆心(C)]：(指定圆弧的起点)
指定圆弧的第二个点或[圆心(C)/端点(E)]：_e
指定圆弧的端点：(指定圆弧的端点)

指定圆弧的圆心或[角度(A)/方向(D)/半径(R)]：_a
指定包含角：90（输入圆弧的包含角）

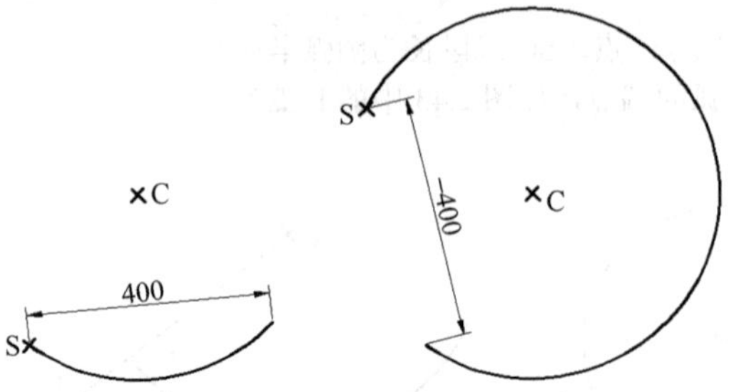

图 2.45 “起点、圆心、长度”方式

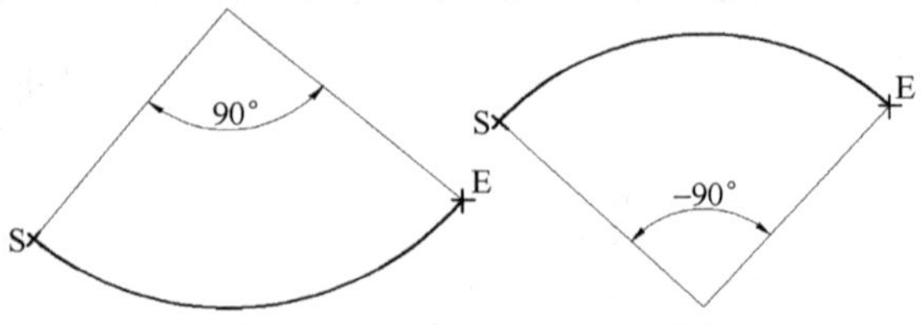

图 2.46 “起点、端点、角度”方式

⑥“起点、端点、方向”方式。通过指定圆弧的起点、端点位置和起点的切线方向绘制圆弧。选择该选项后，AutoCAD 提示：

命令：_arc
指定圆弧的起点或[圆心(C)]：(指定圆弧的起点)
指定圆弧的第二个点或[圆心(C)/端点(E)]：_e
指定圆弧的端点：(指定圆弧的端点)
指定圆弧的圆心或[角度(A)/方向(D)/半径(R)]：_d
指定圆弧的起点切线方向：(输入圆弧起点的切线方向角度，或以鼠标指定切线方向，如图 2.47 所示)

⑦“起点、端点、半径”方式。通过指定圆弧的起点、端点位置和半径绘制圆弧。该选项的圆弧从起点开始，半径不能小于起点到端点距离的 1/2。输入的半径为正数时，画一段逆时针圆弧，如图 2.48（a）所示；输入的半径为负数时，画一段顺时针圆弧，如图 2.48（b）所示。选择该选项后，AutoCAD 提示：

命令：_arc
指定圆弧的起点或[圆心(C)]：(指定圆弧的起点)
指定圆弧的第二个点或[圆心(C)/端点(E)]：_e
指定圆弧的端点：(指定圆弧的端点)
指定圆弧的圆心或[角度(A)/方向(D)/半径(R)]：_r
指定圆弧的半径：300（输入半径，如图 2.48（a）所示）

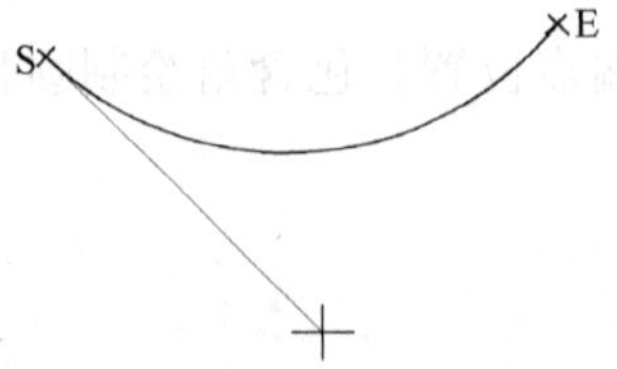

图 2.47 “起点、端点、方向”方式

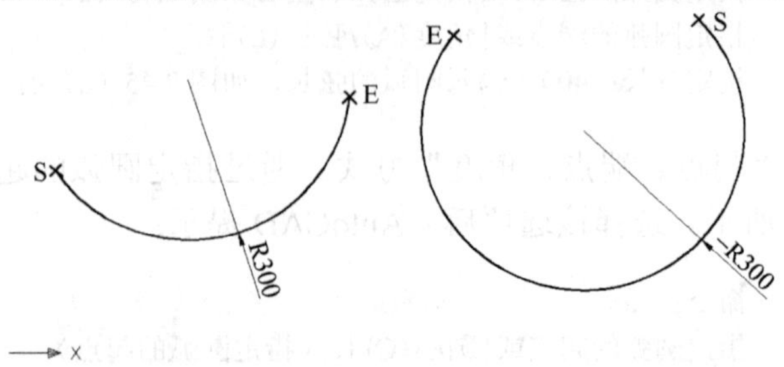

图 2.48 “起点、端点、半径”方式

⑧“圆心、起点、端点”方式。通过指定圆弧的圆心、起点和端点位置按逆时针画圆弧，如图 2.49 所示。选择该选项后，AutoCAD 提示：

```
命令：_arc
指定圆弧的起点或[圆心(C)]：_c
指定圆弧的圆心：(指定圆弧的圆心)
指定圆弧的起点：(指定圆弧的起点)
指定圆弧的端点或[角度(A)/弦长(L)]：(指定圆弧的端点)
```

⑨“圆心、起点、角度”方式。通过指定圆弧的圆心、起点位置和包含角绘制圆弧。当输入角度为正数时，按逆时针画圆弧，如图 2.50（a）所示；当输入角度为负数时，按顺时针画圆弧，如图 2.50（b）所示。选择该选项后，AutoCAD 提示：

```
命令：_arc
指定圆弧的起点或[圆心(C)]：_c
指定圆弧的圆心：(指定圆弧的圆心)
指定圆弧的起点：(指定圆弧的起点)
指定圆弧的端点或[角度(A)/弦长(L)]：_a
指定包含角：120（指定圆弧的角度，如图 2.50（a）所示）
```

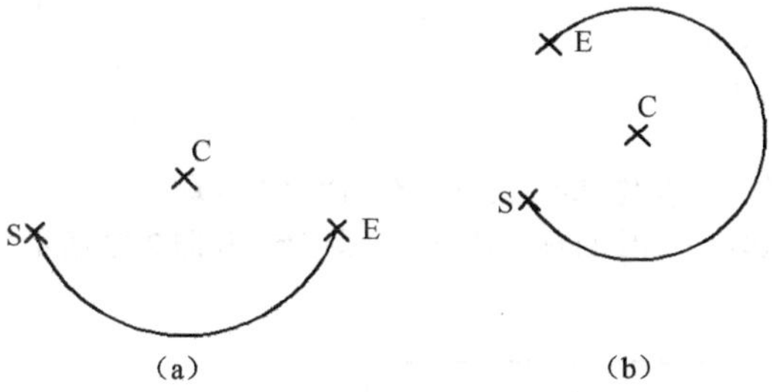

图 2.49 “圆心、起点、端点”方式

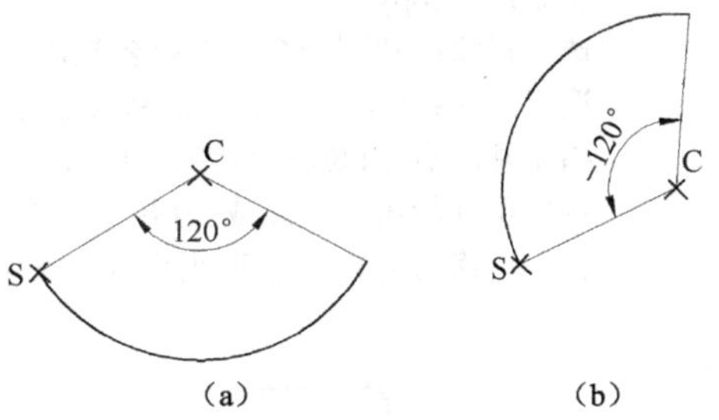

图 2.50 “圆心、起点、角度”方式

⑩“圆心、起点、长度”方式。通过指定圆弧的圆心、起点位置和弦长绘制圆弧。弦长不能大于圆弧的直径值。该项圆弧与“起点、圆心、长度”方式类似。选择该选项后，AutoCAD 提示：

```
命令：_arc
指定圆弧的起点或[圆心(C)]：_c
指定圆弧的圆心：(指定圆弧的圆心)
指定圆弧的起点：(指定圆弧的起点)
指定圆弧的端点或[角度(A)/弦长(L)]：_l
指定弦长：400（输入圆弧的弦长，如图 2.45（a）所示）
```

⑪“继续”方式。该项功能为绘制一段圆弧。该圆弧以最后画出的圆弧或线段的端点为起点，并且与对应图素在接点处相切，然后指定圆弧端点的位置，即可画出一段圆弧，如图 2.51 所示。选择该选项后，AutoCAD 提示：

```
命令：_arc
```

指定圆弧的起点或[圆心(C)]：_c
指定圆弧的圆心：（指定圆弧的圆心）
指定圆弧的端点：（指定圆弧的端点）

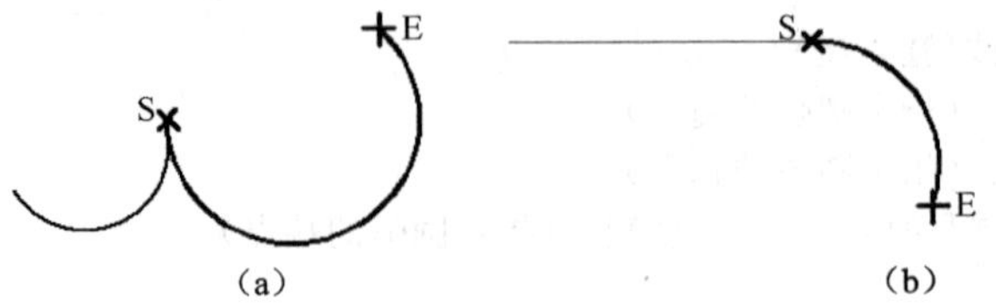

图 2.51 “继续”方式

3．复制命令

（1）功能：复制一个或多个已绘制的对象。

（2）命令格式及操作如下。

① 下拉菜单：选择“修改”→“复制”命令。

② 图标按钮：单击“修改”工具栏上的按钮。

③ 命令行：输入“COPY”（缩写名为 CO）。

命令： _copy
选择对象：找到一个（选择要复制的对象）
选择对象：（按“Enter”键结束选择或继续选择）
指定基准点或[位移(D)]<位移>：
指定位移的第二个点或<使用第一个点作为位移>：（指定基准点或选择“位移”选项）
指定位移的第二个点或[退出(E)/放弃(U)]<退出>：（指定目标点位置，如图 2.52 和图 2.53 所示。）

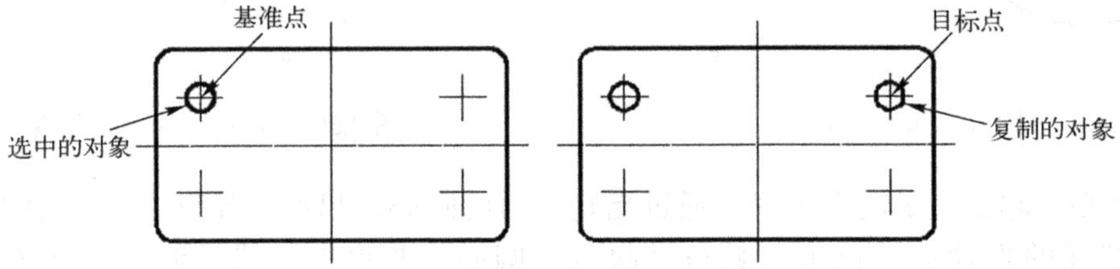

图 2.52 单个复制

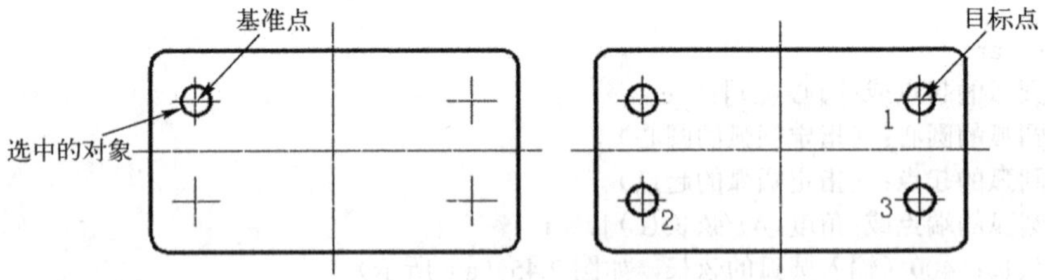

图 2.53 多个复制

4．块命令

块是 AutoCAD 提供的最有用的工具之一。它是由多个对象组成并赋予块名的一个整体，可任意在图形中插入、缩放、旋转、分解、修改和重定义。

对于在绘图中反复出现的“图形”（形状相同，大小可不同），如机械图中的螺栓、螺母等标准件及表面粗糙度，建筑图中形状相同按一定格式分布的门、窗等，只需将它们定义成一个块，在需要的位置插入它们，而不必重复画出。图中的块可被移动、删除和复制，还可以给它定义属性，在插入时填写不同的信息，块属性可以进行编辑与管理。另外，也可以将块分解为一个个单独对象并重新定义块。AutoCAD 的“动态块”功能，在动态块中可自定义特性，用于在原位调整块，而无须重新定义该块或插入另一个块。组成块的对象可以有自己的图层、线型、颜色等特性。但 AutoCAD 把块当成单一对象处理，即通过拾取块内任意一个地方，整个块将被选中，并呈高亮显示，此时可对整个块进行复制、移动、缩放及旋转等编辑操作。另外块还可以嵌套，即一个块中可以包含另外一个块或几个块，使绘图更加方便。

（1）以对话框的形式创建块定义。

① 下拉菜单：选择“绘图”→“块”→“创建”命令（见图 2.54）。

② 图标按钮：单击“绘图”工具栏上的按钮。

③ 命令行：输入“BLOCK”或“BMAKE”。

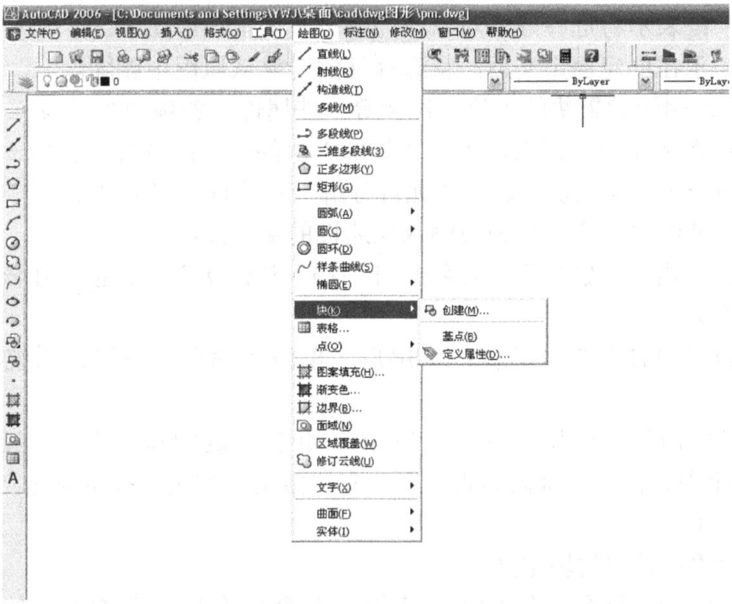

图 2.54 “绘图”下拉菜单的“块”子菜单

先画好组成块的图素，用上述方法激活 BLOCK 命令后，系统弹出如图 2.55 所示的“块定义”对话框，以对话框方式来创建块定义。下面说明对话框中各个选项的意义。

①“名称”文本框：用于输入块的名称。下拉列表中列出了当前图形中所有的块名，它可以是中文或由字母、数字、空格键、下画线构成的字符串（最多 255 个字符）。若选中其中一个块名，“名称”文本框右边就会有组成该块的图形预览。

②“基点”栏：用于设置块的输入基点。AutoCAD 默认的基点是坐标原点，可在编辑框中输入基点的 X、Y 和 Z 坐标值，也可通过单击“拾取点”按钮，在屏幕上指定新块的基点，框中会列出基点的坐标。

注意：此时指定的基点就成为该块将来插入的基准点，也是块在插入过程中缩放或旋转的基点。那么，如何设置基准插入点呢？从理论上讲，任意点均可作为基点，但为了绘图方便，应根据图形的结构选择基点。一般选在块的中心、左下角或其他有特征的位置，有时基点选在块对象以外的位置绘图会更方便。

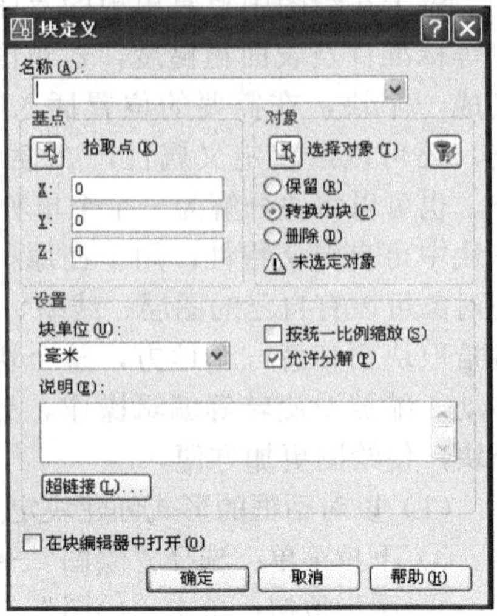

图 2.55 “块定义”对话框

③“对象”栏：用于设置组成块的对象。通过单击“选择对象”按钮来选择将要定义成块的对象（按“Enter”键结束选择，回到“块定义”对话框）；也可以通过单击“快速选择”按钮来快速选择用户定义的某一种类型的所有对象。各选项的含义为：

- “保留”：表示在创建块定义后，仍在原图中保留构成块的对象。
- “转换为块”：表示将选择好的对象作为一个块保留在原图中。
- “删除”：表示在创建块定义后，将选择好的对象从原图中删除。

④“设置”栏；用于设置块的单位及比例等一些属性。各项的含义为：

- “块单位”：在下拉列表框内，可以选择插入块的单位；选择“按统一比例缩放”复选框可以按同一比例缩放块；选择“允许分解”复选框可以分解块。
- “说明”：在此编辑框内，可为块输入描述性的文字注解。
- “超链接”：单击“超链接”按钮将打开“插入超链接”对话框，在该对话框中可以插入超级链接文档。

⑤“在块编辑器中打开”复选框：启用后，单击“确定”按钮，系统将打开“块编辑器”窗口。

完成所有的设置后，单击“确定”按钮。如果指定的块名与已有的块名重复，则 AutoCAD 显示一个警告信息，询问是否重新建立块定义；如果选择重新建立块定义，则同名的旧块定义将被取代。

（2）以命令行的形式创建块定义。

在 AutoCAD 的命令行中，在“命令：”提示下输入“_block”命令后按“Enter”键、空格键或单击鼠标右键即可激活 BLOCK 命令，再按 AutoCAD 提示操作即可。AutoCAD 将以给定的名字创建块，然后从屏幕上删除被定义为块的对象。若要恢复这些对象，可在 BLOCK 命令之后立即使用 OOPS 命令。

（3）进行块定义的操作步骤总结如下：

① 画出块定义所需图形。

注意：创建块建议在“0”层，且颜色或线型使用 Bylayer（随层）。当插入时，块属性会自动与插入的层属性匹配，如果创建的块包括几个图层，则插入时会引入这些图层。如果创建块时，对颜色或线型使用 Byblock（随块），则块的对象用白色、连续线绘制，而在插入时，则按当前层设置的颜色或线型绘出。

② 调用 BLOCK 命令或 BMAKE 命令，弹出如图 2.55 所示的“块定义”对话框。

③ 在“名称”列表框中输入块名（可从下拉列表中查看已定义过的块名）。

④ 单击“拾取点”按钮，在图形中拾取基准点，也可以直接输入坐标值。

⑤ 单击“选择对象”按钮，在图形中选择定义块的对象，按“Enter”键确认，对话框中显示块成员的数目。

⑥ 若选中“保留”单选按钮，则块定义后保留原图形，否则原图形将被删除。

⑦ 单击“确定”按钮，完成块定义，将它保存在当前图形文件中。

5. 块的插入

（1）以对话框的形式插入块。

① 下拉菜单：选择“插入”→“块”命令。

② 图标按钮：单击“绘图”工具栏上的按钮。

③ 命令行：输入“INSERT”。

用上述方法激活 INSERT 命令后，系统弹出如图 2.56 所示的“插入”对话框。下面说明对话框中各个选项的意义。

① 名称：“名称”下拉列表中列出了当前图形中所有的块名，在其中选择一个或直接输入块名。

② 浏览：如果要插入另一个图形文件中定义过的块或其他图形，可单击“浏览”按钮，打开“选择图形文件”对话框，如图 2.57 所示。通过对话框来选择其他文件夹或路径下的块或文件。

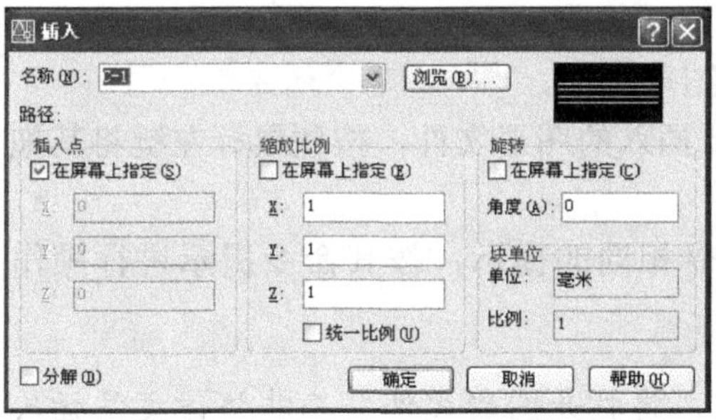

图 2.56 “插入”对话框

图 2.57 “选择图形文件”对话框

注意：当插入的是图形文件时，AutoCAD 自动将该图形文件转换成块后再作为块插入图中，插入时的插入点默认设置为该图的坐标原点，可通过 BASE 命令或下拉菜单命令“绘图”→“块”→“基点”来改变默认插入点。

③ 插入点：可以选中“在屏幕上指定”复选框后，在屏幕上选择一个插入点，也可以不选中该项而直接在“X:”、“Y:”和“Z:”编辑框中输入插入点的坐标值。

④ 缩放比例：可以选中“在屏幕上指定”复选框在屏幕上确定插入时的缩放比例。

注意：拾取两点确定缩放比例时，第二点应位于插入点的右上方，否则，所确定的缩放比例将是负值从而插入的是原块的镜像图。

可以直接输入所需的 X、Y 和 Z 三个方向的缩放比例，比例因子可相同也可不同，默认值为 1。指定一个在 0 和 1 之间的比例因子，则插入块比原块小；指定一个大于 1 的比例因子，则放大原块；也可输入负值比例因子，这样就会插入一个关于插入点的块的镜像。

若选中“统一比例”复选框，则强制在三个方向上采用同样的比例进行缩放。

⑤ 旋转：可以选中“在屏幕上指定”复选框在屏幕上确定插入时的旋转角度。

注意：按逆时针方向旋转的角度为正角度。也可不选此项，而在“角度”文本框中输入所需旋转的角度值。

⑥ 分解：若选中此复选框，此时“缩放比例”变为“统一比例”显示。在插入块的同时将块分解为构成块的各成员对象，各成员对象可以分别进行编辑；不选中“分解”复选框，块插入后仍是一个对象。

注意：在任何时候都可以用 EXPLODE 命令来分解已插入的块。

（2）以命令行的形式插入块。

在 AutoCAD 的命令行中，在“命令：”提示下输入“INSERT”后，再按“Enter”键、空格键或单击鼠标右键即可激活 INSERT 命令，在“插入点”、“缩放比例”、“旋转”栏选中“在屏幕上指定”复选框，不选择“分解”复选框，在后面的操作过程中只需按 AutoCAD 提示进行操作即可。

（3）以拖放的方式插入图形。

可以利用鼠标拖放操作将某一图形文件插入到当前图形中。操作步骤如下：

① 启动 AutoCAD。

② 启动 Windows 的资源管理器，找到要插入的图形文件。

③ 在 Windows 的资源管理器中，用鼠标点选要插入的图形文件，按住鼠标左键将其拖入 AutoCAD 图形窗口中。

④ AutoCAD 命令行中将有与执行 INSERT 命令相同的提示，按其命令提示进行操作即可。

注意：在拖放操作的同时，如果按住“Ctrl”键，将打开图形文件，而非将该文件插入到当前图形中。

2.4.2 绘制平面窗户

在计算机绘制建筑平面图的过程中，窗户的绘制是一个基本的绘制操作，平面窗有不同的表示方法，在通常情况下，完成墙体绘制之后，就进行窗户的绘制。

1．用直线命令绘制平面窗户

用直线命令绘制平面窗户是用直线直接绘制出平面窗户两端的两条直线，中间两条直线用偏移命令完成即可，结果如图 2.58 和图 2.59 所示。步骤如下：

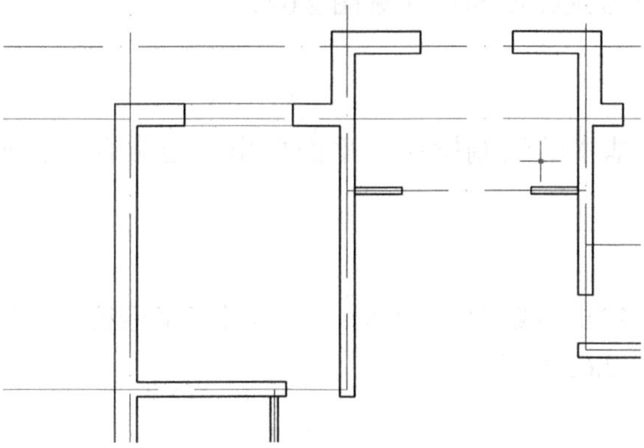

图 2.58 绘制两条边线

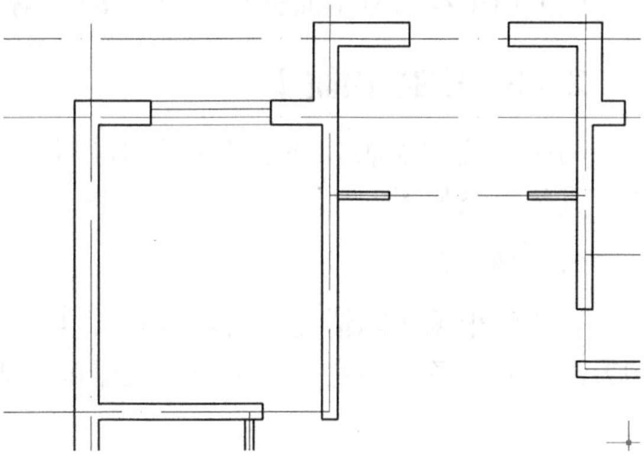

图 2.59 绘制中间两条线

（1）设置当前图层为窗线层。

（2）应用直线命令，通过对象捕捉窗户两侧墙线的端点，绘制出窗户的两条边线。

（3）偏移两条线各 120，得到中间两条直线，完成四线窗户的绘制。

2. 用多线命令绘制平面窗户

用多线命令绘制平面窗户是在外墙线多线样式的基础上，在多线内部再加两条直线，使多线变成有四条直线元素的多线样式。方法如下：

（1）设置窗户线的多线样式。在外墙线 370 的基础上进行修改（见图 2.60 和图 2.61）。添加两条线，元素的偏移距离分别设置为–120 和 0，完成四线窗户多线样式设置。

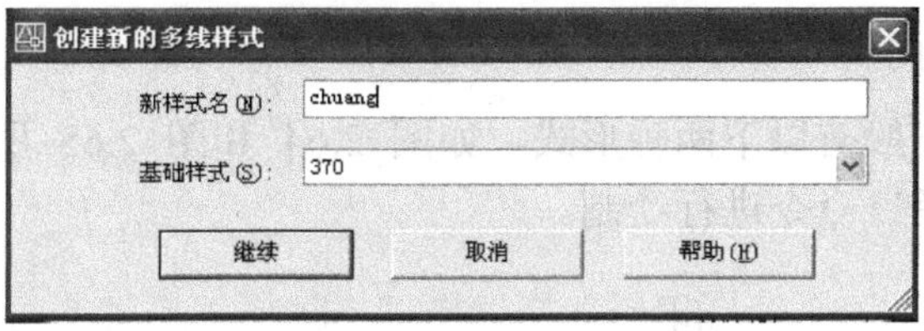

图 2.60 创建新的多线样式

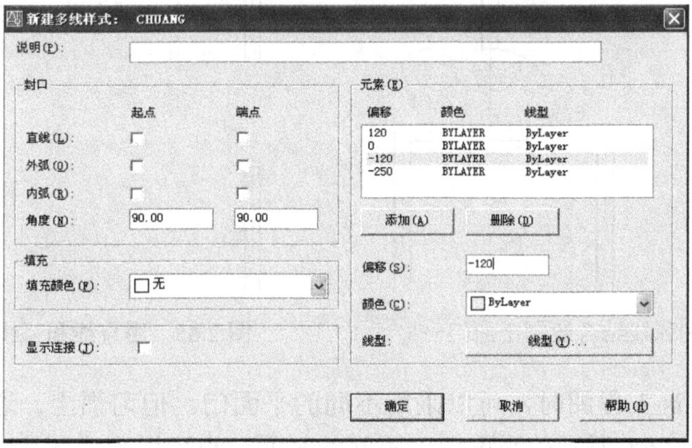

图 2.61 设置窗户线的多线样式

（2）用多线绘制平面窗户。按照多线的操作方式绘制即可（见图 2.62）。

2.4.3 绘制平面门

与平面窗户类似，平面门的绘制也是一个基本的绘制操作。平面单扇门通常有三种形式，具体绘制如下。

1. 直线门

直线门根据实际情况只需在 45°、135°、225° 或 315° 方向，用相对极坐标绘制直线的方法绘制一条与门宽一样长的直线即可，如图 2.63 所示。

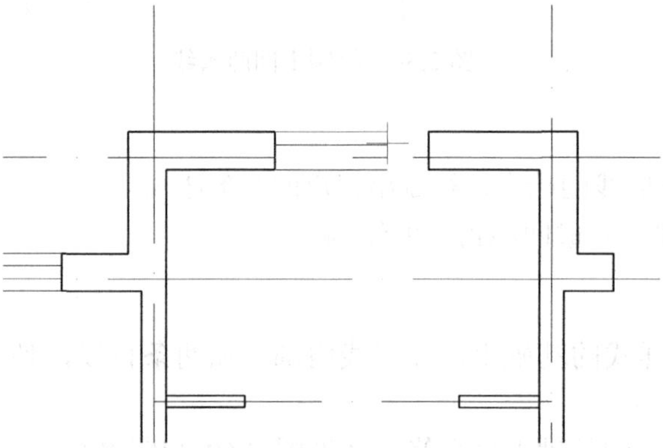

图 2.62　用多线绘制平面窗户

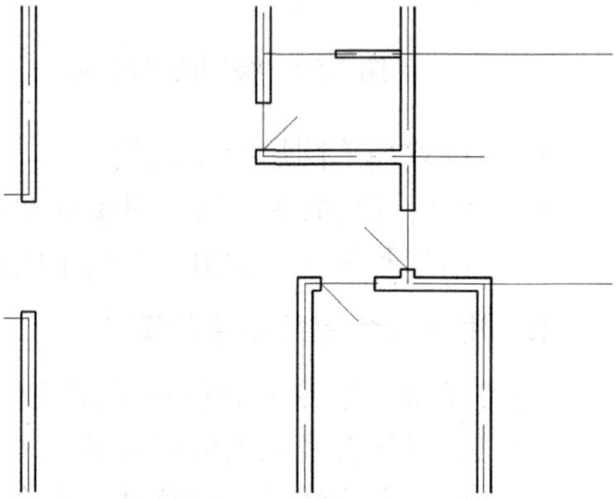

图 2.63　用直线绘制平面门

2. 直线和弧线结合门

直线和弧线结合门一般有以下两种形式，如图 2.64 和图 2.65 所示。在绘制弧线时，常采用“起点、端点、半径”命令进行绘制。

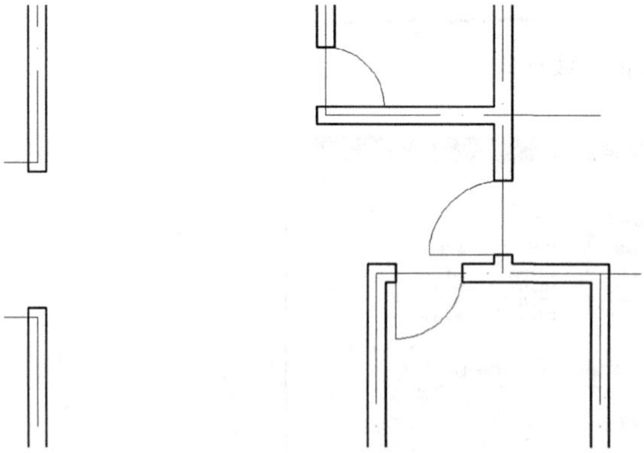

图 2.64　用直线和弧线结合绘制平面门一

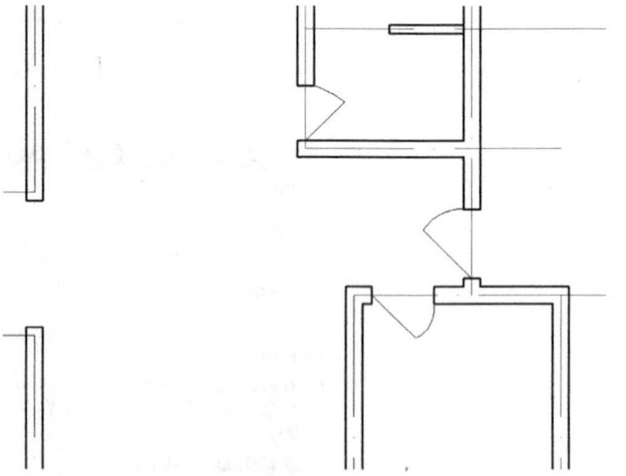

图 2.65　用直线和弧线结合绘制平面门二

在计算机绘制建筑工程图时，可以采用不同的平面门。但习惯上，通常在绘建筑平面图时，多数都选择如图 2.64 所示的平面门，不同的平面门也可以形成图块，引用图块可以快速完成计算机的图形绘制，这部分内容将在以后的课程中学习。

2.4.4　绘制其他门窗

在计算机绘制以上门窗的基础上，用复制命令或块命令绘制出其他门窗，最后结果如图 2.66 所示。

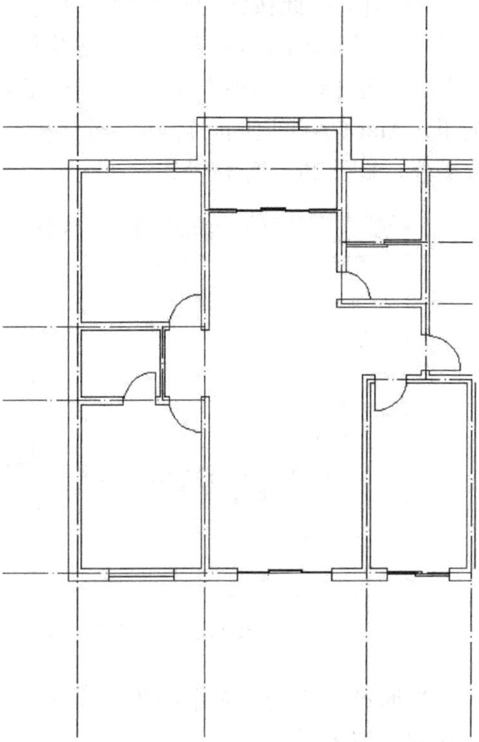

图 2.66　门窗绘制完成的平面图

学习单元 5　绘制平面楼梯和阳台

平面楼梯的绘制有两种方法：一种是绘制好一条楼梯线，然后根据楼梯踏步的宽度偏移每一条楼梯线得到平面楼梯；另一种是先绘制好一条楼梯线，然后用阵列命令来复制每条楼梯线。此时，只需绘制一半楼梯线即可，另一半后续单元用镜像命令来复制。

阳台的绘制一般也有两种方法：一种是用多线命令来绘制；另一种是用偏移命令来绘制。

2.5.1　阵列对象、旋转对象命令

这里介绍阵列对象命令、旋转对象命令等，包括命令的功能、操作及一般绘图方法，这些命令是常用的图形绘制命令。

1．阵列对象（ARRAY）命令

（1）功能：对选定对象作矩形或环形阵列式复制。

（2）命令格式及操作如下。

① 下拉菜单：选择“修改”→“阵列”命令。

② 图标按钮：单击“修改”工具栏上的按钮。

③ 命令行：输入“ARRAY”(缩写名为 AR)。

用上述操作方式激活 ARRAY 命令后，弹出“阵列”对话框，如图 2.67 所示。该对话框中各选项的意义说明如下。

（1）矩形阵列。选中“矩形阵列”单选按钮，将对选择对象作矩形阵列式复制。

① 行：指定矩形阵列的行数。

② 列：指定矩形阵列的列数。

③ 行偏移：指定矩形阵列中相邻两行之间的距离。

④ 列偏移：指定矩形阵列中相邻两列之间的距离。

⑤ 阵列角度：指定矩形阵列与当前基准角之间的角度。行偏移、列偏移及阵列角度等选项，可在文本框中输入具体的数值，也可单击相应的按钮，在绘图屏幕上拾取。

⑥ 选择对象：此按钮用于选择要阵列的对象。单击该按钮后切换到绘图屏幕，并提示“选择对象：”，在此提示下选择阵列对象后按“Enter”键，AutoCAD 又返回“阵列”对话框。

⑦ 预览：此按钮用于预览阵列效果。单击“预览”按钮，AutoCAD 切换到绘图屏幕并按当前设置显示阵列效果，同时给出图 2.68 所示的对话框。可以在“接受”、“修改”和“取消”之间选择。“接受”表示按当前的阵列设置阵列对象，并结束阵列操作。单击“修改”按钮，AutoCAD 返回“阵列”对话框，允许继续进行阵列设置。单击“取消”按钮则退出本次操作，即不执行阵列操作。

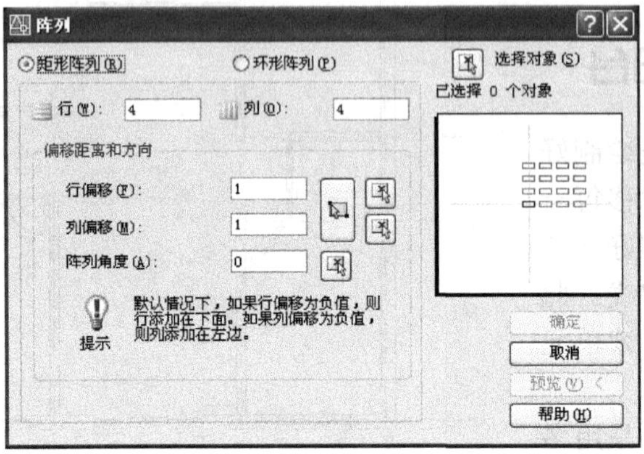

图 2.67 “阵列”对话框

图 2.68 “阵列”预览提示对话框

当通过“阵列”对话框设置了阵列参数后，AutoCAD 会在对话框内右侧的预览框中显示出阵列模拟效果。

列间距和行间距的正、负决定阵列图形的方向。规定：沿坐标轴正向排列为正，否则为负。因此相对于源图，可能有 4 种阵列的结果。即在源图的右上（行正、列正），左上（行正、列负），左下（行负、列负），右下（行负、列正）。

（2）环形阵列。在“阵列”对话框中选择“环形阵列”单选按钮，则切换到环形阵列设置模式，如图 2.69 所示。

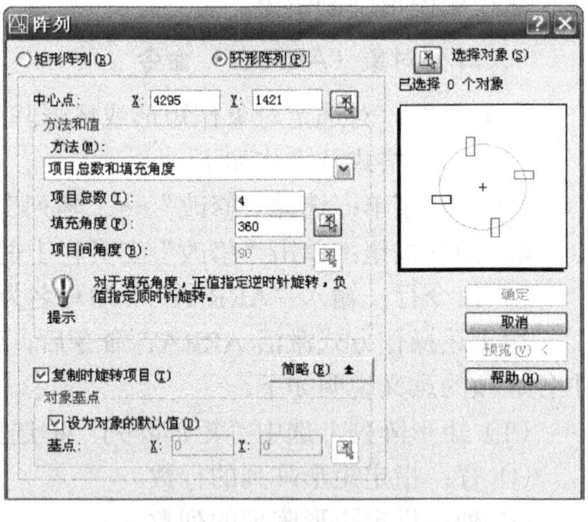

图 2.69 “环形阵列”设置对话框

① 中心点：用于确定环形阵列的中心点。

② 方法：用于确定环形阵列的方法。可以在“项目总数和填充角度”、“项目总数和项目间角度”及“填充角度和项目间角度”之间进行选择。

③ 项目总数：表示设置环形阵列后的对象个数，包括源对象。

④ 填充角度：表示环形阵列的填充角度。角度为正值时沿逆时针旋转，角度为负值时沿顺时针旋转。

⑤ 项目间角度：表示设置环形阵列后相邻两对象之间的角度。

⑥ 复制时旋转项目：该复选项用于设置环形阵列时对象本身是否绕其基点旋转，如图 2.70 所示。

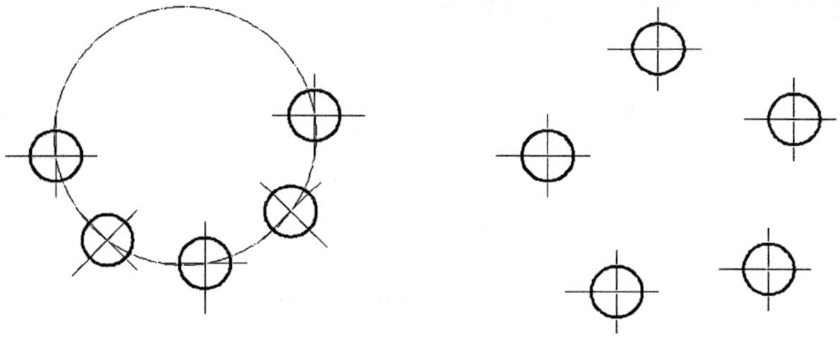

（a）旋转项目，填充角度取180°　　（b）目标不旋转，填充角度取360°

图 2.70　环形阵列

⑦ 基点：用于确定对象本身的基点位置。

2．旋转对象（ROTATE）命令

（1）功能：绕指定中心旋转及旋转复制图形。

（2）命令格式及操作如下。

① 下拉菜单：选择“修改”→“旋转”命令。

② 图标按钮：单击“修改”工具栏上的按钮。

③ 命令行：输入“ROTATE”（缩写名为 RO）。

```
命令：_rotate
UCS 当前的正角方向：ANGDIR=逆时针，ANGBASE=0
选择对象：（见图 2.71（a））
指定对角点：找到三个（选择对象）
选择对象：（按“Enter”键，结束选择）
指定基点：（指定基点）
指定旋转角度或[复制(C)/参照(R)]：-60（旋转角，逆时针为正，顺时针为负，旋转结果如
        图 2.71（b）所示）
```

对该命令提示的选项说明如下。

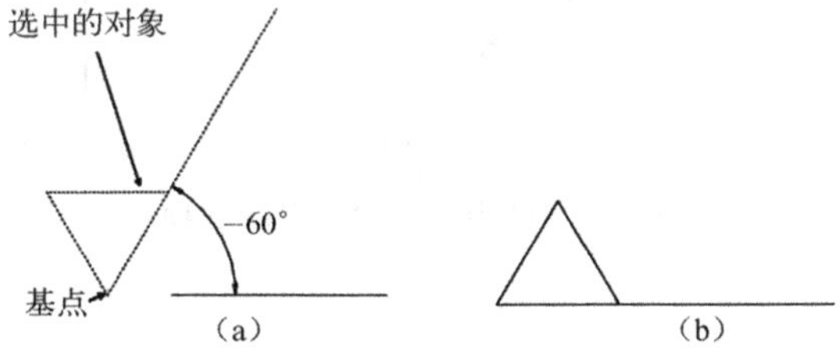

图 2.71　旋转对象

① 复制(C)。选择该选项，执行旋转命令后仍保留源对象。

② 参照(R)。定义旋转角度时还可在提示“指定旋转角度或[复制(C)/参照(R)]：”时输入“R”，使用参考法来输入角度值。这时可通过两种方法来确定角度：一种是输入一个角度值作为参考角（起始角），然后输入对象要旋转到的目标角度。实际旋转角度为目标角度减

参考角度，如图 2.72 所示，命令提示序列如下：

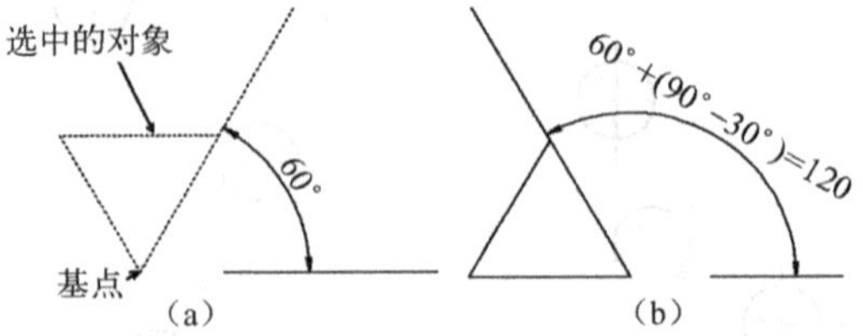

图 2.72　使用“参照”选项

```
命令：_rotate
UCS 当前的正角方向：ANGDIR=逆时针，ANGBASE=0
选择对象：
指定对角点：找到三个（选择对象）
选择对象：(按“Enter”键，结束选择)
指定基点：(指定基点)
指定旋转角度或[复制(C)/参照(R)]：R
指定参考角：30（输入参考角度值）
指定新角度：90（输入目标角度值，如图 2.72 所示）
```

另一种方法是通过参考直线来确定角度值。用光标指定两点，两点连线与水平方向(X 轴)的夹角为参考角度，然后输入目标角度，确定旋转角度。

```
指定旋转角度或[复制(C)/参照(R)]：R
指定参考角：0（指定参考直线的第一端点）
指定第二个点：(指定参考直线的第二端点)
指定新角度：60（输入目标角度值，如图 2.73 所示）
```

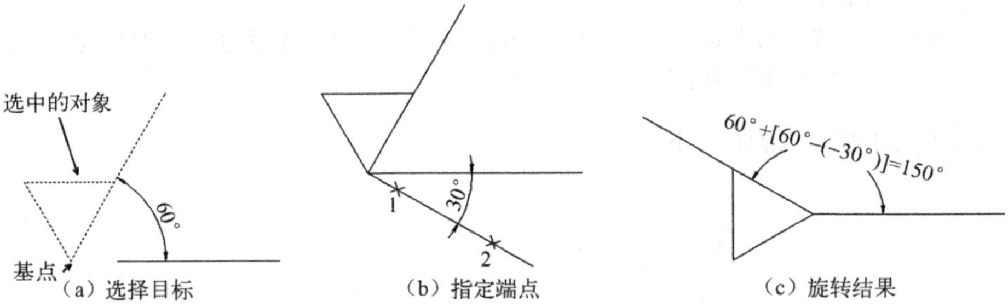

图 2.73　使用“参照”直线选项

2.5.2　绘制楼梯

（1）绘制第一条楼梯线。根据本例楼梯大样图，查出楼梯休息平台宽为 1500，偏移外墙线的内线 1500 得到楼梯第一条线，修改图层使之为楼梯层（见图 2.74）。

（2）用阵列命令绘制其他楼梯线，如图 2.75～图 2.77 所示。

① 设置阵列参数。本图中阵列的行数为 8，列数为 1，偏移距离行偏移为-300，列偏移距离为 0，如图 2.75 所示。

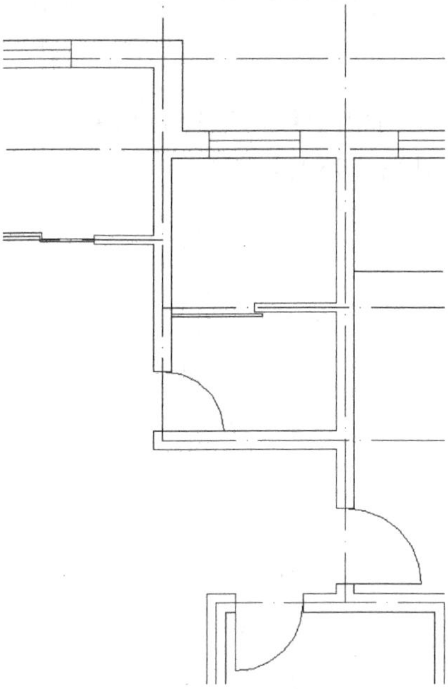

图 2.74 绘制第一条楼梯线

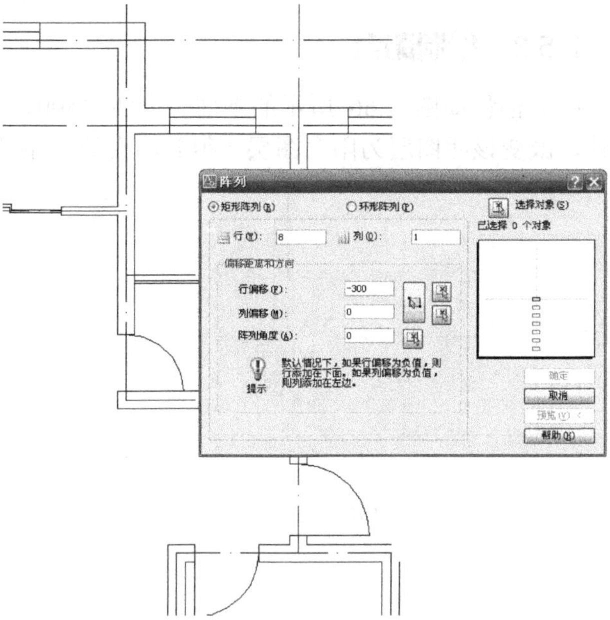

图 2.75 设置阵列参数

② 单击“阵列”对话框中的“选择对象”按钮，单击鼠标左键选择要阵列的第一条楼梯线（见图 2.76）。

③ 单击“确定”按钮，得到阵列后的楼梯线（见图 2.77）。

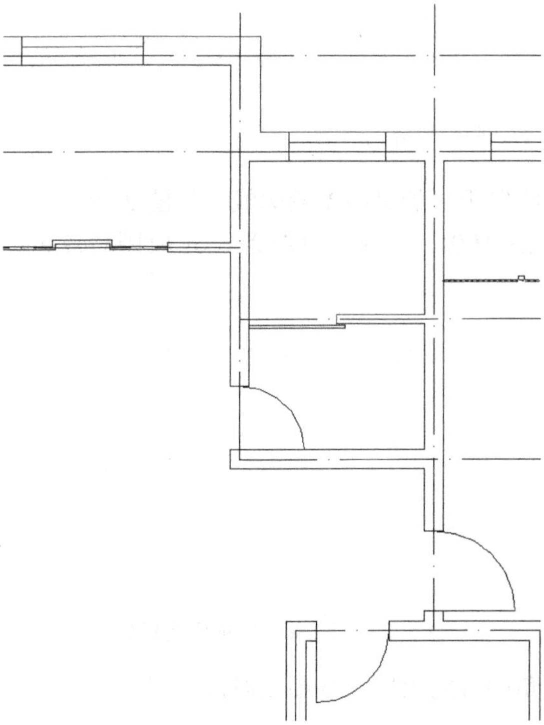

图 2.76 选择要阵列的第一条楼梯线

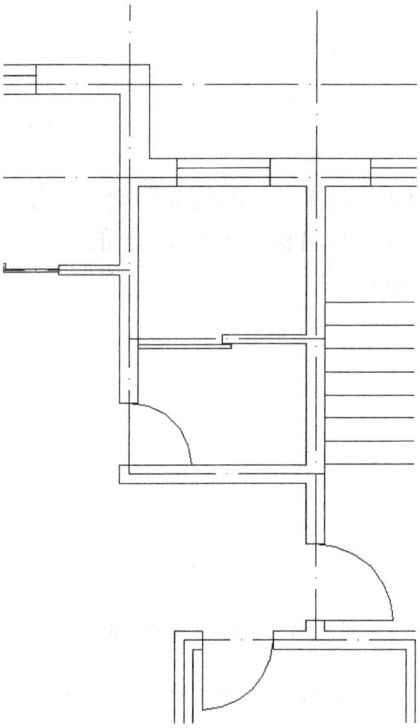

图 2.77 阵列后的楼梯线

2.5.3 绘制阳台

（1）偏移如图 2.66 所示的下部外墙线 1500，用鼠标左键单击该线，选择右端夹点向右拉伸，改变该线图层为阳台图层，得到阳台第一条轮廓线（见图 2.78）。

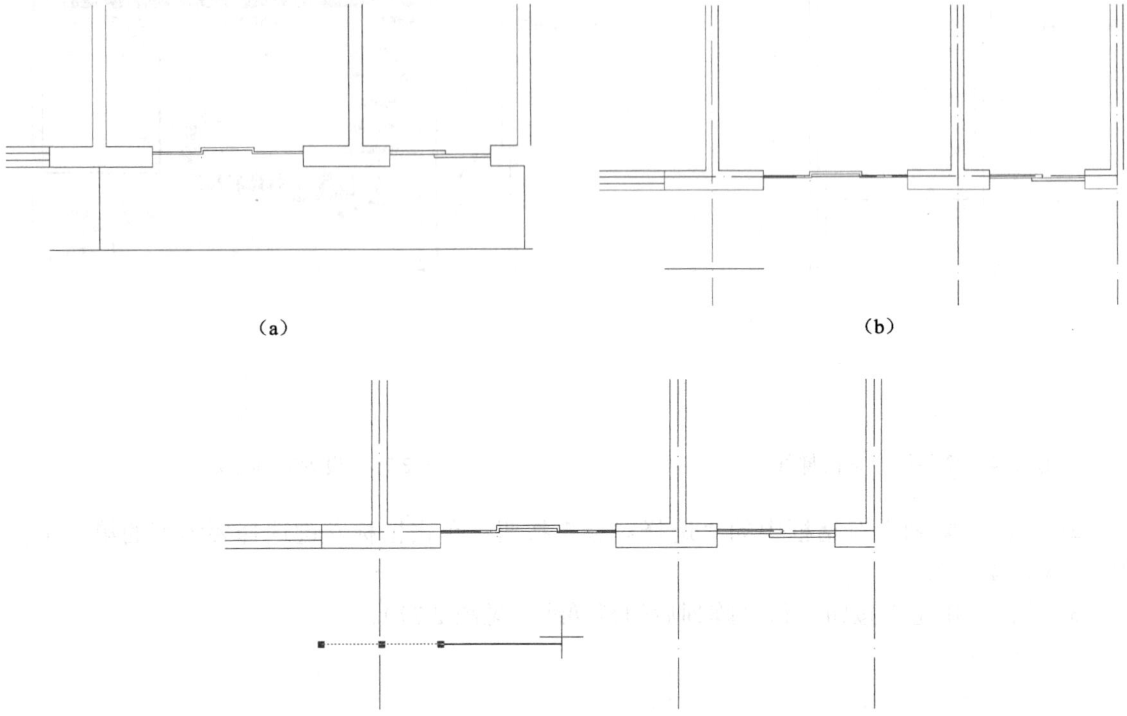

（a）　（b）　（c）

图 2.78　绘制第一条阳台轮廓线

（2）设置当前图层为阳台层，用直线命令绘制阳台的另两条轮廓线（见图 2.79）。

（3）用偏移命令将阳台的轮廓线向内偏移 100，修剪多余线条，完成阳台绘制（见图 2.80）。

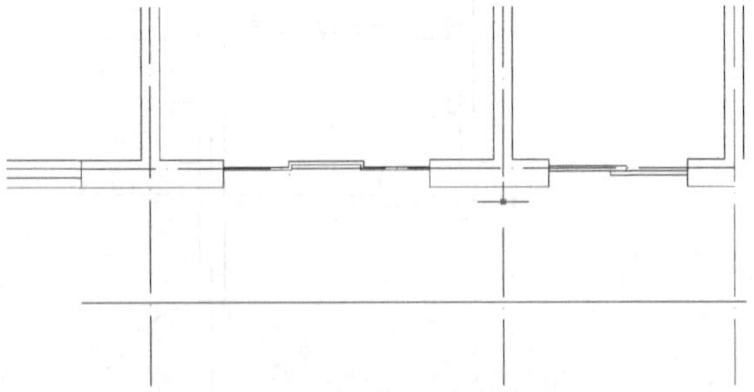

图 2.79　绘制阳台的另两条轮廓线

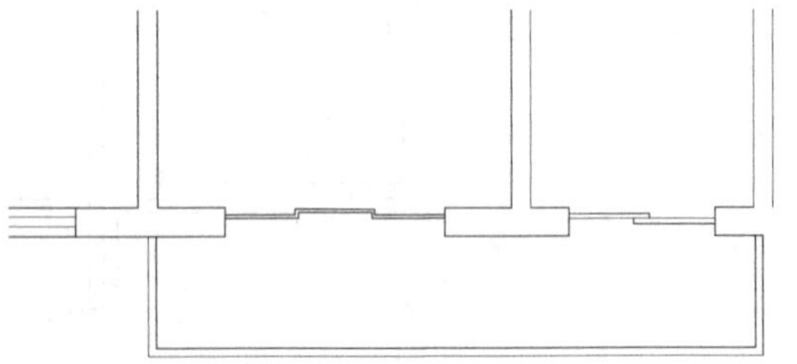

图 2.80　完成阳台绘制

（4）按照同样的方法完成该户型图纸左上角阳台的绘制（见图 2.81）。

注意： 阳台也可以用多线命令来绘制，请思考该如何用多线命令来完成阳台的绘制。

学习单元 6 标注文字

本单元介绍定义文字样式、动态标注文字、标注多行文字、平面图文字标注等相关知识。每个建筑工程图的计算机绘制都要进行标注文字的操作，因此必须熟练掌握标注文字的基本操作。

2.6.1 定义文字样式

在一张图纸上，通常希望用不同的字体标注不同意义的文字，但 AutoCAD 只提供一个名为“Standard”的文字样式，且该样式自动被文字标注命令、尺寸标注命令等默认引用。因此，针对不同的场合，必须设置不同的文字样式以供使用。当用户设置了多种文字样式以后，要使用哪一种文字样式时应将该文字样式设置为当前样式。

（1）功能：定义和修改文字样式、设置当前样式、删除已有样式、字样式重命名。

（2）命令格式及操作如下。

① 下拉菜单：选择“格式”→“文字样式”命令。

② 命令行：输入“STYLE”或“DDSTYLE”。

用户输入命令后，AutoCAD 就会弹出如图 2.82 所示的“文字样式”对话框。

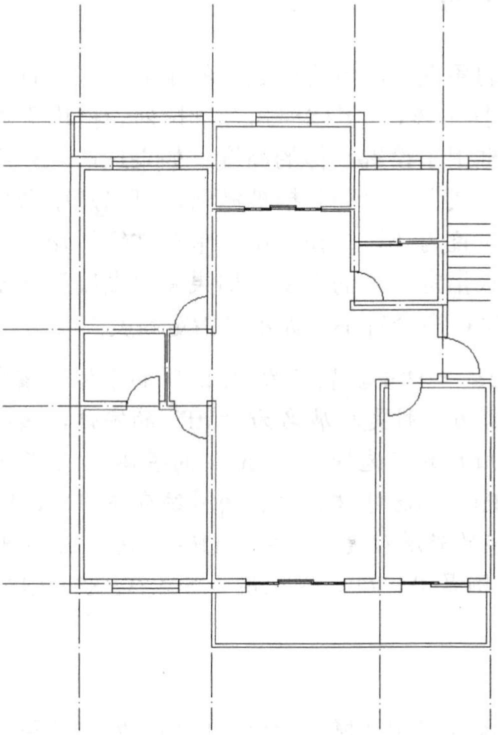

图 2.81 完成整个户型绘制

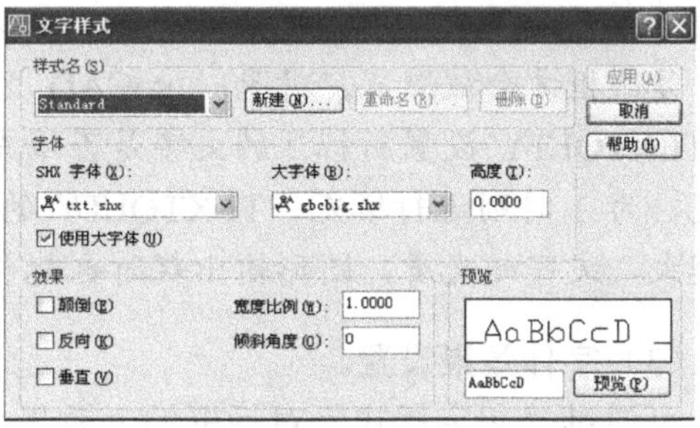

图 2.82 “文字样式”对话框

下面对该话框的操作进行说明。

（1）设置文字样式名。

利用“文字样式”对话框中“样式名”选项区的各选项，可以显示文字样式的名称、创建新的文字样式、为已有的文字样式重命名及删除文字样式。

① “样式名”下拉列表框：列出当前已有的所有样式。但应注意的是，在用户没有创建新的文字样式时，“样式名”列表框只显示默认的标准样式（“Standard”样式），它使用的字体名为“txt．shx”，高度为 0，宽度比例为 1，如图 2.82 所示。

② “新建”按钮：要创建新文字样式，单击该按钮，AutoCAD 将弹出“新建文字样式”对话框，如图 2.83 所示。用户输入自己想要创建的样式名，单击“确定”按钮后退回到“文字样式”对话框，此时在“样式名”下拉列表框中将显示用户新建的文字样式名。

③ “重命名”按钮：单击该按钮，AutoCAD 将弹出“重命名文字样式”对话框，如图 2.84 所示。可在“样式名”文本框中输入新的样式名，然后单击“确定”按钮重命名文字样式。但不能重命名系统定义的“Standard”样式名。

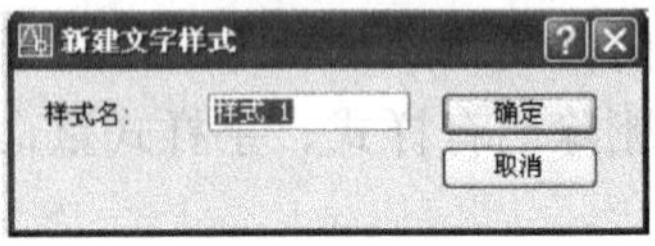

图 2.83 “新建文字样式”对话框

图 2.84 “重命名文字样式”对话框

④ “删除”按钮：单击该按钮，可删除所选择的文字样式。但应注意的是，正在被使用的文字样式和系统定义的“Standard”样式不能被删除。

（2）为选定的文字样式设置字体。

利用“文字样式”对话框中“字体”选项区的各选项，可为所选择的字体样式设置字体和字高等属性。其中“字体”下拉列表框用于选择字体，“字体样式”下拉列表框用于设置某些字体的格式（粗体、斜体等），“高度”文本框用于设置字体的高度。如果选取“使用大字体”复选框，则“字体”选项区中央的“字体样式”下拉列表框被激活，可以从中选择一种大字体。设置文字样式时，如果将文字的高度设置为 0，则在使用“单行文字”命令标注文本时，命令行将会显示“指定高度”提示，要求指定文字的高度；如果在“高度”文本框中输入了文字高度，AutoCAD 则按此高度标注文字，命令行不再提示“指定高度”。

注意：AutoCAD 2006 支持的字体有两种类型：一种是扩展名为“.shx”的字体，该字体是利用图形技术创建的，由 AutoCAD 系统提供；另一种是扩展名为“.ttf”的字体，该字体为 TrueType 字体，通常由 Windows 系统提供。用户只有选择了“.shx”的字体，“使用大字体”复选框才会被激活。对于 AutoCAD 支持的 TrueType 字体，可使用系统变量 TEXTFILL 和 TEXTQLTY 设置所标注的文字是否填充和文字的光滑程度。其中，TEXTFILL 为 0 时不填充，为 1 时则进行填充。TEXTQLTY 的取值范围是 0～100，默认值为 50。TEXTQLTY 的值越大，文字越光滑，图形输出耗时也越长。

（3）字体效果设置。

可通过“文字样式”对话框的“效果”选项区设置文字显示效果，例如，宽度比例、倾斜角度、垂直、反向和颠倒等效果。

①“颠倒”复选框：用于设置是否将文字颠倒书写。颠倒标注与正常标注关于水平方向对称，如图 2.85（a）、（b）所示。

②“反向”复选框：用于设置是否将文字反向书写，如图 2.85（c）所示。

③ “垂直”复选框：用于设置将文字垂直书写，否则默认为水平标注，如图 2.85（d）所示。但垂直效果对汉字字体无效。

④ “宽度比例”文本框：用于设置文字字符的高度和宽度之比，默认值为 1。当宽度比例为 1 时，表示按字体文件中定义的高宽比例标注文字。当宽度比例因子小于 1 时文字会变窄，反之变宽，如图 2.86（a）所示。

⑤ “倾斜角度”文本框：用于设置文字倾斜角度，默认值为 0。倾斜角度为 0，表示文字不倾斜；为正时向右倾斜，为负时向左倾斜。输入倾斜角度数值范围为：–85°～85°，倾斜效果如图 2.86（b）所示。

（a）正常标注　（b）颠倒标注　（c）反向标注　（d）垂直标注

图 2.85　几种文字设置的效果

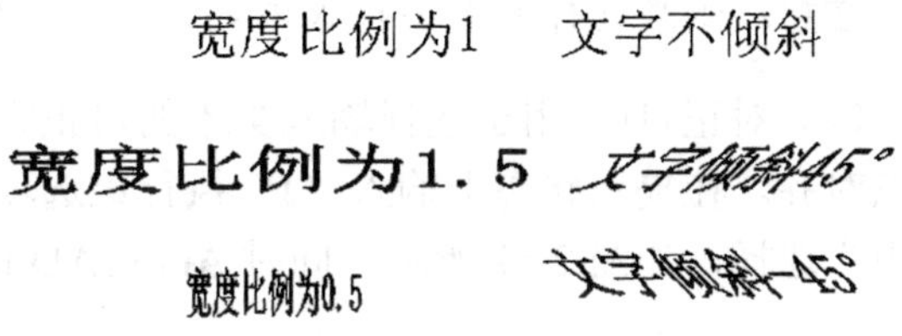

（a）宽度比例变化效果　（b）倾斜效果

图 2.86　宽度比例及倾斜标注示例

（4）预览与应用文字样式。

如图 2.82 中所示“文字样式”对话框的“预览”选项区，用于预览所选择或所设置的文字样式效果。在“预览”按钮左侧的文本框中输入要预览的字符后，单击“预览”按钮，可以将输入的字符按当前文字样式显示在预览框中。

设置完文字样式后，单击“应用”按钮即可使用该文字样式。

2.6.2　动态标注文字

动态标注文字是指通过命令窗口输入要标注文字的同时，可以在屏幕上动态地显示所输入的文字。自 AutoCAD 2000 版本以后，系统就把以前版本的 DTEXT 命令（创建动态文字命令）和 TEXT 命令（创建单行文字命令）合二为一，使文字输入更方便。书写完一行文字后按“Enter”键可继续输入另一行文字，因此利用此功能可标注多行文字，但每行文字作为一个对象，可单独进行编辑和修改。

（1）功能：动态书写单行文字，在书写时所输入的字符动态显示在屏幕上，并用文字光标线显示下一文字书写的位置。

（2）命令格式及操作如下。

① 下拉菜单：选择“绘图”→“文字”→“单行文字”命令。

② 图标按钮：单击“文字”工具栏上的按钮 A。

③ 命令行：输入“TEXT”或“DTEXT”。

```
命令：_text
当前文字样式：Standard 当前文字高度：2.5000
```

指定文字的起点或[对正(J)/样式(S)]：（用户可在此时选取一点作为文本的起点或选择一个选项）

上述命令提示说明了当前的标注样式，以及所采用的字体高度设置（这一样式和相应的设置通常是上次标注文字时所采用的设置，或者系统默认的 Standard 设置）。

对命令提示中的选项说明如下。

（1）指定文字的起点。这是 TEXT 命令的默认选项，可直接在屏幕作图区上选取一点作为输入文字的起点，则 AutoCAD 依次提示如下：

指定高度<0>：（输入文字的高度）
指定文字的旋转角度<0>：（输入文字行的旋转角度）
输入文字：（输入文字内容）

注意：如果选择的文字样式中定义了文字的高度，则 AutoCAD 不再提示指定高度。

（2）对正(J)：用于选择输入文本的对正方式，对正方式决定文本的哪一部分与所选的起始点对齐。在提示状态下输入“J”执行该选项，则绘图区光标所在位置将显示各种对正方式供用户选择，如图 2.87 所示，同时 AutoCAD 命令行提示如下：

指定文字的起点或[对正(J)/样式(S)]：J
输入选项[对齐(A)/调整(F)/中心(C)/中间(M)/右(R)/左上(TL)/中上(TC)/右上(TR)/左中(ML)/正中(MC)/右中(MR)/左下(BL)/中下(BC)/右下(BR)]：

AutoCAD 文字标注在文字的顶线、底线之间，还定义了基线和中线位置，文字对正在左、中、右及四位置线上进行组合，如图 2.87 所示。

图 2.87　文字的对正方式

AutoCAD 共提供了 14 种对正方式，下面对各种对正方式进行说明。

① 对齐(A)：要求确定文本行基线的起点和终点位置，所输入的文本字符均匀地分布于指定的两点之间。如果两点间的连线不水平，则文本行倾斜放置，倾斜角度由两点间的连线与 X 轴的夹角确定；字高、字宽根据两点间的距离与字符的多少按文字样式中设定的宽度系数自动确定。执行该选项后，AutoCAD 依次提示如下：

指定文字基线的第一个端点：（指定第一端点）
指定文字基线的第二个端点：（指定第二端点）
输入文字：（输入文字后按“Enter”键结束命令）

② 调整(F)：此选项要求指定文本基线的起点、终点位置及文字的高度，所输入的文本字符均匀地分布于指定的两点之间，文本行的倾斜角度由两点间的连线确定，文本的高度为用户指定的高度，字宽根据两点间的距离与字符的多少自动确定。执行该选项后，AutoCAD

依次提示如下：

指定文字基线的第一个端点：（指定第一端点）
指定文字基线的第二个端点：（指定第二端点）
指定高度<2.5000>：10（指定字符的高度）
输入文字：（输入文字后按“Enter”键结束命令）

③ 中心(C)：该选项要求指定标注文字基线的中点位置，然后指定文字高度，所输入的文字行按其基线以该点居中对齐。

④ 中间(M)：要求指定文字的中间点位置，然后指定文字的高度和旋转角度。所输入的文字行以该点作为其水平、垂直方向的中点居中对齐。

⑤ 右(R)：要求指定一点，AutoCAD 把它作为文本行基线的右端点，所输入的文字行按其基线以该点右对齐排列。

⑥ 与“对正(J)”选项对应的其他提示中，“左上(TL)”、“中上(TC)”、“右上(TR)”提示选项分别表示以用户所指定的点作为文字行顶线的左端点、中点和右端点，所输入的文字行将按其顶线分别以指定的点左对齐、居中对齐和右对齐排列；“左中(ML)”、“正中(MC)”、“右中(MR)”提示选项分别表示以用户所指定的点作为文字行中线的左端点、中点和右端点，所输入的文字行将按其中线分别以指定的点左对齐、居中对齐和右对齐排列；“左下(BL)”、“中下(BC)”、“右下(BR)”提示选项分别表示以用户所指定的点作为文字行底线的左端点、中点和右端点，所输入的文字行将按其底线分别以指定的点左对齐、居中对齐和右对齐排列。

以上各种对正方式如图 2.88 所示。用户可根据文字书写外观布置要求，选择一种适当的文字对正方式。

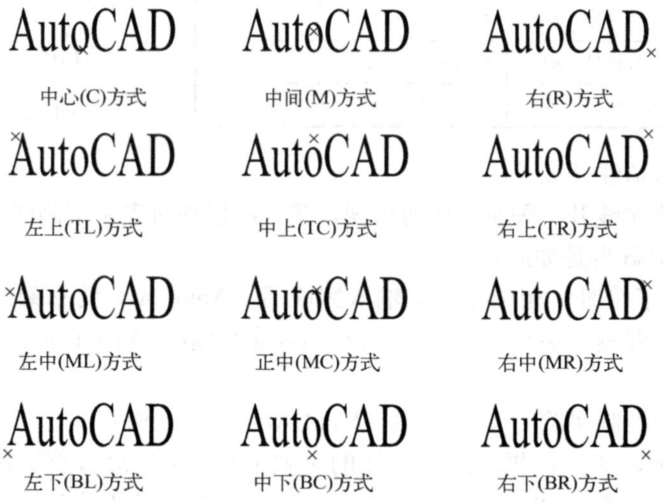

图 2.88 不同方式的文本显示

（3）样式(S)。确定当前使用的文字标注样式。执行该选项后，AutoCAD 提示如下：

指定文字的起点或[对正(J)/样式(S)]：S
输入样式名或[?]<Standard>：

此时，可直接输入当前要使用的文字样式的名称，也可输入“?”后按“Enter”键，来显示当前已有的文字样式。若直接按“Enter”键，则使用默认样式。

（4）动态标注文字时请注意如下几点。

① 在输入文字的过程中，要改正刚才输入的文字，只需按一次“Backspace”键，就可以把该字符删除，同时光标也回退一步。用这种方法可从后向前删除已输入的多个字符。

② AutoCAD 2006 与以前版本不同的是，当使用特定的文字对正方式，输入文字的过程中屏幕上就动态地按该对正方式显示文字行。

③ 书写完一行文字后按“Enter”键可继续输入另一行文字，因此利用此功能可标注多行文字，但每一行文字作为一个对象，只可单独进行编辑和修改。

（5）特殊字符的标注。

实际绘图时，有时需要标注一些特殊字符，如在一段文本的上方或下方加画线、标注“°”（度）、“±”和“ϕ”等，以满足特殊需要。由于这些特殊字符不能从键盘上直接输入，因此 AutoCAD 提供了各种相应控制符，以实现这些特殊标注要求。CAD 的控制符由两个百分号（%%）及其后紧跟的一个字符构成。常用的控制符如表 2.1 所示。

表 2.1 中各实例的输出结果如图 2.89 所示。

表 2.1　常用的控制符

序号	控制符	意　义	输 入 实 例
A	%%o	打开或关闭上画线	AutoCAD2006%%o 中文版%%o
B	%%u	打开或关闭下画线	AutoCAD2006%%u 中文版%%u
C	%%d	标注度符号（°）	Temperature is 30%%d
D	%%p	标注正负符号（±）	45%%p0.5
E	%%c	标号直径符号（ϕ）	%%c60
F	%%%	绘制一个%	100%%%

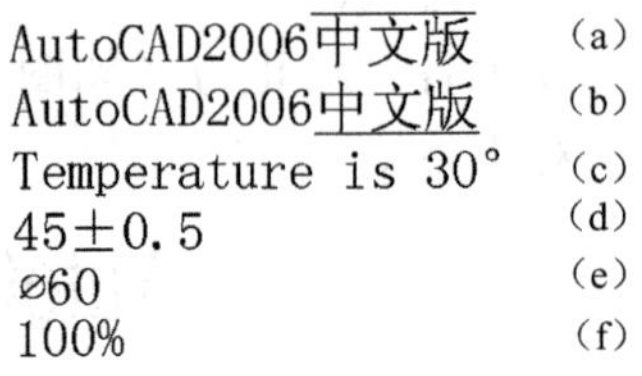

图 2.89　特殊字符的标注

标注特殊字符时请注意如下几点：

① %%u 文字下画线开 / 关总是成对出现，第一次出现时表示下画线开始，第二次出现时表示下画线结束；%%o 也是如此。

② 在输入这些字符时，相应控制码输入完成后，AutoCAD 就立刻在文字输入处显示出该特殊字符。例如，要输入字符“±”，当用户输入完%%p 控制字符后，%%p 控制字符将立刻被“±”替代。

③“%”字符的控制字符为%%%，但 AutoCAD 会将已输入并显示的“%”字符也作为控制字符中的一部分，所以如果用户在标注的单独字符“%”后有控制代码，则应注意控制字符的输入顺序，应先输入“%”字符后的特殊字符控制符，再将光标回退后输入“%”的控制字符。例如，要标注 50%±25，则当输入“%±”时应先输入%%p，将光标回退后再输入%%%控制字符。

④ 一般的工程图样使用的字体样式为仿宋体样式，在该样式下，%%c 控制字符不起作用，即标注完毕后不能显示“ϕ”。此时，%%c 控制字符的字体应采用“ISOCP”、“SOLIDEDGE ISO”等其他字体。

2.6.3　标注多行文字

多行文字又称段落文字，由 MTEXT 命令创建，是一种更易于管理和编辑的文字对象。在工程图样中，常使用它创建较为复杂的文字说明。前面已经讲过，使用 DTEXT 命令或 TEXT 命令也可创建多行文字，但与 DTEXT 命令或 TEXT 命令不同的是，MTEXT 命令所创建的多行段落文字不管包含多少行都作为一个对象，而 DTEXT 命令或 TEXT 命令创建的多行文字，每行文字是一个单独的对象。

（1）功能：按指定的文本行宽度标注多行文字，文本行宽度由一个不被打印的文字边界框定义。

（2）命令格式及操作如下。

① 下拉菜单：选择“绘图”→“文字”→“多行文字”命令。

② 图标按钮：单击常用绘图工具栏上的“多行文字”按钮 A。

③ 命令行：输入“MTEXT”。

> 命令行：_mtext
> 当前文字样式：Standard 当前文字高度：2.5000
> 指定第一角点：（指定边界框的第一角点，由鼠标拾取）
> 指定对角点或[高度(H)/对正(J)/行距(L)/旋转(R)/样式(S)/宽度(W)]：（指定边界框的对角点或选择一个选项）

在此提示下，可以指定一对角点来定义一个由两对角点确定的多行段落文字边界框，也可以选择一个选项来定义文字的高度、对正方式、行距、旋转角度、文字样式及宽度。

对该命令选项的说明如下。

（1）指定对角点：这是系统默认选项，即指定另一对角点的位置，从而定义一个由两对角点确定的多行文字边界框，用于确定多行文字的宽度，如图 2.90 所示，图中箭头表示多行段落文字的扩展方向。当用户指定对角点后，AutoCAD 将会弹出如图 2.92 所示的“文字格式”工具栏和文字输入窗口。

（2）高度(H)：该选项用于定义多行文字的字高。

（3）对正(J)：该选项用于定义多行文字字符在边界框里的对齐排列方式。AutoCAD 基于边界框上的 9 个对齐点来对正排列多行文字，如图 2.91 所示，共有 9 种多行文字对齐方式：左上(TL)、中上(TC)、右上(TR)、左中(ML)、正中(MC)、右中(MR)、左下(BL)、中下(BC)、右下(BR)。默认的对齐方式是左上(TL)对齐。

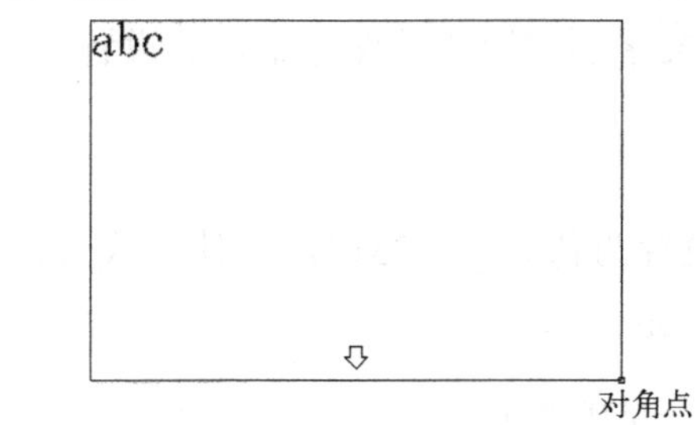

图 2.90　多行文字边界框

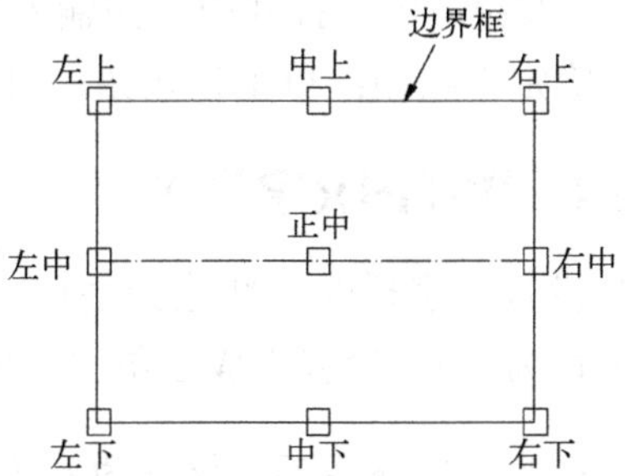

图 2.91　多行文字的对齐方式

（4）行距(L)：用于设定多行文字对象的行间距。

（5）旋转(R)：用于设置文字边界框的旋转角度。

（6）样式(S)：用于设置多行文字使用的文字样式。

（7）宽度(W)：用于定义文字行的宽度。用户在命令提示下输入一个宽度值后，AutoCAD 同样弹出如图 2.92 所示的“文字格式”工具栏和文字输入窗口。

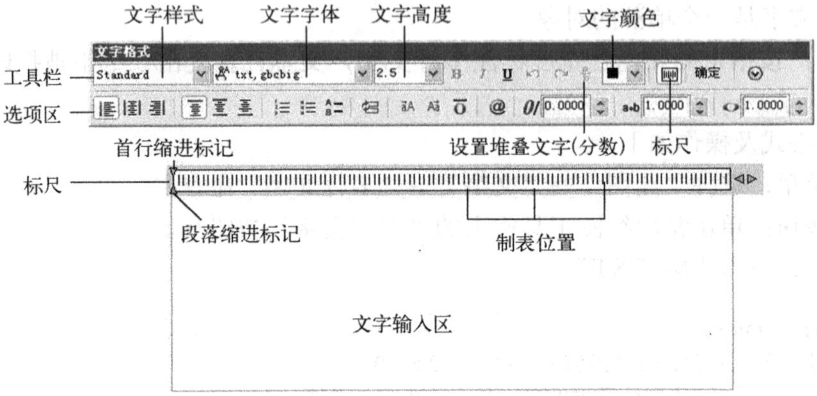

图 2.92 “文字格式”工具栏和文字输入窗口

“文字格式”工具栏各主要选项的功能如下。

①“文字样式”下拉列表框：用于选择用户设置的文字样式。

②“文字字体”下拉列表框：用于为新输入的文字指定字体或改变选定文字的字体。

③“文字高度”下拉列表框：用于设置新文字的字符高度或更改选定文字的高度。

④ B 按钮：粗体字切换按钮，只适用于 TrueType 字体。

⑤ I 按钮：正体、斜体切换按钮，只适用于 TrueType 字体。

⑥ U 按钮：下画线开关。

⑦ 按钮和 按钮：用于取消和重复上一次操作。

⑧ 按钮：用于设置文字的堆叠形式(堆叠形式文字是一种垂直对齐的文字或数字)或取消堆叠。使用时，需要分别输入分子和分母，其间使用“ / ”、“#”或“^”字符分隔，然后选择这一部分文字，单击 按钮即可。再次单击该按钮，则取消堆叠。

⑨“文字颜色”下拉列表框：用于为新输入文字指定颜色或修改选定文字的颜色。

⑩ 按钮：用于打开或关闭输入窗口上方的标尺。

⑪“确定”按钮：单击该按钮，可以关闭多行文字创建模式并保存用户的设置。

2.6.4 平面图文字标注

（1）设置文字样式。新建文字样式，字体名设置为仿宋_GB2312，字体样式为常规，宽度比例设置为 0.7。设置完成后单击“应用”按钮确定。

注意： 此时字体名不要设置为@仿宋_GB2312（见图 2.93）。

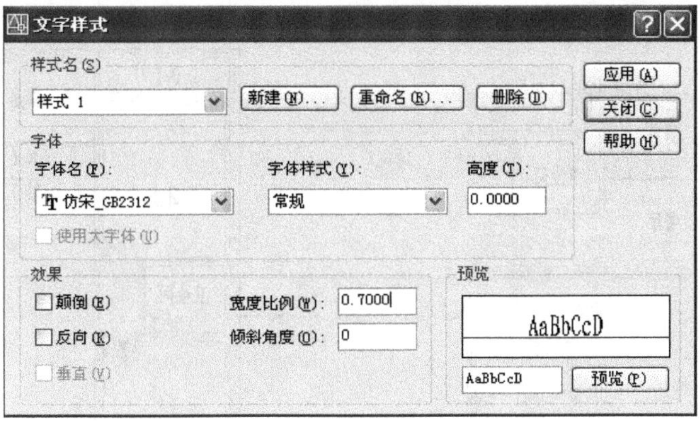

图 2.93　设置文字样式

（2）输入文字，具体的命令提示过程如下，显示结果见图 2.94。

命令：_dt 或 text
当前文字样式：样式 1　当前文字高度：2.5000
指定文字的起点或［对正(J)/样式(S)］：(指定文字起点)
指定高度 <2.5000>: 300
指定文字的旋转角度 <0>:
输入文字：卧室

（3）复制输入的文字到相应房间，然后双击需要修改的文字，修改相应的文字内容（见图 2.95 和图 2.96）。

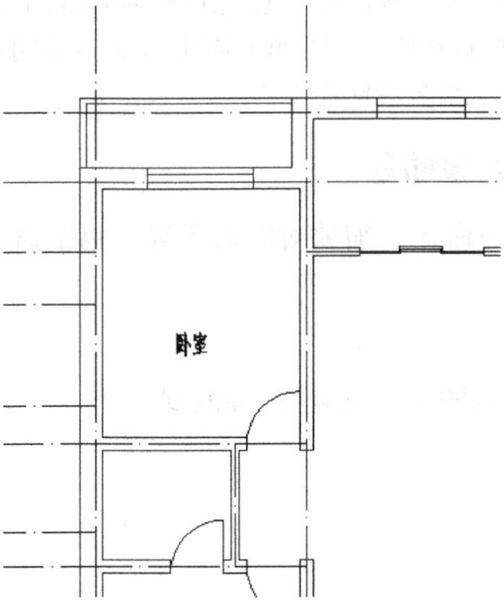

图 2.94　文字输入

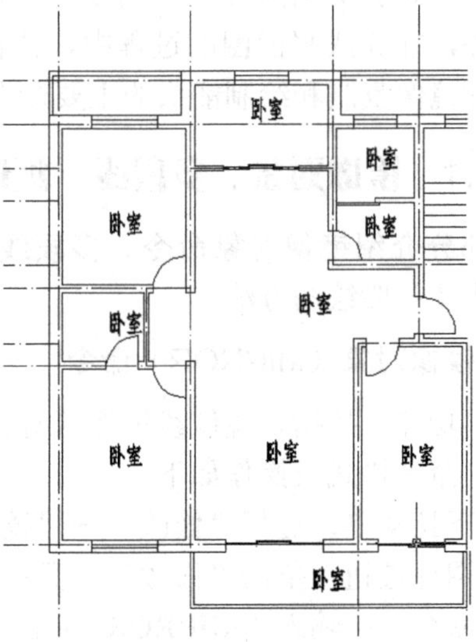

图 2.95　文字复制

（4）输入其他文字，完成文字标注（见图 2.97）。

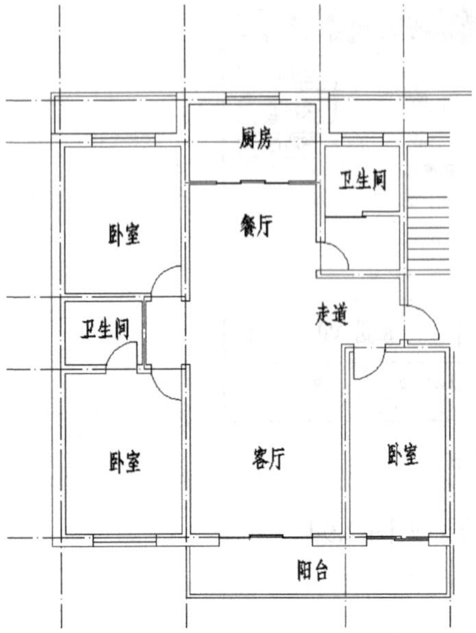

图 2.96　修改文字内容

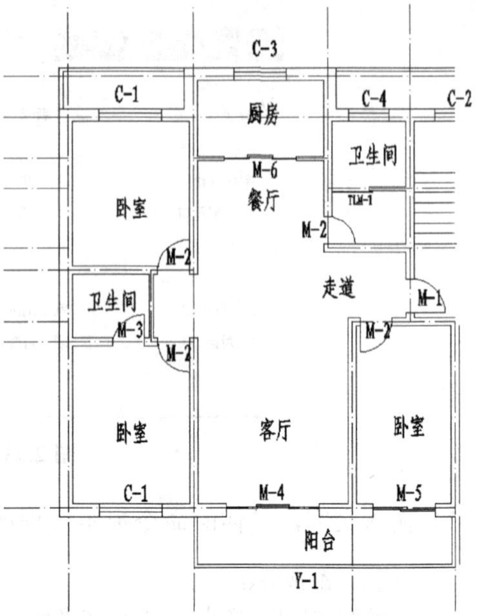

图 2.97　完成文字标注

学习单元 7　完成图形绘制

通过以上六个学习单元，我们就完成了一个户型的建筑平面图的绘制。由于本实例图纸中的户型都一样，同一单元之间的两户正好是轴对称图形，而两个单元也是关于墙中线的轴对称图形，因此，在绘制好一个户型的基础上进行镜像复制就可以完成整幢楼的平面图绘制；此外，在完成平面图的过程中，楼梯还需要进行处理，需要加上箭头与文字说明及折断线。进行镜像复制和绘制箭头的主要命令是镜像命令和多段线命令。

2.7.1　镜像对象、多段线、延伸及缩放对象命令

这部分介绍镜像对象命令、多段线命令、延伸命令、缩放对象命令等，包括命令的功能、操作及一般绘图方法。

1. 镜像对象（MIRROR）命令

（1）功能：按指定镜像线镜像（对称复制）选定图形。原图可以删除或保留。

（2）命令格式及操作如下。

① 下拉菜单：选择“修改”→“镜像”命令。

② 图标按钮：单击“修改”工具栏上的按钮。

③ 命令行：输入“MIRROR”（缩写名为 MI）。

```
选择对象：(选择要镜像的对象)
指定镜像线的第一点：
指定镜像线的第二点：
是否删除源对象?[是(Y)/否(N)]<N>：
```

选择是(Y)：删除源对象，只是镜像复制一份对象，如图 2.98（a）所示为源对象，图 2.98（b）所示为删除源对象的复制对象。

选择否(N)：不删除源对象，绘制一个对称的图形，如图 2.98（c）所示。

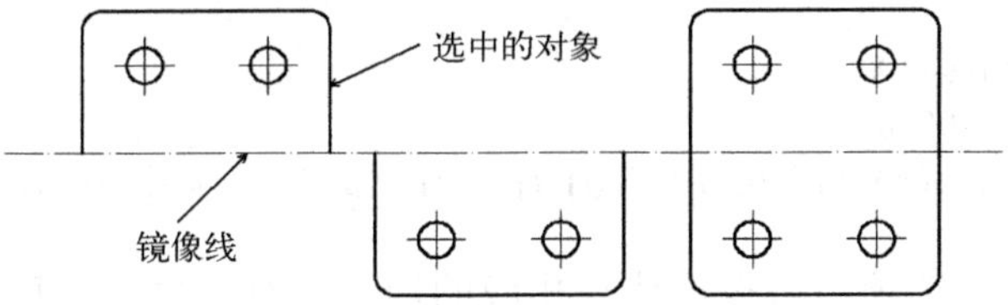

（a）　（b）　（c）

图 2.98　镜像对象

对该命令选项的说明如下。

（1）在镜像时，镜像线是一条临时的参照线，镜像后可不保留。

（2）在默认情况下，文字和其他对象一样镜像后颠倒所有的对象，但有时若希望镜像含文字的对象，而又想保证文字可读且没有被颠倒，可设置控制文字镜像样式的系统变量 MIRRTEXT。系统变量可取两个值。

MIRRTEXT=1，表示文字被颠倒，是默认值。

MIRRTEXT=0，表示文字不被颠倒。

在命令行改变系统变量 MIRRTEXT 的设置值，命令提示序列如下：

```
命令：MIRRTEXT
输入 MIRRTEXT 的新值：
```

如图 2.99 所示，MIRRTEXT 设置为不同值时，文字镜像的效果不同。在 AutoCAD 2006 以上版本中尺寸标注不受 MIRRTEXT 变量的影响，镜像时总不会颠倒。

（a）MIRRTEXT=0时　（b）MIRRTEXT=1时

图 2.99　文字镜像

2．多段线（PLINE）命令

（1）功能：绘制多段线时，与 LINE 命令相似，PLINE 命令可连续绘制；所不同的是，多段线连续绘制的所有线段形成一个整体，且可在绘制过程中改为绘制圆弧段，还可绘制不同宽度的折线、弧线、渐尖的直线及填充的圆，可用于画粗实线、箭头等。编辑时，POLYLINE 线可作为一个整体来编辑，也可对单段进行编辑。利用 PEDIT 编辑命令还可将多段线拟合成曲线。

（2）命令格式及操作如下。

① 下拉菜单：选择“绘图”→“多段线”命令。

② 图标按钮：单击“绘图”工具栏上的按钮。

③ 命令行：输入“PLINE”（缩写名为 PL）。

用上述命令方式激活 PLINE 命令后，AutoCAD 提示如下：

```
命令：_pline
指定起点：（给出起点）
    当前线宽为 0.0000
指定下一点或[圆弧(A)/闭合(C)/半宽(H)/长度(L)/放弃(U)/宽度(W)]：
```

多段线命令提供多个选项，可按需选择相应的选项。对该命令选项的说明如下。

（1）以下为画直线段时的提示。

① 指定下一点：是默认选项，一直给定下一点，可连续绘制一条多段线，类似连续绘制直线，按“Enter”键结束命令。

② 选 C 使直线段闭合。

③ 选 H 或 W 定义线宽，可改变当前多段线的线宽，AutoCAD 提示输入起始半宽和终止半宽或起始宽度和终止宽度。

注意：有一定宽度的多段线，其起点和端点定位在多段线线宽的中心点。

④ 选 L 确定直线段长度，绘制方向接前一条多段线方向的切线方向。

⑤ 选 U 放弃上一步操作。

⑥ 选 A 转换为画圆弧段提示。

（2）以下为画圆弧段时的提示。

```
指定圆弧的端点或[角度(A)/圆心(CE)/闭合(CL)/方向(D)/半宽(H)/直线(L)/半径(R)/第二点(S)/
放弃(U)/宽度(W)]：
```

直接给出圆弧端点，则此圆弧段与上一段相切连接。

选 A、CE、D、R、S 等均为给出圆弧段的第二个参数，相应会提示第三个参数。

选 L 转换成画直线段提示，最后按“Enter”键结束命令。

3. 延伸（EXTEND）命令

（1）功能：在指定边界后，可单个或连续选择延伸边，延伸到与边界相交。它是 TRIM 命令的一个对应命令。

（2）命令格式及操作如下。

① 下拉菜单：选择“修改”→“延伸”命令。

② 图标按钮：单击“修改”工具栏上的按钮。

③ 命令行：输入“EXTEND”（缩写名为 EX）。

```
命令：_extend
当前设置：投影=UCS，边=延伸
选择边界的边...
选择对象：（选定边界边，可连续选取，按“Enter”键结束该项操作，如图 2.100 所示，选取一直
线为边界边）
```

选择要延伸的对象，或按住“Shift”键选择要修剪的对象，或[栏选(F)/窗交(C)/投影(P)/边(E)/放弃(U)]：(选择延伸边、改变延伸模式或取消当前操作)

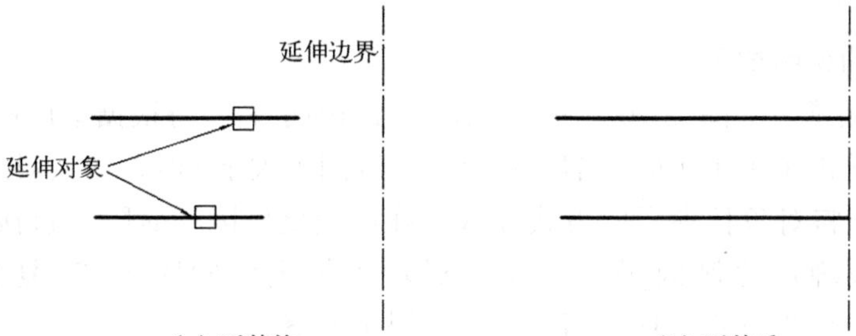

（a）延伸前　（b）延伸后

图 2.100　延伸

“选择要延伸的对象，或按住“Shift”键选择要修剪的对象，或[栏选(F)/窗交(C)/投影(P)/边(E)/放弃(U)]：”用于选择延伸边、延伸模式或取消当前操作，其含义和修剪命令的对应选项类似。该提示反复出现，因此可以利用选定的边界边，使一系列对象进行延伸，在选取对象时，单击对象的左边，对象向左延伸；反之，向右延伸。

当出现命令提示时输入“E”选项，则该选项决定是否延伸那些不与边界边相交，但如果边界边扩展延伸后却相交的对象。该选项后续提示为：

输入隐含边延伸模式[延伸(E)/不延伸(N)]<不延伸>：E

用户可选择一个暗含边界延伸模式选项或按“Enter”键使用默认选项，如图 2.101 所示。

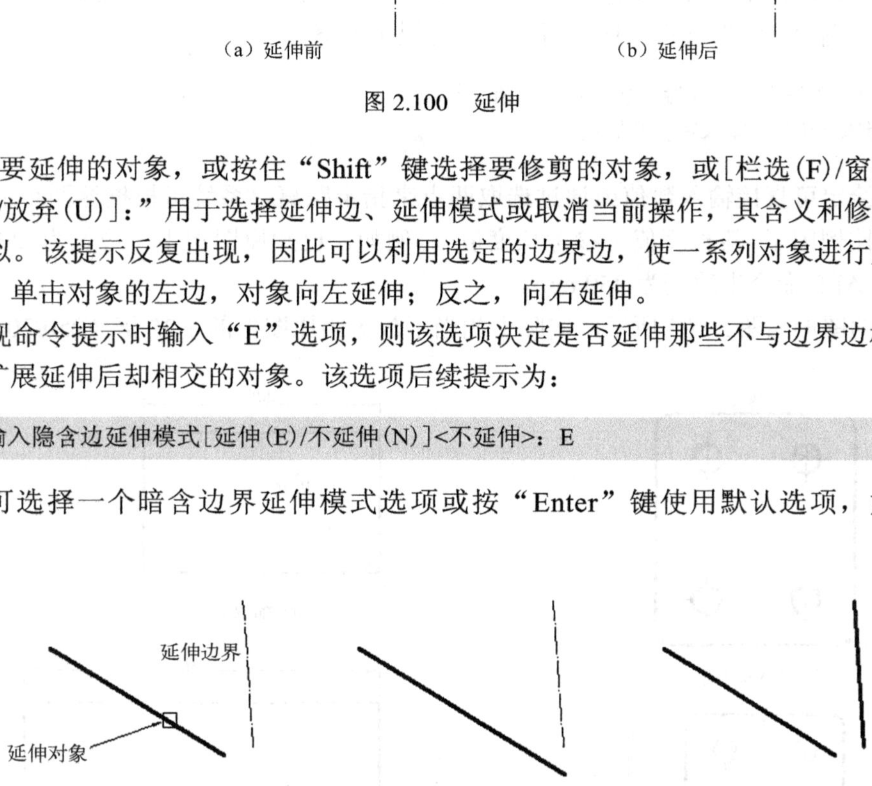

（a）延伸前　（b）延伸后　（c）不延伸

图 2.101　使用延伸(E)选项延伸对象

4．缩放对象（SCALE）命令

（1）功能：对选定的图形按指定的比例相对于基点放大或缩小。

（2）命令格式及操作如下。

① 下拉菜单：选择“修改→缩放”命令。

② 图标按钮：单击“修改”工具栏上的按钮。

③ 命令行：输入“SCALE”(缩写名为 SC)。

命令：_SCALE
选择对象：ALL（选择所有对象）

选择对象：（按“Enter”键）
指定基点：（选基点，即比例缩放中心）
指定比例因子或[复制(D)/参照(R)]<1.0000>：0.6（输入缩放比例）

对该命令选项的说明如下。

（1）指定比例因子，如图 2.102 所示。输入比例因子后，将根据该比例因子并相对于基点缩放对象。当比例因子小于 1 时，缩小对象；比例因子大于 1 时，放大对象。

（2）参照(R)：将对象按参考的方式缩放。在给定比例因子时除了直接输入数值外，还可使用参考长度来确定比例因子。在命令提示“指定比例因子或[复制(D)/参照(R)]<1.0000>：”时输入“R”选择该选项后，命令行提示如下：

指定参照长度<1>：（输入参考长度的值）
指定新长度：（输入新长度的值）

长度的给定可直接输入数值或通过选取两点来指定距离，系统可根据这两个值自动计算比例因子（比例因子=新长度值 / 参考长度值）。例如，已知原图形中一边长为 200 mm，现在要利用 SCALE 命令来改变为 250 mm。

缩放后的图形如图 2.103 所示，实际上相当于放大为原图形的 1.25 倍（250/200）。

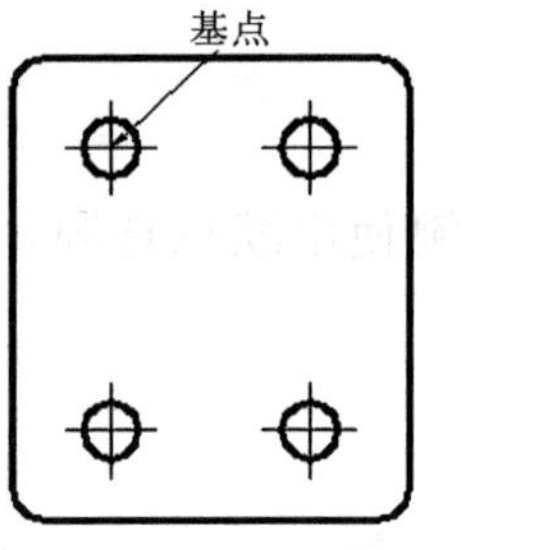

（a）缩入前对象

（b）比例因子=0.6，缩放后对象

图 2.102　指定比例因子缩小对象

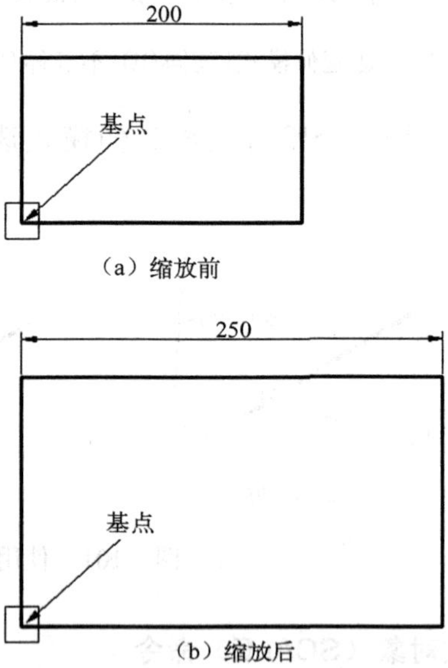

（a）缩放前

（b）缩放后

图 2.103　使用“参照”选项放大对象

2.7.2　完成整幢楼的绘制

（1）用镜像对象命令，打开正交模式，选择如图 2.104 所示的轴线为镜像线，精确捕捉到镜像线的两点，将已绘制好的户型进行镜像复制，得到一个单元的平面图。先输入“mirrtext”命令，将其值设为 0，保证复制后的文字不镜像。结果见图 2.105。

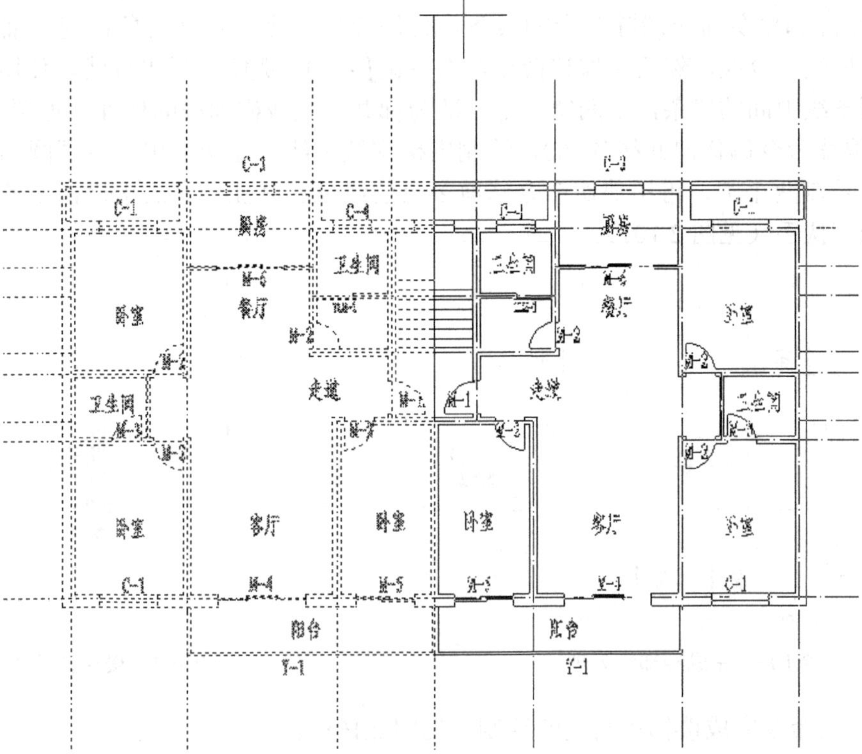

图 2.104　选择镜像线

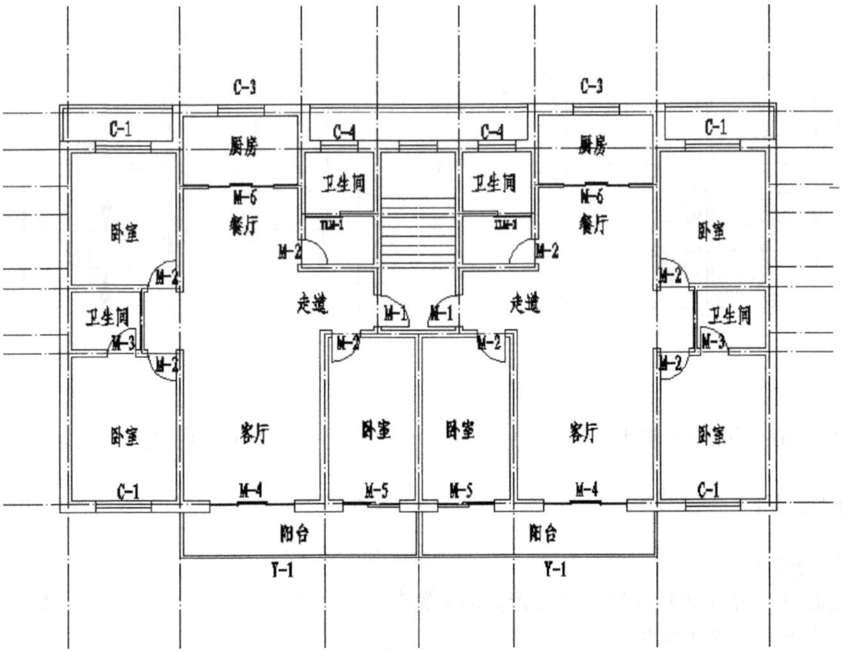

图 2.105　完成一个单元的绘制

（2）对楼梯进行处理，完成一个单元的绘制。

① 用删除和修剪命令清除多余的线条，使用直线命令，打开对象捕捉，捕捉楼梯线中点，绘制楼梯线平分线，然后用偏移命令左右各偏移 30，删除楼梯平分线，使用剪切命令修剪偏移后两条线中间的线条，中间空白部分即为梯井，完成楼梯线的处理（见图 2.106）。

② 用偏移命令偏移梯井线各 60，绘制出楼梯扶手线，在两端用两点画圆的方法在楼梯扶手接头处绘制两个圆，再用剪切命令修剪多余的线条和圆弧，完成楼梯扶手的绘制。本幢楼采用不锈钢扶手（见图 2.107）。

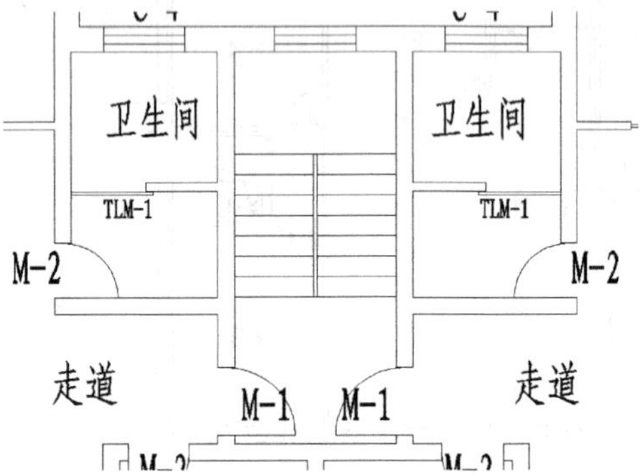

图 2.106　完成楼梯线处理

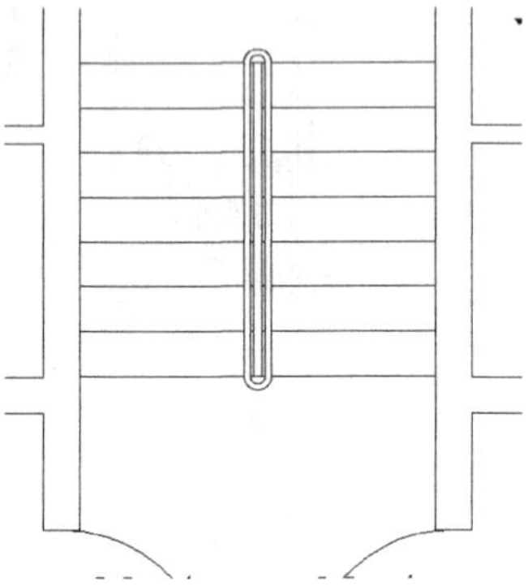

图 2.107　楼梯扶手的绘制

③ 用直线命令完成楼梯折断线的绘制（见图 2.108）。

④ 用多段线命令完成箭头的绘制（见图 2.109）。

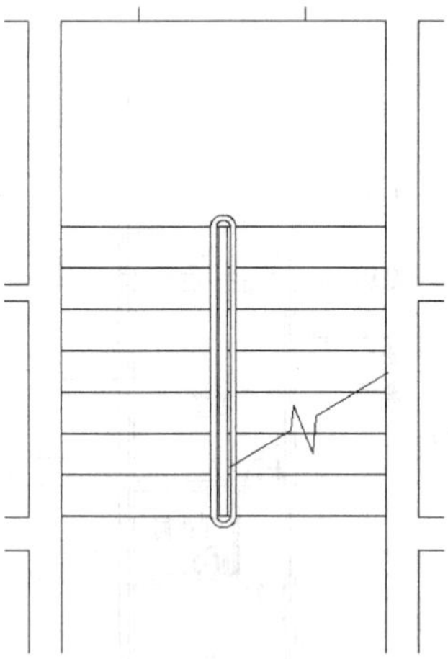

图 2.108　楼梯折断线绘制

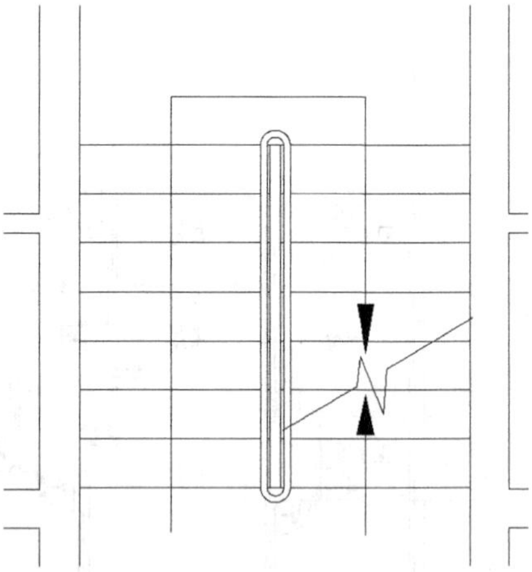

图 2.109　箭头绘制

绘制过程如下：

```
命令: _pline
指定起点:（单击鼠标左键，确定箭头的尖部）
    当前线宽为 0.0000
指定下一点或 [圆弧(A)/半宽(H)/长度(L)/放弃(U)/宽度(W)]: <正交 开> w
指定起点宽度 <0.0000>: 0
```

指定端点宽度 <0.0000>: 50
指定下一点或 [圆弧(A)/半宽(H)/长度(L)/放弃(U)/宽度(W)]：(单击鼠标左键确定一点，完成箭头尾部)
指定下一点或 [圆弧(A)/半宽(H)/长度(L)/放弃(U)/宽度(W)]：w
指定起点宽度 <50.0000>: 0
指定端点宽度 <0.0000>:
指定下一点或 [圆弧(A)/半宽(H)/长度(L)/放弃(U)/宽度(W)]：
指定下一点或 [圆弧(A)/半宽(H)/长度(L)/放弃(U)/宽度(W)]：
指定下一点或 [圆弧(A)/半宽(H)/长度(L)/放弃(U)/宽度(W)]：

⑤ 用单行文字命令进行楼梯文字标注（见图 2.110）。

（3）完成整幢楼平面图的绘制。

① 用删除和剪切命令清除进行镜像复制时多余的线条（见图 2.111）。

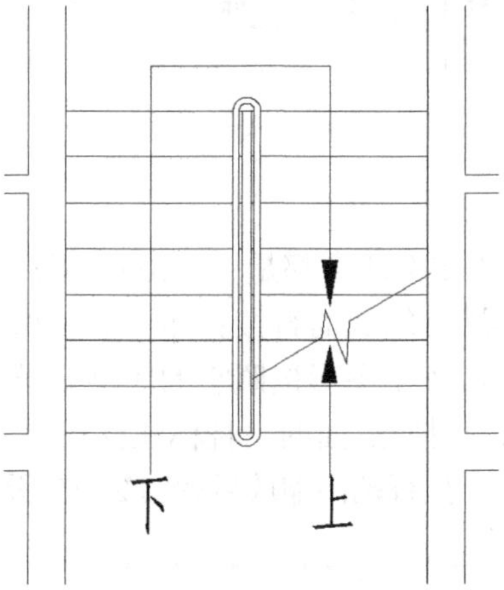

图 2.110　文字标注

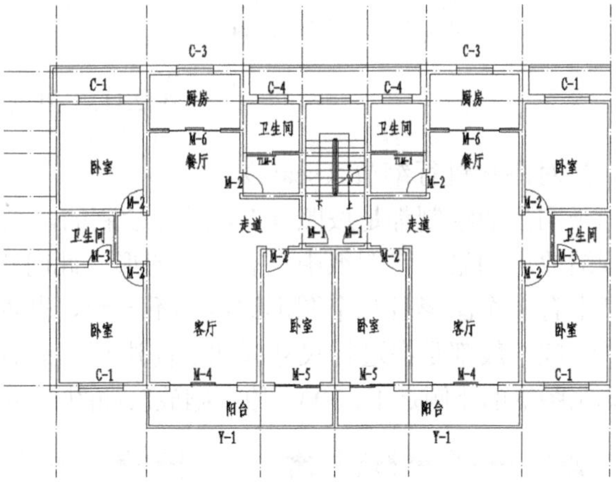

图 2.111　删除镜像复制时多余的线

② 用鼠标单击选择楼梯图层，用图层命令锁定该图层，用镜像命令将整个单元进行镜像复制（见图 2.112）。

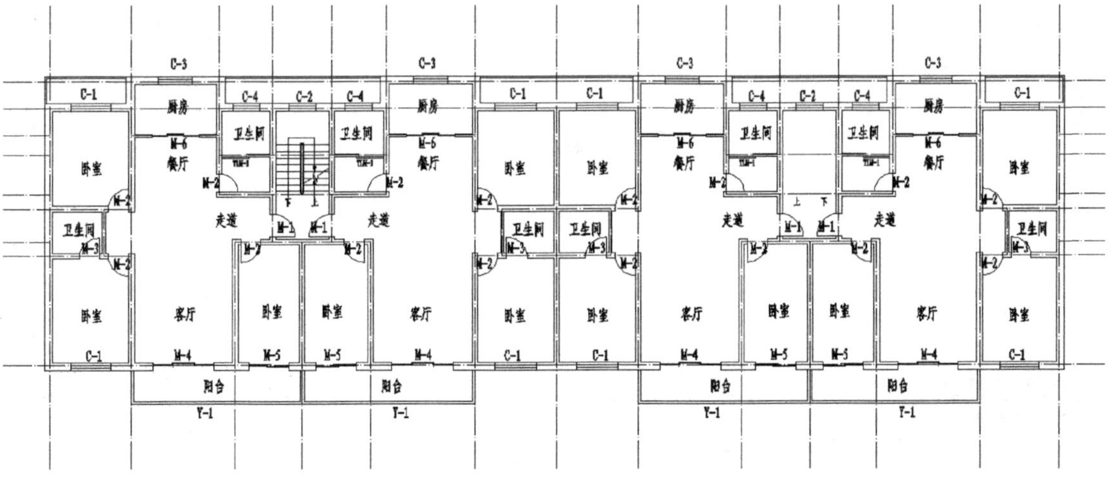

图 2.112　镜像复制整个单元

③ 选择轴线图层，锁定该图层，解锁楼梯图层，用复制命令将整个楼梯进行复制（见图 2.113），注意复制基点的选择，最后完成整幢楼平面图的绘制。

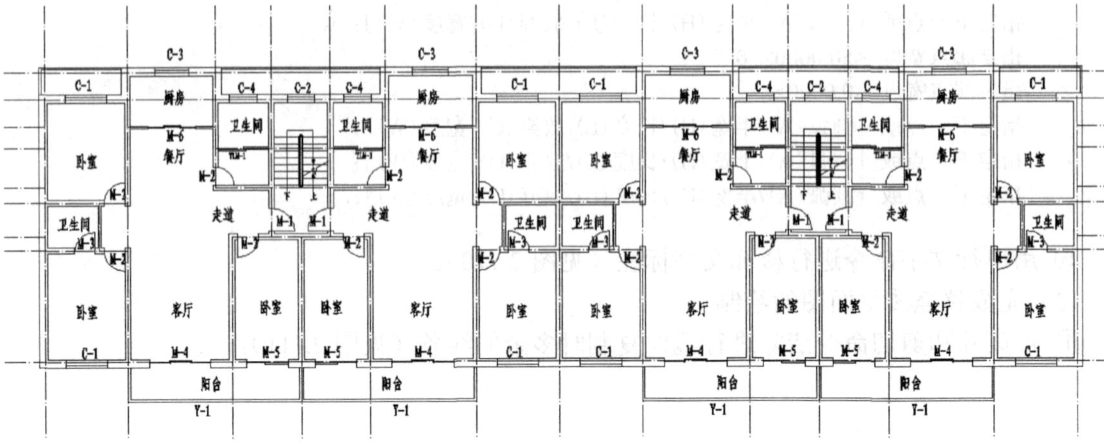

图 2.113　复制楼梯

（4）对图形进行缩放（scale）。

由于图形的绘制都是按照 1∶1 进行绘制的，而平面图的比例通常都是 1∶100，因此就需要进行缩放。如果一张图纸中只有一个图形，此时也可以不进行缩放而直接打印；但是如果一张图纸中有多个图形且几个图形比例都不一致，此时就必须对各个图形按照它的比例要求进行缩放。缩放一般都是在进行尺寸标注之前进行，而且一种比例对应后面的一种标注样式。

本张图纸的比例是 1∶100，原图缩放后如图 2.114 所示，再执行范围缩放后如图 2.115 所示。

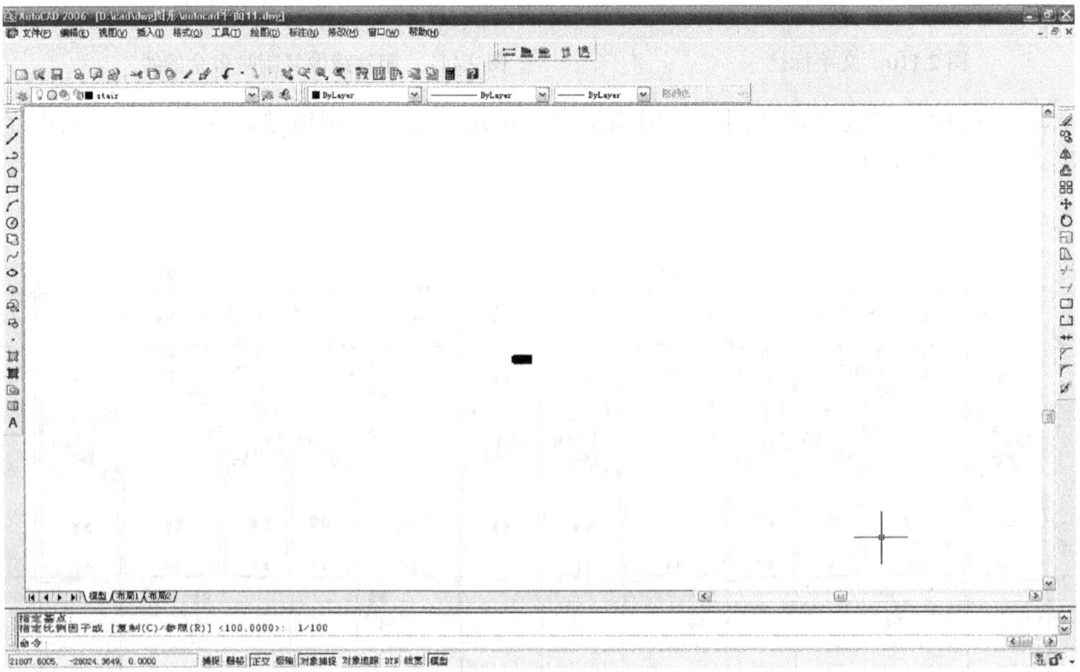

图 2.114　按照 1∶100 比例进行缩放（scale）

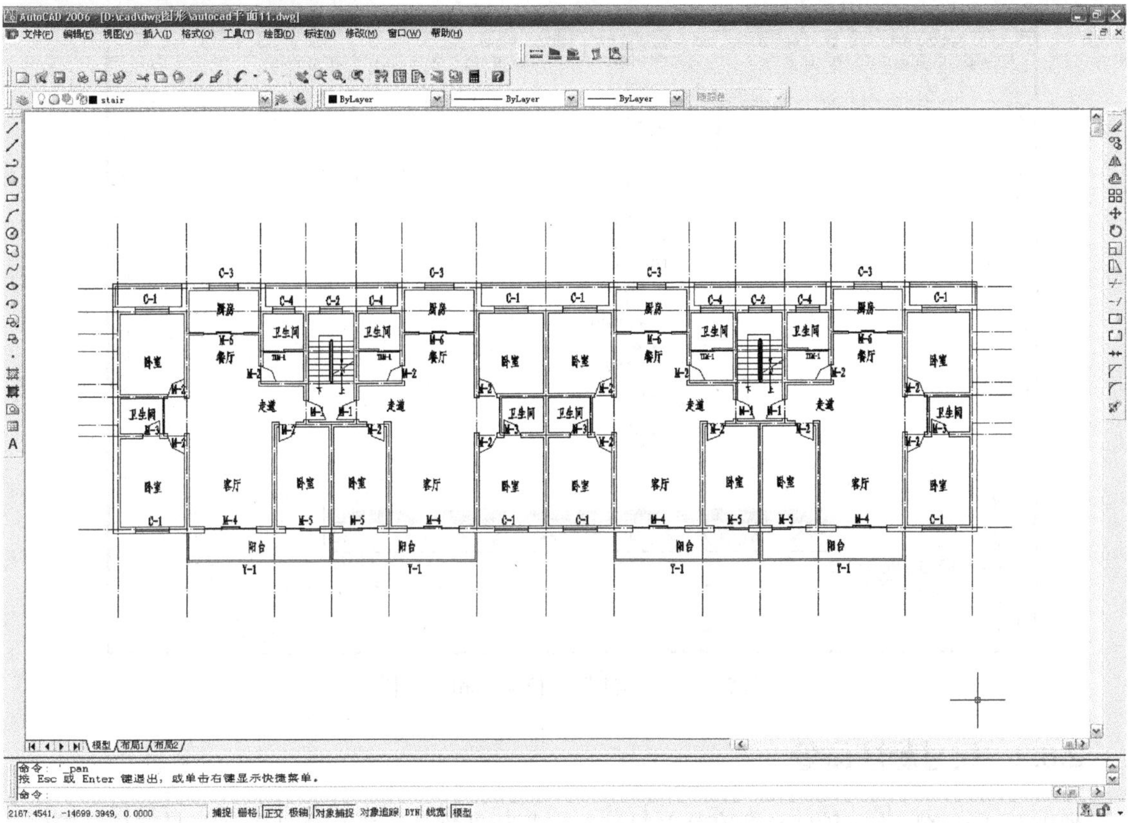

图 2.115 缩放（scale）后对平面图进行范围缩放（zoom）

学习单元 8 标注尺寸

标注尺寸是绘制工程图样的重要组成部分，对标注的基本要求除内容正确外，特别要注意遵守国家标准和有关专业标准。

2.8.1 尺寸标注菜单和工具栏

由于标注类型的多样性，AutoCAD 把标注命令和标注编辑命令集中安排在“标注”工具栏（见图 2.116）和“标注”下拉菜单（见图 2.117）中，以方便使用。“标注”工具栏中列出了各图标的功能。

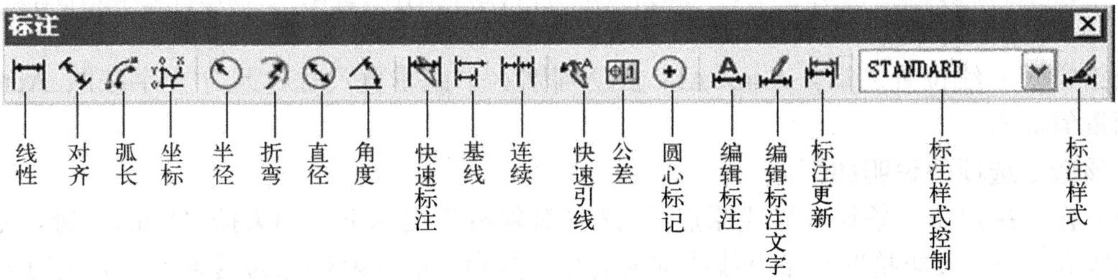

图 2.116 “标注”工具栏

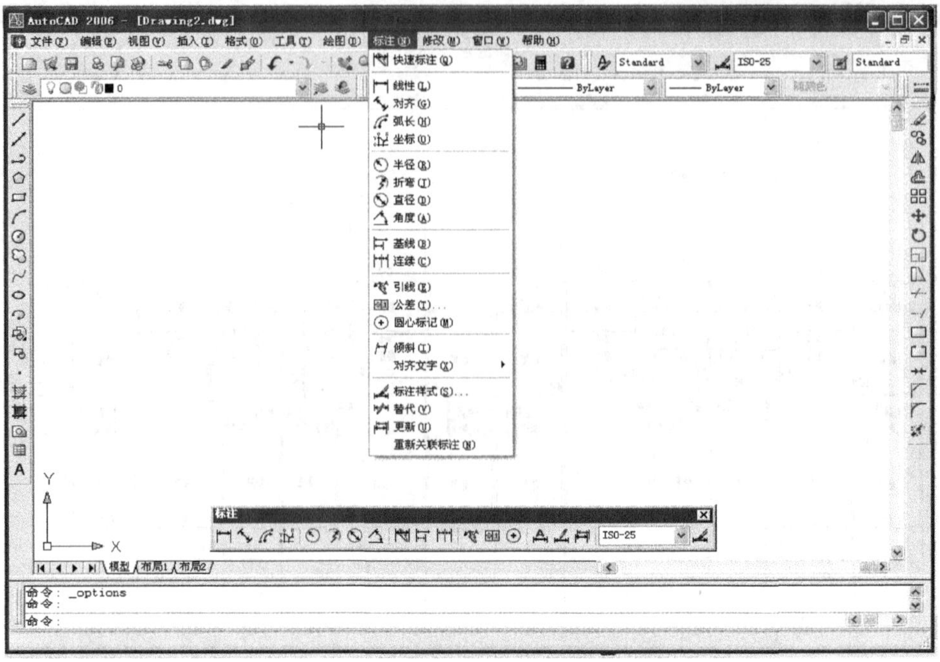

图 2.117 “标注”下拉菜单和工具栏

2.8.2 尺寸标注命令

这部分介绍线性尺寸标注、对齐尺寸标注、弧长尺寸标注、半径尺寸标注、直径尺寸标注、折弯标注、角度尺寸标注、连续标注、快速标注等，包括标注的功能、操作及一般绘图方法。

1. 线性尺寸标注

（1）功能：标注垂直、水平或倾斜的线性尺寸。

（2）命令格式及操作如下。

① 下拉菜单：选择“标注”→“线性”命令。

② 图标按钮：单击“标注”工具栏上的按钮⊢⊣。

③ 命令行：输入“DIMLINEAR”。

> 命令：_dimlinear
> 指定第一条尺寸界线原点或<选择对象>：(指定第一条尺寸界线的起点)
> 指定第二条尺寸界线原点：(指定第二条尺寸界线的起点)
> 指定尺寸线位置或[多行文字(M)/文字(T)/角度(A)/水平(H)/垂直(V)/旋转(R)]：(指定尺寸线的位置)

当指定尺寸线位置之后，AutoCAD 自动判别水平或垂直尺寸，尺寸文字按照 AutoCAD 自动测量值标出。

对该命令选项的说明如下。

（1）在“指定第一条尺寸界线原点或<选择对象>：”提示下，如果按“Enter”键，则光标变为拾取框，系统要求拾取一条直线或圆弧对象，并自动取其两端点为两条尺寸界线的起点。

（2）在“指定尺寸线位置或[多行文字(M)/文字(T)/角度(A)/水平(H)/垂直(V)/旋转(R)]：”提示下，如果选 M（多行文字），则系统弹出多行文字编辑器，用户可以输入复杂的标注文字。

如果选 T（文字），则系统在命令行显示尺寸的自动测量值，用户可以修改尺寸值。
如果选 A（角度），则可指定尺寸文字的倾斜角度，使文字倾斜标注。
如果选 H（水平），则取消自动判断并限定标注水平尺寸。
如果选 V（垂直），则取消自动判断并限定标注垂直尺寸。
如果选 R（旋转），则取消自动判断，尺寸线按用户输入的倾斜角标注斜向尺寸。

2. 对齐尺寸标注

（1）功能：标注对齐尺寸。
（2）命令格式及操作如下。
① 下拉菜单：选择“标注”→“对齐”命令。
② 图标按钮：单击“标注”工具栏上的按钮。
③ 命令行；输入“DIMALIGNED”。

命令：_dimaligned
指定第一条尺寸界线原点或<选择对象>：（指定 A 点如图 2.118 所示）
指定第二条尺寸界线原点：（指定 B 点）
指定尺寸线位置或[多行文字(M)/文字(T)/角度(A)]：（指定尺寸线位置）

当指定尺寸线位置之后，AutoCAD 会自动判别标出尺寸、尺寸线与 AB 平行，如图 2.118 所示。

3. 弧长尺寸标注

（1）功能：标注弧长尺寸。
（2）命令格式及操作如下。
① 下拉菜单：选择“标注”→“弧长”命令。
② 图标按钮：单击“标注”工具栏上的按钮。
③ 命令行：输入“DIMARC”。

命令：_dimarc
选择弧线段或多段线弧线段：（选择弧线段 AB 如图 2.119 所示）
指定弧长标注位置或[多行文字(M)/文字(T)/角度(A)/部分(P)]：（指定弧长标准位置）

当指定弧长标注位置后，AutoCAD 自动判别尺寸、尺寸线与 AB 弧同心，如图 2.119（b）所示。在 AutoCAD 2006 版本以前，圆弧只能标注半径等数据，如图 2.119（a）所示，现在 AutoCAD 新增了弧长标注功能，通过该功能可以更加清晰地描述圆弧，如图 2.119（b）所示。

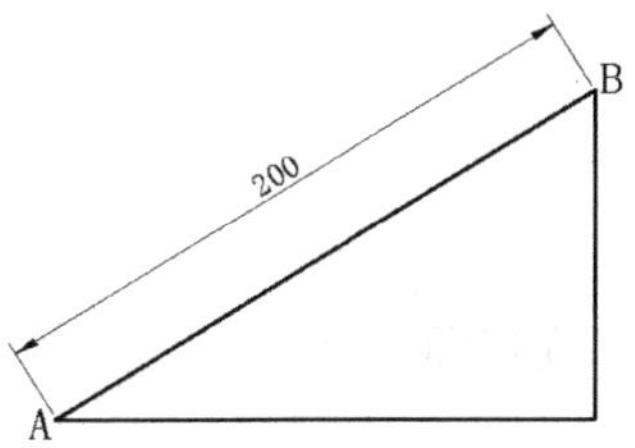

图 2.118　对齐尺寸标注

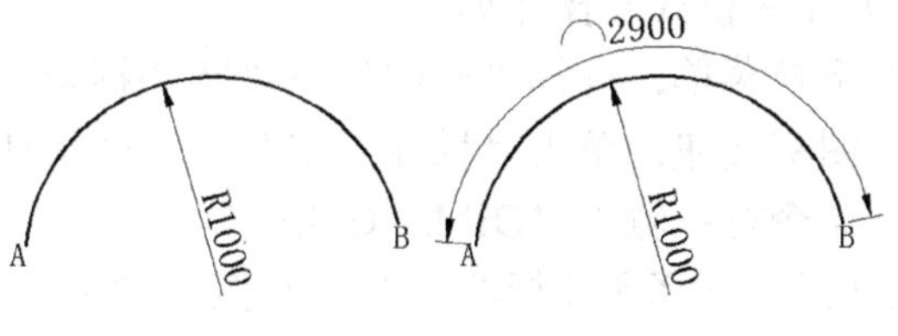

（a）　（b）

图 2.119　弧长尺寸标注

4. 半径尺寸标注

（1）功能：标注半径尺寸。

（2）命令格式及操作如下。

① 下拉菜单：选择“标注”→“半径”命令。

② 图标按钮：单击“标注”工具栏上的按钮。

③ 命令行：输入“DIMRADIUS”。

> 命令：_dimradius
> 选择圆弧或圆：（选择圆弧，我国国标规定对圆和大于半圆的圆弧标注直径）
> 标注文字=30（自动测量所选圆弧的半径值）
> 指定尺寸线位置或[多行文字(M)/文字(T)/角度(A)]：（确定尺寸线的位置，尺寸线总是指向或通过圆心）

命令选项的含义和前面相同。

5. 直径尺寸标注

（1）功能：标注直径尺寸。

（2）命令格式及操作如下。

① 下拉菜单：选择“标注”→“直径”命令。

② 图标按钮：单击“标注”工具栏上的按钮。

③ 命令行：输入“DIMDIAMETER”。

> 命令：_dimdiameter
> 选择圆弧或圆：（选择要标注直径的圆弧或圆）
> 标注文字=100（自动测量所选圆弧的直径）
> 指定尺寸线位置或[多行文字(M)/文字(T)/角度(A)]：T（输入选项 T）
> 输入标注文字<100>：3—<>（“<>”表示测量值，“3”为附加前缀）
> 指定尺寸线位置或[多行文字(M)/文字(T)/角度(A)]：（确定尺寸线位置）

对该命令选项的说明如下。

命令选项 M、T 和 A 的含义和前面相同。

当选择 M 或 T 项在多行文字编辑器或命令行修改尺寸文字的内容时，用“< >”表示保留 AutoCAD 的自动测量值。若取消“<>”，则可以完全改变尺寸文字的内容。

6. 折弯标注

（1）功能：不通过圆心，标注出圆或圆弧的半径。

（2）命令格式及操作如下。

① 下拉菜单：选择“标注”→“圆心标记”命令。

② 图标按钮：单击“标注”工具栏上的按钮。

③ 命令行：输入“DIMJOGGED”。

根据提示选择所要标注的圆或圆弧，指定中心位置和折弯位置即可。

7. 角度尺寸标注

（1）功能：标注角度尺寸。

（2）命令格式及操作如下。

① 下拉菜单：选择“标注”→“角度”命令。

② 图标按钮：单击“标注”工具栏上的按钮。

③ 命令行：输入“DIMANGULAR”。

命令：_dimangular
选择圆弧、圆、直线或<指定顶点>：（选择一条直线）
选择第二条线：（选择角的第二条边）
指定标注弧线位置或[多行文字(M)/文字(T)/角度(A)]：（确定尺寸弧线的位置）

可选择圆弧、圆、直线或指定角的顶点，根据选择的对象不同，AutoCAD 有四种角度标注方法。

此命令可以标注两条直线所夹的角、圆弧的中心角及三点确定的角。注意角度数字字头方向的设置。

8．连续标注

（1）功能：标注连续型链式尺寸。

（2）命令格式及操作如下。

① 下拉菜单：选择“标注”→“连续”命令。

② 图标按钮：单击“标注”工具栏上的按钮。

③ 命令行：输入“DIMCONTINUE”。

命令：_dimcontinue
指定第二条尺寸界线原点或[放弃(U)/选择(S)]<选择>：（按“Enter”键选择作为基准的尺寸标注）
选择连续标注：（选择图 2.120 中的尺寸标注 91 右边尺寸线作为基准）
指定第二条尺寸界线原点或[放弃(U)/选择(S)]<选择>：（指定 C 点）
标注文字=84（标注出尺寸 84）
指定第二条尺寸界线原点或[放弃(U)/选择(S)]<选择>：（指定 D 点）
标注文字=88（标注出尺寸 88）
指定第二条尺寸界线原点或[放弃(U)/选择(S)]<选择>：（指定 E 点）
标注文字=149（标注出尺寸 149，结束标注按“Enter”键）
选择基准标注：（若继续进行其他连续标注，则选择相应基准，会重复以上提示；若不标注，按“Enter”键退出该命令）

AutoCAD 把每个连续标注的第二条尺寸界线作为下一个连续标注的起始点（即第一条尺寸界线），因而连续标注又称为链式标注。所有连续标注使用同一条尺寸线，结果如图 2.120 所示。

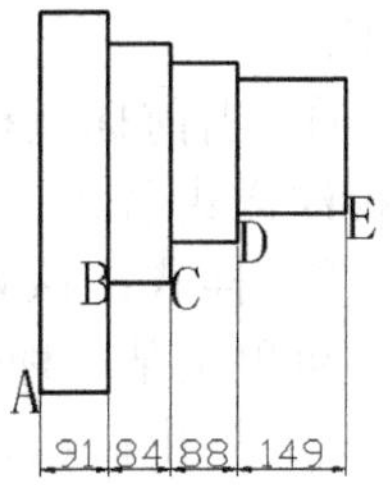

图 2.120　连续标注

9．快速标注

（1）功能：快速生成尺寸标注。

（2）命令格式及操作如下。

① 下拉菜单：选择“标注”→“快速标注”命令。

② 图标按钮：单击“标注”工具栏上的按钮。

③ 命令行：输入“QDIM”。

命令：_qdim
选择要标注的几何图形：（选择要标注的对象，按“Enter”键则结束选择）
指定尺寸线位置或[连续(C)/并列(S)/基线(B)/坐标(O)/半径(R)/直径(D)/基准点(P)/编辑(E)/设置(T)]<连续>：

对该命令选项的说明如下。

① 连续(C)：对所选择的多个对象快速生成连续标注。

② 并列(S)：对所选择的多个对象快速生成交错的尺寸标注。

③ 基线(B)：对所选择的多个对象快速生成基线标注。

④ 坐标(O)：对所选择的多个对象快速生成坐标标注。

⑤ 半径(R)：对所选择的多个对象标注半径。

⑥ 直径(D)：对所选择的多个对象标注直径。

⑦ 基准点(P)：为基准标注和连续标注确定一个新的基准点。

⑧ 编辑(E)：指定要添加或删除的标注点。

⑨ 设置(T)：为指定尺寸界线原点设置默认对象捕捉。

2.8.3 尺寸标注样式

这部分介绍标注样式管理器、创建新的尺寸样式等，包括标注样式的设置、功能、操作及一般绘图方法。

1. 标注样式管理器

在尺寸标注中，使用什么样的标注文字字体、放置形式、文字高度、箭头样式和大小、尺寸界线的偏移距离，以及超出标注线的延伸量等尺寸标注的特性，可以通过“标注样式管理器”对话框来设置和管理标注样式。AutoCAD 中默认的尺寸标注样式是 ISO-25。

（1）命令格式及操作如下。

① 下拉菜单：选择“格式”→“标注样式”或“标注”→“标注样式”命令。

② 图标按钮：单击“标注”工具栏上的按钮。

③ 命令行：输入“DIMSTYLE”。

调用命令后，AutoCAD 显示“标注样式管理器”对话框，如图 2.121 所示。通过样式预览框，对标注样式作出的更改可以实时快捷地得到反应，这样可以方便操作，减少出错的可能性，避免重复操作。

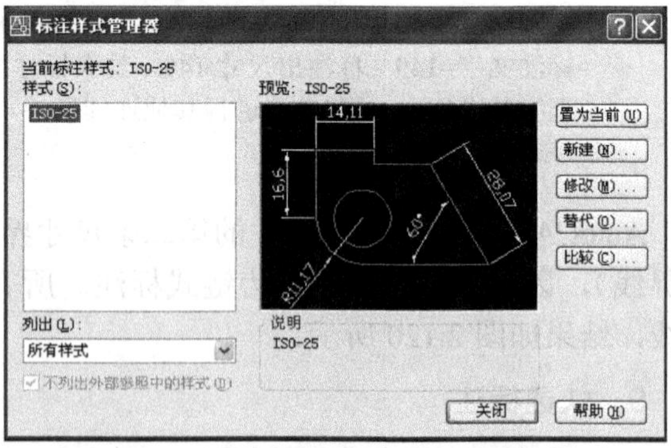

图 2.121 “标注样式管理器”对话框

（2）“标注样式管理器”的各选项功能如下。

① 当前标注样式：显示当前正在使用的标注样式名。

② 样式：该列表框显示所有的样式名称，可单击某一种样式名称选择某种样式。

③ 列出：从该下拉列表中选择在“样式”列表框显示的样式种类，默认是所有类型的样式都显示在“样式”列表框中。

④ 不列出外部参照中的样式：该复选框控制是否在“样式”列表框中显示外部引用当

中的标注样式。

⑤ 置为当前：单击该按钮将选中的样式作为当前使用的标注样式。

⑥ 新建：单击该按钮新建一种标注样式，弹出“创建新标注样式”对话框。

⑦ 修改：单击该按钮对选中的标注样式的各种特性进行修改。

⑧ 替代：单击该按钮创建临时标注样式，弹出“替代标注样式”对话框。

⑨ 比较：单击该按钮，表示比较所有已存在的标注样式在特性参数中的不同，并显示出来。

2．创建新的尺寸样式

在“标注样式管理器”对话框中单击“新建”按钮，弹出“创建新标注样式”对话框，如图 2.122 所示。

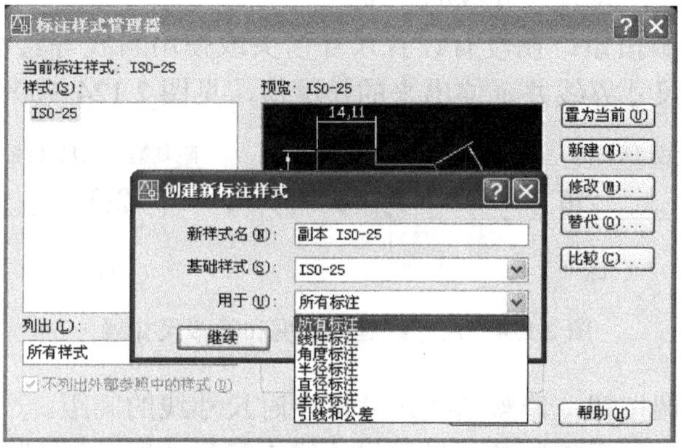

图 2.122 “创建新标注样式”对话框

在“新样式名”中输入用户所需的样式名称；从“基础样式”下拉列表中选择从哪个样式开始创建新样式，即选择基础样式；在“用于”下拉列表中选择新建样式所应用的对象范围，默认是作用于所有尺寸标注类型，可根据需要进行选择。

完成以上操作后，单击“继续”按钮进入样式的各种特性设置，弹出“新建标注样式”对话框，如图 2.123 所示。

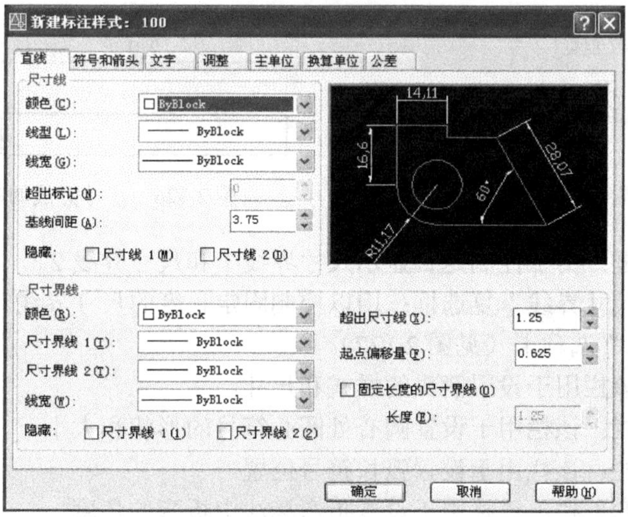

图 2.123 “新建标注样式”对话框

标注样式的特性包含：尺寸线、尺寸界线、箭头及圆心标记的格式和位置；标注文字的外观、位置和规则；控制 AutoCAD 放置文字和尺寸线位置的规则；所有标注的比例；主单位、换算单位和角度标注单位的格式和精度；公差值的格式和精度。

在“新建标注样式”对话框中包含 7 个选项卡：直线、符号和箭头、文字、调整、主单位、换算单位和公差，可通过它们来设置标注样式的特性。

（1）“直线”选项卡（见图 2.123），用于设置尺寸线、尺寸界线等特征。

①“尺寸线”栏：该栏用于设置尺寸线的特性。

● “颜色”下拉列表：设置尺寸线的颜色。

● “线型”下拉列表：设置尺寸线的线型。

● “线宽”下拉列表：设置尺寸线的宽度。

● “超出标记”微调按钮：在没有设置尺寸箭头或使用斜线等其他符号作箭头标志的情况下，设置标注线经过尺寸界线并延伸出来的长度值，见图 2.124（a）。

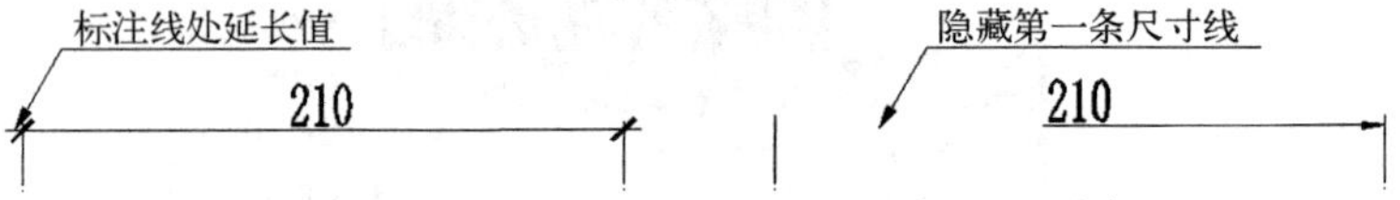

（a）　　　（b）

图 2.124　尺寸线延伸长度和隐藏尺寸线

● “基线间距”微调按钮：调整基线尺寸标注时尺寸线的间距。

● “隐藏”复选框：用于控制是否显示尺寸线 1 和尺寸线 2，见图 2.124（b）。

②“尺寸界线”栏：该栏用于设置尺寸界线的特征。

● “颜色”下拉列表：设置尺寸界线的颜色。

● “线宽”下拉列表：设置尺寸界线的宽度。

● “超出尺寸线”微调按钮：用于设置尺寸界线超出尺寸线的长度（见图 2.125）。

● “起点偏移量”微调按钮：设置尺寸界线起始点距离要标注尺寸的源点的偏移距离（见图 2.126）。

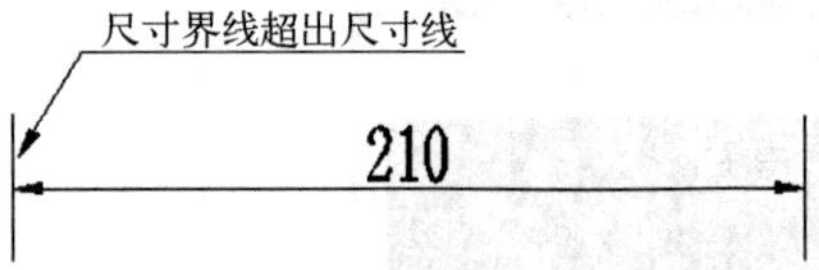

图 2.125　尺寸界线超出尺寸线的长度

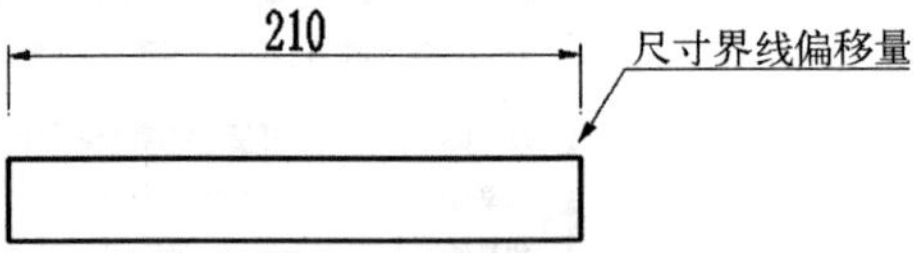

图 2.126　尺寸界线的起点偏移量

● “隐藏”复选框：用于控制是否显示尺寸界线 1 和尺寸界线 2。

● “固定长度的尺寸界线”复选框：用以控制固定长度的尺寸界线。

（2）“符号和箭头”选项卡（见图 2.127）。

①“箭头”栏：该栏用于设置箭头的样式和尺寸。

②“圆心标记”栏：该栏用于设置圆心处圆心符号的形状和大小。

③“弧长符号”栏：该栏用于设置弧长符号位置。

④“半径标注折弯”栏：该栏用于设置折弯标注中折弯的角度。

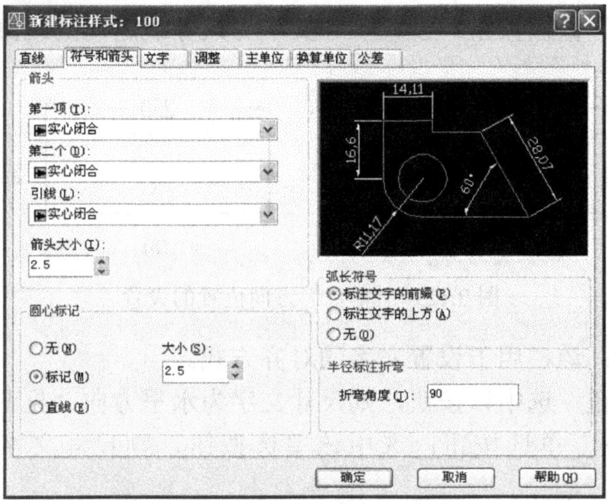

图 2.127 “符号和箭头”选项卡

（3）“文字”选项卡（见图 2.128），用于设置尺寸文字的形式、位置和对齐方式。

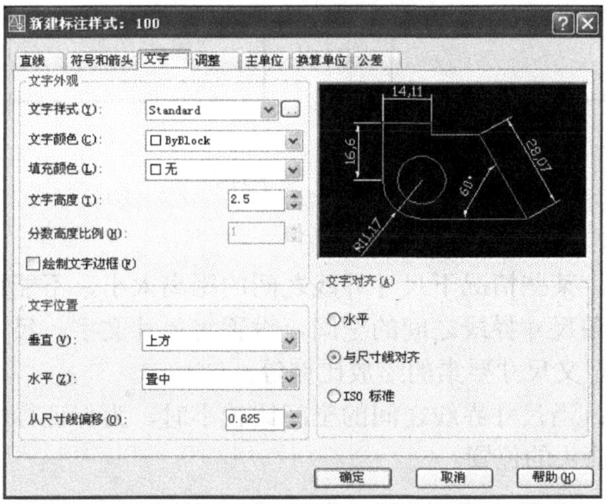

图 2.128 “文字”选项卡

①“文字外观”栏：该栏用于设置文字外观的特性。

- “文字样式”下拉列表：设置尺寸文字的字体。
- “文字颜色”下拉列表：设置尺寸文字的颜色。
- “填充颜色”下拉列表：设置尺寸文字的底纹填充颜色。
- “文字高度”微调按钮：设置尺寸文字的大小。
- “分数高度比例”微调按钮：设置尺寸分数文本的高度比例系数，只有在选中“绘制文字边框”复选框时该项才有效。
- “绘制文字边框”复选框：选中此复选框则在尺寸文字周围绘制边框。

②“文字位置”栏：该栏用于设置文字放置的位置。

- “垂直”下拉列表：设置尺寸文字在垂直方向的位置（见图 2.129）。
- “水平”下拉列表：设置尺寸文字在水平方向的位置。

● “从尺寸线偏移”微调按钮：设置尺寸文字与尺寸线之间的距离。

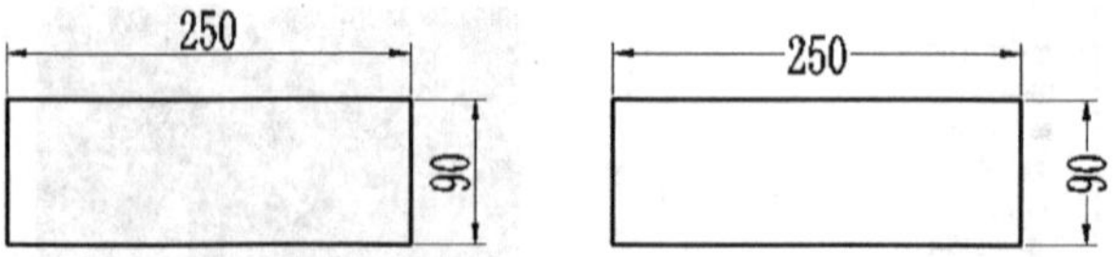

(a)　　　　　　　　(b)

图 2.129 “垂直”方向位置的设置

③“文字对齐”栏：该栏用于设置文字的对齐方式。

● “水平”单选按钮：选中该按钮，则尺寸文字为水平方向，见图 2.130（a）。

● “与尺寸线对齐”单选按钮：选中该单选按钮，则尺寸文字与尺寸线对齐，见图 2.130（b）。

● “ISO 标准”单选按钮：根据 ISO 标准设置尺寸文字的位置。

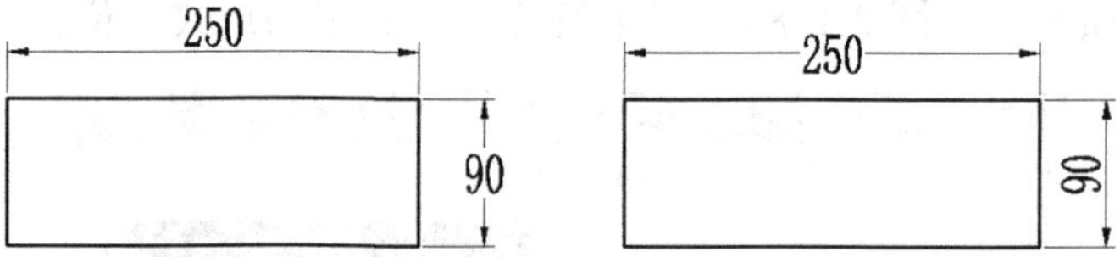

(a)　　　　　　　　(b)

图 2.130　文字对齐

（4）“调整”选项卡（见图 2.131）。

在进行尺寸标注时，某些情况下尺寸界线之间的距离太小，不能够容纳尺寸数字，此时可通过该选项卡根据两条尺寸界线之间的空间，设置将尺寸文字、尺寸箭头放在两尺寸界线的里边还是外边，以及定义尺寸要素的缩放比例等。

①“调整选项”栏：当尺寸界线之间的空间比较小时，为保证标注要清晰，可以通过该选项组设置尺寸文字和箭头的位置。

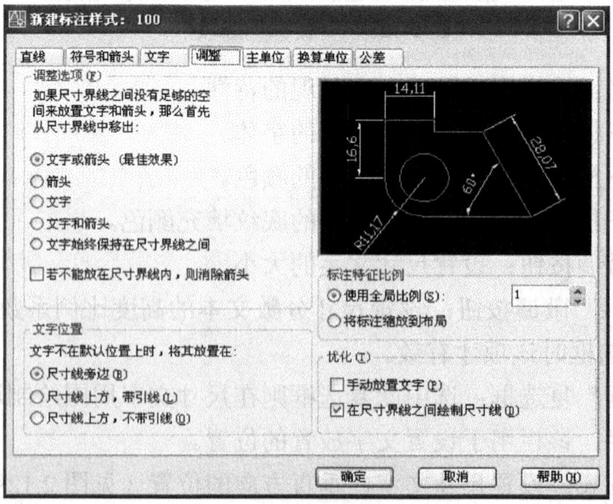

图 2.131 “调整”选项卡

如图 2.132 为不同选项时的效果比较。其中图 2.132（a）为尺寸文字和箭头比较小时的标注，此时文字和箭头都在尺寸界线之间；在增大尺寸数字和箭头之后，尺寸界线之间太小，为保证清晰，则可根据情况调整文字和箭头的位置，其中图 2.132（b）为在“调整选项”栏选中“文字和箭头”单选按钮时的标注；图 2.132（c）为选中“箭头”单选按钮时的标注；图 2.132（d）为选中“文字”单选按钮时的标注。如果选中“若不能放在尺寸界线内，则消除箭头”复选框时，尺寸标注界线内没有足够空间时将隐藏箭头。

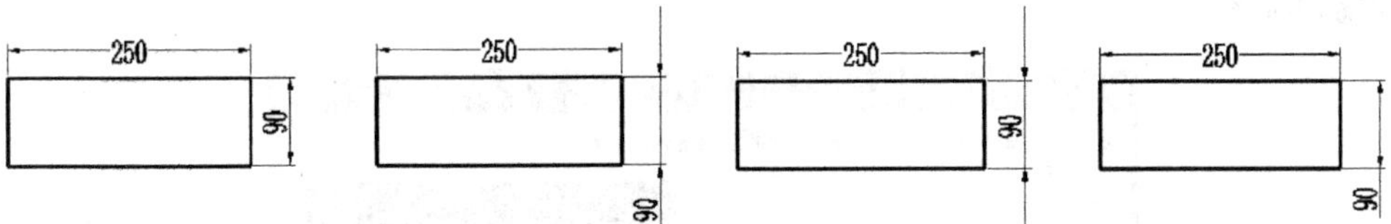

（a）　（b）　（c）　（d）

图 2.132　尺寸文字和箭头的不同位置

在标注直径尺寸时，图 2.133（a）为选中“文字或箭头（最佳效果）”单选按钮时的标注；图 2.133（b）为选中“文字”单选按钮时的标注；图 2.133（c）为选中“箭头”单选按钮时的标注。由于直径尺寸标注中箭头和文字的摆放位置要求比较灵活，所以建议专门为直径尺寸的标注建立独立的标注样式。

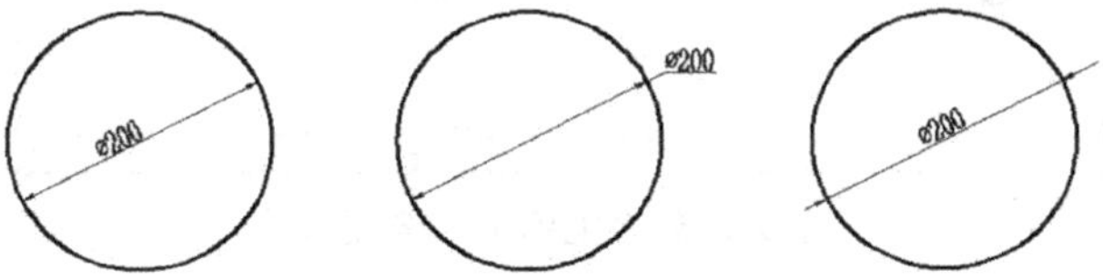

（a）　（b）　（c）

图 2.133　标注直径时尺寸文字和箭头的不同位置

②“文字位置”栏：该栏用于设置当文字因空间不能放在默认位置时，尺寸文字的放置位置。图 2.134（a）为选中“尺寸线旁边”单选按钮时文字的位置；图 2.134（b）为选中“尺寸线上方，带引线”单选按钮时的文字位置；图 2.134（c）为选中“尺寸线上方，不带引线”时文字的位置。

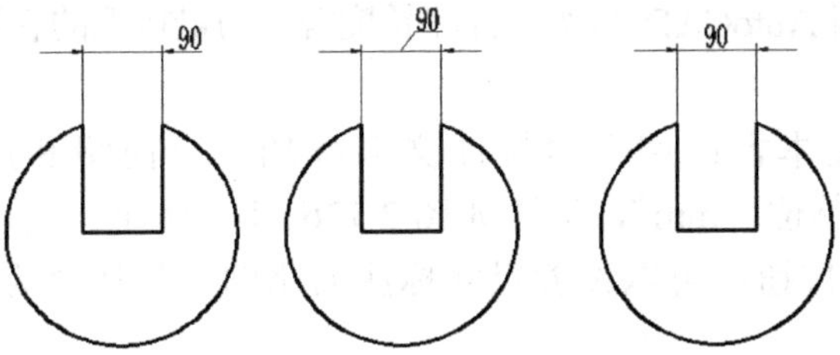

（a）　（b）　（c）

图 2.134　尺寸文字的不同位置

③“标注特征比例”栏：该栏用于设置尺寸要素的缩放比例。

● “使用全局比例”微调按钮：定义整体尺寸要素的缩放比例。

● “将标准缩放到布局”单选按钮：表示尺寸要素采用图纸空间的比例。

④“优化”栏：该栏用于调整尺寸文字和尺寸线的位置。

● “手动放置文字”复选框：选中该复选框，则标注时自行确定尺寸文字的放置位置。

● “在尺寸界线之间绘制尺寸线”复选框：选中该复选框，则在任何情况下均要在两尺寸界线之间绘出一尺寸线。

（5）“主单位”选项卡（见图 2.135），用于设置尺寸单位的精度和格式，并可给标注文字设置前缀和后缀。

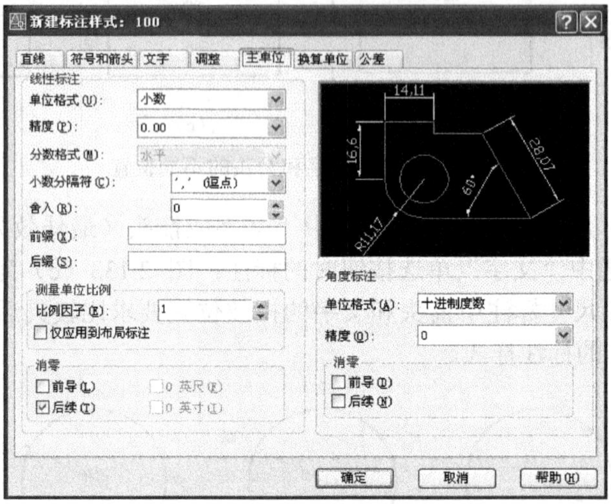

图 2.135 “主单位”选项卡

①“线性标注”栏：该栏用于设置线性标注时的单位和精度。

● “单位格式”下拉列表；设置单位的类型，可设置为十进制、科学、工程、建筑单位类型中的一种格式。

● “精度”下拉列表：通过该下拉列表可以设置尺寸标注时的尺寸精度，最多可以设置为精度到小数点后 8 位。

● “分数格式”下拉列表：通过该下拉列表可以设置尺寸标注时的分数形式。

● “舍入”微调按钮：确定数值的取整值。设置除角度标注外所有标注长度的取舍规则。如输入的值为 1.0，则 AutoCAD 将所有标注长度舍入为最接近的整数，标注如图 2.136（a）所示。

● “前缀 / 后缀”文本框：用于给标注文字添加一个前缀和后缀。例如可加前缀为“L”，后缀为毫米单位“mm”，标注如图 2.136（b）所示。

● “比例因子”微调按钮：可以设置尺寸标注的比例，默认值为 1，表示按绘图的实际长度进行标注。

● 选中“仅应用到布局标注”复选框，表示只对布局尺寸标志有效。

②“消零”栏：用于控制线性标注文字是否显示无效的数字 0。“前导”复选框用于抑制小数点前 0 的显示，如 0.500 将显示为.500。“后续”复选框用于抑制小数点后面仅标志有效位数的 0，如 12.500 将显示为 12.5。“0 英尺”复选框，当长度小于 1 英尺时，不显示 0 英尺而只显示英寸值。“0 英寸”复选框，长度为整数的英尺数，不显示零英寸。如 1 英尺 0 英寸显示为

1 英尺。

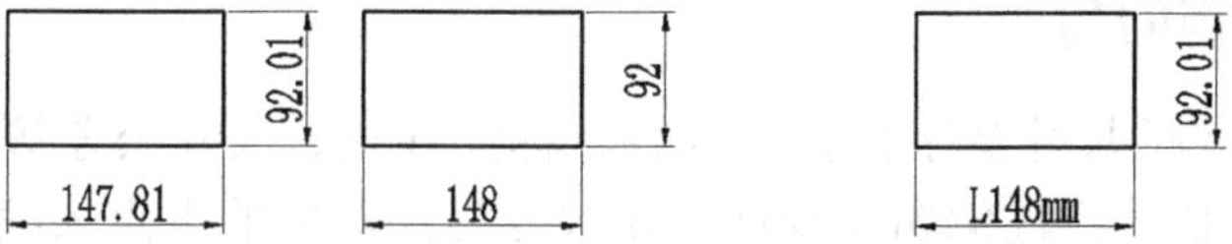

（a）小数舍入的设置　　（b）添加前缀和后缀的标注

图 2.136　线性标注

③“角度标注”栏：该栏用于设置角度尺寸标注的单位和精度等，其各选项的设置方法与线性标注类似。

（6）“换算单住”选项卡，用于设置替代测量单位的格式和精度，以及前缀和后缀等，如图 2.137 所示。

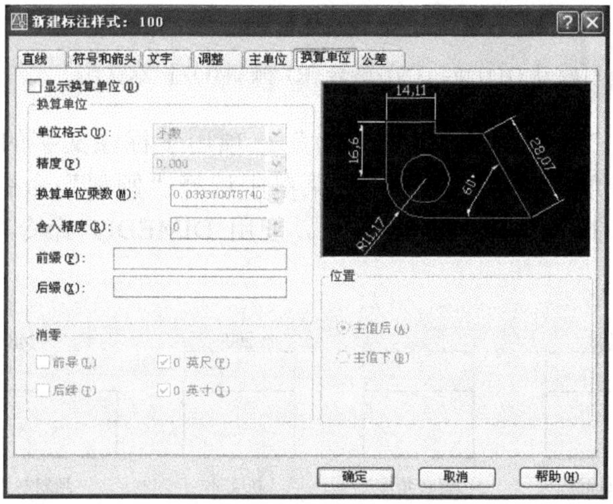

图 2.137　“换算单位”选项卡

(7)“公差”选项卡（见图 2.138），用于设置尺寸公差的形式和精度等。

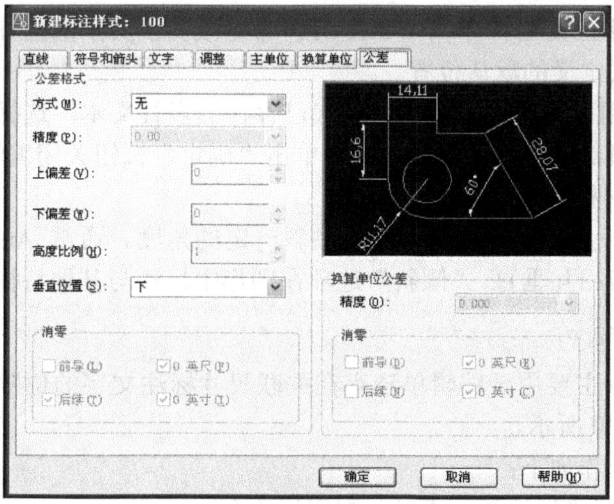

图 2.138　“公差”选项卡

2.8.4 标注编辑命令

尺寸标注的编辑包括尺寸文字位置、内容、标注样式、尺寸公差等方面的编辑和修改。用户可以使用 AutoCAD 的标注编辑命令或使用尺寸标注对象的夹点来编辑尺寸。

1. DIMEDIT 命令

（1）功能：修改或编辑已有的尺寸对象，如图 2.139 所示。

（2）命令格式及操作如下。

① 下拉菜单：选择“标注”→“倾斜”命令。

② 图标按钮：单击“编辑标注”工具栏上的按钮。

③ 命令行：输入“DIMEDIT”。

命令：_dimedit
输入标注编辑类型[默认(H)/新建(N)/旋转(R)/倾斜(O)]<默认>:

其中“默认(H)”、“新建(N)”、旋转(R)”三项用于标注文字的编辑，“倾斜(O)”用于控制尺寸界线的倾斜角。从“标注”下拉菜单中选择“倾斜”命令来激活 DIMEDIT 命令，相当于直接调用该命令的“倾斜(O)”项。使用 DIMEDIT 命令可一次同时修改多个标注对象。

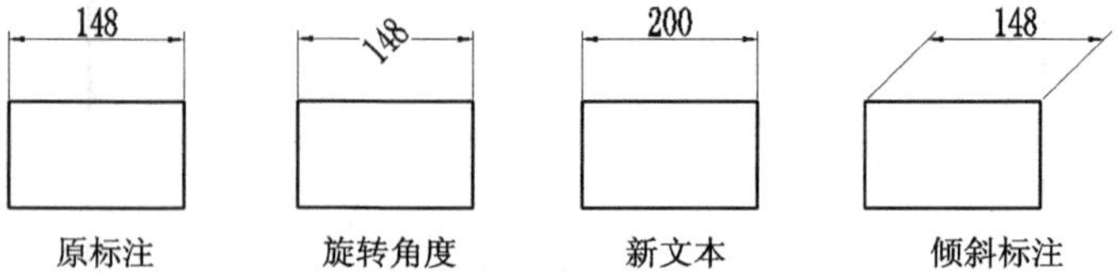

图 2.139 使用 DIMEDIT 命令编辑尺寸标注

对该命令选项的说明如下。

① 默认(H)：如果已使用拉伸或 DIMEDIT 命令改变了文字的位置，使用该选项将标号组文字移回到标注样式定义的默认位置。

② 新建(N)：可用新的文字字符串来替代已存在的多行文本。选择该选项后，AutoCAD 显示出“多行文字编辑器”来输入新的文字，单击“确定”按钮关闭编辑器。

③ 旋转(R)：旋转标注文字。

④ 倾斜(O)：使长度型标注的尺寸界线倾斜一定的角度。通常 AutoCAD 创建的尺寸标注、尺寸界线与尺寸线相互垂直。“倾斜”选项在图形中标注与其他特征有交叉时很有用。

2. DIMTEDIT 命令

（1）功能：该命令主要用于编辑单独存在关联尺寸标注文字的位置和方向。可移动和旋转标注文字，如图 2.140 所示。

（2）命令格式及操作如下：

① 下拉菜单：选择“标注”→“对齐文字”命令。

② 图标按钮：单击“编辑标注文字”工具栏上的按钮。

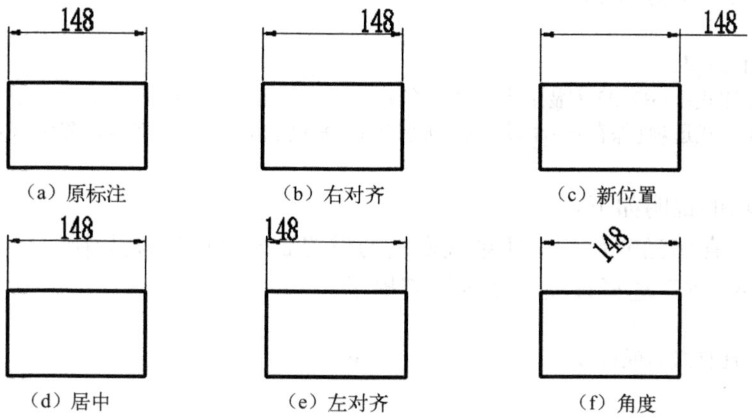

图 2.140　使用 DIMTEDIT 命令编辑标注文字

③ 命令行：输入“DIMTEDIT”。

> 命令：_dimtedit
> 选择标注：(选择要编辑的标注)
> 指定标注文字的新位置或[左(L)/右(R)/中心(C)/默认(H)/角度(A)]：(给标注文字指定新的位置或选择一个选项)

DIMTEDIT 命令有 5 个选项：“左(L)”、“右(R)”、“中心(C)”、“默认(H)”和“角度(A)”。可在命令状态行输入相应的缩写字母选择某选项，或从“标注”下拉菜单中“对齐文字”命令项的下一级菜单中选择所需的命令。

对该命令选项的说明如下。

① 指定标注文字的新位置：为默认选项，给编辑的标注文字定义一个新的放置位置，移动标注文字。可动态地拖动文字到一个新的位置。

② 左(L)：将选择的标注对象的标注文字进行左对齐，即沿尺寸线靠近文字左边一条尺寸界线对齐。该选项只能用于长度型、半径型和直径型标注。

③ 右(R)：将选择的标注对象的标注文字进行右对齐，即沿尺寸线靠近文字右边一条尺寸界线对齐。该选项只能用于长度型、半径型和直径型标注。

④ 中心(C)：将标注文字居中放置。

⑤ 默认(H)：将使用编辑命令或夹点编辑移动位置的标注文字移回到默认位置。

⑥ 角度(A)：用于改变标注文字的旋转角度，文字的中心点位置不变，文字绕中心点旋转给定的角度。

3. 修改尺寸标注样式

要修改标注样式可用 STYLE 命令或 DIMSTYLE 命令打开“标注样式管理器”，选择要修改的标注样式名，然后单击“修改”按钮，可从“修改标注样式”对话框中修改样式的各种特性，具体方法同新建标注样式。还可使用 DIMSTYLE 命令在命令行修改尺寸标注样式。

命令格式及操作如下。

命令行：输入“DIMSTYLE”。

```
命令：_dimstyle
当前标注样式：ISO-25（显示当前样式名）
输入尺寸样式选项[保存(S)/恢复(R)/状态(ST)/变量(V)/应用(A)/?]<恢复>：（可选择一个选项）
```

对该命令选项的说明如下。

① 保存(S)：存储当前尺寸标注系统变量的设置到一个标注样式中。

在提示下输入“S”选择该项，命令接着提示：

```
输入新标注样式名或[?]：
```

命令提示输入新的标注样式名字，输入一个名称后，AutoCAD 按当前尺寸变量设置创建一个新的标注样式。

② 恢复(R)：该选项用于恢复已存在的标注样式的尺寸变量作为当前设置值。

选中该选项后 AutoCAD 提示：

```
输入标注样式名或[?]或<选择标注>：
```

提示输入一个标注样式名，如果不清楚有哪些已存样式，可输入“？”列出所有的已有标注样式；还可按“Enter”键选择“选择标注”项，这样可以通过选择图形中的标注对象来将该标注对象所使用的样式作为当前的标注样式。

③ 状态(ST)：输入“ST”，使用该选项列出所有尺寸变量的当前值。

④ 变量(V)：列出某个标注样式或所选标注对象中的标注系统变量而不修改当前的设置。

⑤ 应用(A)：使用当前设置的尺寸标注系统变量更新所选择的标注对象。

⑥ ?：列表显示当前图形中所包含的所有尺寸标注样式。

4．更新尺寸标注

（1）功能：当重新设置了尺寸标注的标注样式、文字样式及单位等特性时，又想让已存在的标注也作出相应的改动，可使用标注更新命令 UPDATE。利用当前标注变量、样式、文字样式和单位的设置来重新生成多个关联标注对象。

（2）命令格式及操作如下。

命令行：输入“DIM”和“UPDATE”命令。

```
命令：_dim
标注：_update
选择对象：
```

该选项相当于 DIMSTYLE 命令的“应用(A)”选项来实现标注的更新。按照命令提示操作，可对选择的尺寸标注进行更新。

5．使用对象特性管理器编辑尺寸标注

使用对象特性管理器可以方便地编辑尺寸标注。选择一个或多个标注对象，然后通过 PROPERTIES 命令，或单击“标注”工具栏的按钮打开“特性”管理器，如图 2.141 所示。

在“特性”管理器的“基本”项中选择下拉列表的标注类型，可以编辑和修改标注的通用性，如线型、颜色等；从“其他”项中修改使用的标注样式；在“直线和箭头”项中修改标注的尺寸线、尺寸界线及箭头等特性；从“文字”项中可以设置标注文字的字体样式、高度、放置方式、位置等；在“调整”项中可以设置标注的最佳效果；在“主单位”和“换算单位”项中修改和设置主单位和替代单位的特性；在“公差”项中编辑和修改公差标注的形式、单位和精度等特性。

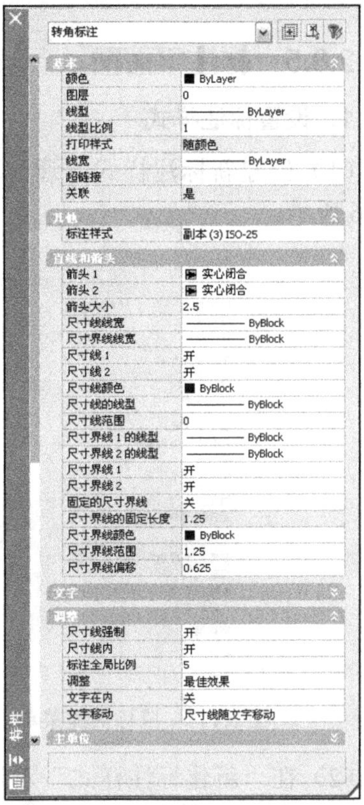

图 2.141　使用“特性”管理器编辑标注

6．尺寸标注中字体与符号的修改

如果标注尺寸时，在标注样式中设置了文本样式中的字体为仿宋字体，那么在标注有些特定符号的尺寸时，会出现“？”或“□”等符号，如图 2.142 所示。这时可以使用 DDEDIT 命令来进行修改。

命令行：输入“DDEDIT”命令。

```
命令：_ddedit
选择注释对象或[放弃(U)]：(选择要修改的对象“□300”)
```

出现如图 2.143 所示的特征控制框。

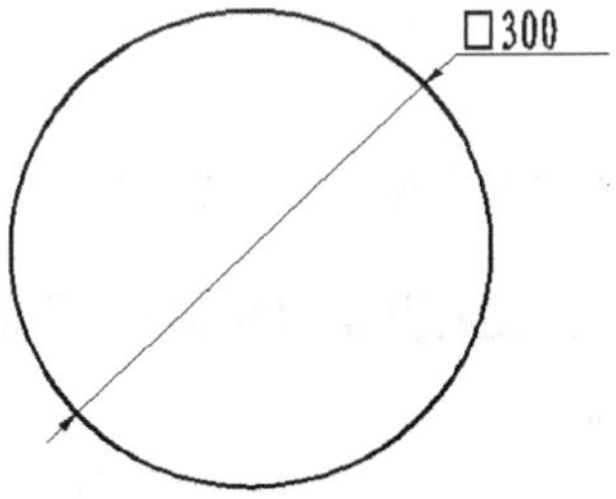

图 2.142　无法显示的符号

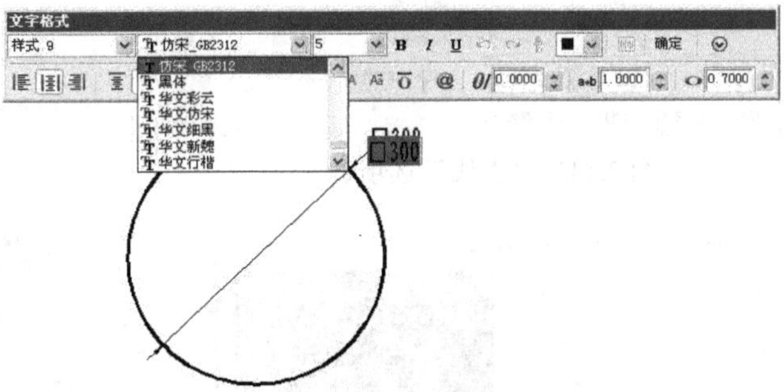

图 2.143　编辑单行文字、标注文字、属性定义的特征控制框

用鼠标右键单击修改对象，弹出快捷菜单（如图 2.144 所示）。

选择“将标注转换为文字”命令项，然后将“□”再定义为直径符号“ϕ”，接着将其设置字体为“txt.gbcbig”，最后单击图 2.143 中所示的“确定”按钮，结果如图 2.145 所示。

以上方法和步骤可以修改文本、标注等许多字体与符号冲突的地方，在使用时要灵活运用。

2.8.5 标注平面图

1. 设置标注样式

（1）创建新标注样式。通过“创建新标注样式”对话框，给新建标注样式命名，如图 2.146 所示。

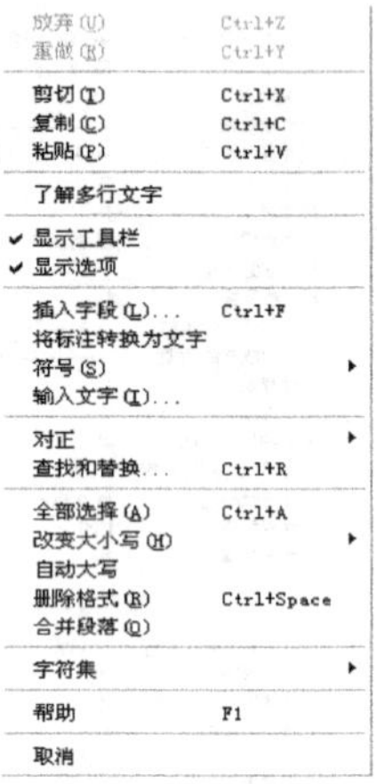

图 2.144 鼠标快捷菜单

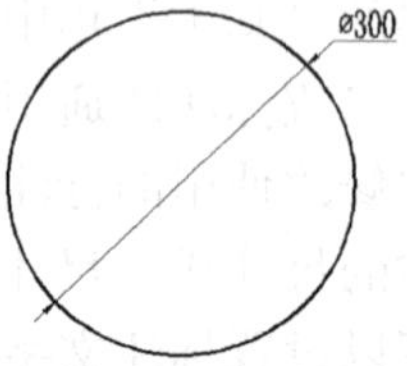

图 2.145 正常显示的符号

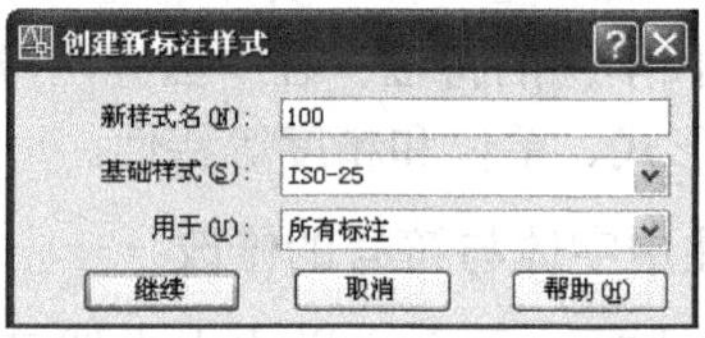

图 2.146 “创建新标注样式”对话框

（2）在“新建标注样式”对话框的各选项卡中设置标注样式的各种参数（如图 2.147～图 2.152 所示），设置好的标注样式预览如图 2.153 所示。

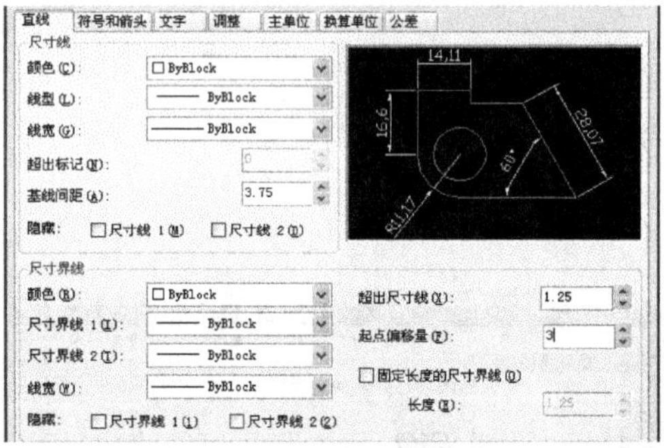

图 2.147 “直线”选项卡

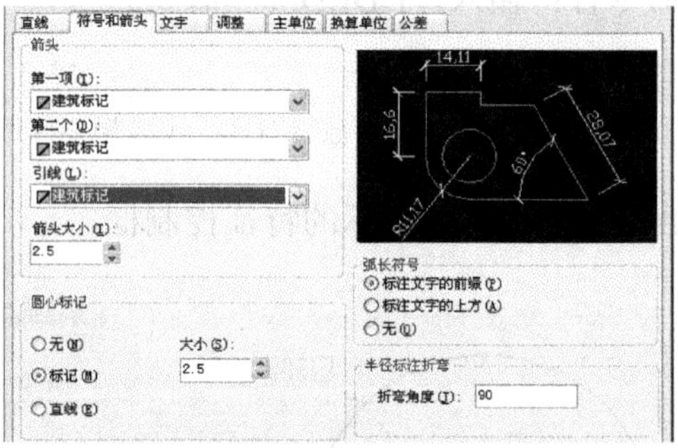

图 2.148 “符号和箭头”选项卡

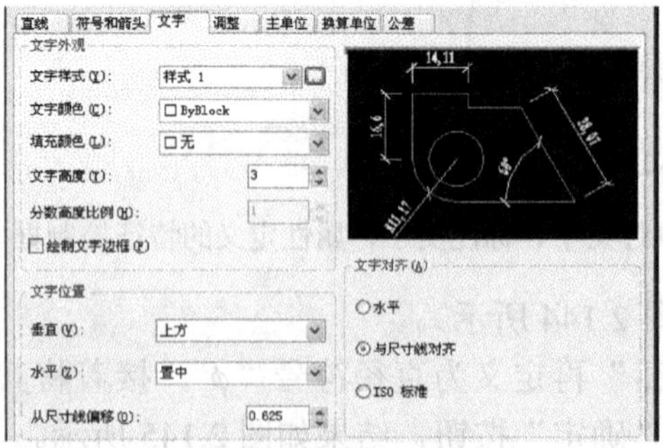

图 2.149 “文字”选项卡

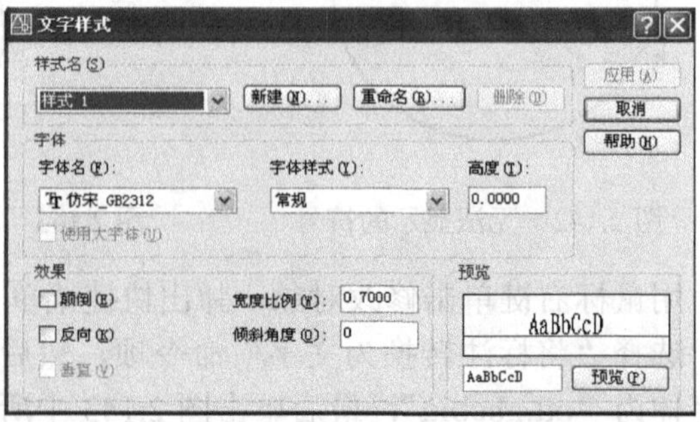

图 2.150 “文字样式”对话框

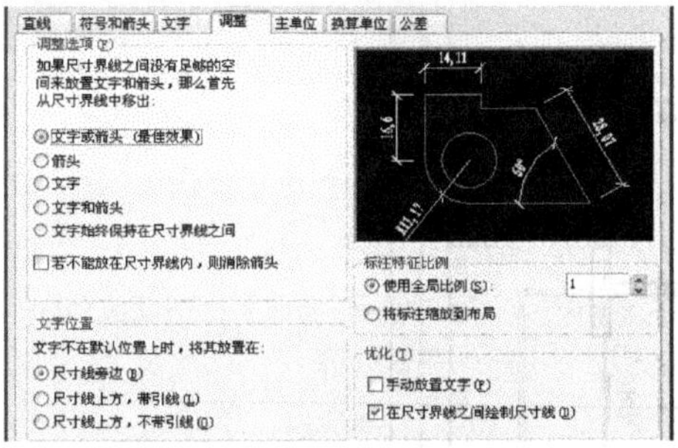

图 2.151 “调整”选项卡

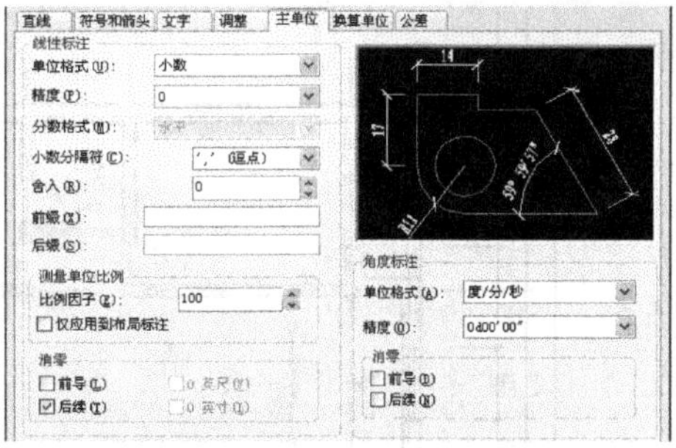

图 2.152 “主单位”选项卡

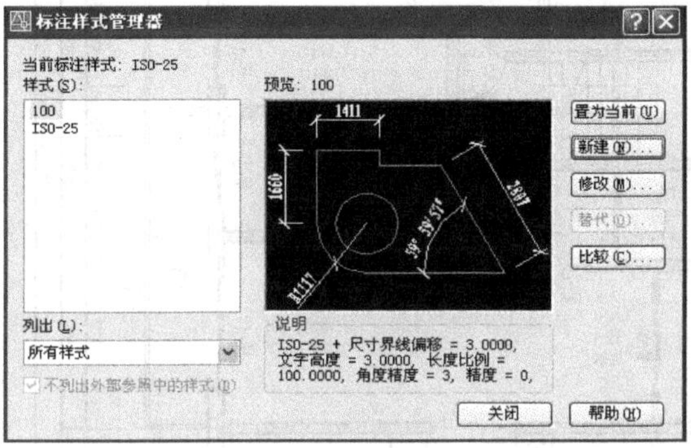

图 2.153 标注样式预览

2. 标注平面图尺寸

（1）偏移轴线，确定出三条尺寸线的位置。由于标注尺寸的文字高度为 3，通常尺寸线之间的间距设为 6～7 即可（见图 2.154）。

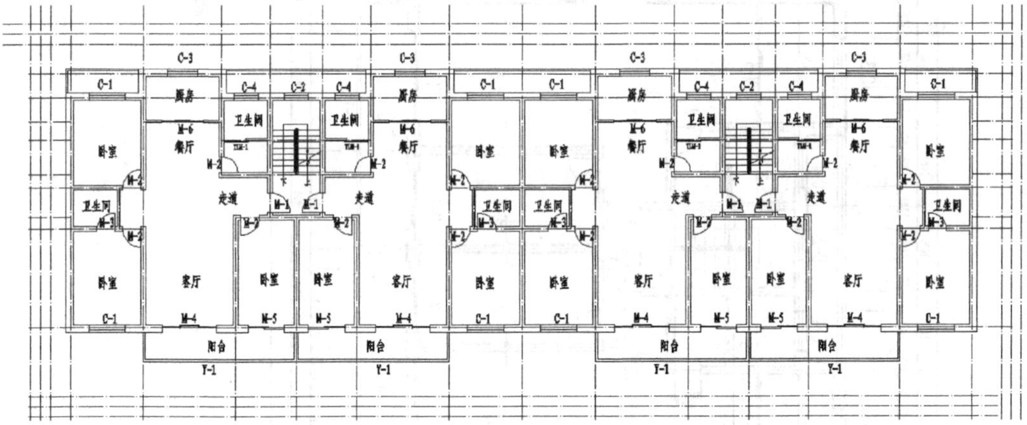

图 2.154 确定出三条尺寸线位置

（2）设置图层为尺寸层，打开对象捕捉功能，捕捉轴线与轴线的交点或轴线与墙线的交点，按照确定出的位置用线性标注和连续标注命令标注出三条尺寸线（见图 2.155）。

3. 标注每条轴线的轴号

（1）延长每条轴线到合适位置（见图 2.156）。

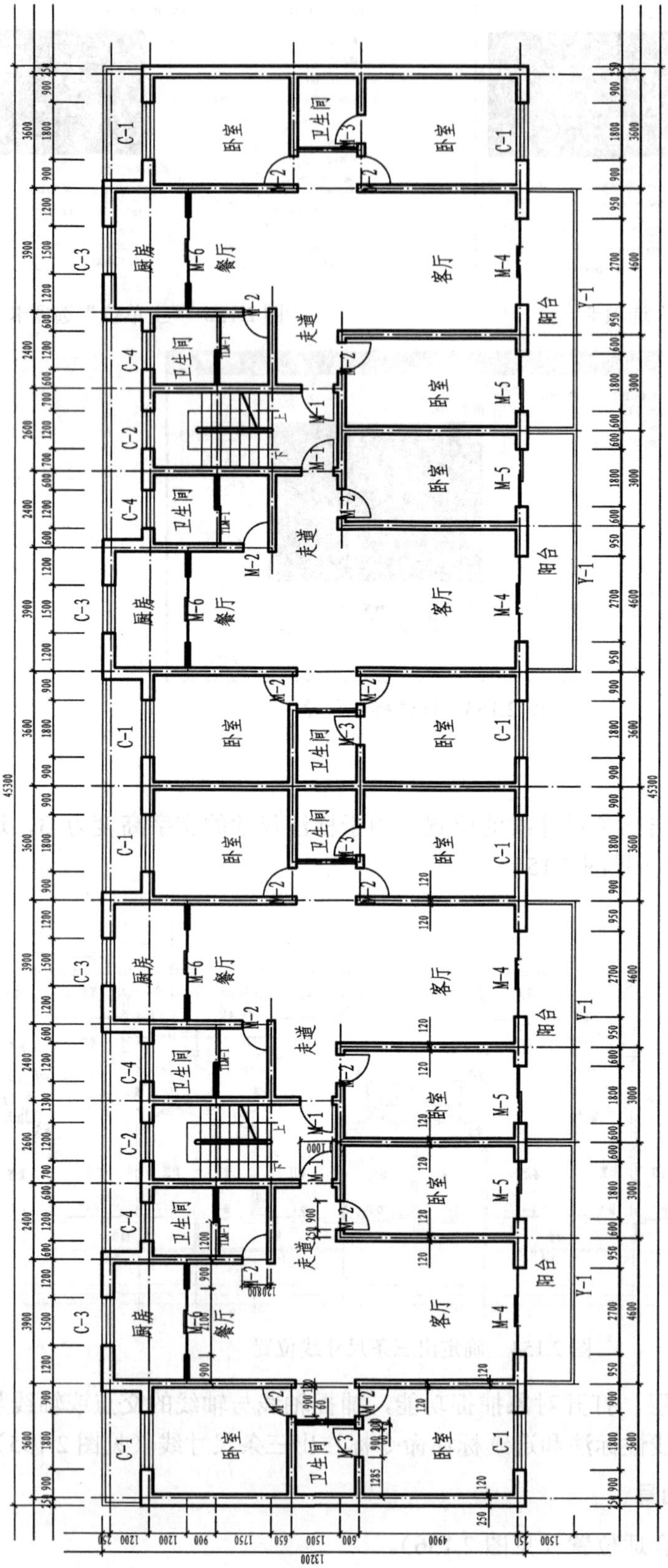

图 2.155　标注出三条尺寸线

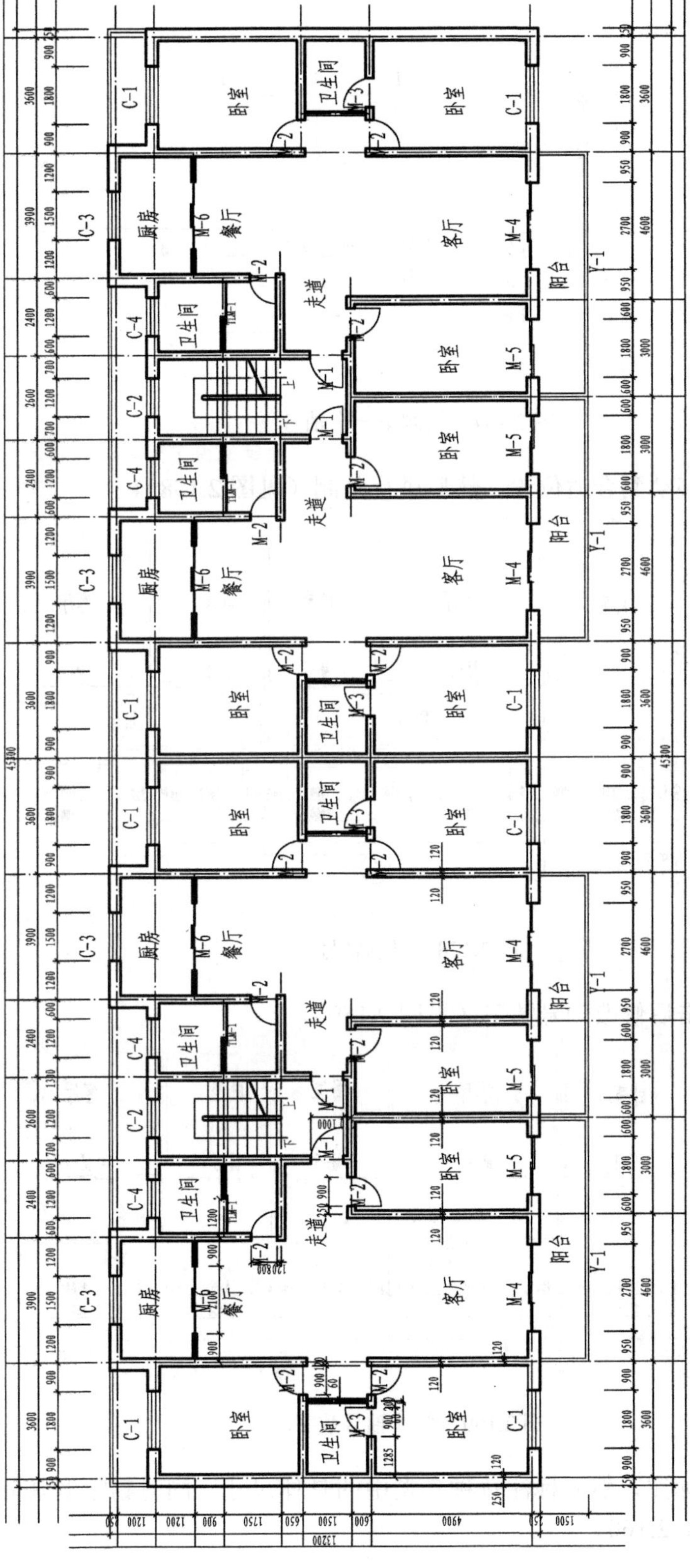

图 2.156 延长轴线

（2）绘制第一个轴号。先绘制一个直径为 8 的圆，然后在圆内输入轴号，字高为 5（见图 2.157）。

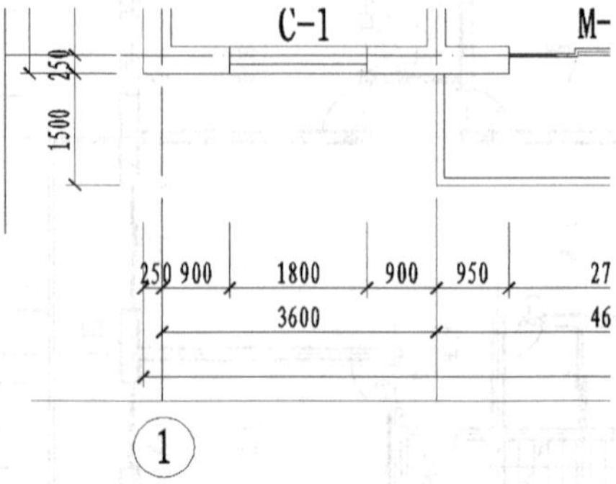

图 2.157 绘制第一个轴号

（3）将第一个轴号移动到合适位置，然后进行复制（见图 2.158）。

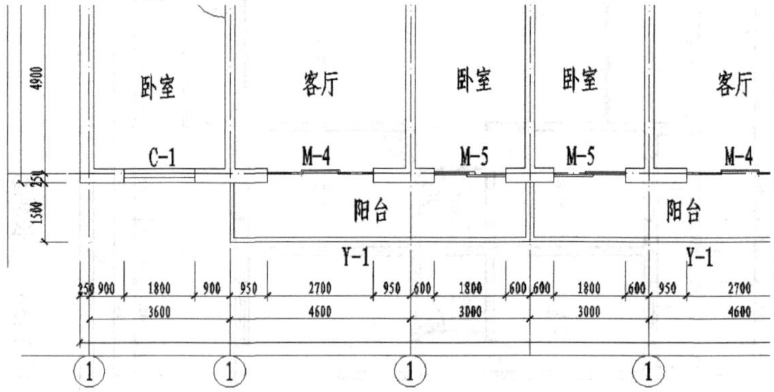

图 2.158 复制轴号

（4）用鼠标左键双击后修改轴号数字（见图 2.159）。

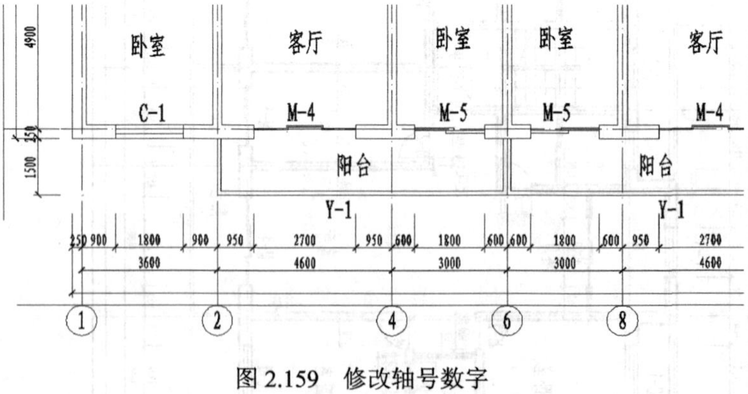

图 2.159 修改轴号数字

（5）完成其他轴线标注，然后标注每种户型中的具体尺寸，同时删除多余的辅助线，完成整个尺寸的标注（见图 2.160）。

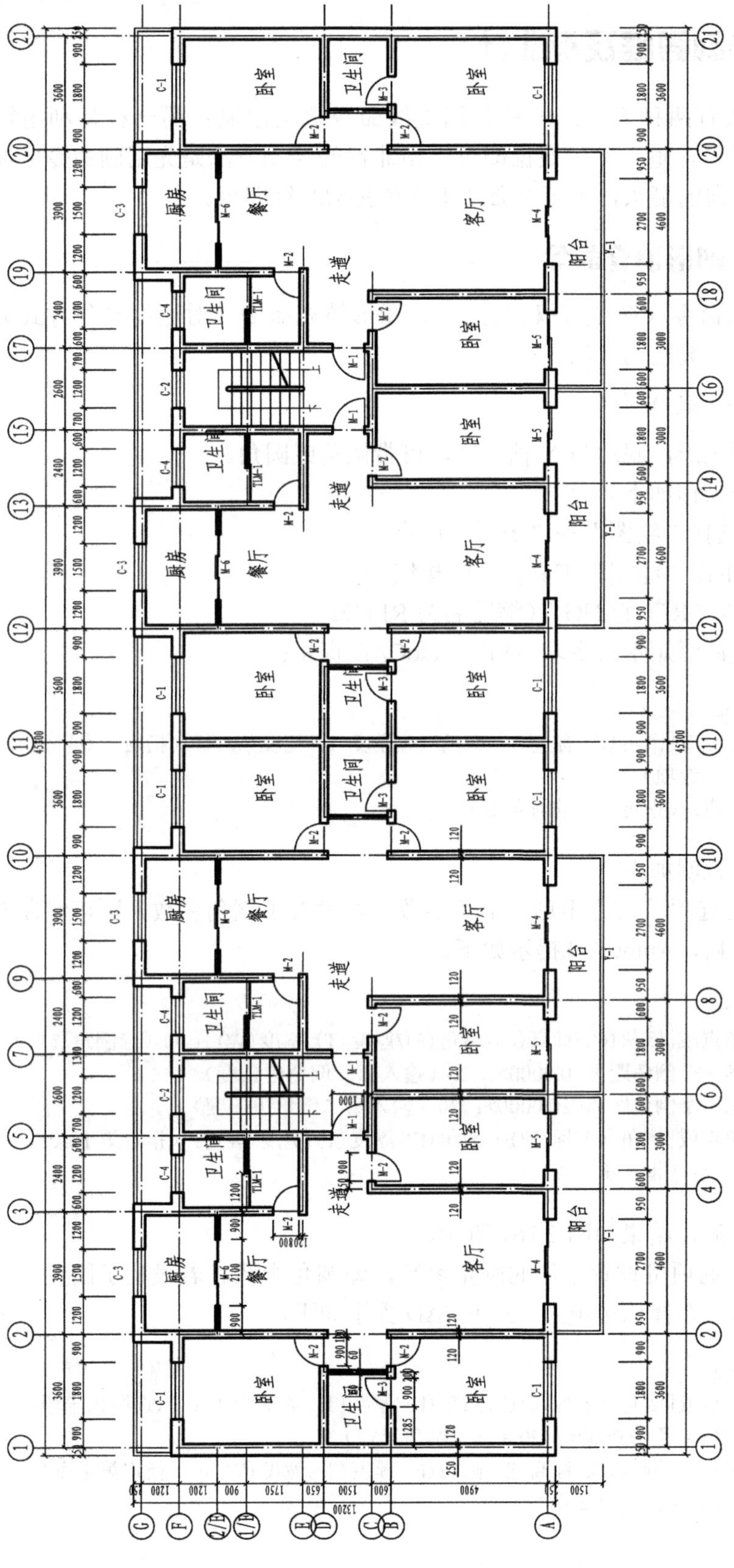

图 2.160 完成尺寸标注

学习单元 9　绘制图框及指北针

图框的绘制一般有两种方法：一种是用直线命令直接绘制；另一种是利用矩形命令绘制。然后绘制出标题栏，输入相关数据即可。指北针的绘制方法是先用圆命令绘制一个圆，然后在圆内绘制出北向的箭头，用填充命令实体填充指北针即可。

2.9.1　矩形、图形填充命令

这部分介绍矩形命令（命令行操作方式）、图形填充命令（对话框操作方式）等，包括命令的功能、操作及一般绘图方法。

1．矩形（RECTANG）命令

（1）功能：绘制矩形，底边与 X 轴平行，可带倒角或圆角。

（2）命令格式及操作如下。

① 下拉菜单：选择“绘图”→“矩形”命令。

② 图标按钮：单击“绘图”工具栏上的按钮□。

③ 命令行：输入“RECTANG”（缩写名为 REC）。

用上述命令方式激活矩形命令功能后，AutoCAD 提示：

命令：_rectang
指定第一个角点或[倒角(C)/标高(E)/圆角(F)/厚度(T)/宽度(W)]：(指定一点以定义矩形的第一个角点或选择一选项)
指定另一个角点：(指定矩形的对角点)

对该命令选项的说明如下。

① 倒角(C)：此选项可设置矩形的倒角参数。若设置了倒角参数，则可绘制四角带倒角的矩形。选择该选项后，AutoCAD 提示如下。

命令：_rectang
指定第一个角点或[倒角(C)/标高(E)/圆角(F)/厚度(T)/宽度(W)]：C（选倒角选项）
指定矩形的第一个倒角距离<0.0000>：20（输入第一倒角边长度）
指定矩形的第二个倒角距离<20.0000>：20（输入第二倒角边长度）
指定第一个角点或[倒角(C)/标高(E)/圆角(F)/厚度(T)/宽度(W)]：(指定第 1 点)
指定另一个角点：(指定第 2 点)

按以上提示操作后，结果如图 2.161 所示。

② 圆角(F)：此选项可设置矩形的圆角参数，即圆角半径。若设置了圆角参数，则可绘制四角带圆角的矩形。选择该选项后，AutoCAD 提示如下。

命令：_rectang
指定第一个角点或[倒角(C)/标高(E)/圆角(F)/厚度(T)/宽度(W)]：F(选圆角选项)
指定矩形的四角半径<0.0000>：20（输入圆角半径）
指定第一个角点或[倒角(C)/标高(E)/圆角(F)/厚度(T)/宽度(W)]：(指定第 1 点)
指定另一个角点：(指定第 2 点)

按以上提示操作后，结果如图 2.162 所示。

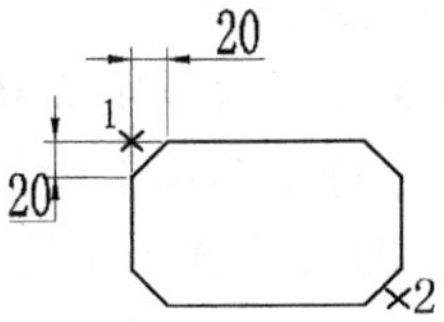

图 2.161　绘制带倒角的矩形

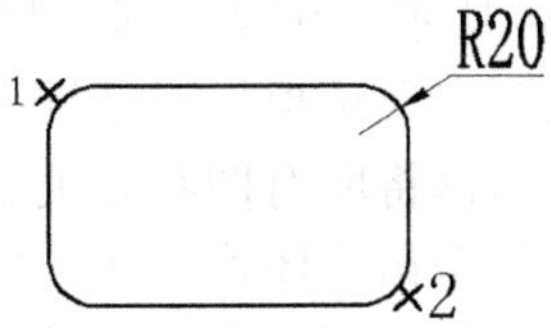

图 2.162　绘制带圆角的矩形

③ 宽度(W)：用于设置矩形四条边的线宽。

④ 厚度(T)：厚度设置是一个空间立体的概念，设置一定的厚度后绘制的矩形在 Z 轴方向延伸一个厚度，相当于绘制了一个三维立体盒子。

⑤ 标高(E)：标高设置也是一个空间立体的概念，设置一定的高度后绘制的矩形在 Z 轴方向偏移设定的高度。它不是绘制在 XY 平面上，而是绘制在与 XY 平面平行、距离为所设置高度值的平面上。

2．图形填充(BHATCH)命令

（1）功能：在指定的封闭区域或定义的边界内绘制剖面符号或填充物，以表现该区域的特征。

（2）命令格式及操作如下。

① 下拉菜单：选择“绘图”→“图案填充”命令。

② 图标按钮：单击“绘图”工具栏上的按钮。

③ 命令行：输入“BHATCH”(缩写名为 BH)。

通过上述方法可打开“图案填充和渐变色”对话框，如图 2.163 所示。利用该对话框，可以设置图案填充时的图案特性、填充边界及填充方式等。

“图案填充和渐变色”对话框中有“图案填充”、“渐变色”两个选项卡，下面就各项内容分别进行介绍。

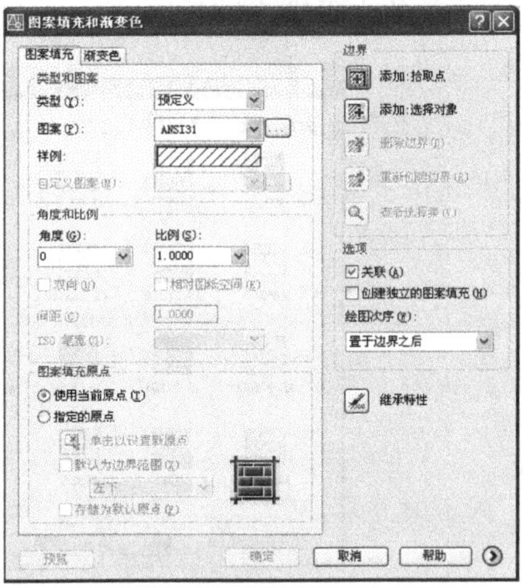

图 2.163　“图案填充和渐变色”对话框

（3）“图案填充”选项卡。

①“类型和图案”栏。

- “类型”下拉列表，用于选择和设置填充图案的类型。在下拉列表中有三种选项：“预定义”、“用户定义”和“自定义”。

预定义：可选择“预定义”的 AutoCAD 填充图案。AutoCAD 中预设置的填充图案存储在“ACAD.PAT”和“ACADISO.PAT”文件中，应用它可控制图案的角度和比例。对于标准（ISO）预设置图案，还可控制标准（ISO）笔宽。

用户定义：表示临时定义填充图案，让用户用图形中的当前线型定义一个图案。用户可以控制用户定义图案中线的角度和间距。

自定义：可用于从其他定制的“.PAT”文件，而不是从“ACAD.PAT”文件或“ACADISO.PAT”文件中指定一个图案，也可以控制自定义填充图案的比例系数。

- “图案”下拉列表，用于选择预设置填充图案。“图案”下拉列表只有在选择“类型”为“预定义”时才可使用。

若单击“图案”下拉列表框右边的按钮，AutoCAD 显示出“填充图案选项板”对话框，如图 2.164 所示，可从该对话框中选择一个合适的填充图案。

在“填充图案选项板”对话框中显示了 ANSI、ISO 及所有预定义和自定义的图案预览图片。该对话框将所有图案分类放在 4 个选项卡中，每个选项卡中的图像按字母顺序排列。可单击某个预览图像，然后单击“确定”按钮，即可选择一个填充图案。

- “样例”预览框，显示了所选中填充图案的预览图像。单击此框也可显示“填充图案选项板”对话框。
- “自定义图案”下拉列表，只有在“类型”下拉列表中选择“自定义”时才可用。同样，单击“自定义图案”下拉列表框右边的按钮，AutoCAD 显示出“填充图案选项板”对话框。

②“角度和比例”栏。

- “角度”下拉列表，用于设置填充图案的旋转角度，默认值为 0，即以原来的形状显示。以 ANSI31 为例，如图 2.165 所示，把“角度”设置为–45° 时，则剖面线为 0° 的水平线。

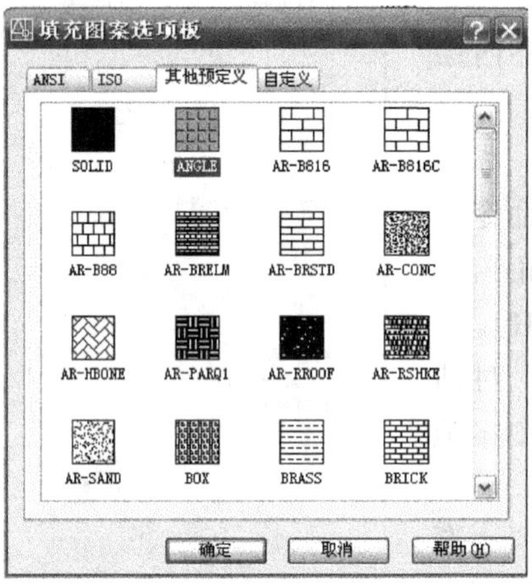

图 2.164 “填充图案选项板”对话框

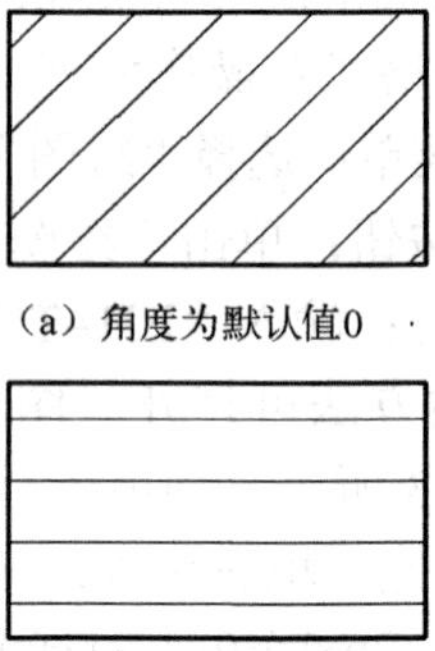

（a）角度为默认值0

（b）角度为–45°

图 2.165 不同旋转角度的图案填充

- “比例”下拉列表，用于设置填充图案的比例因子，以使图案外观更稀疏或更紧密。每种图案在定义时初始比例为 1。可在“比例”文本框内输入比例值，也可从该下拉列表中进行选择。只有在“类型”下拉列表中选择“预定义”或“自定义”时才有效。
- “相对图纸空间”复选框，用于设置填充图案按图纸空间单位比例缩放。选中此复选框后，可以非常方便地将填充图案以一个适合于用户布局的比例显示。该复选框只有在布局视图中才有效。
- “间距”文本框，用于定义图案中填充线之间的间距。此选项只有在“类型”下拉列表中选择“用户定义”时才有效。
- “ISO 笔宽”下拉列表，用于设置 ISO 预设置图案的笔宽。此选项只有选择“类型”为“预定义”，并且选择了一种可用的 ISO 图案时才可用。
- “双向”复选框，在使用用户定义图案时，与原始线成 90° 的方向画第二组线，从而创建一个相交叉的填充图案。此复选框只有在“类型”下拉列表中选择“用户定义”

时才可用。

③“边界”栏。

- “添加：拾取点”按钮，以拾取点的形式确定填充区域的边界。单击该按钮，即临时切换到绘图屏幕。

在希望进行填充的封闭区域内任意拾取一点后，AutoCAD 会自动确定出包围该点的封闭填充边界，同时以虚线形式显示这些边界。如果在拾取点后，AutoCAD 不能形成封闭的填充边界，则会给出相应的提示信息。

- “添加：选择对象”按钮，以选择对象的方式确定填充区域边界。被选择的对象应能构成封闭的边界区域，否则达不到所希望的填充效果。
- “删除边界”按钮，用于取消 AutoCAD 自动确定或用户指定的孤岛。通常把位于填充区域内的封闭区域称为孤岛。当以拾取点的方式确定填充边界后，AutoCAD 会自动确定出包围该点的封闭填充边界，同时还会自动确定出相应的孤岛边界，如图 2.166 所示。

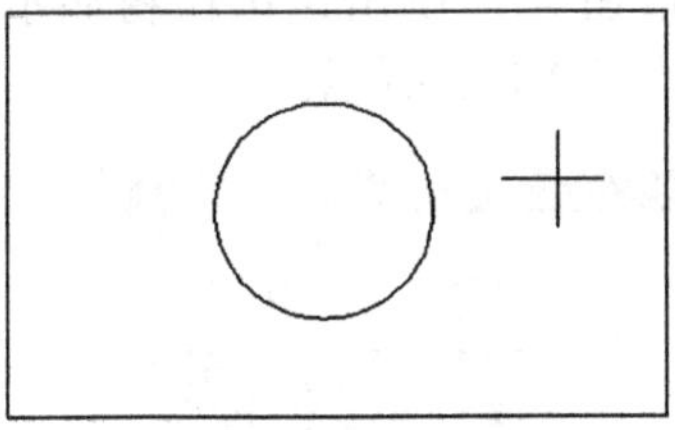

（a）拾取内部点

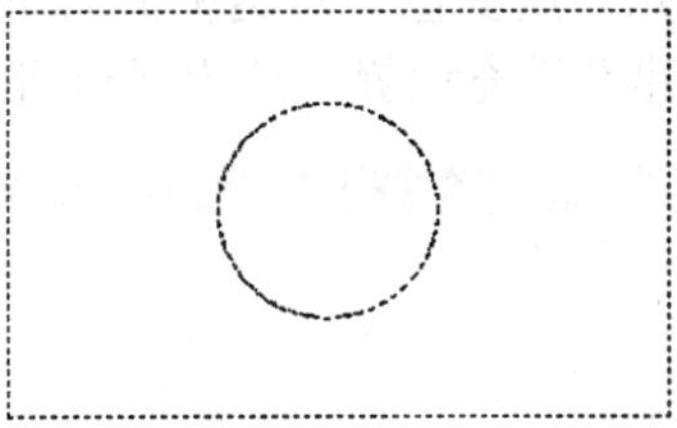

（b）AutoCAD自动确定填充边界与孤岛边界

图 2.166　封闭边界与孤岛边界

单击“删除边界”按钮，AutoCAD 会临时切换到绘图屏幕，在命令提示下选择各孤岛对象，这些对象会恢复成正常显示方式，即“删除”了孤岛。

- “重新创建边界”按钮，用于重新创建图案填充边界。
- “查看选择集”按钮，用于查看所选择的填充边界。单击该按钮，AutoCAD 会临时切换到绘图屏幕，将已选择的填充边界以虚线形式显示，同时提示：

<按“Enter”键或单击鼠标右键返回对话框>：

④“选项”栏，“关联”复选框用于创建其边界时随之更新的图案和填充；“创建独立的图案填充”复选框用于创建独立的图案填充；“绘图次序”下拉列表用于指定图案填充的绘图顺序，即图案填充可以放在图案填充边界及所有其他对象之后或之前。

⑤“图案填充原点”栏，可以设置图案填充原点的位置，因为许多图案填充需要对齐填充边界上的某一点。各选项的功能如下。

- “使用当前原点”单选按钮：选择该按钮可以使用当前 UCS 的原点（0,0）作为图案填充原点。
- “指定的原点”单选按钮：选择该按钮可通过指定点作为图案填充原点。其中，单击“单击以设置新原点”按钮，可从绘图窗口中选择某一点作为图案填充原点；选中“默认为边界范围”复选框，可以填充边界的左下角、右下角、右上角、左上角或圆心作为图案填充原点；选中“存储为默认原点”复选框，可将指定的点存储为默认的图案填充原点。

⑥“继承特性”按钮。单击该按钮，可以使用已存在的相关填充图案的填充特性来填充指定的边界。

AutoCAD 不能继承不关联的填充图案的特性。填充新的对象时，可以用拾取点的方法，也可以用选择对象的方法。

⑦“预览”按钮。填充边界被选定后，单击“预览”按钮，暂时关闭对话框，AutoCAD 显示图案填充的结果。AutoCAD 会临时切换到绘图屏幕，并提示：

拾取或按“Esc”键返回到对话框或<单击鼠标右键接受图案填充>:

当预览完毕后，按“Enter”键或单击鼠标右键重新显示“边界图案填充”对话框，从而决定采用还是修改所选定的边界。如果没有边界被选定，则此选项无效。

（4）设置孤岛选项按钮。

在“图案填充和渐变色”对话框的右下角有个按钮⊙，单击该按钮将显示更多选项，用于设置孤岛、创建及填充边界、边界保留等内容，如图 2.167 所示。

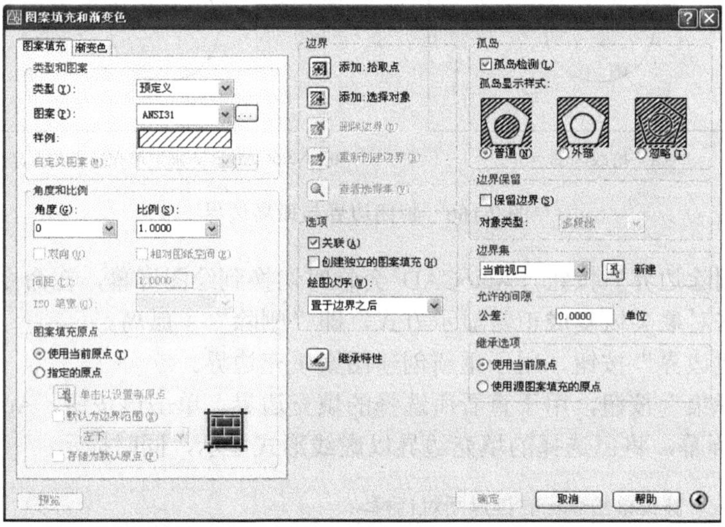

图 2.167 “图案填充和渐变色”对话框扩充

① 图案填充区边界的确定与孤岛检测。AutoCAD 规定只能在封闭边界内填充，如图 2.168（a）所示阴影区不存在封闭边界，因此不能完成填充；如图 2.168（b）所示阴影区的外轮廓线为四条直线段，首尾不相连，但可以通过 BOUNDARY（边界）命令，构造一条闭合多段线边界，或在执行 BHATCH 命令过程中，系统自动构造一条临时的闭合多段线边界，所以是可以填充的。

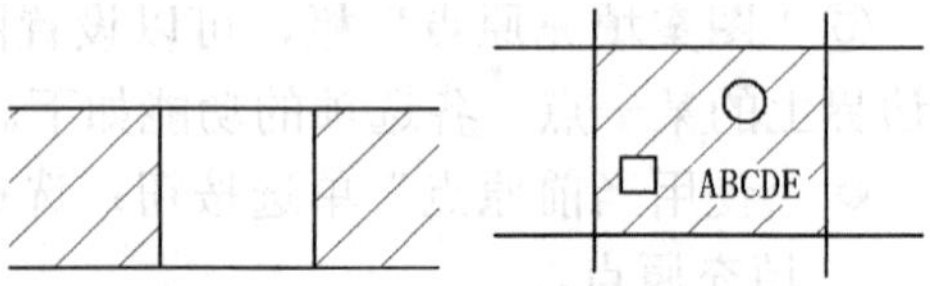

（a）（b）

图 2.168 填充区边界和孤岛

出现在填充区内的封闭边界就成为孤岛，它包括字符串的外框等，如图 2.168（b）所示。AutoCAD 通过孤岛检测可以自动查找，并且在默认情况下，对孤岛不填充。

② 孤岛显示样式：用于选择孤岛内存在孤岛的填充情形。它包括以下 3 种样式。

- 普通样式：对于孤岛内的孤岛，AutoCAD 采用隔层填充的方法，如图 2.169（a）所示。这是默认设置的样式。系统变量 HPNAME 设置为 N。
- 外部样式：只对最外层进行填充，不再继续往内绘制填充线，如图 2.169（b）所示。系统变量 HPNAME 设置为 O。
- 忽略样式：忽略边界内的对象，全部内部结构均被填充线覆盖，如图 2.169（c）所示。系统变量 HPNAME 设置为 I 。

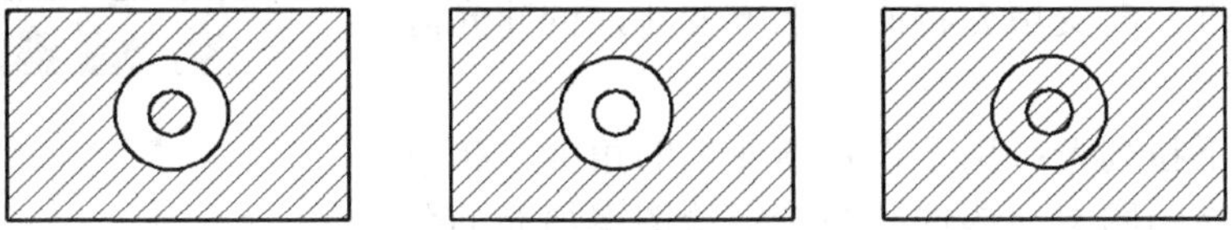

（a）　　（b）　　（c）

图 2.169　图案填充样式

如果没有内部边界存在，则定义的孤岛检测样式无效。

③“边界保留”栏，用于指定图案填充时是否保留填充的边界对象，以及这些边界对象所使用的类型。

- “保留边界”复选框，用于控制填充时是否保留边界对象，即将填充边界以对象的形式保存。
- “对象类型”下拉列表，用于指定边界对象的类型。AutoCAD 创建边界为一个面域或多段线。此选项只有在选择“保留边界”复选框时才可使用。

④“边界集”栏，当通过指定内部一点定义边界时，在此部分可以定义 AutoCAD 要分析的对象集。但是如果图案填充时，用选择对象的方法来定义边界，则在此所选的边界对象集没有效果。

在默认情况下，下拉列表中的选项为“当前视口”，即当通过拾取一点以定义边界时，AutoCAD 将分析“当前视口”中所有可见的对象。通过重新定义边界集，就可以忽略某些对象，而不用将它们隐藏或删除。

- 当前视口：用当前视口中所有可见的对象来定义边界集。
- 现有集合：将用“新建”按钮选择的对象作为边界集。如果没有用“新建”按钮选择过对象，则此选项不可用。
- “新建”按钮：单击此按钮后，将暂时关闭对话框并提示用户选择用于构造边界集的对象。当通过一点定义边界时，在退出 BHATCH 命令或创建一个新的边界集之前，AutoCAD 将一直忽略不在对象集中的对象。

⑤“允许的间隙”栏，可以通过“公差”文本框设置允许的间隙大小。在该参数范围内，可以将一个几乎封闭的区域看做是一个闭合的填充边界。默认值为 0 时，对象是完全封闭的区域。

⑥“继承选项”栏，用于确定在使用继承特性创建图案填充时图案填充原点的位置，可以是“使用当前原点”或是“使用源图案填充的原点”两个选项。

（5）“渐变色”选项卡。

“图案填充和渐变色”对话框的“渐变色”选项卡如图 2.170 所示。利用该选项卡，可以使用一种颜色或两种颜色形成的渐变色来填充图形。

①“单色”单选按钮：选择该单选按钮，可以使用由一种颜色产生的渐变色来填充图形。可通过单击其后的颜色框按钮，在打开的“选择颜色”对话框中选择所需要的渐变色，以及调整渐变色的渐变程度。

②“双色”单选按钮：选择该单选按钮，可以使用由两种颜色产生的渐变色来填充图形。

③“居中”复选框：用于指定对称的渐变配置。如果没有选中此复选框，渐变填充将向左上方变化，创建光源在对象左边的图案。

④“角度”下拉列表：用于设置渐变色的角度，相对当前指定渐变填充的图案，该选项与指定给图案填充的角度互不干涉。

⑤渐变图案预览窗口：显示当前设置的渐变色效果。从图 2.170 中可看出共有 9 种效果。

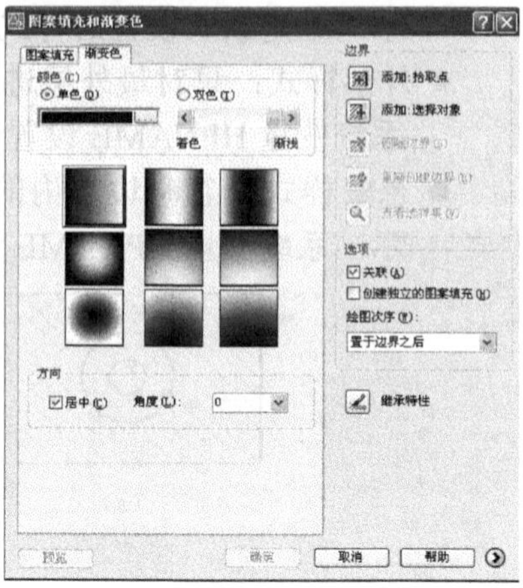

图 2.170 “渐变色”选项卡

2.9.2 绘制图框（二号标准图框）

（1）用矩形命令绘制一个 559×400 的矩形（见图 2.171）。

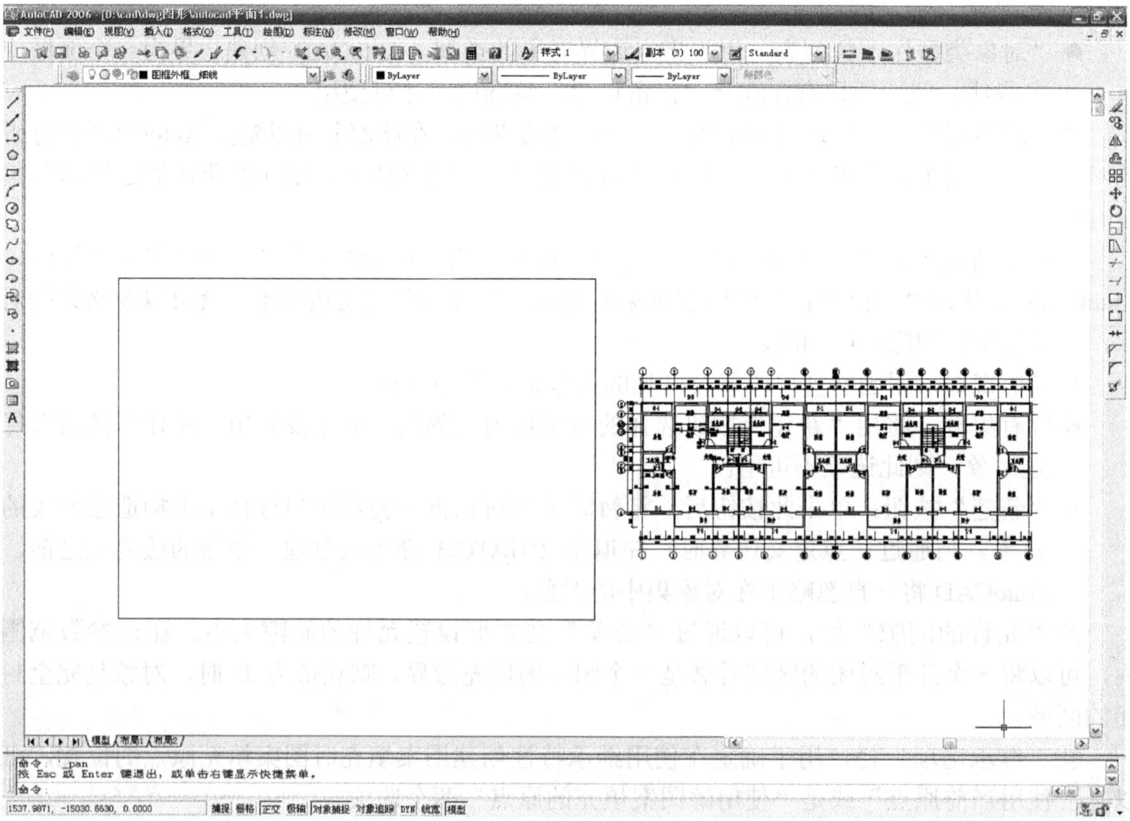

图 2.171 绘制矩形图框

（2）用偏移命令将矩形向外偏移 10（见图 2.172）。

（3）绘制辅助线，将左边框向外拉伸 15（见图 2.173）。

图 2.172　矩形向外偏移

图 2.173　左外框向外拉伸

（4）逆时针方向旋转图框 90°，删除辅助线，按照图中所示尺寸及内容绘制好标题栏（见图 2.174）。

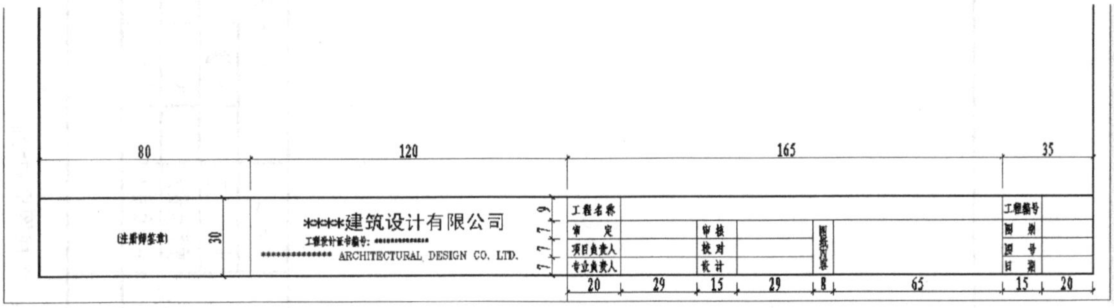

图 2.174　完成标题栏

（5）按照图中所示尺寸及内容绘制好右上角的会签栏（见图 2.175）。

图 2.175　完成会签栏

（6）再一次旋转图框 90°，完成整个图框的绘制（见图 2.176）。

2.9.3　完成整张图纸的绘制

（1）用移动命令将绘制好的图形移动到图框内（见图 2.177）。

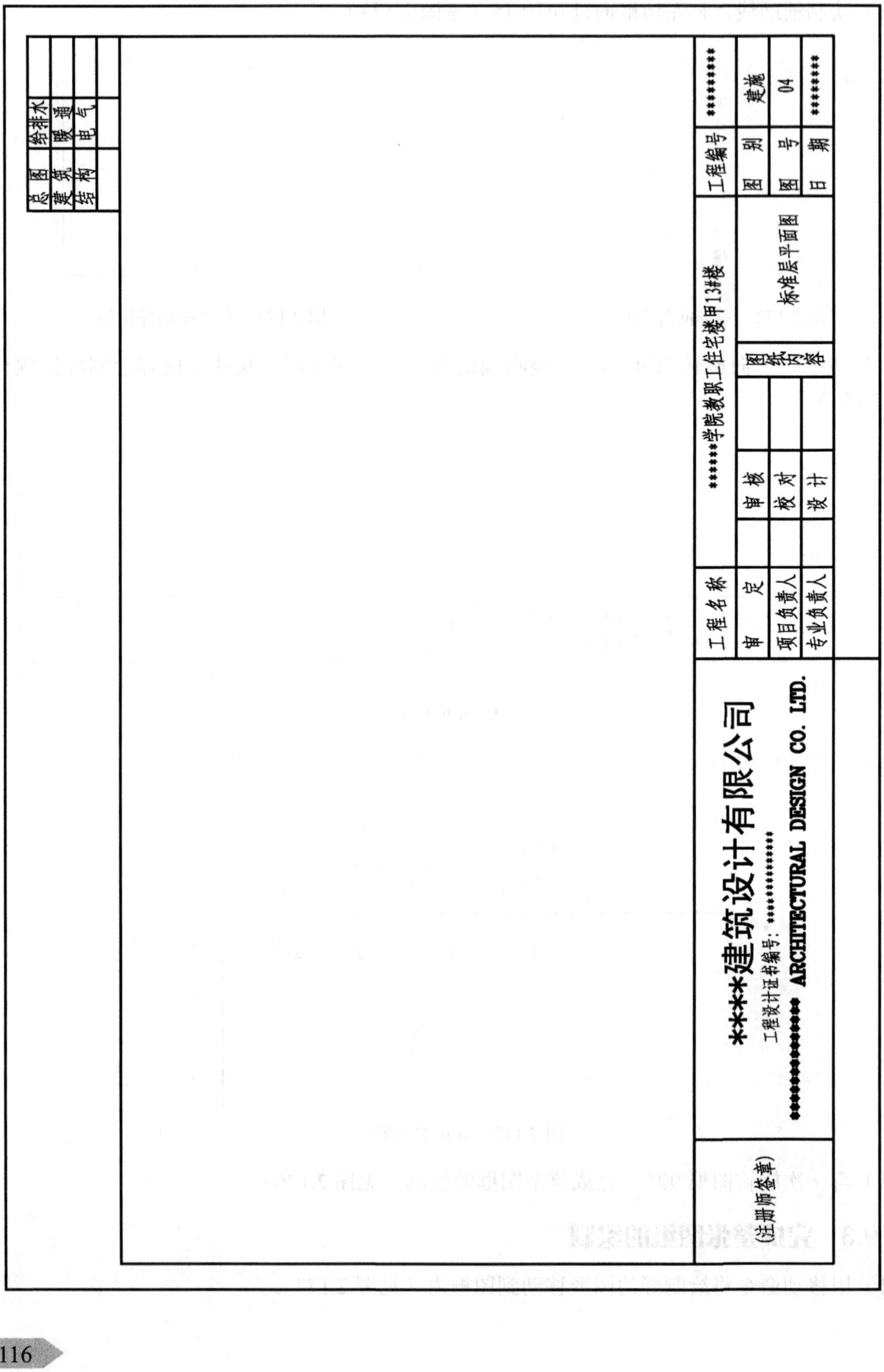

图 2.176 完成图框的绘制

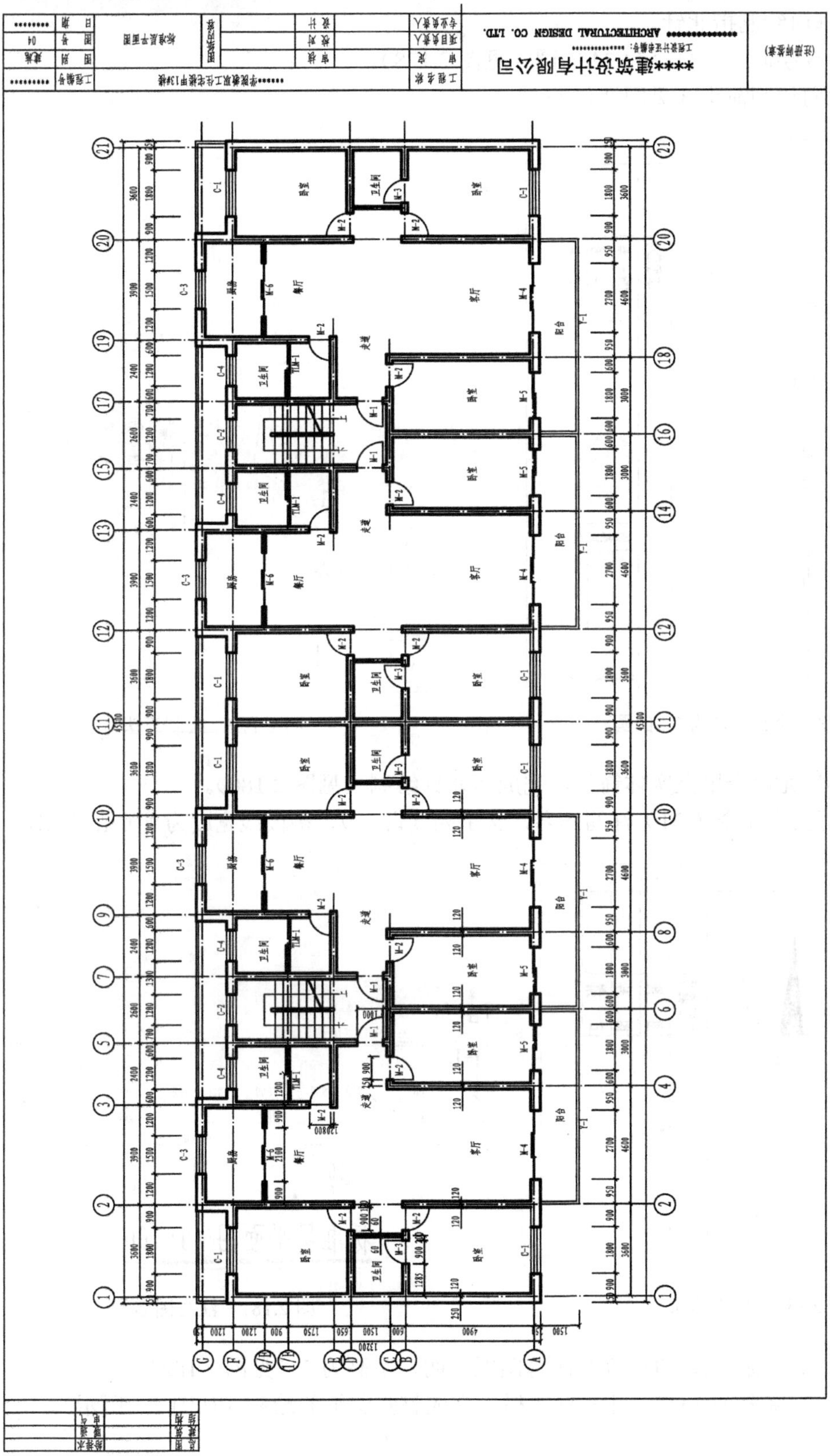

图 2.177 移动图形到图框内

（2）在图框内绘制指北针。

① 用圆命令绘制一个直径为 24 的圆（见图 2.178）。

② 根据北向绘制箭头（见图 2.179）。

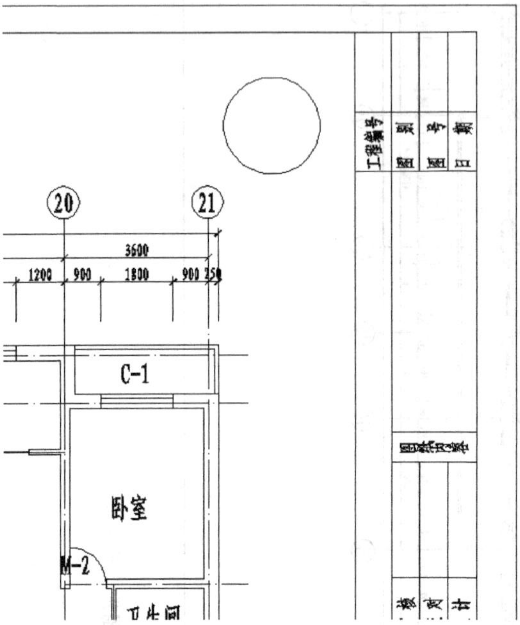

图 2.178　绘制直径为 24 的圆

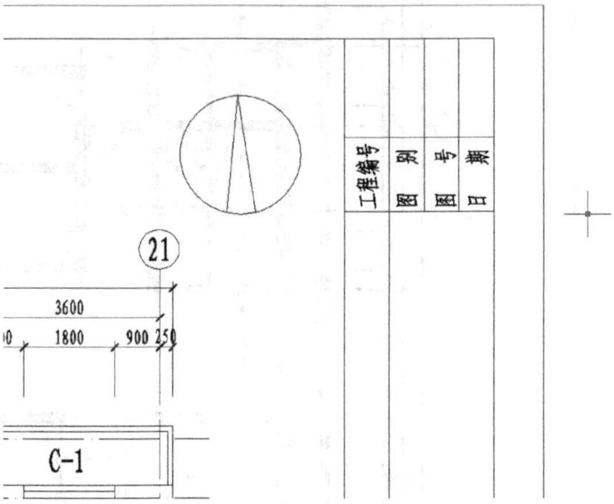

图 2.179　绘制箭头

③ 用图形填充命令填充实体箭头，完成指北针绘制（见图 2.180）。

（3）用单行文字命令（DT）注写图名，文字高度设为 7，多段线宽度为 1（见图 2.181）。

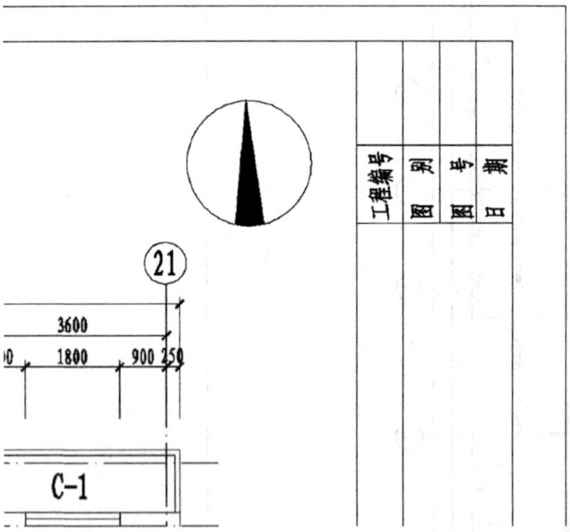

图 2.180　填充箭头

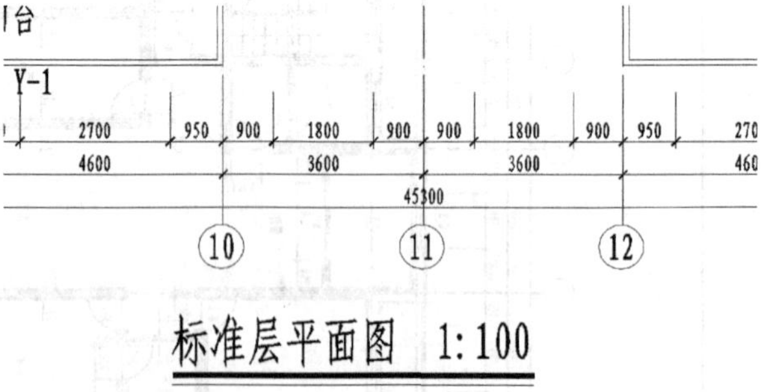

图 2.181　注写图名

（4）用多行文字命令（MTEXT）注写图纸说明，字高为 5（见图 2.182）。

（5）用单行文字命令（DT）注写标题栏，完成整张图纸的绘制（如图 2.1 所示）。

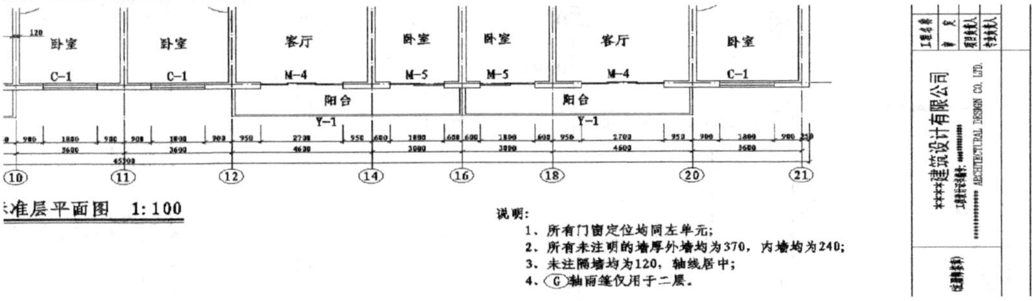

图 2.182　注写图纸说明

学习单元 10　绘制建筑电气图

电气照明是建筑物的重要组成部分。照明设计的原则是在满足照明质量要求的基础上，正确的选择光源和灯具，充分考虑节约电能、安装方便、使用安全可靠、配合建筑装修和预留照明等因素。电气照明系统由照明设备和配电线路组成，照明设备可分为灯具、开关、插座和配电箱等。绘制照明平面图与插座平面图主要包括绘制配电线路和文字标注。

本单元以某高层办公楼工程图为例，介绍绘制建筑电气图的命令和技巧。该办公大楼工程共 13 层，地下 1 层，地上 12 层，裙房三层，建筑主体高度为 42 米，结构形式为框架结构，主要功能为会议和办公，三层裙房为三类防雷。

照明光源的选择，一般场所为荧光灯、金属卤化物灯或其他节能型灯具（例如办公室选用节能高效的三基色荧光灯与节能灯作为光源），应急照明灯和疏散指示标志应设玻璃和其它不燃材料制作的保护罩，一类灯具需配 PE 线。该工程采用节能灯作为照明光源，办公室平均照度值为 300 LX；本工程应急照明包括备用照明、疏散照明、配电室、弱电机房，应急照明设置在公共走廊、疏散楼梯间、防烟楼梯间、大餐厅等，其地面照度不应低于 0.5 LX。

该工程按三级负荷要求供电；低压配电系统接地型式采用 TN-C-S 系统；电源由室外变电所（亭）引 220/380 V 市网电，进户电源采用 YJV-0.6/1.0 kV 铜芯电缆，电缆穿钢管主室外引至室内配电总箱；室内配线采用 BV-450 V/750 V 铜芯塑料线穿半硬阻燃塑料管暗敷，插座回路为 3×4.0 mm^2，未标注管径者根线为两根。

2.10.1　绘制插座电气平面图

下面以该工程二层裙房的插座平面图为例，介绍绘制插座平面图的方法与技巧。

（1）分析绘制该平面图的设计依据：照明系统中，每一单相回路的电流不宜超过 16 A，所接光源数量不宜超过 25 个；照明和插座宜分回路设计，且每一回路插座数量不宜超过 10 个（住宅除外），不同电压级别的插座应有明显区别。

（2）对建筑平面条件图进行整理，绘制插座平面图的图纸。当建筑平面条件图（见图 2.183）绘制完成后，进行复制并另存文件，并将其命名为插座平面图。打开插座平面图，将与绘制插座平面图无关的一些建筑图层关闭，然后把条件图的颜色改为同一颜色。

（3）新建电气插座专用图层。一般常用的图层有插座平面设备层、插座平面导线层、插座平面文字层和插座平面标注层，分别设置每层的颜色和线型，分层可以方便绘制以及修改。

（4）选择插座平面设备层，绘制插座图块和配电箱图块。这两个图块比较常见，在一般的图块库中都有，可以直接调用。常用图块及技术说明如图 2.184 所示。

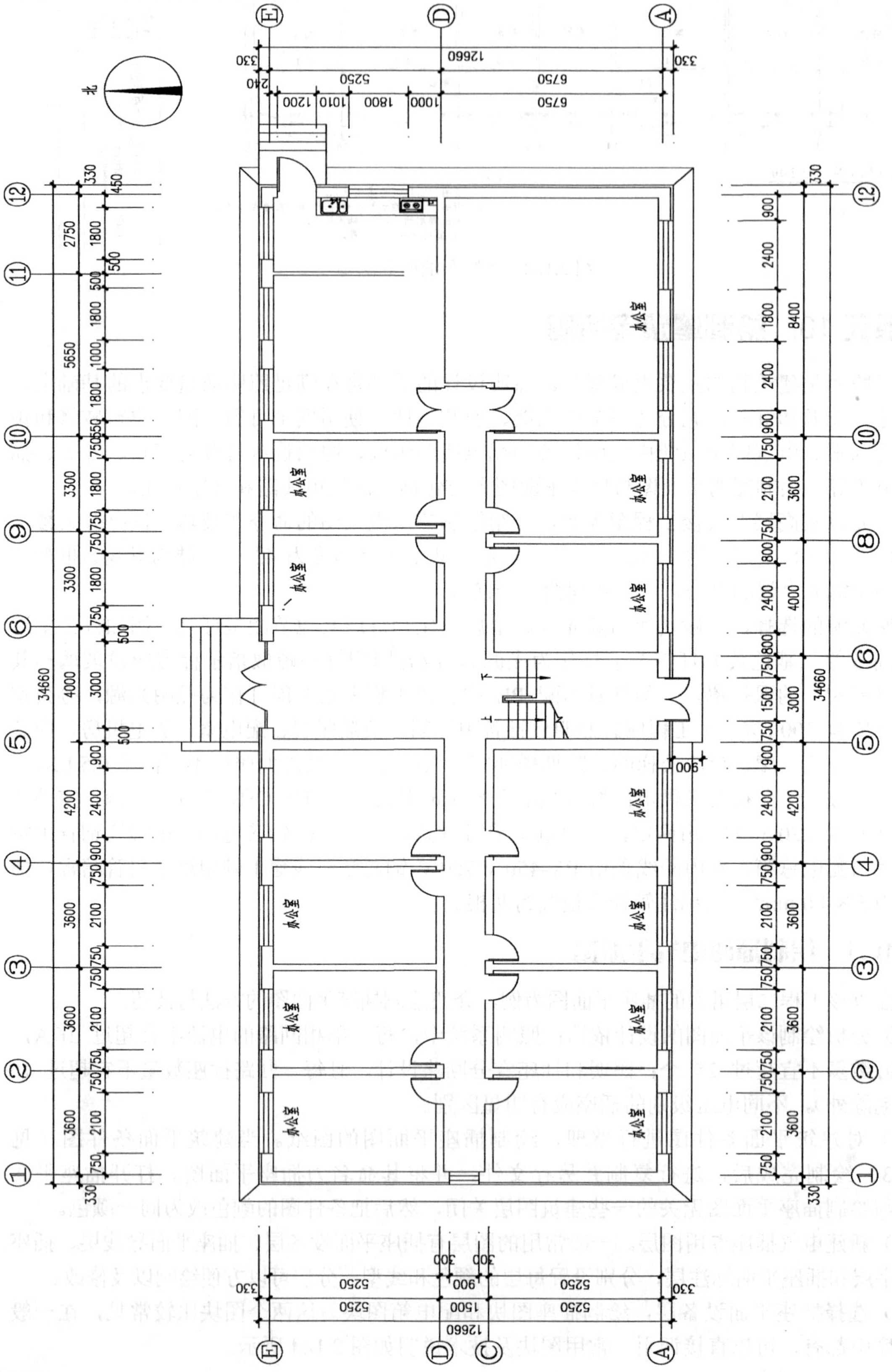

图 2.183　建筑平面条件图

序号	图例	名称	规格	安装方式	装地点
1		应急灯(灯具自带蓄电池)	与所在区域装修灯具相同	与所在区域装修灯具相同	楼梯间
2		节能吸顶灯	1X36W	吸顶	大厅.走廊
3		防水灯	1X20W(节能灯光源)	吸顶	卫生间,设备用房
4		三基色双管荧光灯	2X36W	吊链(应急灯为金属吊杆)0.8米安装	配电室等
5		疏散指示灯(LED)(灯具带蓄电池)	1X8W	底边距地0.5米暗装或吊杆(0.5米)安装	车库内距地为1.0米
6	E	安全出口指示灯(LED)(灯具自带蓄电池)	1X8W	背挂式,门上200mm明装	楼梯间,前室
7		格栅三基色双管荧光灯	1X18W	吸顶	大厅.走廊
8		密闭型三基色单管荧光灯	1X36W	吊链0.8米安装	车库
9		密闭型三基色双管荧光灯	2X36W	吊链0.8米安装	车库.厨房
10		三基色双管荧光灯	2X36W	吊链0.8米安装	自还蓄电池
11		应急灯(灯具自带蓄电池)	与所在区域装修灯具相同	与所在区域装修灯具相同	
12		卫生间排风扇	1X36W	吸顶安装位置见水暖图	卫生间
13		单,双,三,四联翘板暗开关	220V,10A	底边距地1.3米暗装	各房间
14		单联双控开关	220V,10A	底边距地1.3米暗装	消防设备用房,电井等
15		单.双.三联防水翘板暗开关	220V,10A	底边距地1.3米暗装	卫生间
16		安全型单相五孔插座	220V,10A	距地0.5米暗装	管理用房等
17		安全型单相三孔插座	220V,10A	距地0.5米暗装	大会室
18		应急照明配电箱		箱底距地1.5米安装.	电井等
19		照明配电箱		箱底距地1.5米安装.	走廊,电井
20		电力配电箱		箱底距地1.5米安装. (电井及设备用房为明装,其它处暗装)	
21		配电柜		落地安装	配电室等
22		浪涌保护器			电源进户箱(柜)内
23	LEB	LEB端子板	206X25X4紫铜板	底边距地0.3米	洗浴功能房间
24	MEB	MEB箱	350X200X150	底边距地0.3米	配电室等
25		引上引下线			
26		预埋件	150X60X6镀锌钢板		
27		热风幕		见暖图	
28	LKX	卷帘控制箱		棚下500安装	
29					
30					

图 2.184 常用图块及技术说明

（5）将绘制好的插座图块和配电箱图块插入到建筑平面条件图中。

（6）选择插座平面导线层，将刚刚插入的插座、配电箱平面图，根据插座的性质、容量和用途分成几条回路，用直线连接成各回路，再将各回路与配电箱连接，形成配电回路。

（7）选择插座平面文字层，对绘制好的插座平面图进行文字说明，完成后的插座平面图如图 2.185 所示。

2.10.2 绘制照明平面图

下面以二层裙房（多功能厅）为例，讲述照明平面图的绘制方法与技巧。

（1）分析绘制照明平面图的设计依据：照明平面图上照明灯具是一个回路的，并且这一回路的灯具最多不能超过 25 只；平面图要求节约用线，选线需要经过负荷计算每个房间所需要的灯具个数后确定。

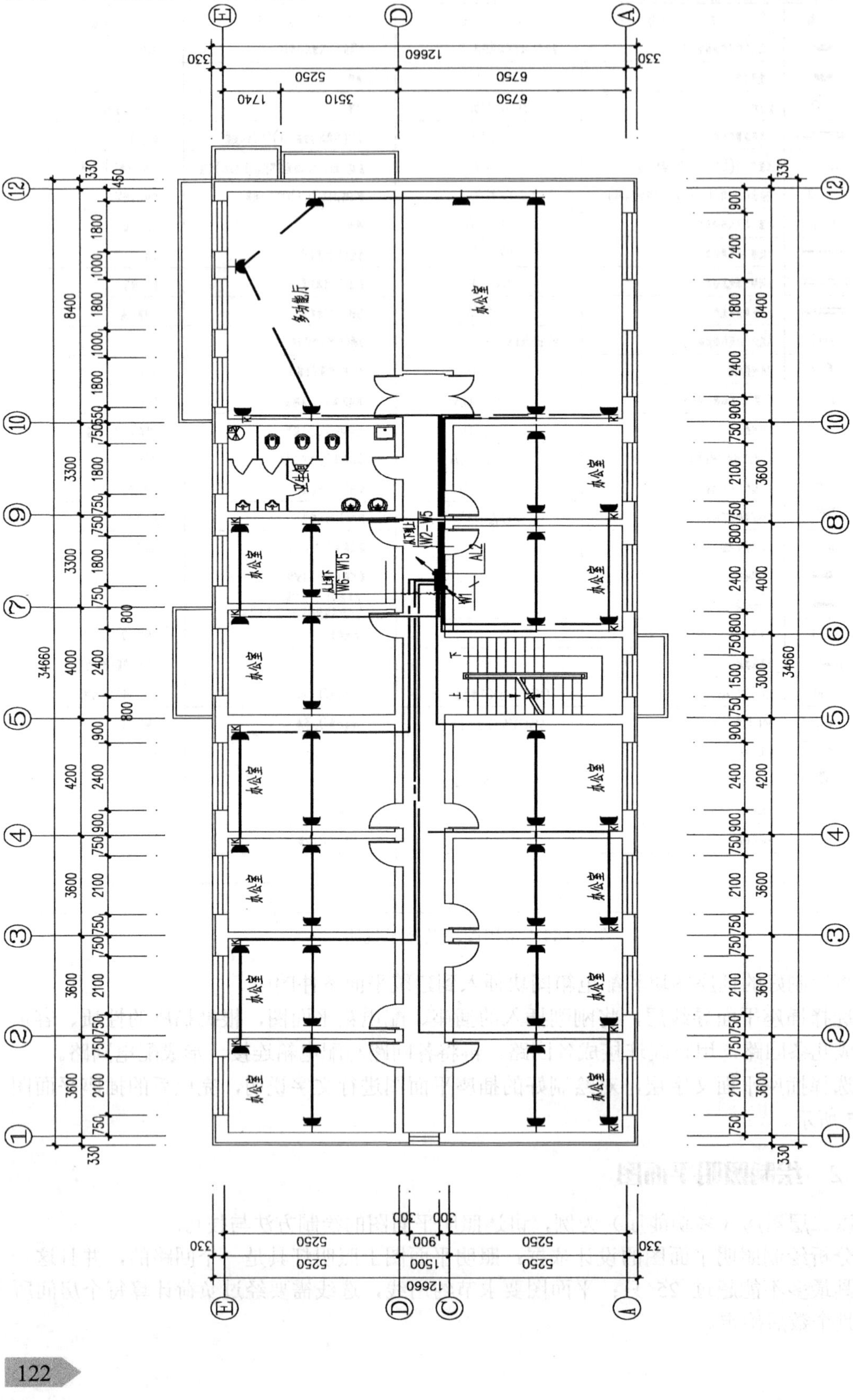

图 2.185　二层楼房插座平面图

（2）对建筑平面条件图进行整理，绘制照明平面图的图纸。当建筑平面条件图绘制完成后，进行复制并另存文件，并将其命名为照明平面图。打开照明平面图，将与绘制照明平面图无关的一些建筑图层关闭，然后把条件图的颜色改为同一颜色。

（3）新建电气照明专用图层。一般常用的图层有照明平面导线层、照明平面设备层、照明平面文字层和照明平面标注层，分别设置每层的颜色和线型。

（4）选择照明平面设备层，绘制灯具图块、开关图块和配电箱图块等，也可根据需要直接调用图块库中的图块。

（5）根据照度计算，确定要选用的灯具及布置方案。根据本例中多功能厅的房间面积，计算出多功能厅所需灯具的个数。计算好多功能厅的灯具个数后，再画出照明平面图。该多功能厅的照明灯具选用双管荧光灯 6 套，按 2 行 3 列整齐排列。将绘制好的灯具图块插入到在第一行第一列的位置，然后运用阵列等方式进行布置。此时的灯具布置应在照明平面设备层中进行。

（6）选择照明平面导线层，按照分配回路原则连接导线，该图分为一个回路，导线由用户配电箱引出到每个灯具。

（7）打开照明平面文字层，进行必要的文字标注，绘制完成后的照明平面图如 2.186 所示。

2.10.3 绘制低配电系统图

下面以 13 层办公楼为例，介绍绘制低压配电系统图的步骤与方法。

（1）分析低压配电系统的设计要求：

① 低压配电系统设计应根据工程性质、规模、负荷容量及业主要求等综合考虑确定。

② 自变压器二次侧至用电设备之间的低压配电级数一般不宜超过三级。

③ 各级低压配电屏或配电箱要根据发展的可能性留有适当数量的备用回路，在预留时备用回路数为总数的 25%。

④ 由公用电网引入的低压电源线路，应在电源进线处设置电源隔离开关及保护电器。由本单位所引入的专用回路，可以装设不带保护的隔离电器。

⑤ 由树干系统供电的配电箱，其进线开关宜选用带保护的开关，由放射式系统供电的配电箱，进线可以用隔离开关。

⑥ 单相用电设备，宜均匀地分配到三相线路系统中。

（2）根据照明平面图和插座平面图，统计计算该配电箱系统回路数及各回路的设备容量、功率因数，计算配电箱系统的电流，并选择缆线型号（TMY-3（50×5）+2（40×4））。此分户箱系统共包括 18 个回路，其中有 3 个应急照明回路、1 个微机室回路、8 个照明回路、1 个调度室回路、1 个会议室回路、1 个视频会议室回路和 3 个备用回路。

（3）新建两个图层，分别为配电箱系统导线层和配电箱系统文字层。

（4）选择配电箱系统文字层，根据回路数绘制出回路说明表格，并绘制该系统图中微型断路器图块。

（5）选择配电箱系统导线层，先画出第一个回路，再利用阵列命令，阵列出其余 17 个回路，再画出横向小母线，将这 18 个回路连接到一起，最后画出配电箱的点画线框。

（6）选择配电箱系统文字层，绘制出该系统图的文字标注部分。完成后的配电箱系统图如图 2.187 所示。

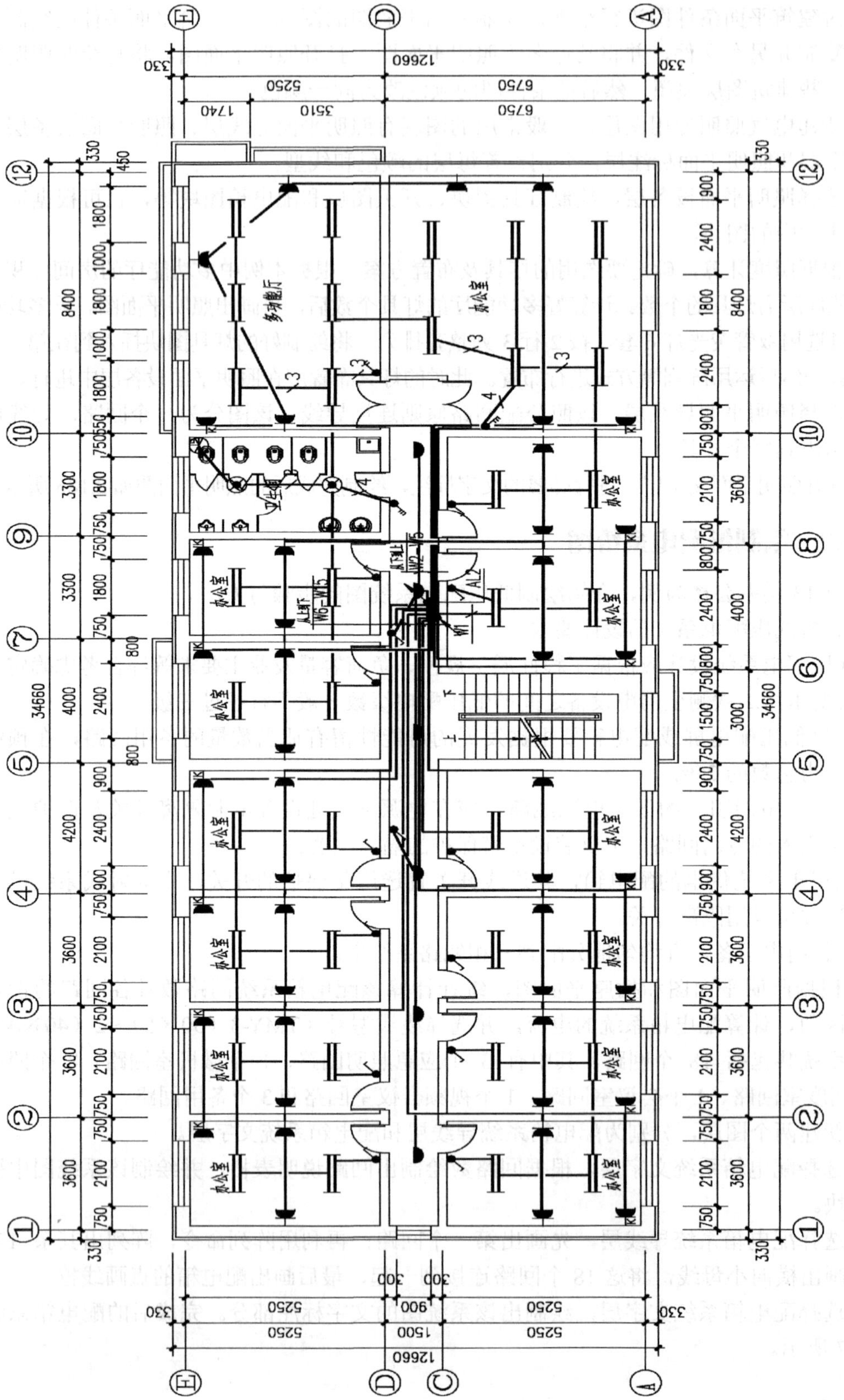

图 2.186 二层照明平面图（1：100）

2.10.4　绘制屋面防雷平面图

该项目三层裙房属于三类防雷建筑物，在屋顶女儿墙及装饰构筑物上装设避雷带，避雷带每隔 1 m 做一个支持卡子，卡子高 100 mm，避雷带采用ϕ10 镀锌圆钢。根据它的等级确定其引下线间距小于 18 m，避雷网格小于 10 m×10 m 或 12 m×8 m，至少设 2 处防雷接地测试点。在确定防雷平面图方案后，可按以下步骤绘制三层裙房屋顶防雷平面图。

（1）分析绘制该平面图的设计依据：利用建筑物钢筋混凝土柱和基础内钢筋作为防雷引下线和接地体；引下线的数量及间距应按照规范要求设置；明装防雷引下线上的保护管宜采用硬绝缘管，也可以用镀锌钢管扣在墙面上，不宜将引下线穿入钢管内。

（2）在建筑平面条件图基础上新建并打开屋面防雷平面图图屋，删除与防雷无关的建筑线条，并把建筑条件图的颜色改变为同一个颜色。

（3）用阵列命令画避雷带。

（4）在图纸上确定避雷网格的位置后，用阵列命令绘制避雷格。

（5）利用柱内对角主钢筋，确定防雷接地引下线。

（6）进行必要的文字标注，绘制完成的屋面防雷平面图如图 2.188 所示。

2.10.5　绘制接地与等电位平面图

下面以本项目的三层裙房接地图为例，介绍接地与等电位平面图的绘制方法。该建筑的基础采用条形基础，可以利用地梁、承重梁内主钢筋做接地体。钢筋直径应不小于ϕ12 mm，并外引镀锌扁钢在建筑物四周做人工接地体，使综合接地电阻不大于 1 Ω。接地方案确定后，就可以着手绘制基础接地平面图。

（1）分析绘制该平面图的依据：接地装置应优先利用建筑物钢筋混凝土内的钢筋。有钢筋混凝土地梁时，宜将地梁内的钢筋连成环形接地装置；没有钢筋混凝土地梁时，可在建筑物周边无钢筋的闭合条形混凝土基础内，用 40 mm×4 mm 扁钢直接敷设在槽坑外沿，形成环形接地网。

（2）对建筑平面条件图进行整理，去掉与接地平面图无关的线条，将平面条件图的颜色改为同一颜色，建立接地网线层、防雷设备层、公共标注层等图层。

（3）绘制与基础接地平面图相关的图块，如“防雷接地引下线”、“总等电位箱”、“局部等电位端子箱”等图块。

（4）将图层切换到接地网线层，利用点画线加斜线来绘制接地线。在绘制过程中，注意利用原基础图中地梁、承重梁内主钢筋，在距离基础 5 m 处以外，引镀锌扁钢，沿基础周边做人工接地体。

（5）绘制防雷引下线。在绘制防雷引下线时，应将柱内由屋顶引至基础的引下线与防雷接地平面图的柱内引下线相对应，根据建筑物内总配电室位置确定总等电位。沿柱子引上镀锌扁钢 40 mm×4 mm 位置，预留电梯井道接地端防雷接地电阻测试点位置。

（6）将图层切换到公共标注层，进行必要的文字标注，绘制完成后的等电位平面图如图 2.189 所示。

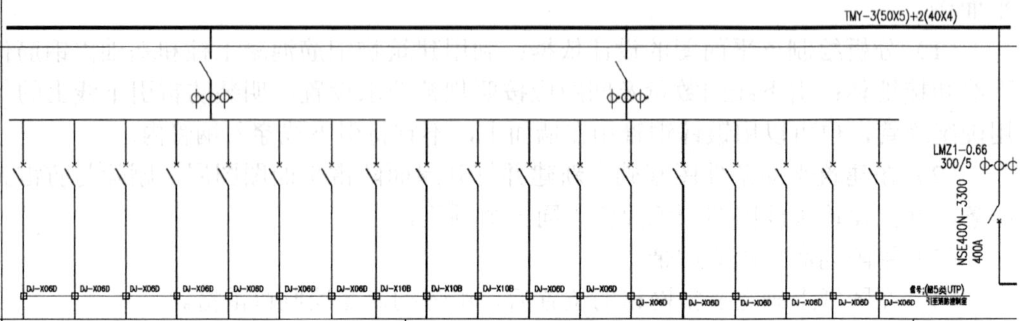

母线型号		TMY-3(50X5)+2(40X4)																			
一次方案																					
开关柜编号		AA1								AA2											
开关柜型号		GGD2-改								GGD2-改											
刀开关型号		SIWOG1-250ZJ/3P/200A								SIWOG1-250ZJ/3P/250A											
浪涌保护器型号																					
断路器	型　号	NSE63N-3300			NSE63N-3310	NSE63N-3310				NSE63N-3310											
	脱扣器额定电流 (A)	32	32	25	40	25	25	63	63	63	63	63	63	40	40	40	40	32	32		
电流互感器	型　号	LMZ1-0.66								LMZ1-0.66											
	变　比	200/5								250/5											
仪　表																				Ⓦ1.5(6)A	Ⓐ Ⓐ
回路编号		WEL1	WEL2	WEL3	WEL4	WL1	WL2	WL3	WL4	WL5	WL6	WL7	WL8	WL9	WL10	WL11				照明	消防用
计算负荷	PE (kW)	13.1*	8.9*	9.0*	10.0	4.8	7.0	36.6	35.0	27.0	36.0	37.6	27.1	10.0	10.0	10.0				282.1	28.8
	Kx	1.0	1.0	1.0	1.0	1.0	1.0	0.8	0.8	0.8	0.8	0.8	0.8	1.0	1.0	1.0				0.8	1.0
	COSø	0.9	0.9	0.9	0.9	0.9	0.9	0.9	0.9	0.9	0.9	0.9	0.9	0.9	0.9	0.9				0.9	0.8
	Pjs (kW)	13.1	8.9	9.0	10.0	4.8	7.0	29.3	28.0	22.9	28.8	30.1	2301	10.0	10.0	10.0				225.7	28.8
	Qjs																				11.2
	Ijs (A)	22.1	15.1	15.2	16.9	8.1	11.8	49.5	47.3	39.1	48.7	50.8	40.1	16.9	16.9	16.9				381.3	54.7
配出电缆型号规格		NHYJV-5X10	NHYJV-5X10	NHYJV-5X6	YJV-5X16	YJV-5X6	YJV-5X6	YJV-4X25+1X16	YJV-4X25+1X16	YJV-4X25+1X16	YJV-4X25+1X16	YJV-4X25+1X16	YJV-4X25+1X16	YJV-5X10	YJV-5X10	YJV-5X10				3[YJV22(4X300)]	
负荷名称		应急照明 AEL1-1	应急照明 AEL9-1	应急照明 AEL0-1	微机室 AL12	照明 AL0-3	照明 AL0-1	照明 AL1-1	照明 AL6-1	照明 AL10-1	照明 AL1-2	照明 AL6-2	照明 AL10-2	调度室 AL-D	大会议室 AL-H1	视频会议 AL-H2	备用	备用	备用	工作电源引自室外变电所	
柜宽		800								800											
柜深		600								600											
备注																					

注：1. 图中角标为*号的用电设备组为消防负荷(为二级负荷).

2. 发生火灾时，除消防负荷外，其他非消防负荷均应切除. 消防联动控制线见消防系统图纸.

3310分励脱扣器受消防控制模块控制，当发生火灾时由消防控制室切除非消防电源.

3. 低压开关柜二次回路方案由生产厂家提供标准图，经设计单位确认后方可采用.

4. 配电柜为下进线下出线.

5. 本工程在动力电源进线处设计量表，照明进线处设计量表.

6. 接地线由总等电位端子板引出40*4镀锌扁钢，各配电柜均与接地线有效连接.

接地干线在电缆沟和地面内敷设，并延墙壁四周0.3米高处敷设一根40*4镀锌扁钢.

7. 本图与现实不符之处，协商解决.

本低压系统所选用的断路器，其额定工作短路分断容量应大于50KA　(Ics)

低压配电系统图一

图 2.187　13 层办公楼

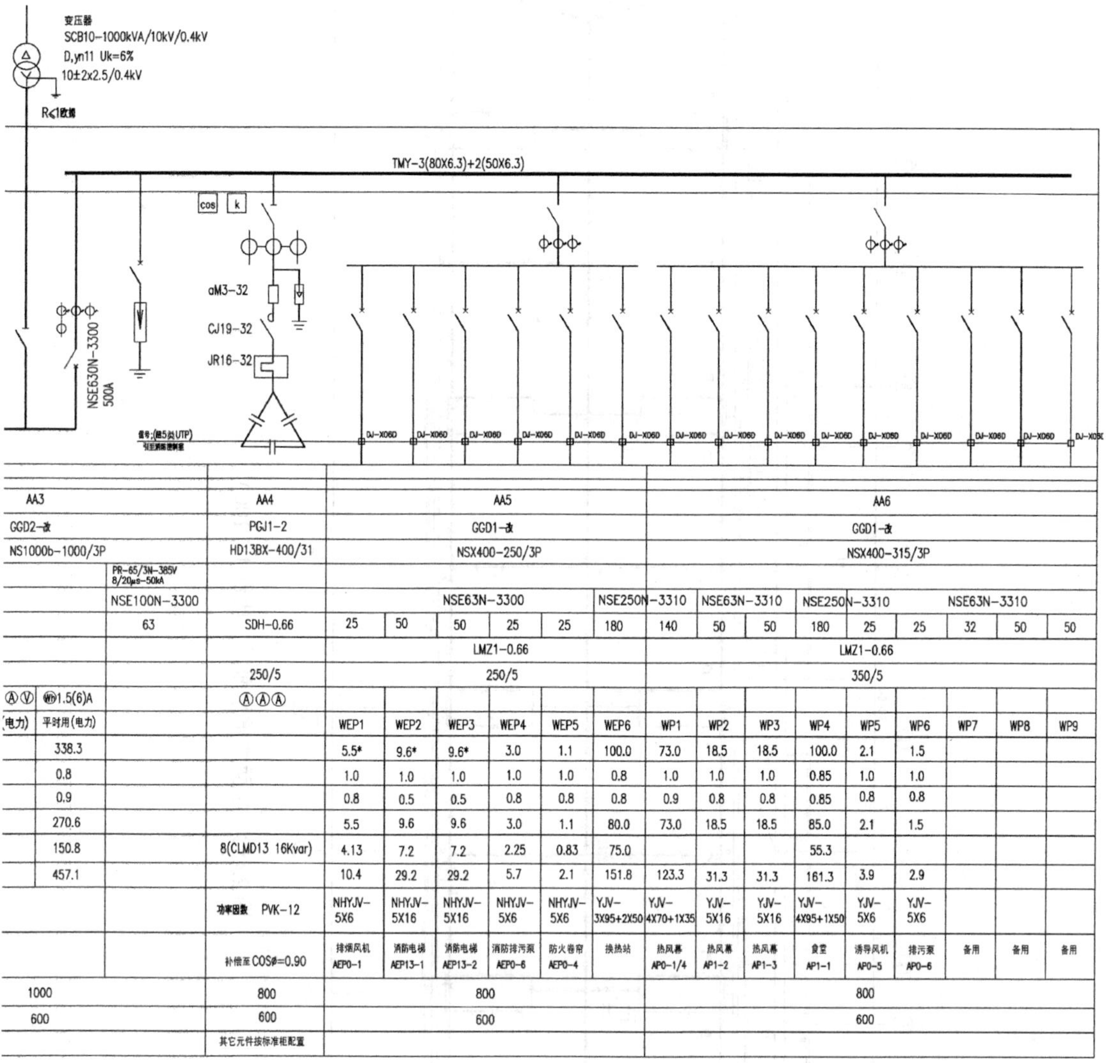

AA3		AA4	AA5						AA6								
GGD2-改		PGJ1-2	GGD1-改						GGD1-改								
NS1000b-1000/3P		HD13BX-400/31	NSX400-250/3P						NSX400-315/3P								
	PR-65/3N-385V 8/20μs-50kA																
	NSE100N-3300		NSE63N-3300					NSE250N-3310		NSE63N-3310		NSE250N-3310		NSE63N-3310			
	63	SDH-0.66	25	50	50	25	25	180	140	50	50	180	25	25	32	50	50
			LMZ1-0.66						LMZ1-0.66								
		250/5	250/5						350/5								
ⒶⓋ	Wh1.5(6)A	ⒶⒶⒶ															
(电力)	平时用(电力)		WEP1	WEP2	WEP3	WEP4	WEP5	WEP6	WP1	WP2	WP3	WP4	WP5	WP6	WP7	WP8	WP9
	338.3		5.5*	9.6*	9.6*	3.0	1.1	100.0	73.0	18.5	18.5	100.0	2.1	1.5			
	0.8		1.0	1.0	1.0	1.0	1.0	0.8	1.0	1.0	1.0	0.85	1.0	1.0			
	0.9		0.8	0.5	0.5	0.8	0.8	0.8	0.9	0.8	0.8	0.85	0.8	0.8			
	270.6		5.5	9.6	9.6	3.0	1.1	80.0	73.0	18.5	18.5	85.0	2.1	1.5			
	150.8	8(CLMD13 16Kvar)	4.13	7.2	7.2	2.25	0.83	75.0				55.3					
	457.1		10.4	29.2	29.2	5.7	2.1	151.8	123.3	31.3	31.3	161.3	3.9	2.9			
		功率因数 PVK-12	NHYJV-5X6	NHYJV-5X16	NHYJV-5X16	NHYJV-5X6	NHYJV-5X6	YJV-3X95+2X50	YJV-4X70+1X35	YJV-5X16	YJV-5X16	YJV-4X95+1X50	YJV-5X6	YJV-5X6			
		补偿至COSø=0.90	排烟风机 AEP0-1	消防电梯 AEP13-1	消防电梯 AEP13-2	消防排污泵 AEP0-6	防火卷帘 AEP0-4	换热站	热风幕 AP0-1/4	热风幕 AP1-2	热风幕 AP1-3	食堂 AP1-1	诱导风机 AP0-5	排污泵 AP0-6	备用	备用	备用
1000		800	800						800								
600		600	600						600								
		其它元件按标准柜配置															

低压配电系统图

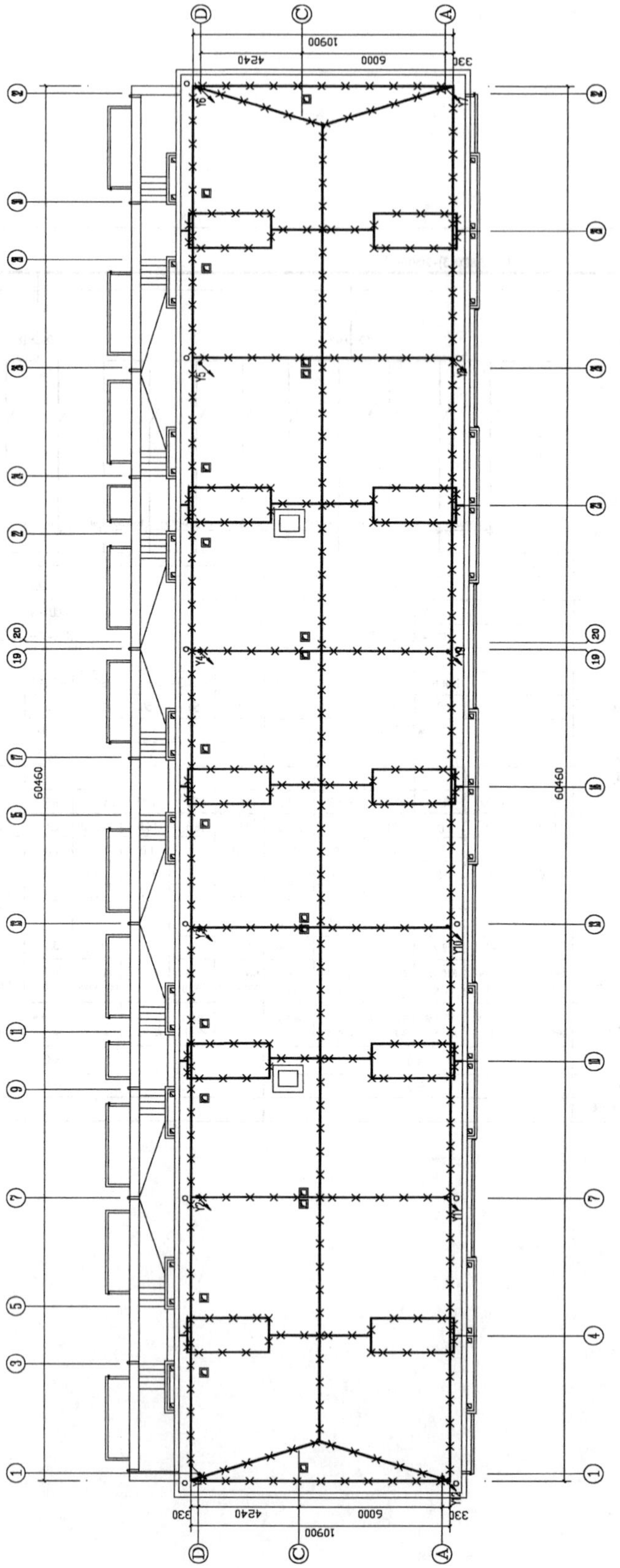

图 2.188　屋面防雷平面图（比例 1：100）

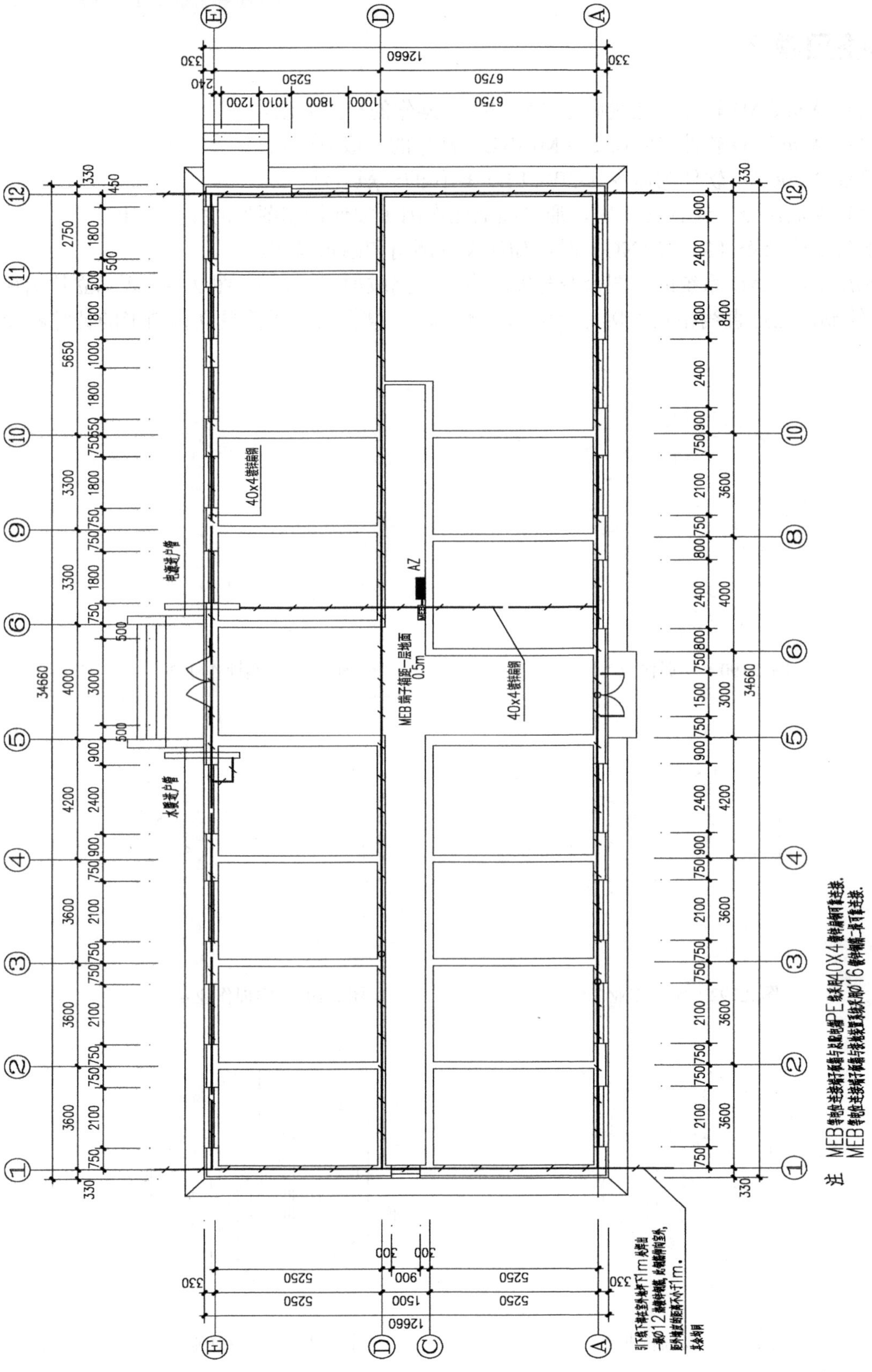

图 2.189　基础接地及总电位平面图（1：100）

思考与练习题 2

1．简述 AutoCAD 软件构造线命令（XLINE）操作的一般方法。

2．简述 AutoCAD 软件多线命令（MLINE）操作的一般方法。

3．简述 AutoCAD 软件圆命令（CIRCLE）操作的一般方法。

4．执行缩放命令（SCALE）时，通过缩放比例因子如何控制图形的操作效果。

5．执行矩形命令（RECTANG）时，如何设置倒角和圆角操作。

6．利用 AutoCAD 系统的绘图命令与编辑命令，完成如图 2.190～图 2.195 所示立体图形的计算机绘制。通过直线相互连接与定位的基本练习，掌握直线类简单立体图形的计算机绘制方法。

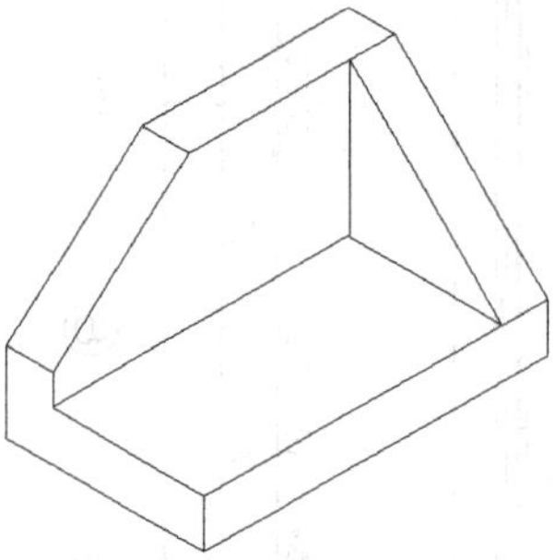

图 2.190　实训作业 1

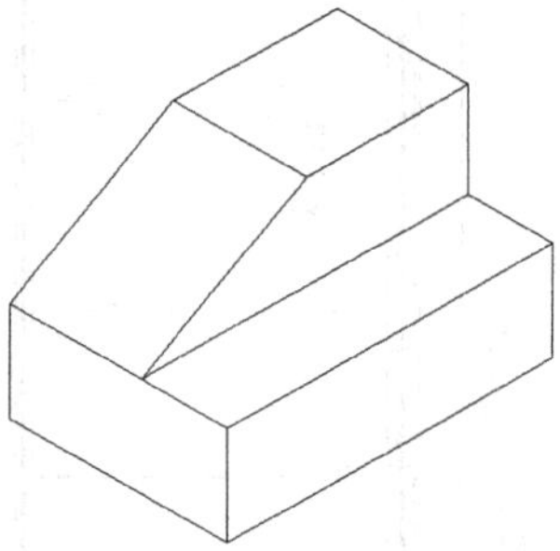

图 2.191　实训作业 2

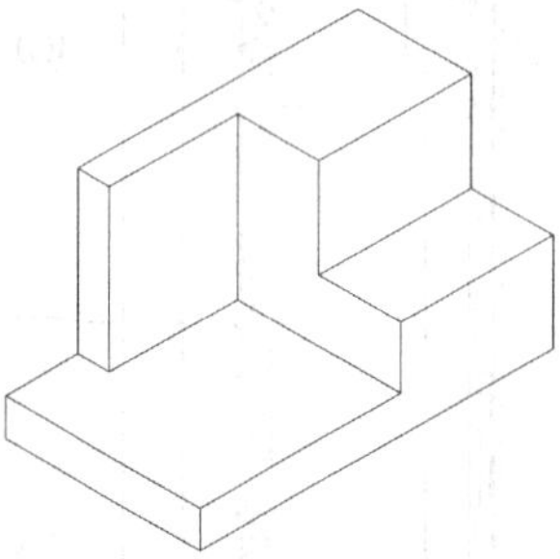

图 2.192　实训作业 3

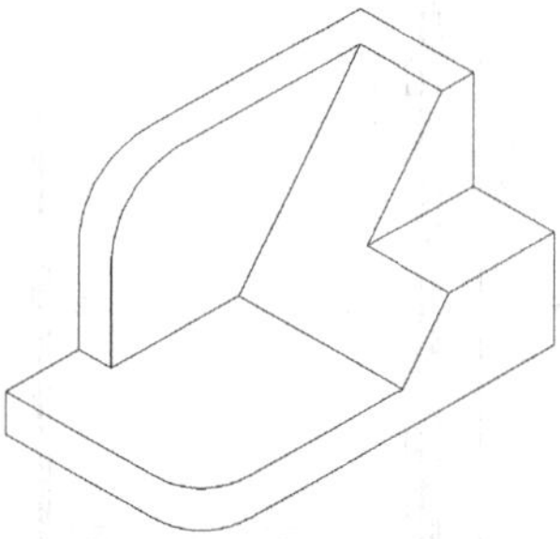

图 2.193　实训作业 4

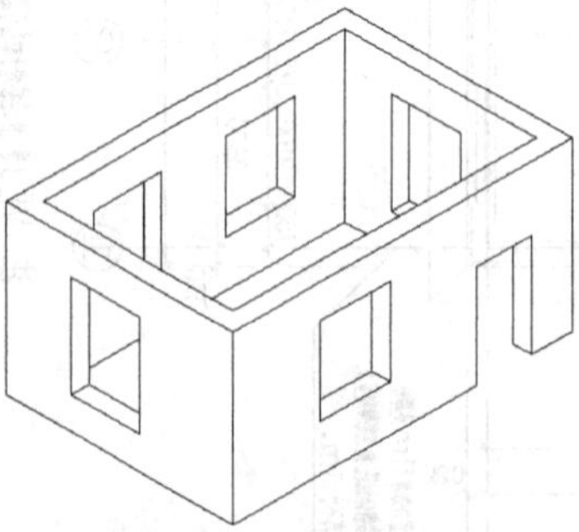

图 2.194　实训作业 5

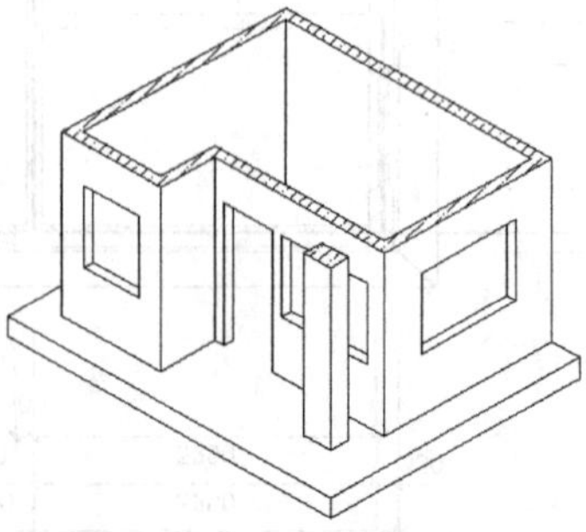

图 2.195　实训作业 6

7．参考所给图形，注重命令的操作及应用，利用 AutoCAD 软件，完成如图 2.196～图 2.199 所示建筑工程图图形的计算机绘图实训任务。

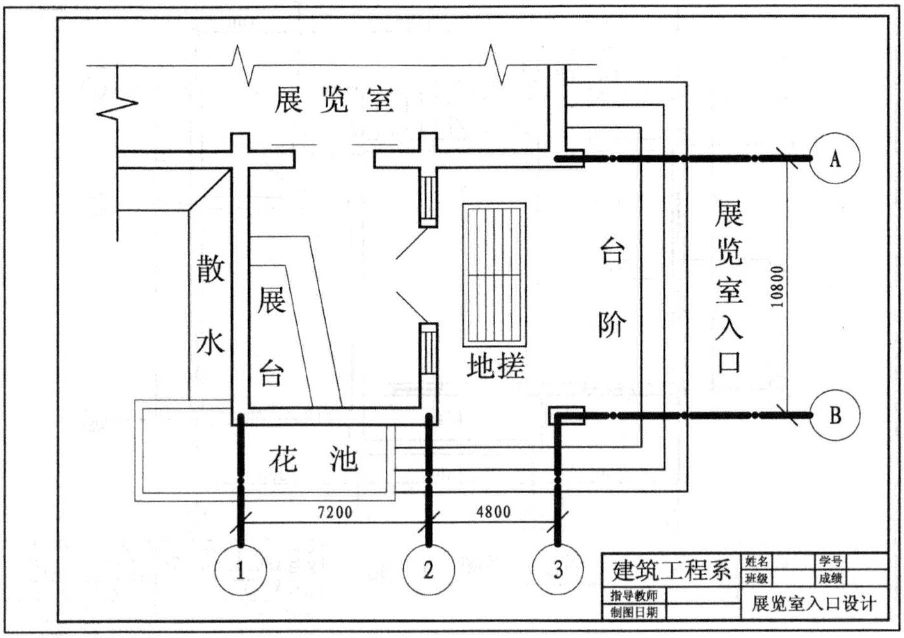

图 2.196　实训作业 7

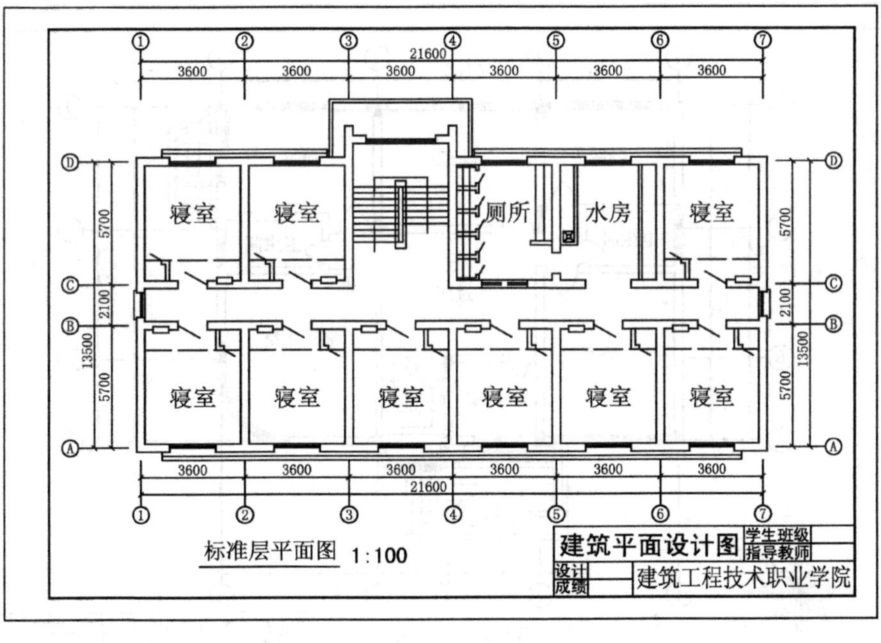

图 2.197　实训作业 8

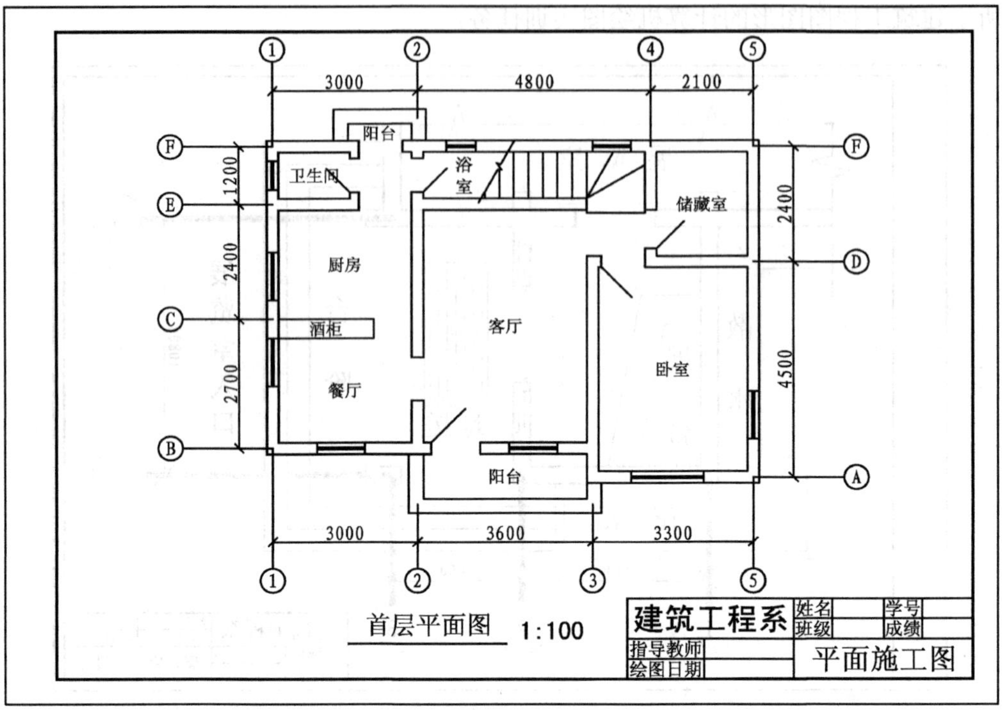

图 2.198　实训作业 9

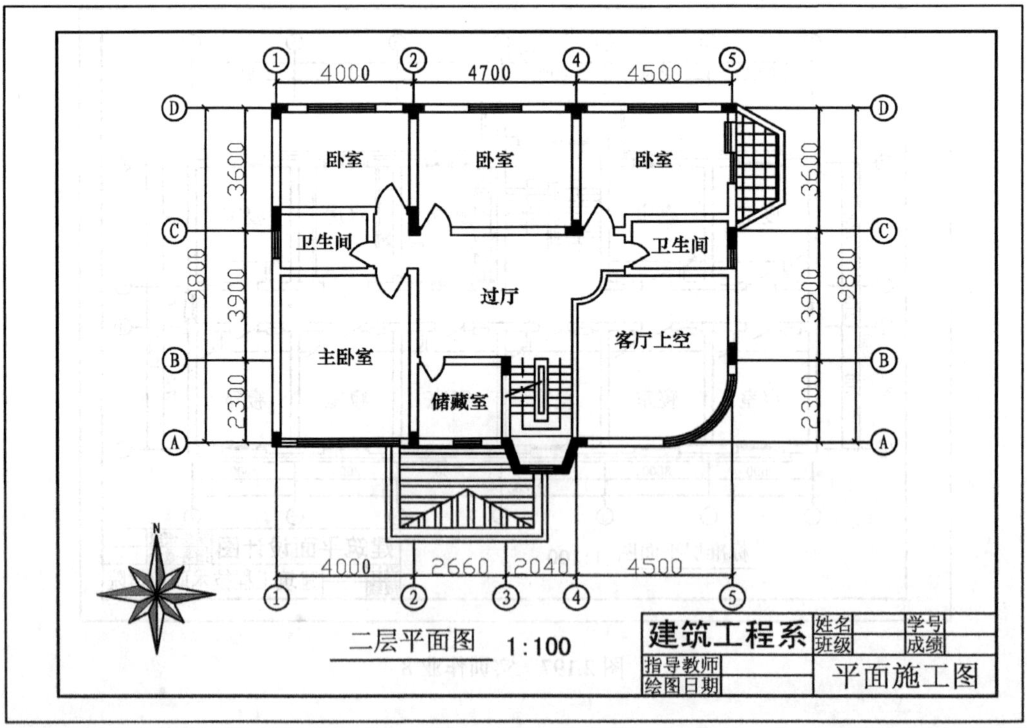

图 2.199　实训作业 10

学习情境 3 AutoCAD 绘制立面图

本学习情境通过对情境 2 中 6 层砖混结构住宅立面图的绘制，介绍用 AutoCAD 软件绘制标准立面图的操作方法，按照如图 3.1 所示的工程立面图各部分尺寸要求完成绘制过程。图形绘制包括绘制墙身轮廓线、窗线、门、屋顶及室外设施及标注标高等，最后绘制出一幅较完整的建筑工程立面图。其中重点学习的单元是学习单元 2、学习单元 3 和学习单元 4。

学习单元 1　绘制墙身轮廓线

本单元主要培养学生理解和掌握立面图墙身轮廓的绘制方法，重点使用 rectangle 命令、explode 命令、line 命令、pedit 命令等，要求熟练掌握。

3.1.1　设置图层、线型

考虑到本学习情境立面图的线条较为简单，故未设置图层，但将各有关线型的设置分散于各单元中。（大家也可参照学习情境 2，将本工程立面图中所需有关图线、文字、标注等设置图层：地坪线为粗实线的 2 倍粗、墙身轮廓线为粗线、窗框线为中线、窗的内部线为细线、轴线为细线、装饰线为中线；颜色等可按照制图标准设置。）

3.1.2　绘制矩形墙身轮廓线

（1）单击“绘制矩形”命令按钮，首先选取矩形的左下角（0,0），按“Enter”键确定。

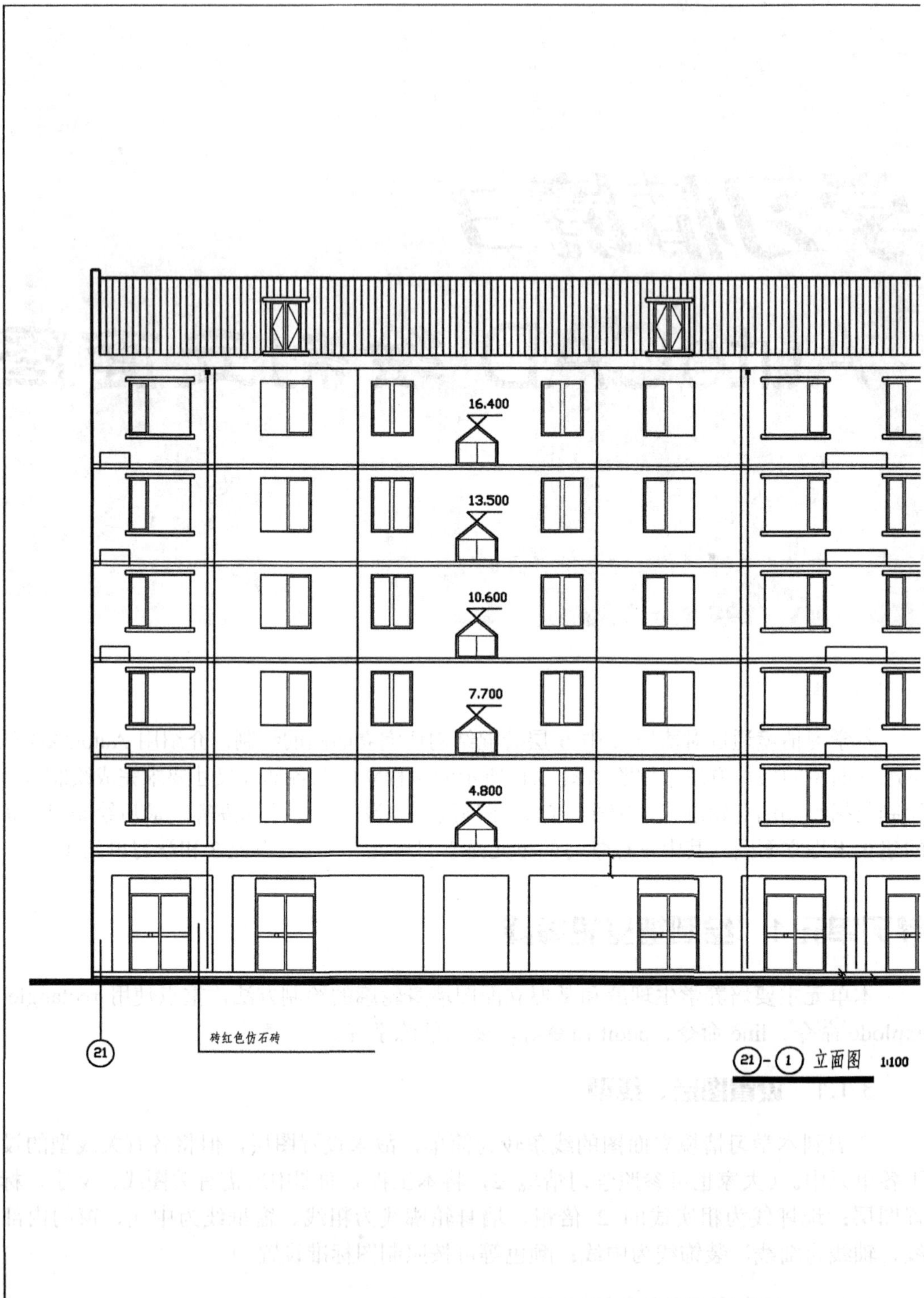

图 3.1 砖混住

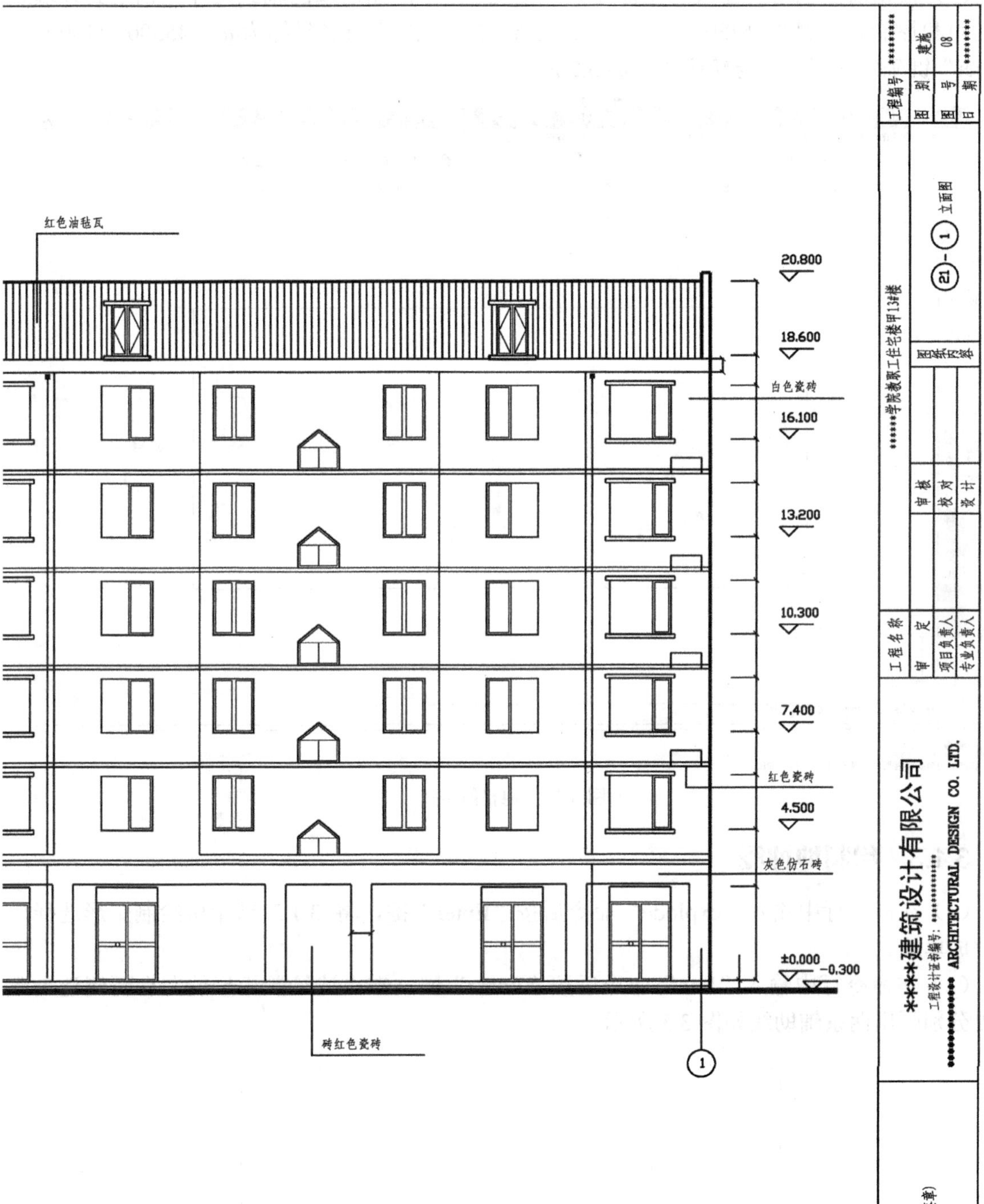
红色油毡瓦
20.800
18.600
白色瓷砖
16.100
13.200
10.300
7.400
红色瓷砖
4.500
灰色仿石砖
±0.000
-0.300
砖红色瓷砖
1
工程编号
图别 建施
图号 08
日期
******学院教职工住宅楼甲13#楼
图纸内容
21-1 立面图
审核
校对
设计
工程名称
审定
项目负责人
专业负责人
****建筑设计有限公司
ARCHITECTURAL DESIGN CO. LTD.
(注册师签章)

宅立面图

（2）根据前面已绘制完成的平面图（见图 2.1）中两端山墙的轴线尺寸、轴线到外墙线的间距和屋脊顶部高度线的高度，确定此矩形右上角点的相对坐标为@（45300,21100）按“Enter”键确定；形成墙身轮廓线如图 3.2 所示。

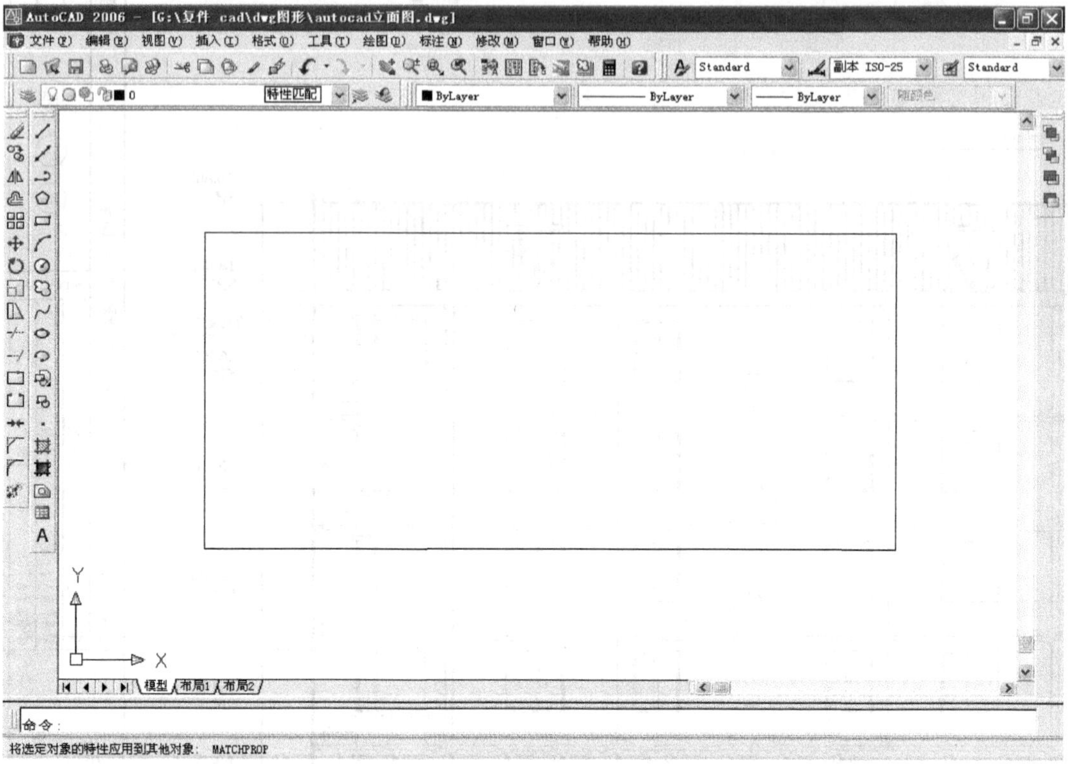

图 3.2　墙身轮廓线

3.1.3　绘制地坪线

（1）在命令行中输入“explode”命令后按“Enter”键，将 3.1.2 节中所绘制矩形选择后分解成单线。

（2）在命令行中输入“line”命令后按“Enter”键，在上述绘制矩形的左右两侧适当距离处分别画出两条辅助线如图 3.3 所示。

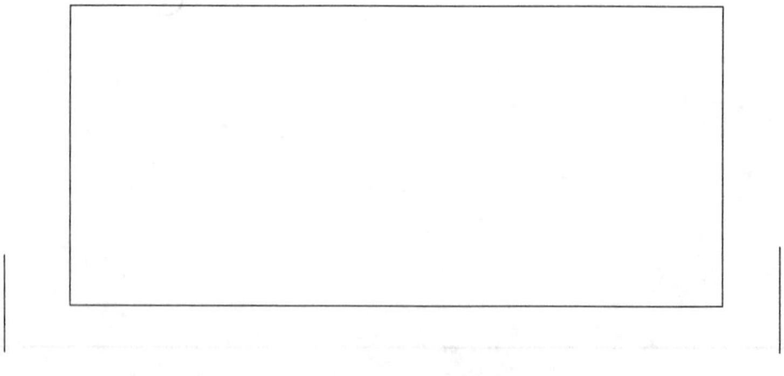

图 3.3　做两侧辅助线

（3）使用 extend 命令，选择矩形底部线，然后向两侧辅助线进行延伸，形成地坪线如图 3.4 所示。

图 3.4　延伸形成地坪线

（4）用 pedit 命令将地坪线线宽改为 180（粗线宽度的两倍），将墙身外轮廓改为 90 宽的粗线，如图 3.5 所示，最后将两侧的辅助线删除。

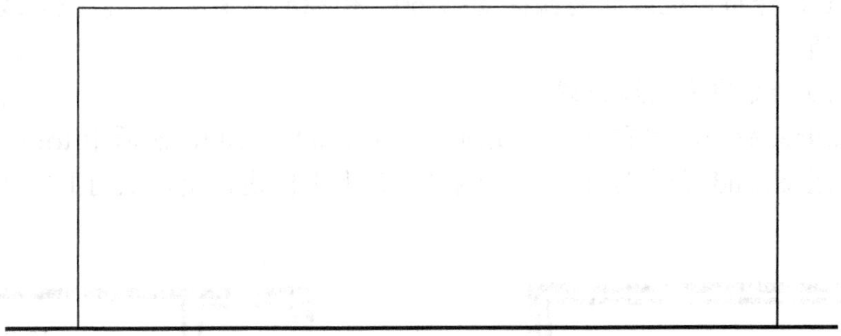

图 3.5　形成地坪线

学习单元 2　绘制窗线

首先应结合各层平面图及总说明和门窗说明等认真统计立面窗的类型，然后根据其具体位置和类型分类绘制。重点使用的命令有 copy 命令、array 命令、mirror 命令、offset 命令、divide 命令、dist 命令等。注意多利用图形的对称性进行绘制。

3.2.1　绘制辅助线

以学习单元 1 所绘墙身轮廓为基础，以其左下角点（0,0）为起点，首先定位出二层窗框的左下角点相对坐标@（1150,4800），用 line 命令绘制一条辅助线，如图 3.6 所示。

3.2.2　绘制局部窗

（1）依靠 3.2.1 节中所绘制的辅助线的终点，选取为墙身左下角第一个窗的窗框左下角点，用 rectang 命令绘制窗框，然后根据相对坐标@（1800,1600）作出第一个窗即 C1，修改窗框线为中线线宽 45，如图 3.7 所示。

图 3.6　绘制辅助线

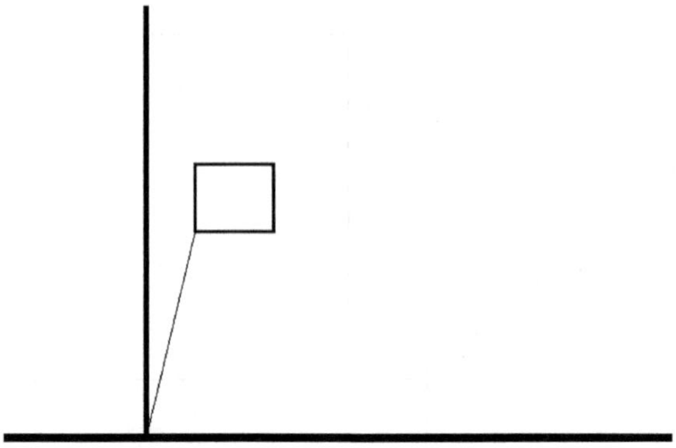

图 3.7　作出左下角 C1 窗框

（2）绘制 C1 窗扇。

① 将步骤（1）中绘出的辅助线删除。

② 用 offset 命令将窗框线向内偏移复制 60，初步形成窗扇线，修改其线型为细实线线宽 25，如图 3.8 所示。

③ 用 explode 命令将窗扇线分解。

④ 继续用 offset 命令，将右侧窗扇线向左复制 1260、1200，然后用 trim 命令和 erase 命令删除多余线，用 extend 命令延伸窗扇右侧竖线与上下框线相交，从而形成如图 3.9 所示的窗扇。

图 3.8　初步形成 C1 窗扇

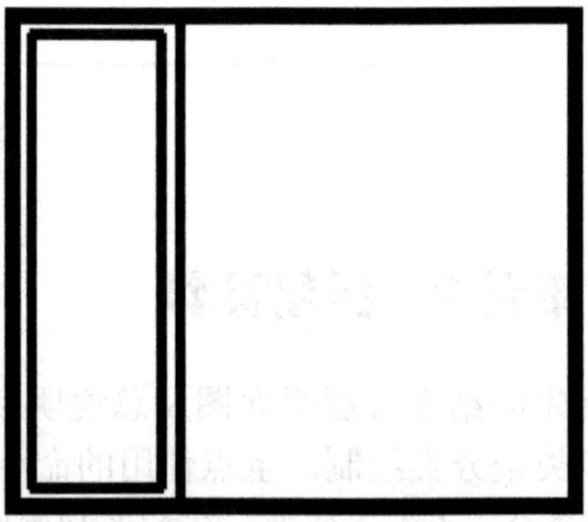

图 3.9　形成 C1 窗扇

（3）反复利用步骤（2）中的①~④方法，则可以分别在二层距墙体的左侧最近位置依次将 C3、C4、C2、LC1 每种作出一个，根据平面图中的位置，其窗框的左下角点距离墙体左下角点的相对坐标依次为@（5050,4800）、@（8350,4800）、@（10850,3900）、@（5350,18900），特别注意 C2 的左下角点位置 3900=4800−1200+300；C3 左边框向右偏移 800，C4 为对称窗扇，C2 为顶部三角形（高度为 500）、底部矩形的异型窗，LC1 为平开窗扇，如图 3.10 和图 3.11 所示。

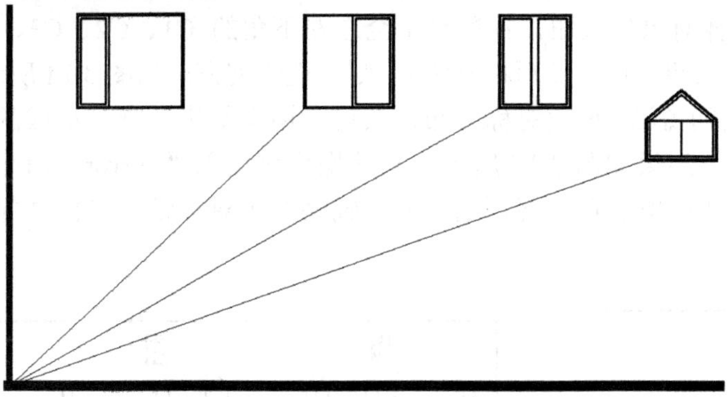

图 3.10 形成 C3、C4、C2 窗扇

图 3.11 形成 LC1 窗扇

（4）输入“erase”命令后按“Enter”键，删除各条辅助线。

3.2.3 绘制所有窗

经过观察平面图与立面图，发现此立面自 21 轴至 1 轴中的所有窗以 11 轴为第一对称轴；而在 1 轴至 11 轴之间、11 轴至 21 轴之间的窗分别以 6 轴、16 轴为第二对称轴；故可以先确定 16 轴、11 轴的立面位置，将 16 轴左侧所有窗以 16 轴为对称轴进行第一次镜像，然后将第一次镜像后生成的所有窗再以 11 轴为对称轴进行第二次镜像，生成此立面上的所有窗。

（1）首先绘制辅助线，即 16 轴、11 轴的轴线，分别距墙体矩形左下角点相对水平距离为：11450、22650，如图 3.12 所示。

（2）绘制 21 轴至 16 轴之间的所有 C1、C2、C3、C4。

对 C1、C2、C3、C4 每个只有一列，从二层至六层均为等高度上下对齐布置，可利用阵列命令 array 来形成。

① 输入“array”命令后按“Enter”键，出现如图 3.13 所示的“阵列”对话框，输入 5 行、1 列、行偏移为层高，即 2900、列偏移为 0（提示：此处也可以使用 copy 命令）

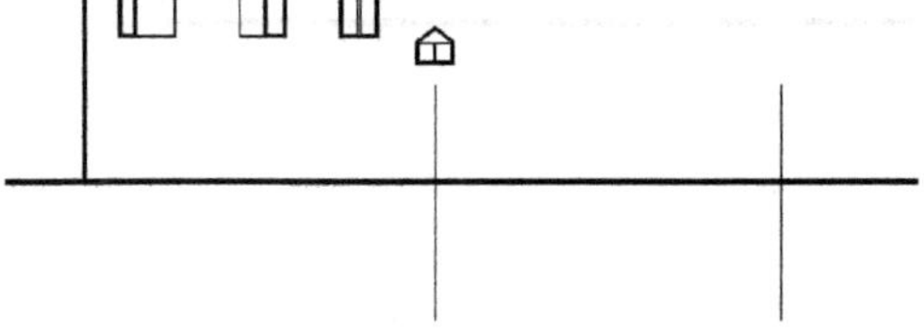

图 3.12 形成 16 轴、11 轴辅助线

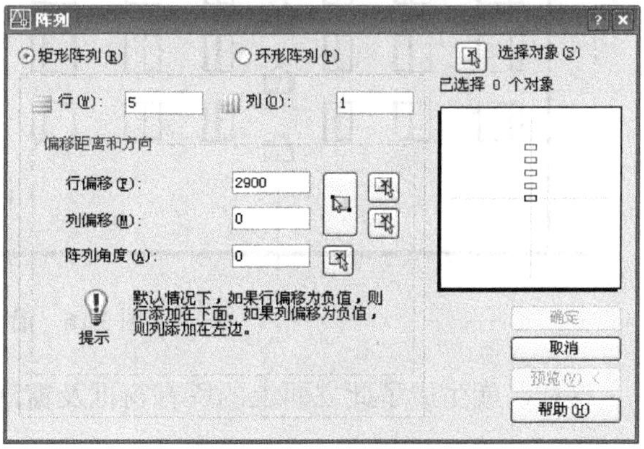

图 3.13 “阵列”对话框

② 单击上述对话框中的“选择对象”按钮，在屏幕上全选左下角的 C1、C2、C3、C4，单击鼠标右键，然后单击“确定”按钮（可预览后再确定），则出现阵列窗后如图 3.14 所示。

③ 由于在 11 轴到 21 轴之间的窗沿 16 轴对称分布，故可利用第②步已阵列形成的各窗全选后，沿 16 轴辅助线镜像一次，结果如图 3.15 所示。具体操作可输入“mirror”命令后按“Enter”键，全选 16 轴辅助线左侧的所有窗，然后选 16 轴辅助线为对称轴做镜像并保留左侧图。

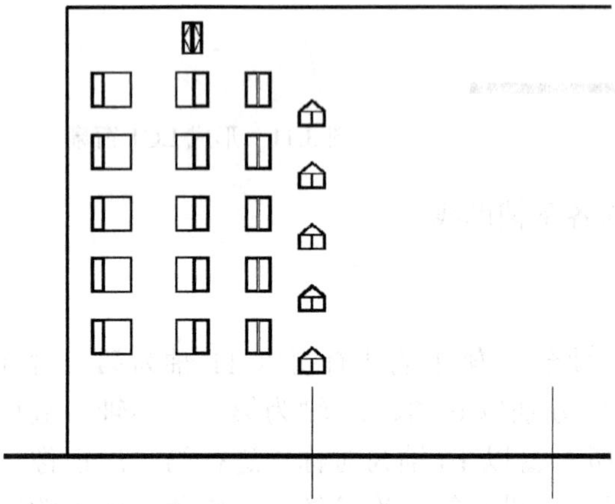

图 3.14 阵列窗

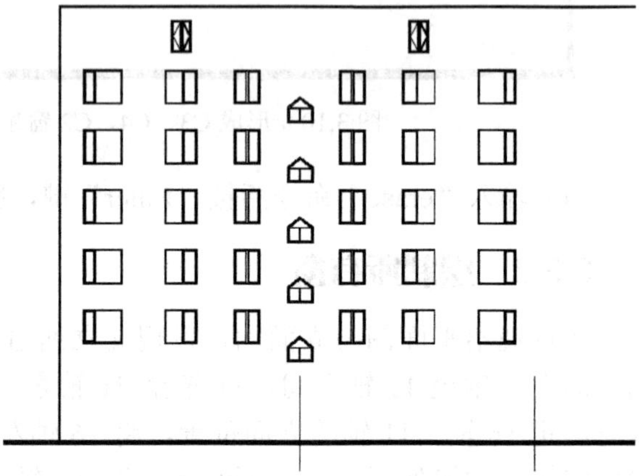

图 3.15 沿 16 轴镜像

④ 再次输入“mirror”命令后按“Enter”键，选取 11 轴辅助线左侧的所有窗，以 11 轴辅助线为对称轴进行镜像，生成的窗如图 3.16 所示。

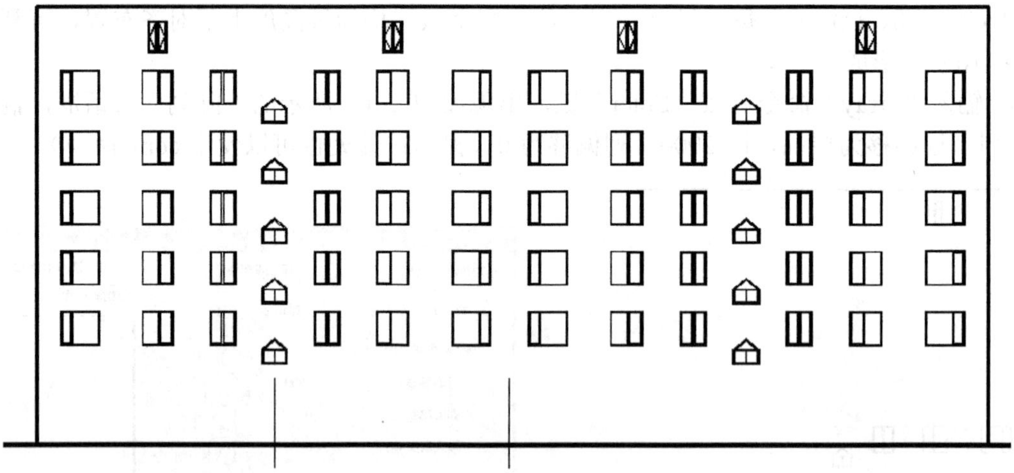

图 3.16 沿 11 轴镜像

这样，就生成了此立面上的所有窗框及窗扇。

3.2.4 绘制窗楣、窗台线

根据立面图上有窗楣和窗台的窗户，来绘制其窗楣和窗台。

（1）用 offset 命令将有窗台和窗楣的窗框的上、下线分别向上、下侧偏移复制 120。具体操作如下。

① 针对某 C1，输入“offset”命令后按“Enter”键，输入偏移复制的距离 120，选择窗框线，向外侧进行偏移复制，如图 3.17 所示。

② 输入“explode”命令后按“Enter”键，将步骤①中形成的窗框及偏移后的外框线均进行分解；输入“extend”命令后按“Enter”键，将上、下窗线延伸至偏移后的外框线；然后用 trim 命令将多余线删除；如图 3.18 所示。

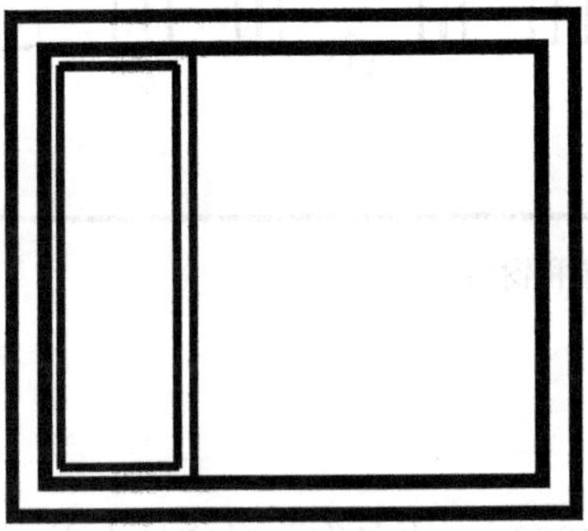

图 3.17 初步偏移复制后

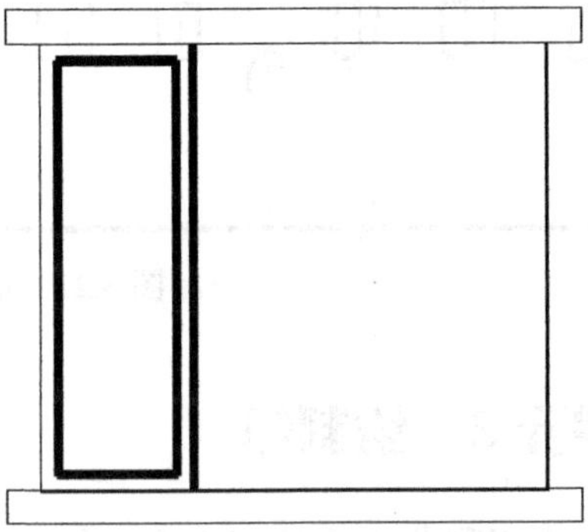

图 3.18 初步生成窗楣和窗台

③ 用 pedit 命令将窗框、窗台和窗楣线变成多段线，线宽设定为中线线宽 45，如图 3.19 所示。

（2）对 LC1 窗（俗称老虎窗），可以参考步骤（1）中对 C1 生成窗楣和窗台的做法，需要注意的是，LC1 的窗楣和窗台线向两侧应延伸 250（因 LC1 窗台和窗楣较宽），将此窗框左右两侧各 150 宽处加一条竖线，如图 3.20 所示。

图 3.19 最终生成的 C1 的窗楣和窗台

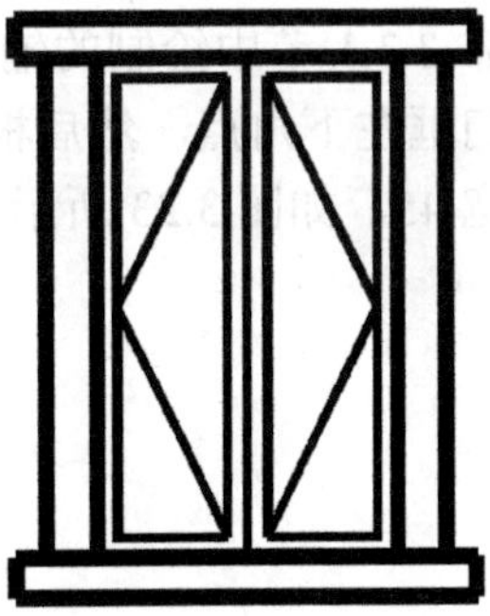

图 3.20 最终生成的 LC1 的窗楣和窗台

（3）输入“copy”命令，利用多重复制命令，利用捕捉窗框右上角点为基点，打开正交模式，将步骤（1）、（2）生成的关键窗楣和窗台线复制到相应的其他窗的位置，如图 3.21 所示。

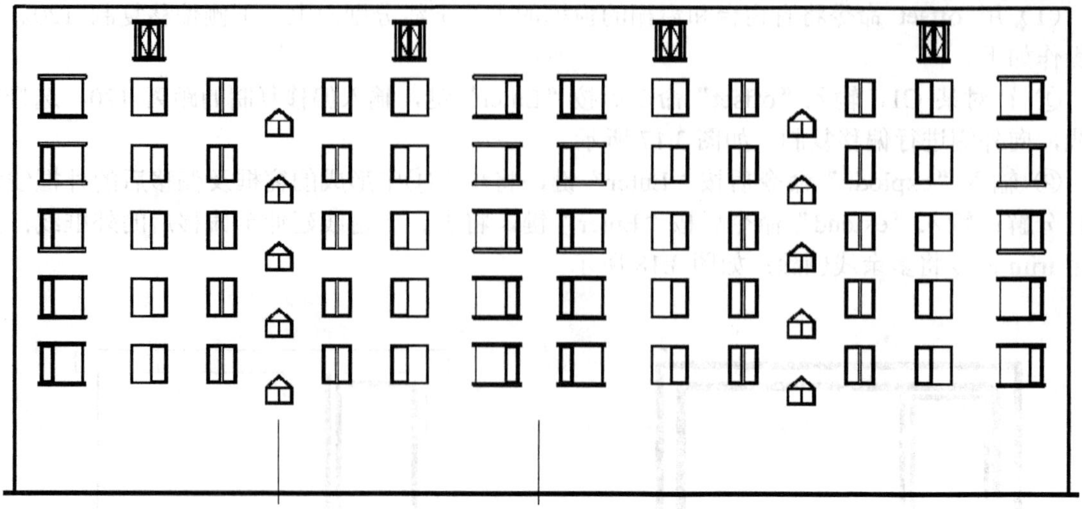

图 3.21　最终生成所有的窗楣和窗台

学习单元 3　绘制门

由于本工程北立面外门类型均统一为 M9（1800×2800），故在作图时应结合首层平面图及总说明和门窗说明，然后根据其具体位置绘制。重点使用的命令有 copy 命令、mirror 命令、offset 命令等。注意多利用图形的对称性绘制。

3.3.1　绘制辅助线

以学习单元 1 所绘墙身轮廓为基础，以其左下角点为起点，首先定位出首层门框的左下角点相对坐标为@（1150,300），用 line 命令绘制一条辅助线，如图 3.22 所示。

3.3.2　绘制一个门

（1）依靠 3.3.1 节中绘制的辅助线的终点，输入“rectangle”命令后按“Enter”键，选取墙身左端的门框左下角点，然后根据相对坐标@（1800,2800），作第一个门即 M9，修改门框线为中线线宽 45，如图 3.23 所示。

图 3.22　绘制辅助线

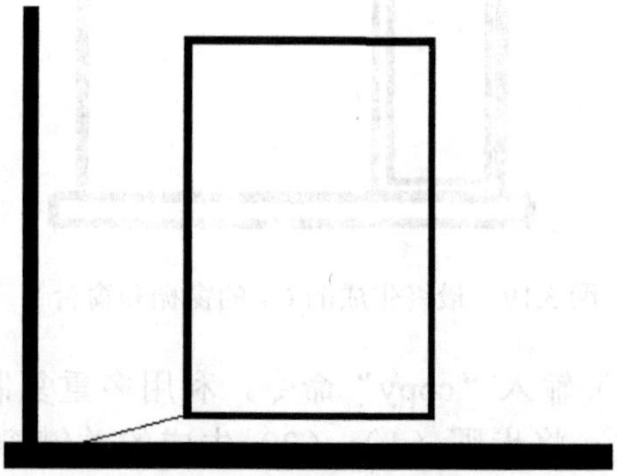

图 3.23　作左端 M9 的门框线

（2）绘制 M9 门扇。

① 将上一步的辅助线删除。用 offset 命令将门框顶部、左、右、下侧向内偏移复制 60，然后用 explode 命令将门框及门扇线均分解，将门框上端线向下偏移复制 400（形成门头固定扇），初步形成门扇左、右线；然后在门框中点再加一条辅助中线，如图 3.24 所示。

② 输入“offset”命令后按“Enter”键，将辅助中线向两侧各偏移 30，将门头固定扇横线向下偏移复制 60；用 trim、erase 命令将多余的线删除，如图 3.25 所示。

图 3.24　初步形成 M9 门扇

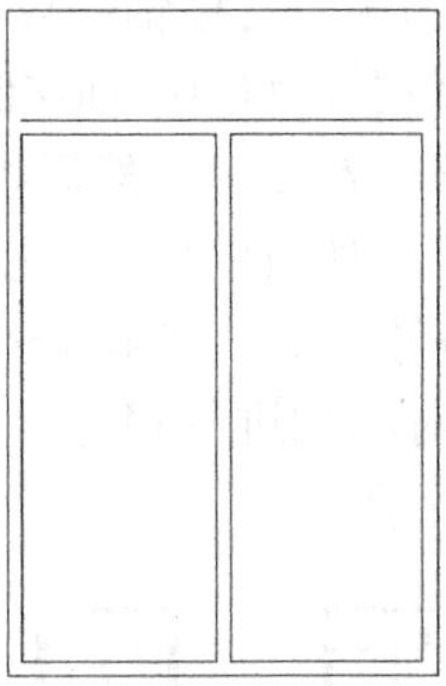

图 3.25　进一步形成 M9 门扇

③ 输入“extend”命令后按“Enter”键，将门头固定扇横线分别延伸至与左、右两侧门框线相交；在门扇中部用多线 mline 命令，绘制一组（两条）水平平行直线（线距为 120）来绘制门扇中线；在门扇中线间用画圆命令 circle 绘制圆形门把手，圆心距门中线偏左 240，直径 120（确定圆心时可结合辅助线），如图 3.26 所示。

④ 用 pedit 命令将门框线及内部线定义为多段线，门框线为中线线宽 45，门扇线为细实线线宽 25（其中对门扇中线可用分解命令进行分解后，再用 pedit 命令修改为多段线，并将其线宽修改为 25；对圆形门把手直接通过“特性”管理器修改线宽为 0.3 后得最终图形，完成后如图 3.27 所示。

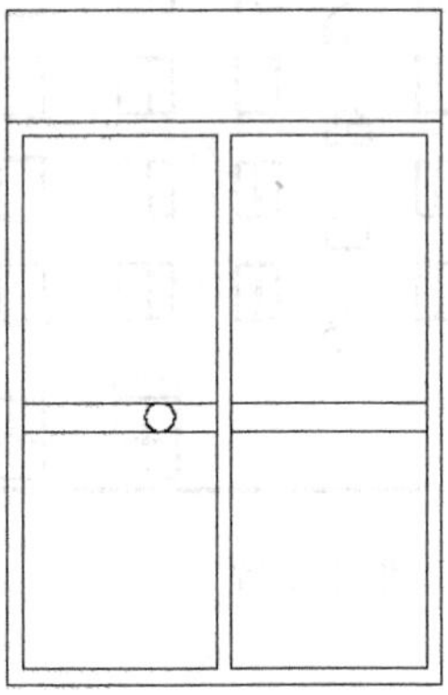

图 3.26　形成加粗前的 M9 门扇

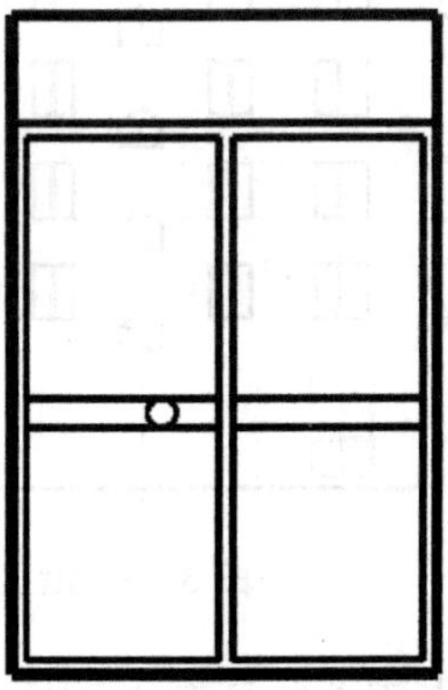

图 3.27　形成最终的 M9 门扇

3.3.3　绘制所有门

将最终生成的 M9 门按照在立面上的具体位置，应进行一次复制，再以 16 轴、11 轴进行两次镜像。

（1）将左端 M9 门用 copy 命令，复制出左端第二个 M9 门，两者距离通过观察平面图为 1050+900+1800=3750，如图 3.28 所示。

图 3.28　用 copy 命令后形成的左端第二个 M9 门

（2）经过观察平面与立面图，发现此立面自 21 轴至 1 轴中的所有门以 11 轴为第一对称轴；而在 1 轴至 11 轴之间、11 轴至 21 轴之间的门分别以 6 轴、16 轴为第二对称轴；故可以先确定 16 轴、11 轴的立面位置，将 16 轴左侧所有门以 16 轴为对称轴进行第一次镜像，然后将第一次镜像后生成的所有门再以 11 轴为对称轴进行第二次镜像，生成此立面上所有的门。可以利用绘制窗时的辅助线，即 16 轴、11 轴轴线。

① 第一次镜像：输入“mirror”命令后按“Enter”键，选已形成的左端两个 M9 门，然后选择 16 轴为对称轴进行镜像（注意门把手位置经过镜像后可在门内部沿门自身对称轴调整），如图 3.29 所示。

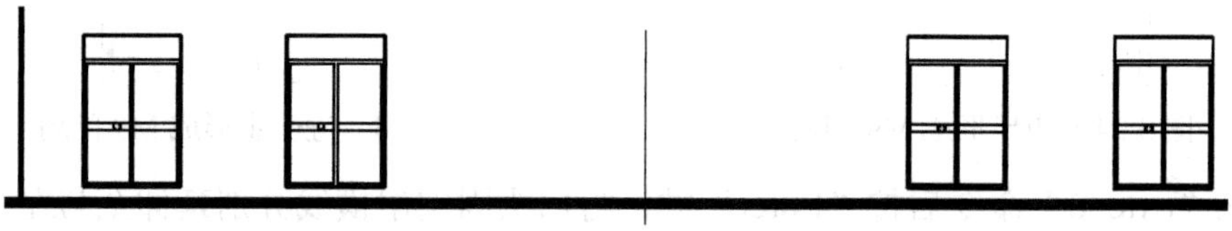

图 3.29　沿 16 轴镜像，并调整好镜像后的门把手位置

② 再次输入“mirror”命令后按“Enter”键，选取 11 轴辅助线左侧的所有门，以 11 轴辅助线为中线，进行第二次镜像，生成的门如图 3.30 所示。

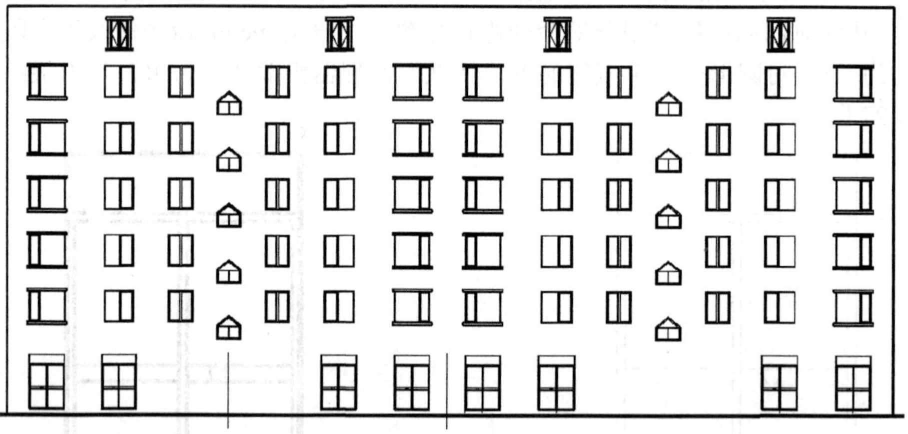

图 3.30　沿 11 轴镜像，并调整好镜像后的门把手位置

这样，就生成了此立面上的所有 M9 门。

学习单元 4　绘制屋顶及室外设施

经过前面三个学习单元的学习，门、窗、墙身轮廓线已经绘制完成，本单元主要绘制屋顶、雨水管和装饰线（含台阶线）。

3.4.1 绘制屋顶

本工程屋顶为坡屋顶，屋面为瓦屋面，立面上线条较多，间距均匀，可用 array 阵列命令绘制。

1. 绘制两端山墙顶部三角形屋檐立面线

（1）观察屋顶平面图，屋檐宽度为 250。

输入“offset”命令后按“Enter”键，将两端山墙线分别向内侧偏移复制 250，然后利用标高计算出檐口底部上端线位置，即将矩形轮廓线的屋脊顶端线用 offset 命令自顶部向下偏移复制 2300，如图 3.31 所示。

图 3.31 偏移复制两端山墙线、屋脊线

（2）输入“offset”命令后按“Enter”键，将两端山墙顶部屋檐线向上延伸 250，形成屋脊处屋檐顶部线；然后，将步骤（1）中形成的屋檐底部的上端线向下偏移 400，形成屋檐底部的下端线；输入“trim”、“erase”命令，删除多余线；然后输入“pedit”命令后按“Enter”键，将本步骤生成的除外轮廓外的线（如檐口上、下沿线）改为中线线宽 45，如图 3.32 所示。

图 3.32 修改屋顶、檐口线

2．绘制坡屋顶瓦流水线

将坡屋顶瓦搭接边界流水线按照瓦的搭接宽度确定，工程采用宽度为 200，线型为中线线宽 45。

（1）输入“line”命令后按“Enter”键，自左端山墙屋顶内侧距边 200 绘制一条瓦流水线。

（2）输入“array”命令后按“Enter”键，弹出如图 3.33 所示的“阵列”对话框，经计算，自步骤（1）中生成的流水线至屋顶右端山墙屋檐内侧共计应形成（45300-250-250-200）/200=223 列，列距为 200，共 1 行，输入至“阵列”对话框中。

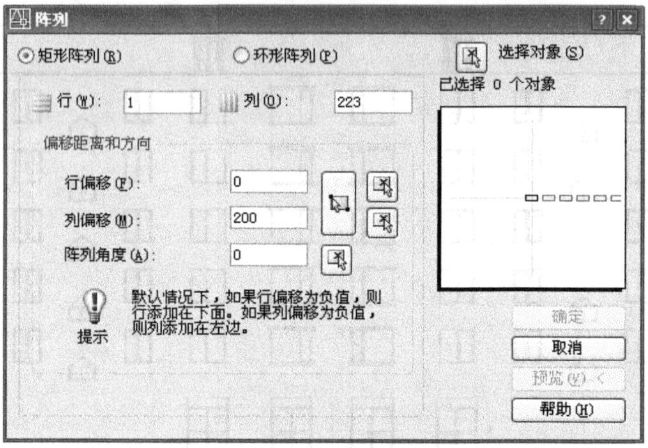

图 3.33 “阵列”对话框

（3）在“阵列”对话框中首先单击“选择对象”按钮，选择左端由步骤（1）生成的一条瓦流水线后按“Enter”键，单击“确定”按钮，将生成如图 3.34 所示的坡屋顶瓦流水线。

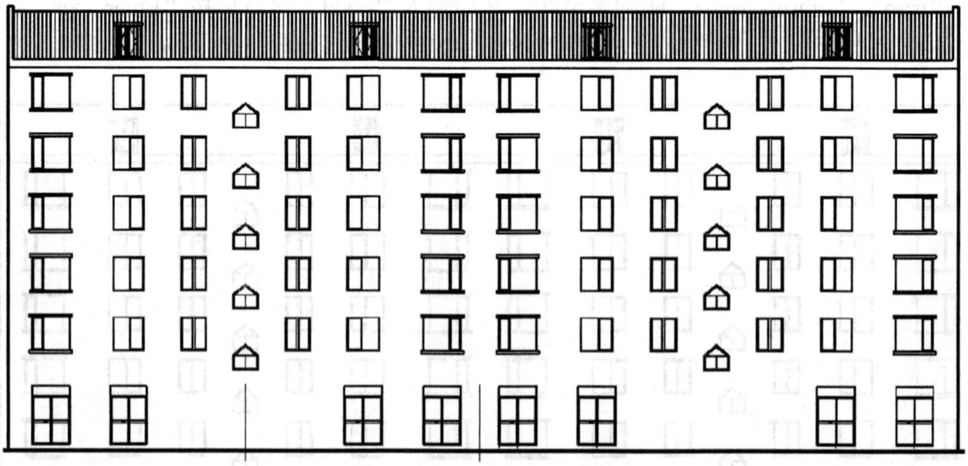

图 3.34 阵列后初步形成的瓦流水线

（4）还需将步骤（3）生成的流水线与老虎窗相交处的多余线删除，用 trim、erase 等命令来完成，完成后如图 3.35 所示，屋顶绘制完毕。

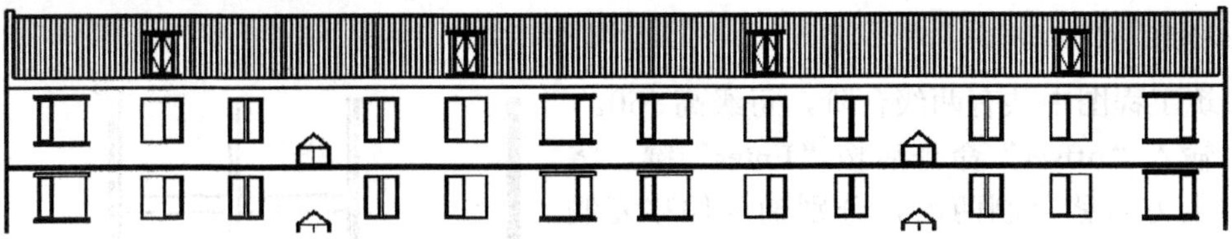

图 3.35　阵列后最终形成的瓦流水线

3.4.2　绘制装饰线

因本工程墙身立面装饰为普贴瓷砖，故按不同颜色瓷砖将墙面划分成为不同区域，起到装饰作用，而不同颜色瓷砖分界线为装饰边界线，简称装饰线。另外，墙身凸凹变化处在立面上的投影也会形成交界线，一并在绘制装饰线时考虑。应首先看清楚图纸总说明和立面图中的装饰线、墙身交界线的具体位置、形状等。尽量多利用图形的对称性来绘制，以提高绘图效率。

1．绘制每层之间水平分隔贯通的装饰线

经计算得出，两块瓷砖形成的装饰线间宽度为 120，装饰线的上边线标高恰在每层楼板顶面高度处。

（1）输入多线命令“mline”后按“Enter”键，输入线宽为 100，绘制在首层楼板顶面标高处，即距离地坪线高度为 4500−900+300=3900，然后输入“explode”命令将多线分解，再输入“pedit”命令将分解后的多线变成多段线并将线宽设置为 45 的中线，如图 3.36 所示。

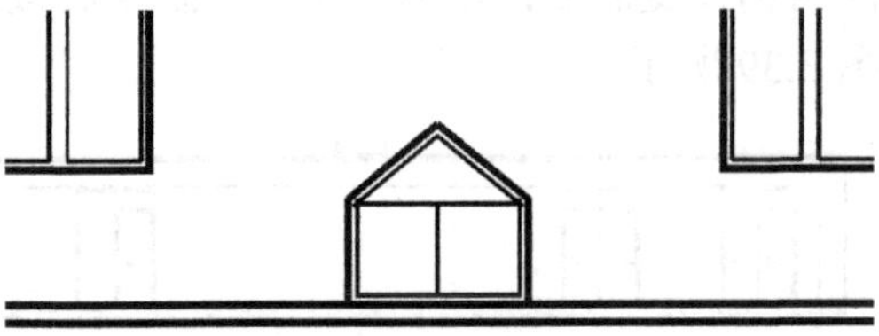

图 3.36　一层与二层间的水平贯通装饰线

（2）由于步骤（1）绘制的水平贯通装饰线在一层至六层每层楼板顶面标高处均设置，故输入“copy”命令后按“Enter”键，选择步骤（1）绘制的一、二层之间的水平贯通装饰线后，激活正交模式命令，向上每隔一个层高即 2900 复制一次，共复制四次，最终形成五条装饰线，如图 3.37 所示。

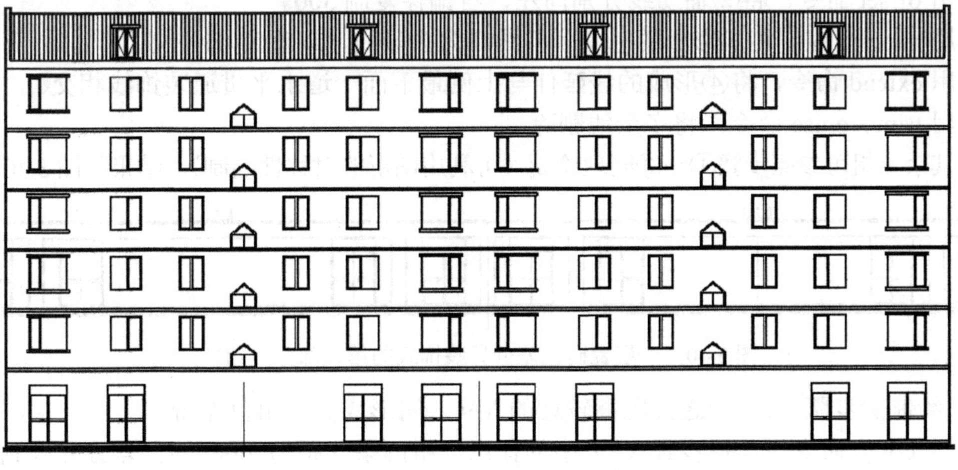

图 3.37　一层与六层间的水平贯通装饰线

2．绘制台阶线

本建筑工程图中共有两级台阶，每级高 150。

（1）输入“offset”命令后按“Enter”键，将地坪线向上方偏移复制两次，分别输入偏移复制距离为 150、300，形成两条加粗的台阶线。

（2）将步骤（1）绘制的加粗台阶线线宽改为中线线宽 45。

（3）用 trim 命令删除多余线后结果如图 3.38 所示。

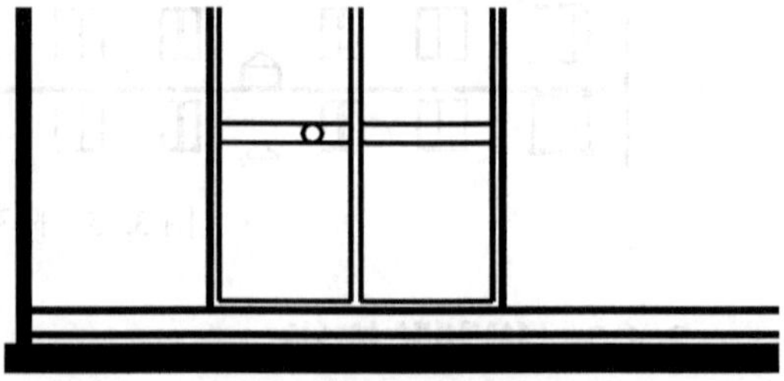

图 3.38　绘制台阶线

3．绘制一层水平装饰贯通线下方的瓷砖色差分界线

由实际工程图可得，在一层水平装饰贯通线的下方、两端山墙边线内侧及各门之间的一定位置均需绘制瓷砖色差分界线。

（1）绘制一层水平装饰贯通线的下方、两端山墙边线内侧的色差分界线。输入“offset”命令后按“Enter”键，输入 600 宽，选择一层水平装饰贯通线、两端山墙边线，分别向下、向内偏移复制后；输入“trim”命令后按“Enter”键删除多余线；再将线宽改为 45 中线，如图 3.39 所示。

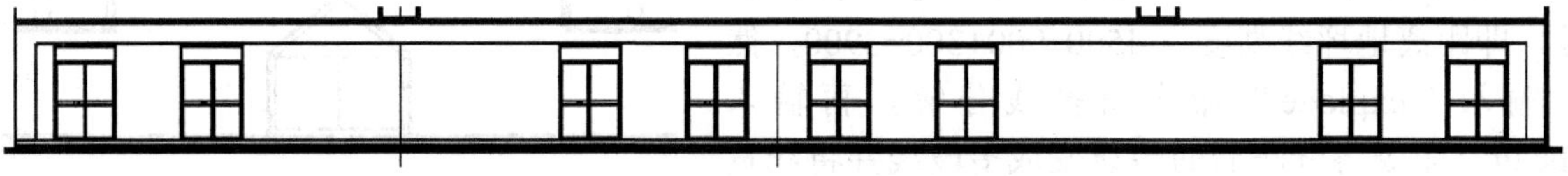

图 3.39　一层瓷砖色差分界装饰线的第一部分

（2）绘制距离较近的 M9 门之间形成的 5 组色差带。

① 用 line 命令，连接左端两个 M9 的内侧门框角点，形成水平辅助线。

② 用 line 命令，选择①辅助线中点向下做一条垂线交于门框底部线（打开对象追踪、对象捕捉、正交方式）。

③ 用 offset 命令，将②辅助线分别向左、右偏移复制 300。

④ 用 pedit 命令，将③形成的色差分界线设为多段线，线宽为 45 中线。

⑤ 用 extend 命令，将④形成的线延伸与上侧最下面一道水平贯通装饰线相交。

⑥ 用 trim、erase 命令，将多余线删除。

⑦ 其余 4 组可参照步骤①～⑥同理绘制（可利用图形的对称性绘制），结果如图 3.40 所示。

图 3.40　一层瓷砖色差分界装饰线的第二部分(5 组)

（3）绘制除步骤（2）中之外距离较远的 M9 之间形成的 4 组色差带。

① 用 copy 命令，选择步骤（2）中的任意一组两条间距为 600 的色差分界线到左侧的 C3 与 C4 内边框的中间位置（可自行设置合适的辅助线）。

② 将①形成的一组色差分界线利用对称性分别沿 16 轴、11 轴镜像两次，用 trim 命令或 erase 命令删除多余线后，得到的色差分界线如图 3.41 所示。

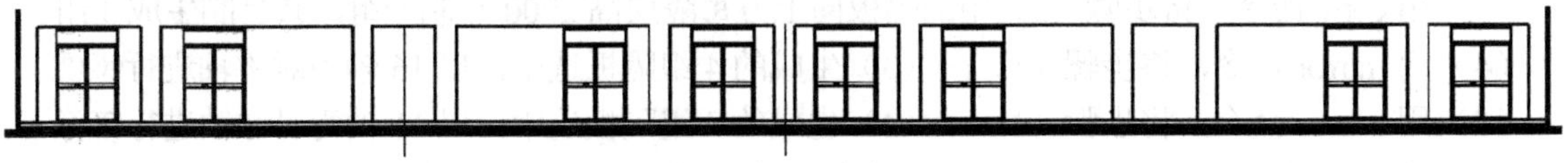

图 3.41 一层瓷砖色差分界装饰线的第二部分(4 组)

4. 绘制一层以上墙面凸凹变化处的分界线

首先从平面图中从左至右找到 8 条竖向凸凹变化的分界线，恰好在本立面的对称位置。

（1）绘制左起的两条。

① 左起第一条的水平位置距离墙面底部左下角点为 3600+250−250=3600，用 offset 命令将左端山墙线向右侧偏移复制 3600。

② 左起第二条的水平位置距离左起第一条为 3900+500=4400，用 offset 命令将左端第一条向右侧偏移复制 4400。

③ 用 trim 或 erase 等命令将多余线删除，生成的分界线线宽改为 45 中线。

（2）用 mirror 命令，再利用对称性，分别将步骤①～②中形成的竖向分界线首先沿 16 轴镜像 1 次，共有 4 条分界线；然后选择左边的这 4 条，沿 11 轴镜像 1 次，结果如图 3.42 所示。

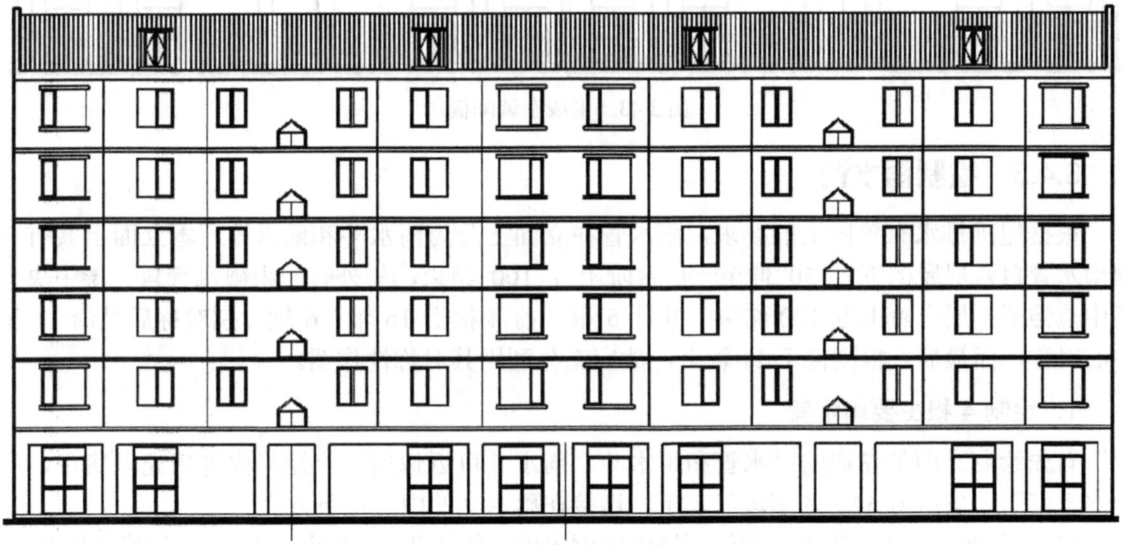

图 3.42 二层及以上墙身凸凹变化的竖向分界线

5. 绘制空调隔板立面线

按照该工程平面图和立面图的尺寸，确定空调隔板的形状为 900（1800）×470；边隔板长 900，中间户隔板长 1800；边部高度为 200+270=470；隔板底标高与每层水平贯通装饰线下边平齐； 边隔板的边缘与边轴线齐；中间隔板中点位于立面中轴线即 11 轴线处。可利用对称关系，绘制一侧的边隔板，然后利用镜像和复制命令形成另一侧及中央隔板。

（1）用 rectang 命令，选取二层顶部的水平贯通装饰线的左下端点为起点，输入相对坐标为@（900,470），得到二层左端第一个隔板边线，用 explode 命令分解此隔板，用 pedit 命令将此隔板边线变成多段线，并改线宽为 45 中线。

（2）用 move 命令，打开正交状态，将步骤（1）中的隔板向右侧水平移动 250。

（3）用 copy 命令，将步骤（2）中的隔板向上方每隔层高 2900 复制一组，共复制生成 3 组。

（4）用 mirror 命令，将步骤（1）～（3）生成的 4 组隔板选中，以 16 轴为对称轴进行镜像。

（5）用 mirror 命令，将步骤（1）～（4）生成的 8 组隔板选中，以 11 轴为对称轴进行镜像。

（6）用 trim 命令或 erase 命令，将多余的线条删除，最终的空调隔板如图 3.43 所示。

图 3.43　形成空调隔板

3.4.3　绘制雨水管

根据屋顶排水布置图上的要求，雨水管在立面上分为雨水斗和雨水管，本立面上共有 4 根雨水管自六层屋檐下方 50 伸至一层台阶上方 100 结束，另外有一根雨水管自一层中央雨篷中点伸至一层台阶上方 100 结束，共计 5 根。前 4 根沿 16 轴、6 轴分别对称后又沿 11 轴中心对称，而最后一根则位于 11 轴上，故应充分利用其对称性作图。

1．绘制 4 根主要雨水管

首先绘制立面最左端的雨水管和雨水斗，雨水斗可近似用一个矩形内部填充来实现，而雨水管可用一条粗为 67.5 的多段线表示，连接在雨水斗的中点正下方。

（1）用 offset 命令，选择左端第一条竖向墙体凸凹变化分界线，将此分界线向左偏移复制 200。

（2）用 extend 命令，将步骤（1）偏移复制后生成的线向下延伸至台阶顶面。

（3）用 offset 命令，设置偏移复制距离为 300，选中一层顶部水平贯通装饰线的下边线向上偏移复制，绘制出墙体凸凹变化处的雨篷线上沿线，用 trim、erase 命令删除多余线。

（4）用 rectangle 命令，绘制一个矩形长×宽=150×150。

（5）用 bhatch 命令，将步骤（4）中矩形进行黑色实心填充。

（6）将步骤（5）生成的雨水斗移动至步骤（1）雨水管线顶部距屋檐下方 50 处，使雨水斗下端中点与雨水管顶部中点重合。

（7）用 trim 命令，结合辅助线将多余线（注意雨水管在穿过一层顶部雨篷时）删除。

（8）用 mirror 命令，选中步骤（7）形成的一套雨水管雨水斗后，沿 16 轴进行第一次镜像。

（9）用 mirror 命令，选中步骤（8）形成的两套雨水管雨水斗后，沿 11 轴进行第二次镜像。

注意：雨水管下端距台阶顶面留 100 距离。

2．绘制一层中央的雨水管

用 copy 命令，将其他任意一根雨水管在一层雨篷下的部分，沿其中线用 copy 命令复制至一层中央 11 轴线处即可。至此，雨水管和雨篷线绘制完毕，如图 3.44 所示。

图 3.44　形成雨水管和雨篷线

学习单元 5　标注标高

立面图中标高绘制是非常关键的，应严格检查图，按照关键点、线的实际标高，清晰、完整、正确地进行标注，大致分为以下几个步骤。

3.5.1　制作标高符号

（1）标高符号由三角形加箭尾直线构成，一般分为两类：一类三角形尖端向下标注，另一类三角形尖端向上标注；然后再于箭线上、下合适位置标注标高值。

（2）制作三角形尖端向上的标高符号，镜像生成另一类，然后分别存为块，输入时可以反复调用。

① 用 pline 命令，绘制一水平直线，长度为 1200，线宽为实线 25。

② 用 pline 命令，选取步骤①直线左端点，第二点选取相对第一点坐标为@（283,-283），线宽仍为 25，绘制直线。

③ 用 pline 命令，选取步骤②直线右下端点，第二点选取相对第一点坐标为@（283,283），线宽仍为 25，绘制直线，完成后如图 3.45 所示。

④ 用 line 命令，在步骤③标高符号的上、下任意一侧绘制一条水平线作为辅助线；用 mirror 命令，选择步骤③绘制的标高符号后，以辅助线为对称轴线进行镜像，形成第二类标高符号，如图 3.46 所示。

图 3.45　形成第一类标高符号

图 3.46　形成第二类标高符号

⑤ 输入“block”命令后按“Enter”键，弹出如图 3.47 所示的“块定义”对话框，将步骤④生成的两类标高符号分别保存为“标高符号 1”和“标高符号 2”，以待后面使用。

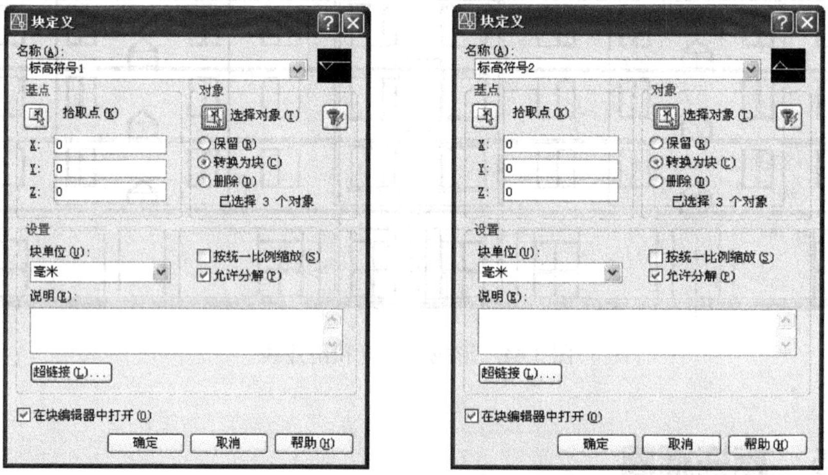

图 3.47　将标高符号制作为块

3.5.2　进行标高标注

仔细观察立面图中的标高位置和符号后，要标注的数值有：右端底部的地坪线标高，正负零标高，二层至六层的窗台标高，屋檐顶部标高，屋脊线处标高，中间的需标注楼梯间处各层的窗顶标高，所用到的都是三角形尖端向下的即如“标高符号 1”所示的图块。

1．标注右端标高，自下往上

（1）输入“insert”命令后按“Enter”键，插入“标高符号 1”图块。

（2）输入“copy”命令后按“Enter”键，选择插入的标高符号三角形尖端点为基点，复制到各层标高标注点。

2．标注楼梯间窗顶标高，自下往上

（1）输入“insert”命令后按“Enter”键，插入“标高符号 1”图块。

（2）输入“copy”命令后按“Enter”键，选择插入的标高符号三角形尖端点为基点，复

制到各楼梯窗顶标高标注点，如图 3.48 所示。

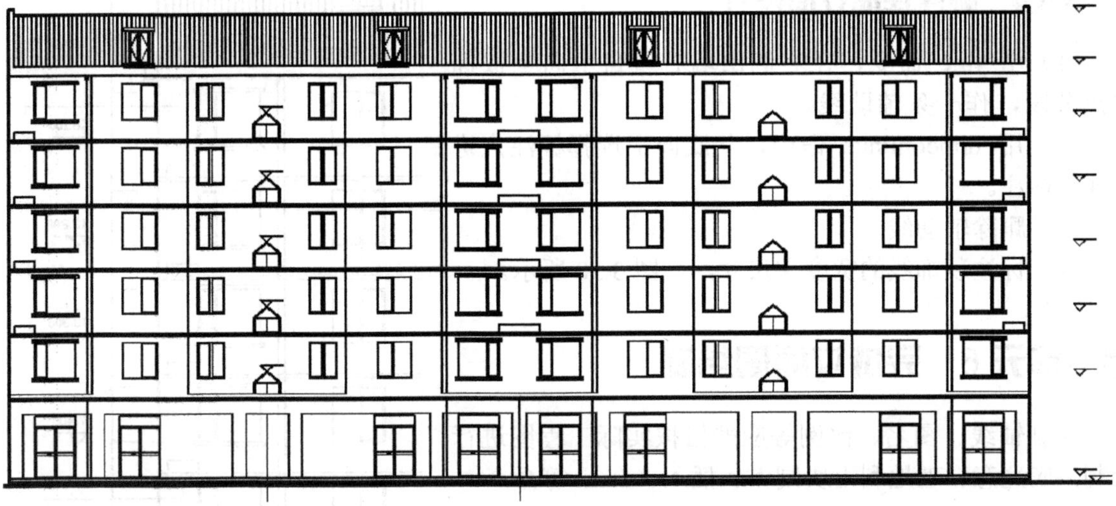

图 3.48 标注标高符号

3.5.3 标注标高数值

（1）输入“dtext”命令后按“Enter”键，输入%%p0.000，生成±0.000。

（2）输入“copy”命令后按“Enter”键，将步骤（1）生成的标高数值分别复制到标高符号上的适当位置，上、下对齐。

（3）输入“ddedit”命令后按“Enter”键，选择并修改步骤（2）生成的数值，使其与实际数值相符（尤其注意正负零的标高位置在地坪线上侧 300 处），标高标注完毕，结果如图 3.49 所示。

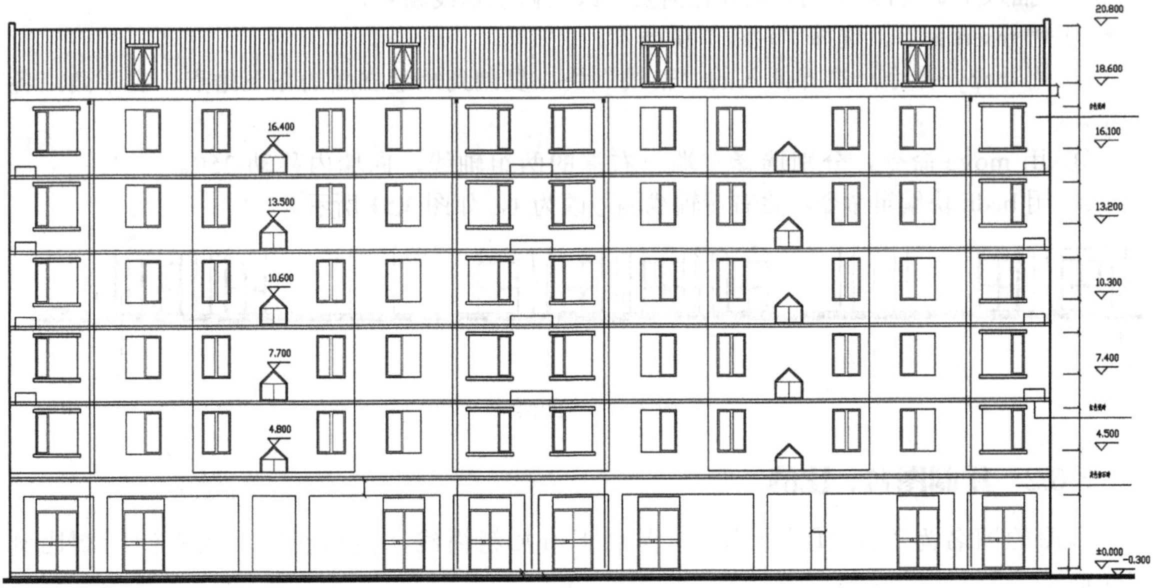

图 3.49 标注标高数值

3.5.4 标注详细立面尺寸

（1）用 line 命令，在右侧山墙右边自下向上按标注点分段，作一条辅助线。

（2）用 dimcontinue 命令，从底向上选择标注点进行连续标注。

（3）删除辅助线。

（4）标注装饰线的宽度和尺寸，如图 3.50 所示。

图 3.50　绘制标注尺寸

学习单元 6　完成立面图绘制

绘制轴线、图名、比例等应严格按实际工程图进行绘制，应注意合理地利用块制作、插入、dtext 等命令。

3.6.1 绘制轴线

（1）将两端部轴线圆圈、中间文字及引出线，做成一个图块。

① 用 circle 命令绘制一个圆，直径为 800。

② 用 line 命令，以步骤①绘制的圆中央顶点为起点，竖直向上作直线，间距为 3000。

③ 用 dtext 命令，在圆中央书写轴线号 21。

④ 用 block 命令，选中步骤①～③生成的一套轴线，设置为块，命名为“轴线”

（2）插入步骤（1）生成的块并在需要修改处修改轴线编号。

① 用 insert 命令，选择“轴线”块插入。

② 用 copy 命令，选择插入的“轴线”块，复制到矩形立面的左下角点、右下角点各一组。

③ 用 move 命令，分别选择左端、右端的两组轴线，向墙内移动 250。

④ 用 bedit 块编辑命令，将右端轴线编号改为 1，如图 3.51 所示。

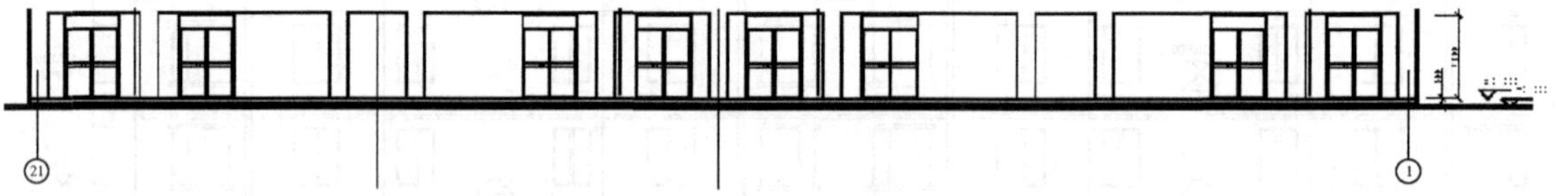

图 3.51　轴线绘制

3.6.2 绘制图名、比例

本图的图名为“㉑-①立面图”，图名下带加粗横线，然后在图名的右侧绘制比例“1:100”。

（1）用 dtext 命令，写出图名“㉑-①立面图”，字高 500。

（2）用 dtext 命令，写出“1:100”，字高 500。

（3）用 circle 命令，绘制直径为 8 的圆圈；用 copy 命令，选择圆圈后，复制其到 21 轴、1 轴线号的外部。

（4）用 pline 命令，在“㉑-①立面图”正下方绘制一条多段线，线宽为加粗 180，如图 3.52 所示。

3.6.3 绘制立面图中的文字

墙面、屋面装饰方法及其引出线应标注。

（1）用 line 命令，在需要引出的位置绘制引出线。

（2）用 dtext 命令，绘制一行文字，仿宋体，内容如“白色瓷砖”。

（3）用 copy 命令，复制步骤（2）中文字到各引出线合适位置，然后改为所需文字如“红色瓷砖”、“灰色仿石砖”、“砖红色仿石砖”、“红色油毡瓦”、“砖红色瓷砖”，如图 3.53 所示。

（4）删除图面上的所有辅助线和多余线，检查有无错、漏、碰、缺内容。

经过以上绘制，完成了㉑-①轴立面图的部分绘制。

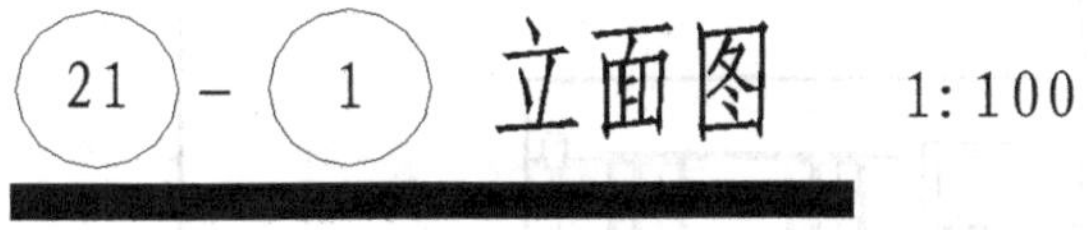

图 3.52 绘制图名、比例

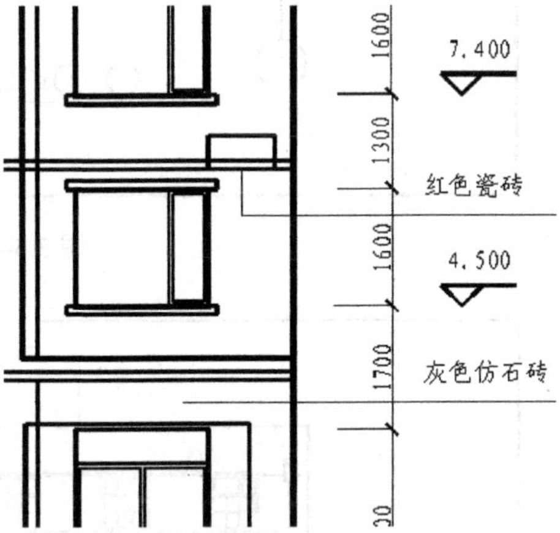

图 3.53 绘制立面文字

3.6.4 插入图框

在上一个学习单元作平面图时所用的图框仍可用于本立面图中，输入“insert”命令后按“Enter”键，然后调用以前所做的带标题栏的图框插入到合适位置，修改标题栏为本工程的立面图信息：建施、08 号、㉑-①立面图，本立面图绘制完毕（如图 3.1 所示）。

思考与练习题 3

1．简述尺寸标注的基本组成、尺寸变量的基本概念及标注文字字库的主要来源。

2．按名称、功能、数据类型汇总 AutoCAD 软件的尺寸标注系统变量。

3．如何设置尺寸标注系统变量，它的作用是什么？

4．按名称、功能汇总 AutoCAD 软件的尺寸标注及文本创建命令。

5．参考所给图形，用 AutoCAD 软件系统的命令操作，完成如图 3.54～图 3.56 所示的建筑工程图的计算机绘图实训任务。

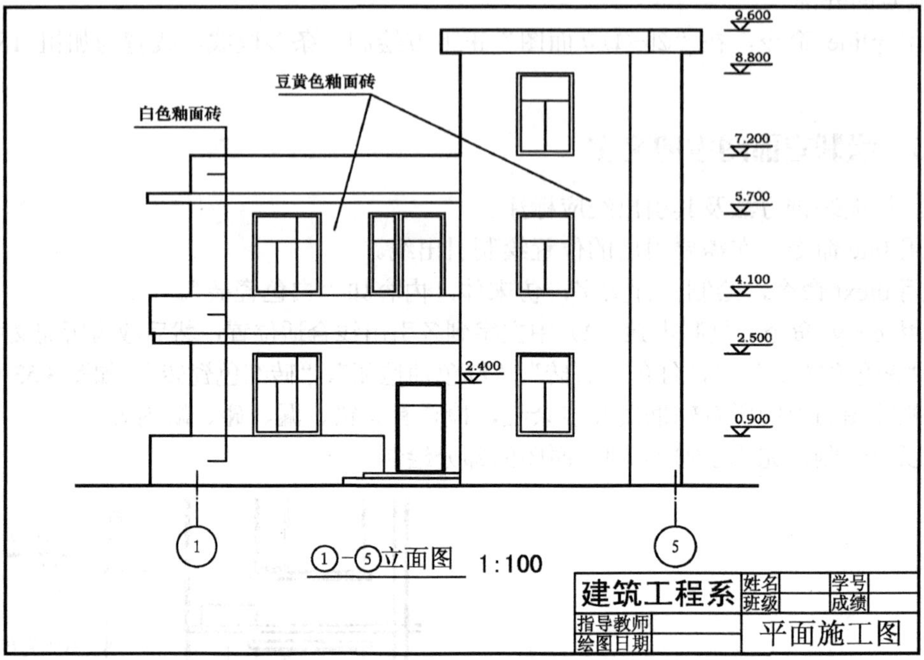

图 3.54　实训作业 1

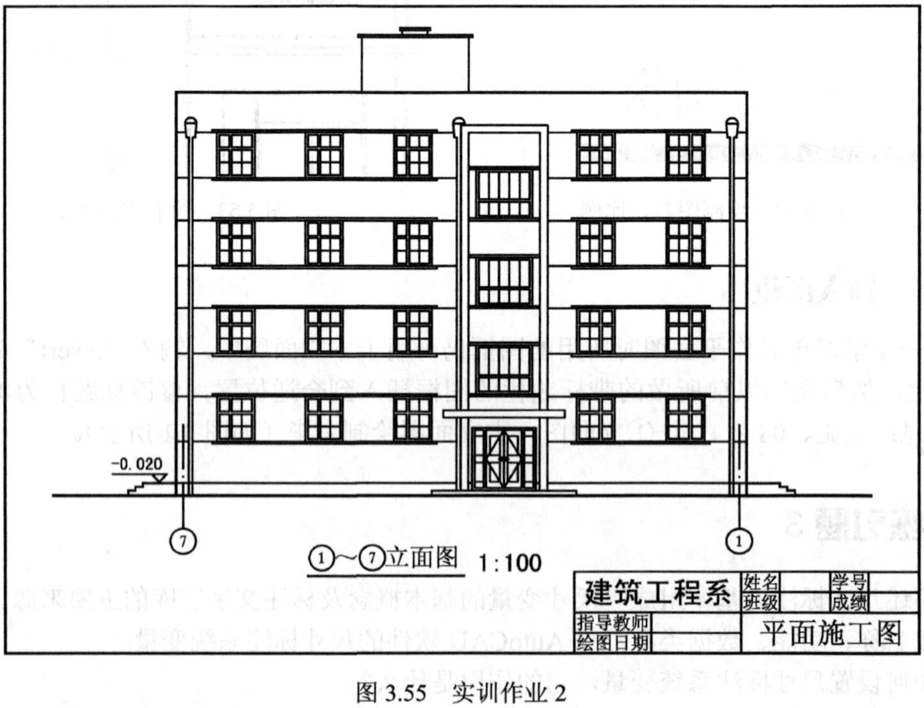

图 3.55　实训作业 2

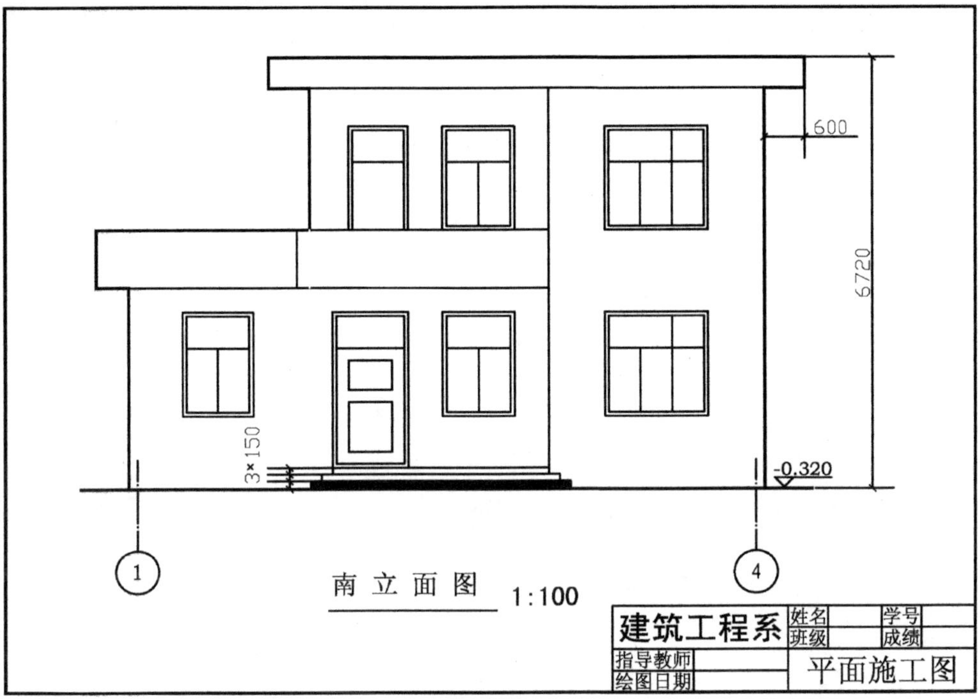
600
6720
3×150
-0.320
1
4
南 立 面 图　1:100
建筑工程系
姓名
学号
班级
成绩
指导教师
绘图日期
平面施工图

图 3.56　实训作业 3

学习情境 4 AutoCAD 绘制剖面图与查询图形信息

本学习情境通过对 6 层砖混结构住宅剖面图的绘制，介绍用 Auto CAD 软件绘制标准剖面图的操作方法，按照如图 4.1 所示的工程剖面图各部分尺寸要求完成绘制过程。绘制剖面图的步骤大致如学习单元 1 至学习单元 5 所述，通过这 5 个步骤可以绘制出一幅比较完整的建筑工程剖面图。其中重点学习单元是学习单元 1、学习单元 2、学习单元 3 和学习单元 4。

学习单元 1　绘制地坪线和轴线

本学习单元主要介绍剖面图计算机绘制所需的定义图层、线型的方法。

4.1.1　设置图层、线型

（1）在操作设置图层、线型前，要认真识读本建筑工程剖面图中所需的图线、文字、标注等，按照绘图需要设置图层。

（2）用 layer 命令，新建各层及对应线型设置见表 4.1 和图 4.2。

（3）考虑到楼层在被剖切后最终要进行填充，故楼层线宽先设置为 0.25 mm。

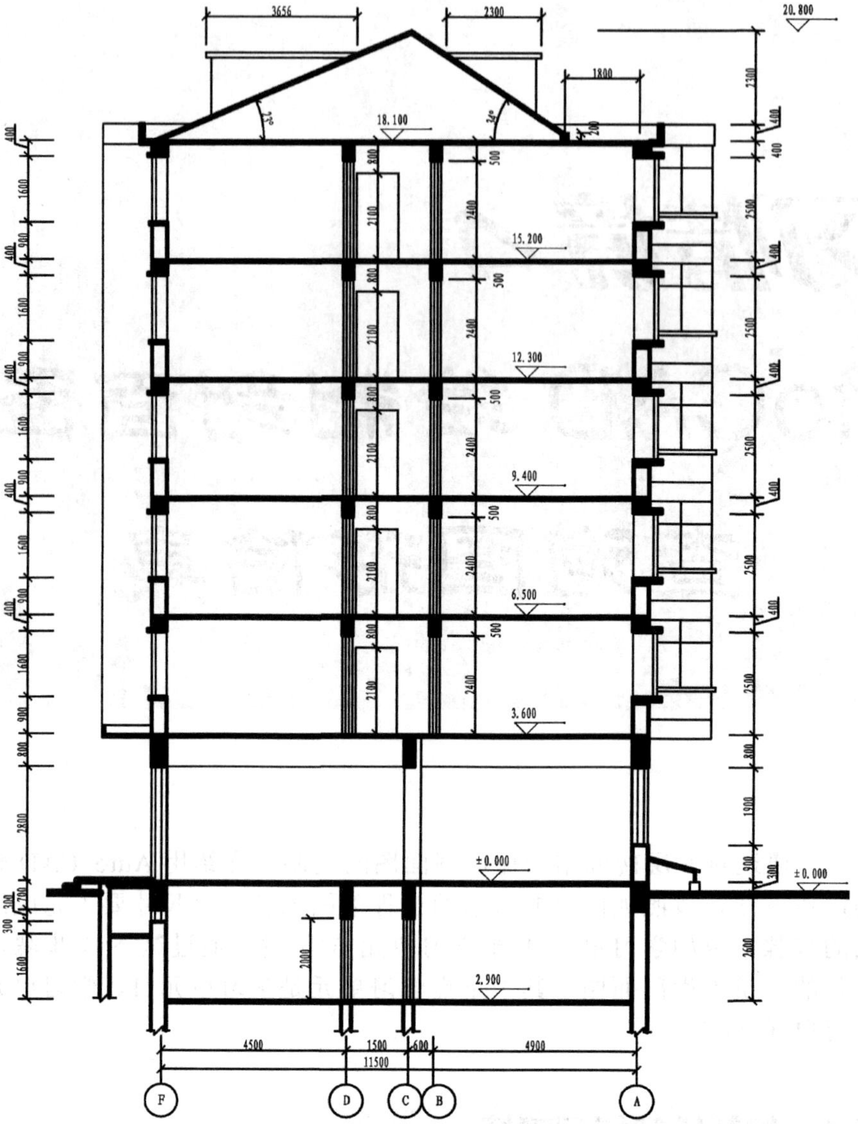

2-2 剖面图 1:100

图 4.1 砖混住宅剖面图

表 4.1 新建各层及线型设置

名 称	颜 色	线 型	线宽/mm
标 注	黄 色	Continuous	默认
非剖面	白 色	Continuous	0.25
辅助线	9	Continuous	0.25
楼 层	品 红	Continuous	0.25
门 窗	蓝 色	Continuous	0.25
轴 线	红 色	ACAD_ISO04W100	0.25
墙 体	绿 色	Continuous	0.50
地坪线	青 色	Continuous	1.00

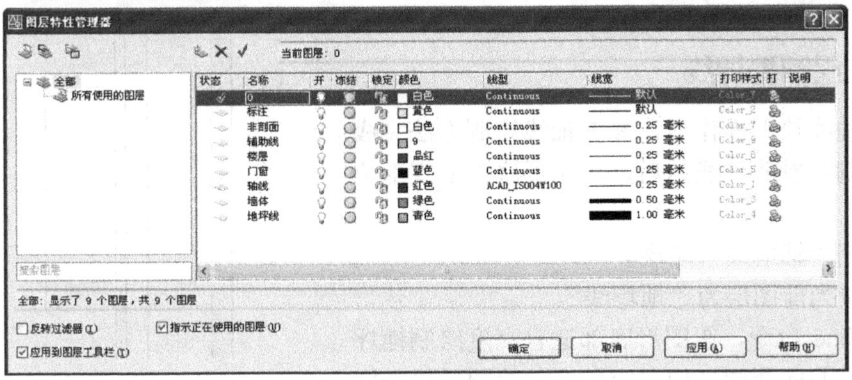

图 4.2　设置图层、线型

4.1.2　绘制轴线

在绘图操作前，必须仔细看实际工程图，应首先正确作出 A、B、C、D、F 轴线及 F 左侧采光井外墙中心辅助线。

（1）指定当前图层为“轴线”。

（2）用 line 命令，打开正交状态，画一条超过 A2 图幅高度的竖线，作为 A 轴线。

（3）用 offset 命令，输入 4900 后确认，选择 A 轴线，向左偏移复制出 B 轴线。

（4）用 offset 命令，输入 600 后确认，选择 B 轴线，向左偏移复制出 C 轴线。

（5）用 offset 命令，输入 1500 后确认，选择 C 轴线，向左偏移复制出 D 轴线。

（6）用 offset 命令，输入 4500 后确认，选择 D 轴线，向左偏移复制出 F 轴线。

（7）指定当前图层为“辅助线”。

（8）用 offset 命令，输入 1370 后确认，选择 F 轴线，向左偏移复制出地下室采光井外墙轴线，改其线型为辅助线，如图 4.3 所示。

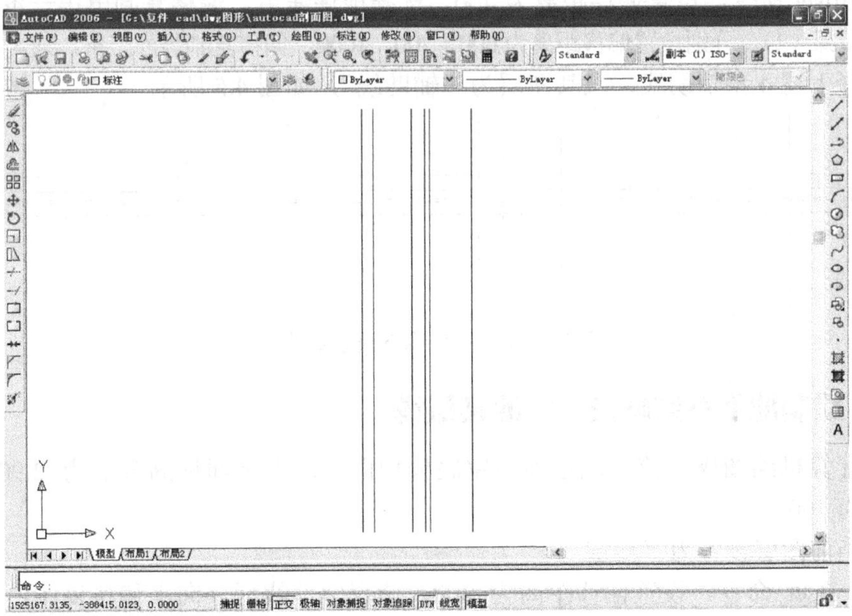

图 4.3　绘制竖向轴线及一条辅助线

4.1.3　绘制地坪线

在做完轴线绘图操作后，参考轴线绘制方法完成地坪线的绘制，看清轴线图后，在图形底部适宜部位绘制地坪线。

（1）关闭“辅助线”图层。

（2）设置当前图层为“地坪线”。

（3）用 line 命令，在图形底部适宜高度绘制地坪线与轴线相交并向两侧延伸一定长度，绘图效果如图 4.4 所示。

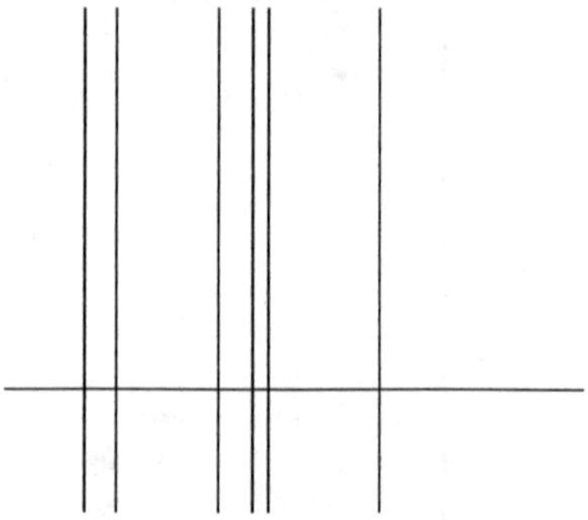

图 4.4　绘制地坪线

学习单元 2　绘制地下室及一层

地下室及一层的计算机绘图包括：绘制辅助线，绘制地下室底板及顶板的楼层线，绘制地下室墙体及门窗，绘制地下室内部未剖切到的部分及室外台阶，绘制一层楼板及梁，绘制一层非剖切可见线，绘制一层墙体及门窗等操作。

4.2.1　绘制辅助线

地下室部分在地坪线以下的 400、600、700、1000、2600 处分别有：边梁底面线、中间梁底面线、地下室高窗框下边线、采光井底板面线、地下室地面线，在地坪线以下的 400、600、700、1000 处先分别绘制辅助线，然后再绘制地下室的楼层线。

（1）将当前图层设置为“辅助线”。

（2）用 offset 命令，设置偏移距离为 400，选择地坪线后，偏移复制出第一条。

（3）如步骤（2），分别设置偏移距离为 600、700、1000，偏移复制另外三条，共 4 条辅助线。

（4）选择上述 4 条辅助线，改其图层为“辅助线”，如图 4.5 所示。

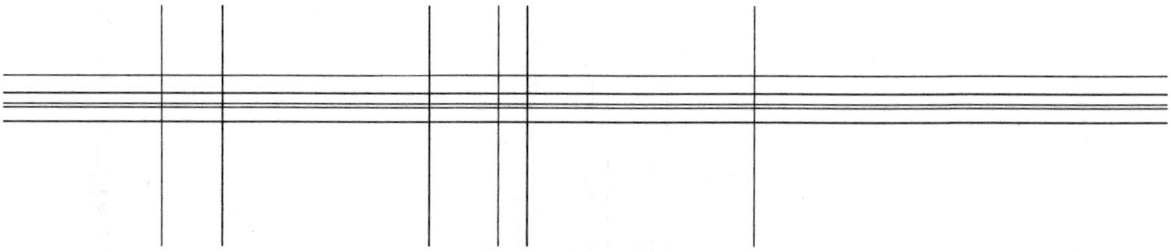

图 4.5　绘制地坪线下四条辅助线

4.2.2　绘制地下室底板及顶板的楼层线

在进行计算机绘图操作前，观察地下室底板顶面、顶板顶面标高分别为-2.900、0.000，假定板厚均为 100。

（1）将当前图层设置为“楼层”。

（2）用 offset 命令，设置偏移距离为 300，选择地坪线后，向上偏移复制出地下室顶板顶面线。

（3）用 offset 命令，设置偏移距离为 200，选择地坪线后，向上偏移复制出地下室顶板底面线。

（4）用 offset 命令，设置偏移距离为 2600，选择地坪线后，向下偏移复制出地下室底板顶面线。

（5）用 offset 命令，设置偏移距离为 2700，选择地坪线后，向下偏移复制出地下室底板底面线。

（6）选择上述 4 条楼层线，改其图层为“楼层”，如图 4.6 所示。

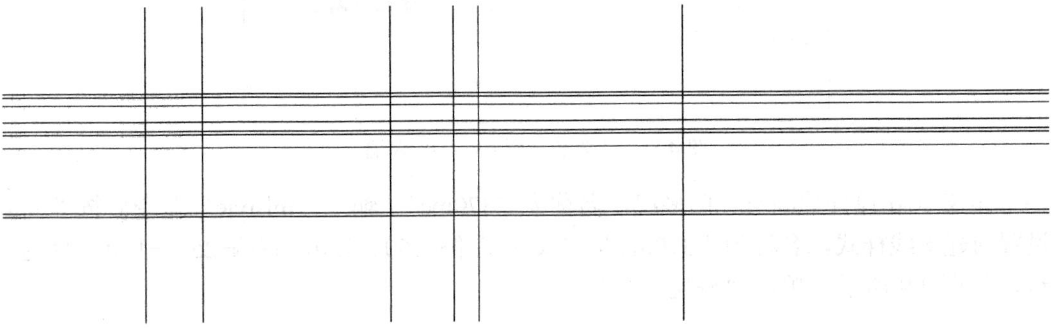

图 4.6　绘制地下室底板及顶板的楼层线

4.2.3　绘制地下室墙体及门窗

观察地下室墙体有外墙 370、内墙 240、采光井外墙 240；高窗剖面宽度同外墙厚，内部门剖面宽同内墙厚。利用多线命令绘制比较快捷。

1．定义多线样式

（1）定义 370 厚外墙为多线，名称为“370”。输入“mlstyle”命令后按“Enter”键，设置新建多线样式，名称为“370”，参数：左偏 250、右偏-120，绿色，其余默认，如图 4.7 所示，单击“确定”按钮。

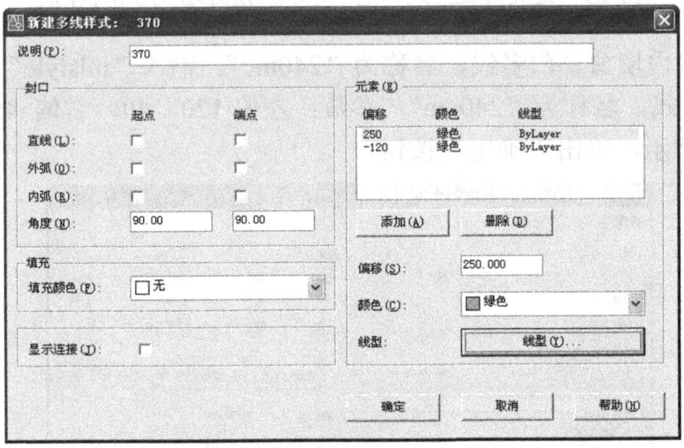

图 4.7　定义多线样式—370 外墙

（2）定义 240 厚内墙及采光井外墙为多线，名称为“240”。输入“mlstyle”命令后按“Enter”键，设置新建多线样式，名称为“240”，参数：左偏 120、右偏-120，绿色，其余默认，如图 4.8 所示，单击“确定”按钮。

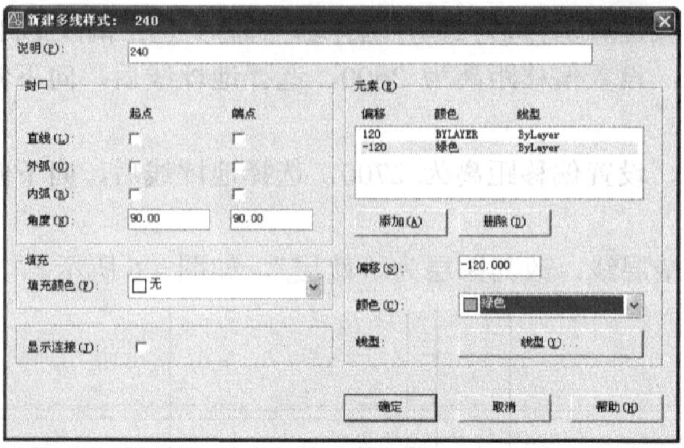

图 4.8　定义多线样式—240 内墙

（3）定义 370 厚外墙高窗、门多线，名称为“370mc”。输入“mlstyle”命令后按“Enter”键，设置新建多线样式，名称为“370mc”，参数：左偏 250、150，右偏-25、-120，蓝色，其余默认，如图 4.9 所示，单击“确定”按钮。

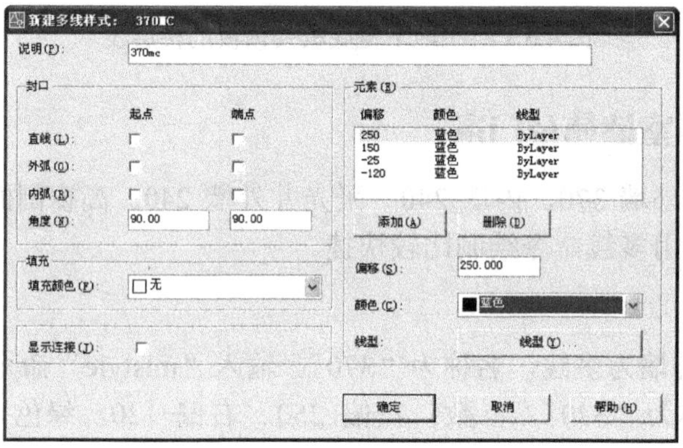

图 4.9　定义多线样式—地下室、一层外墙 370 窗、门

（4）定义 240 厚内墙窗、门多线，名称为“240mc”。输入“mlstyle”命令后按“Enter”键，设置新建多线样式，名称为“240mc”，参数：左偏 120、40，右偏-40、-120，蓝色，其余默认，如图 4.10 所示，单击“确定”按钮。

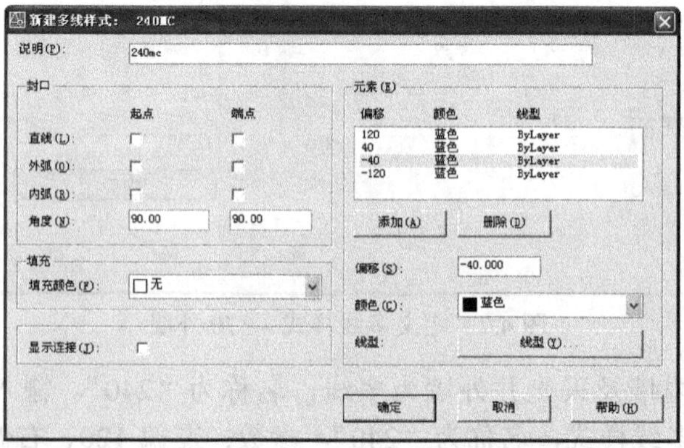

图 4.10　定义多线样式—地下室、一层内墙 240 窗、门

2．绘制地下室墙体

（1）设置当前层为“墙体”。

（2）用 mline 命令，输入“s”后确认，设置多线比例为 1；输入“st”后确认，输入样式名称“240”后确认，选择地下室左侧采光井外墙辅助线与地下室底板线交点为起点，竖直向上点取地下室顶板顶面线处交点为终点，初步生成地下室左侧采光井外墙线。

（3）用 mline 命令，输入“s”后确认，设置多线比例为 1；输入“st”后确认，输入样式名称“240”后确认，选择 D 轴线底端点为起点，竖直向上点取地下室底板顶面线处交点为终点。

（4）用 mline 命令，输入“s”后确认，设置多线比例为 1；输入“st”后确认，输入样式名称“240”后确认，选择 D 轴线与地坪线下 600 处已生成的辅助线的交点为起点，竖直向上点取地下室顶板顶面线处交点为终点，初步生成地下室 D 轴内墙线、梁侧线。

（5）用 copy 命令，选择 D 轴线已初步生成的地下室 D 轴内墙线、梁侧线，水平向右复制距离为 1500，得到 C 轴地下室的内墙线、梁侧线。

（6）用 mline 命令，输入“s”后确认，设置多线比例为 1；输入“st”后确认，输入样式名称“370”后确认，选择 A 轴线与地下室顶面线的交点为起点，竖直向下点取 A 轴线底端点为终点，初步生成地下室 D 轴外墙线、梁侧线。

（7）用 mline 命令，输入“s”后确认，设置多线比例为 1；输入“st”后确认，输入样式名称“370”后确认，选择 F 轴线底端点为起点，竖直向上点取 F 轴线与地坪线下 700 辅助线交点为终点。

（8）用 mline 命令，输入“s”后确认，设置多线比例为 1；输入“st”后确认，输入样式名称“370”后确认，选择 F 轴线与地坪线下 400 的辅助线交点为起点，竖直向上点取 F 轴线与地下室顶板顶面线的交点为终点，初步生成地下室 F 轴外墙线、梁侧线，如图 4.11 所示。

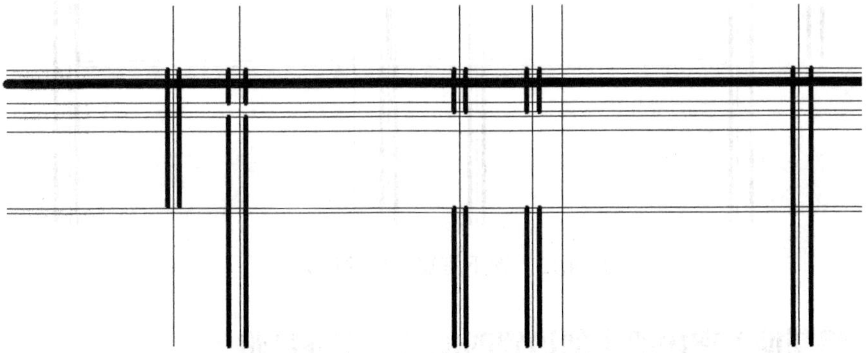

图 4.11　初步绘制地下室墙体

3．绘制地下室窗、门

（1）设置当前图层为“门窗”。

（2）用 mline 命令，输入“s”后确认，设置多线比例为 1；输入“st”后确认，输入样式名称“370mc”后确认，选择 F 轴线与地坪线下 700 处辅助线的交点为起点，竖直向上点取与地坪线下 400 处辅助线的交点为终点，生成地下室 F 轴窗。

（3）用 mline 命令，输入“s”后确认，设置多线比例为 1；输入“st”后确认，输入样式名称“370mc”后确认，选择 D 轴线与地下室底板上边线交点为起点，竖直向上点取与地坪线下 600 处辅助线的交点为终点，生成地下室 D 轴门。

（4）用 copy 命令，选择步骤（3）绘制的门，水平向右复制距离 1500，生成 C 轴门，如图 4.12 所示。

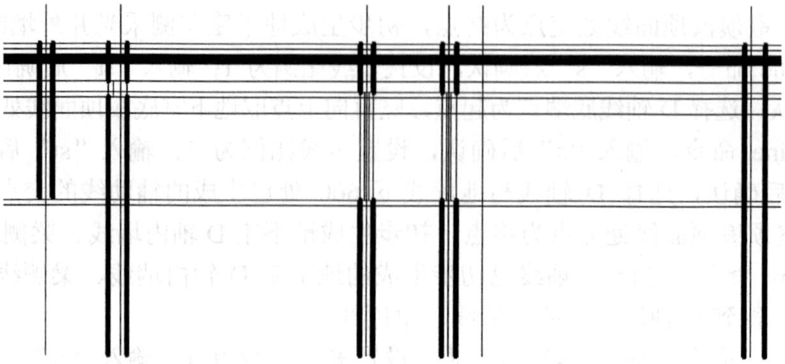

图 4.12　初步绘制地下室窗、门

（5）用 line 命令，补齐梁底线和窗底线；用 explode 命令，全选后分解所有图线；用 trim 命令（结合 erase 命令），删除梁侧、墙侧与楼板相交叉的部分多余线，关闭“辅助线”图层，结果如图 4.13 所示。

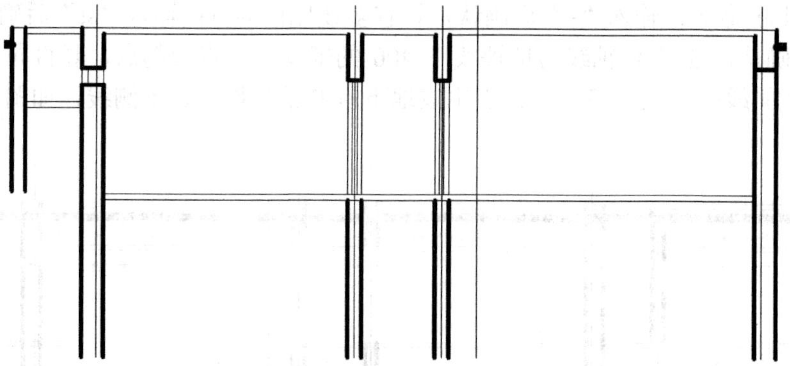

图 4.13　地下室窗、门绘制完毕

4.2.4　绘制地下室内部未剖切到的部分、室外台阶

设置当前图层为“辅助线”。根据立面图和平面图中具体的台阶位置、地下室内侧未剖切到的柱子边线位置，再借助辅助线进行绘制。

（1）用 offset 命令，设置偏移复制距离为 150，选择地下室顶板顶面左端辅助线，向下复制出台阶面辅助线。

（2）用 offset 命令，设置偏移复制距离为 680，选择地下室采光井外墙中心辅助线，向左侧复制出上侧台阶竖向边线。

（3）用 offset 命令，设置偏移复制距离为 980，选择地下室采光井外墙中心辅助线，向左侧复制出下侧台阶竖向边线。

（4）用 offset 命令，设置偏移复制距离为 150，选择 F 轴线，向右侧复制出未剖切到的柱子竖向右边线。

（5）用 offset 命令，设置偏移复制距离为 280，选择 C 轴线，向右侧复制出未剖切到的柱子竖向右边线。

（6）用 offset 命令，设置偏移复制距离为 150，选择 A 轴线，向左侧复制出未剖切到的柱子竖向左边线。

（7）设置当前图层为“地坪线”，用 line 命令，选择台阶处相应的辅助线交点绘制出室外的两阶台阶线，并连通上侧台阶角点至与 F 轴地下室左端顶梁的左上角点；用 offset 命令，设置偏移距离为 100，选择台阶顶部地面线向下侧复制出室外底板下边线。

（8）设置当前图层为“非剖面”，用 line 命令，分别选择地下室内部刚刚生成的三条柱子边线的辅助线与地下室顶板下边的交点为起点，竖直向下交于地下室底板的上边线。

（9）设置当前图层为“非剖面”，用 line 命令，分别选择距地下室顶板顶面下侧垂直距离为 700 的辅助线与 D 轴、C 轴梁侧内边线交点，作出地下室顶板横向水平梁底边线。

（10）用 explode 命令，全选后分解所有图线；用 trim 命令（结合 erase 命令）删除多余线后，关闭“辅助线”图层，结果如图 4.14 所示。

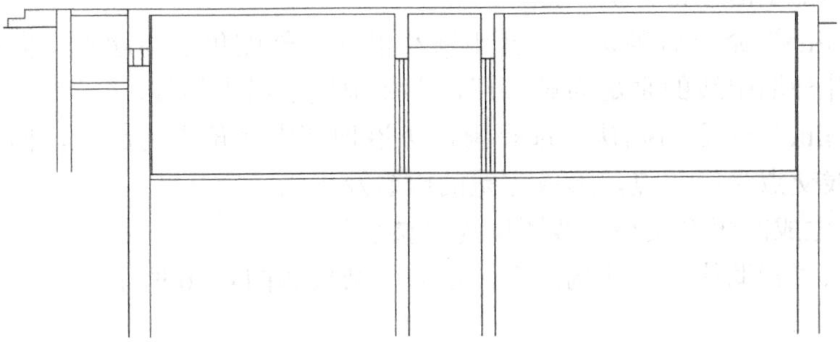

图 4.14　地下室台阶线、室内未剖切线绘制完毕

4.2.5　绘制一层楼板、梁

尽量多利用 copy 等命令来简化作图过程。仔细观察立面图中一层顶板与地下室顶板的关系后，首先复制地下室顶梁板到一层顶板，然后再根据两者的不同之处进行局部修改。

（1）输入“copy”命令后确认，选择地下室顶梁、顶板部分，竖直向上复制距离为 3600（一层层高），如图 4.15 所示。

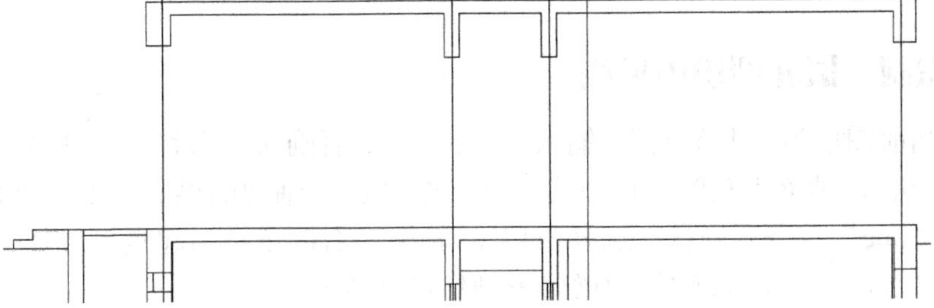

图 4.15　初步复制出一层顶板、顶梁

（2）输入“explode”命令后确认，全选后分解所有图线；输入“trim”命令后确认，删除 D 轴部位的一层顶梁线；输入“line”命令后确认，补齐一层顶 D 轴的楼板线。

（3）输入“offset”命令后确认，输入偏移距离“800”，选择一层顶板顶面线，向下偏移。

（4）输入“offset”命令后确认，输入偏移距离“2700”，选择一层顶板顶面线，向下偏移。

（5）输入“offset”命令后确认，输入偏移距离“1450”，选择 F 轴线，向左偏移。

（6）将步骤（3）、（4）生成的线改为“辅助线”。

（7）选择一层所有顶梁的侧线和底部线，点取梁底角点，向下延伸至步骤（3）生成的辅助线，形成一层高度为 800 的顶梁。

（8）输入“extend”命令后确认，选择地下室采光井外墙中线后确认，然后选择一层顶板顶面线并向左延伸至该线，形成雨篷板上边线。

（9）输入“extend”命令后确认，选择步骤（5）生成的辅助线后确认，然后选择一层顶板底面线并向左延伸至该线，形成雨篷板下边线。

（10）输入“line”命令后确认，选择雨篷下边线左端点为起点，向上选择@（0, 300）第二点，作为雨篷端部小沿顶部外侧角点。

（11）输入“line”命令后确认，选择雨篷小沿顶部外侧角点为起点，向右水平连线，选择与地下室采光井外墙中线的垂足为第二点，形成雨篷小沿上边线。

（12）输入“line”命令后确认，选择雨篷小沿顶部内侧角点为起点，向下竖直连线，选择与雨篷板上边线交点为第二点，形成完整的雨篷及小沿。

（13）修改新生成的雨篷及小沿线图层为“楼层”。

关闭“轴线”、“辅助线”、“非剖面”图层后，结果如图 4.16 所示。

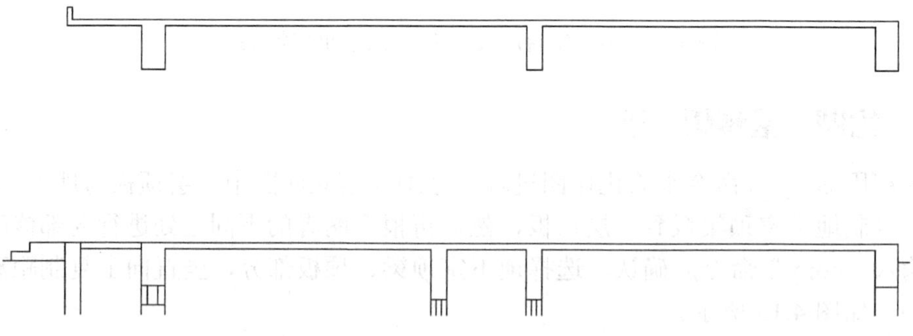

图 4.16　完成一层顶板、顶梁剖切部分

4.2.6　绘制一层非剖切可见线

（1）设置当前图层为“非剖面”，输入“line”命令后确认，选择一层 F 轴梁底右侧角点为起点，选择一层 C 轴梁底左侧角点为第二点，作出 F-C 轴间的梁底未剖切可视线。

（2）输入“line”命令后确认，选择一层 C 轴梁底右侧角点为起点，选择一层 A 轴梁底左侧角点为第二点，作出 C-A 轴间的梁底未剖切可视线。

（3）打开“辅助线”图层，输入“line”命令后确认，选择紧贴一层 F 轴线右侧的辅助线与一层底板顶面的交点为起点，向上竖直连接至与一层顶板下边的垂足为第二点。

（4）输入“line”命令后确认，选择一层 C 轴顶梁左下角点为起点，向下作垂线与一层底板顶面垂足为第二点。

（5）输入“line”命令后确认，选择一层 C 轴顶梁右侧紧贴辅助线与一层顶板下边交点为起点，向下作垂线与一层底板顶面垂足为第二点。

（6）输入“line”命令后确认，选择一层 A 轴顶梁左侧紧贴辅助线与一层顶板下边交点为起点，向下作垂线与一层底板顶面垂足为第二点。

（7）输入“explode”命令后确认，全选后分解所有图线；输入“trim”命令后确认（结合 erase 命令）删除多余线后，关闭“辅助线”图层和“轴线”图层，结果如图 4.17 所示。

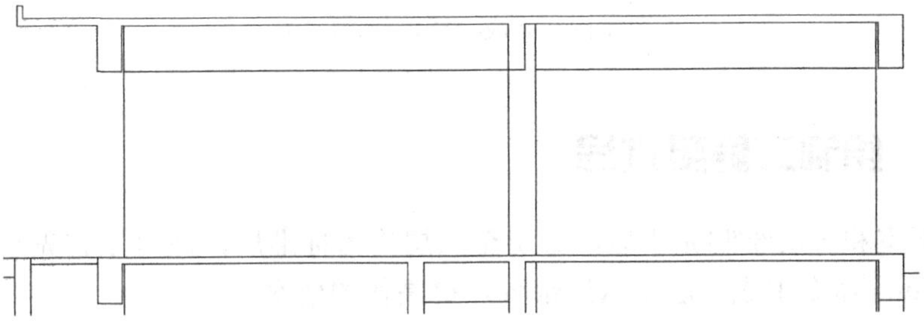

图 4.17　完成一层非剖切可见部分

4.2.7　绘制一层墙体、门窗

观察一层墙体有外墙 370 厚；外窗剖面宽度同外墙厚，外门剖面宽同外墙厚。利用多线命令绘制比较快捷。

1．绘制一层墙体

（1）设置当前图层为“墙体”。

（2）输入“copy”命令后确认，选择一层 A 轴梁底短线为对象，垂直向下复制距离为 1900，得到 A 轴墙体顶部线。

（3）输入“mline”命令后确认，输入“s”后确认，设置多线比例为 1；输入“st”后确认，输入样式名称“370”后确认，选择一层 A 轴与一层底板上边的交点为起点，竖直向上用鼠标选取步骤（2）得到的 A 轴墙体顶部线与 A 轴线交点为终点，形成一层 A 轴外墙。

（4）选择刚生成的墙体线，修改为“墙体”图层。

2．绘制一层门窗

（1）设置当前图层为“门窗”。

（2）输入“mline”命令后确认，输入“s”后确认，设置多线比例为 1；输入“st”后确认，输入样式名称“370mc”后确认，选择 F 轴线与一层底板上边的交点为起点，竖直向上用鼠标选取一层顶梁底边线的与 F 轴交点为终点，生成一层 F 轴外门。

（3）输入“mline”命令后确认，输入“s”后确认，设置多线比例为 1；输入“st”后确认，输入样式名称“370mc”后确认，选择 A 轴线与一层 A 轴梁底线的交点为起点，选向下竖直绘制与一层 A 轴墙体顶部线的交点垂足为终点，生成一层 A 轴外窗。

（4）选择刚刚生成的门窗线，并修改图层为“门窗”层，同时关闭“辅助线”图层和“轴线”图层，显示效果如图 4.18 所示。

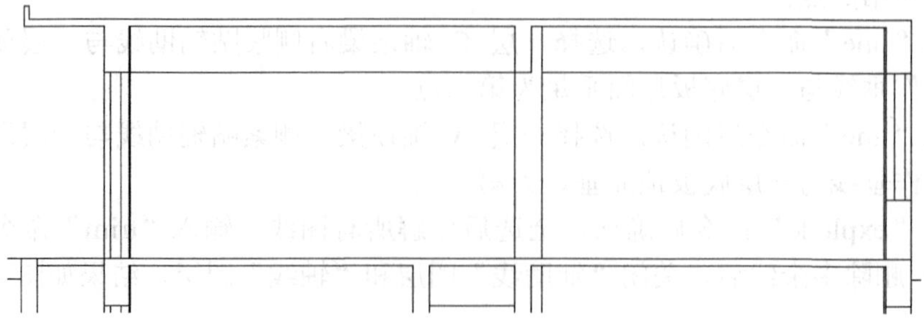

图 4.18　完成一层墙体、门窗

学习单元 3　绘制二层至六层

由于在地下室和一层绘制完毕后，二层至六层均为标准层，故可以首先绘制二层全部图线，然后利用 copy 命令生成三层至六层部分，提高作图效率。

4.3.1　绘制二层顶板、梁

仔细观察立面图中二层梁、顶板后，与地下室和一层的梁布置发生了明显变化：首先，B 轴多了一根梁；其次，二层至六层的 A 轴、F 轴梁高均变为 400，而 B 轴、D 轴梁高均为 500；最后，F 轴、A 轴梁底部增加向外的凸沿以避免雨水返流，还应注意凸沿尺寸根据窗的位置改变而有所不同。

1．初步绘制二层顶板、梁

借助一层顶板、梁，输入“copy”命令后确认，选择一层顶板、梁线条为对象，向上垂直复制距离 2900 为标准层层高，初步得到二层顶板、梁，结果如图 4.19 所示。

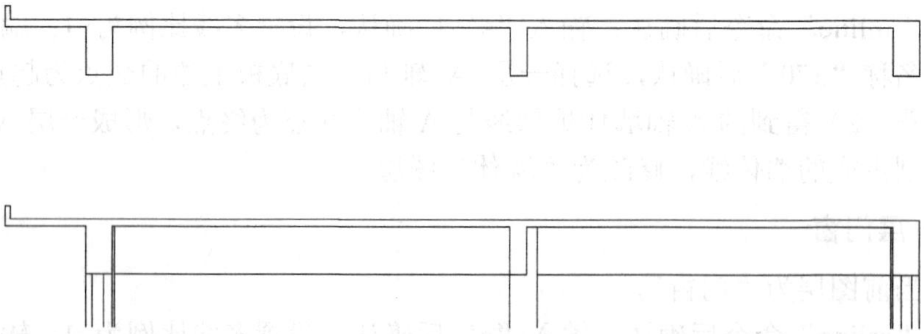

图 4.19　初步形成二层顶板、梁

2．绘制二层顶板、梁

（1）输入“offset”命令后确认，设置偏移复制距离为 400，选择二层顶板顶面线，向下复制出边梁底部线，并向两侧适当延伸。

（2）输入“offset”命令后确认，设置偏移复制距离为 500，选择二层顶板顶面线，向下复制出中间梁底部线，并向两侧适当延伸。

（3）选择步骤（1）、（2）生成的辅助线，设置图层为“辅助线”层。

（4）输入“copy”命令后确认，选择一层顶 C 轴梁部分，分别向右侧复制 600 到 B 轴、向左侧复制 1500 到 D 轴。

（5）选择 C 轴梁部分，输入“erase”命令后进行删除，输入“line”命令后确认，补齐原 C 轴梁处的顶板线。

（6）选择 F 轴、A 轴边梁底及梁侧线，用鼠标选取其梁底部两个角点后，分别向上竖直相交于步骤（1）生成的辅助线垂足。

（7）选择 D 轴、B 轴边梁底及梁侧线，用鼠标选取其梁底部两个角点后，分别向上竖直相交于步骤（2）生成的辅助线垂足。

（8）生成二层 F 轴顶梁底部外侧小沿：此小沿端部距梁外侧边 100，小沿高度为 60，输入“line”命令后确认，选择二层 F 轴顶梁底部外侧角点为起点，水平向左@（-100,0）为第二点，向上@（0,60）为第三点，水平向右相交于二层 F 轴顶梁底部外侧边线垂足。

（9）生成二层 A 轴顶梁底部外侧小沿：此小沿端部距梁外侧边 300，小沿高度为 100，输入“line”命令后确认，选择二层 F 轴顶梁底部外侧角点为起点，水平向右@（300,0）为第二点，向上@（0,100）为第三点，水平向左相交于二层 A 轴顶梁底部外侧边线垂足。

（10）输入“trim”命令后确认，选择上述生成的梁、顶板线，删除多余线后，结果如图 4.20 所示。

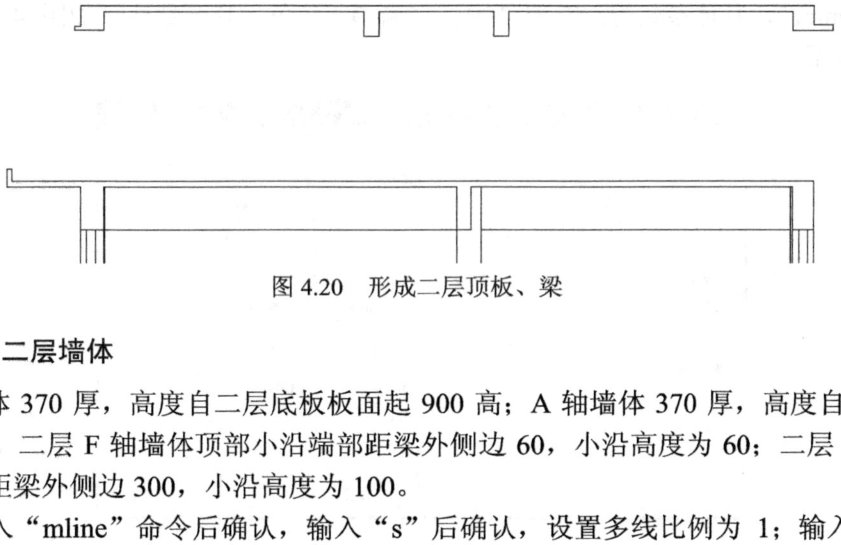

图 4.20　形成二层顶板、梁

3．绘制二层墙体

F 轴墙体 370 厚，高度自二层底板板面起 900 高；A 轴墙体 370 厚，高度自二层底板板面起 900 高。二层 F 轴墙体顶部小沿端部距梁外侧边 60，小沿高度为 60；二层 A 轴墙体顶部小沿端部距梁外侧边 300，小沿高度为 100。

（1）输入“mline”命令后确认，输入“s”后确认，设置多线比例为 1；输入“st”后确认，输入样式名称“370”后确认，选择二层底板板面与 F 轴交点为起点，竖直向上@（0,900）生成第二点。

（2）输入“line”命令后确认，选择步骤（1）生成的墙体顶部左端点为起点，水平向左@（-60,0），竖直向下@（0,-60），再水平向右相交于墙体外边线。

（3）输入“copy”命令后确认，选择 F 轴墙体，向右水平复制到 A 轴位置，输入“erase”命令后确认，删除小沿部分，保留墙线。

（4）输入“line”命令后确认，选择步骤（3）生成的墙体顶部右端点为起点，水平向右@（300,0），竖直向下@（0,-60），再水平向左相交于墙体外边线。

（5）输入“line”命令后确认，补齐各墙体顶部的水平短线。

（6）选择墙线设置图层为“墙体”，输入“trim”命令后确认（结合 erase 命令），删除多余线，结果如图 4.21 所示。

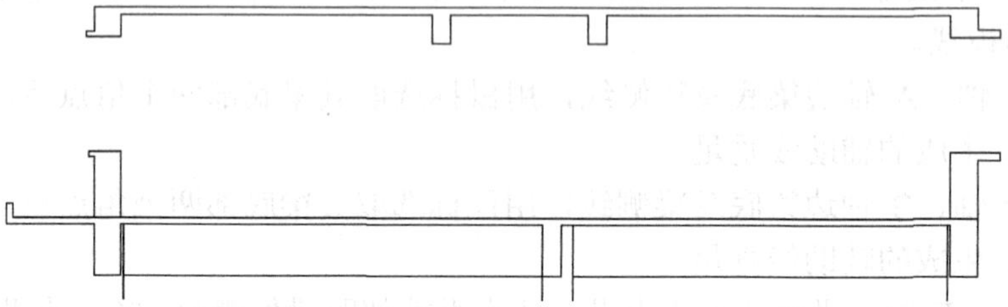

图 4.21　形成二层墙体

4.3.2　绘制二层门窗

观察二层门窗的具体位置，F 轴、A 轴的窗线条相同，而在窗框中的内外位置不同；二层 B 轴、D 轴门的高度均为 2400。

1．绘制 F 轴、A 轴窗

（1）定义窗为多线，名称为“240mc1”。输入“mlstyle”命令后确认，设置新建多线，名称为“240mc1”，具体参数为：右偏-100、左偏 0，蓝色，其余默认，如图 4.22 所示，单击“确定”按钮。

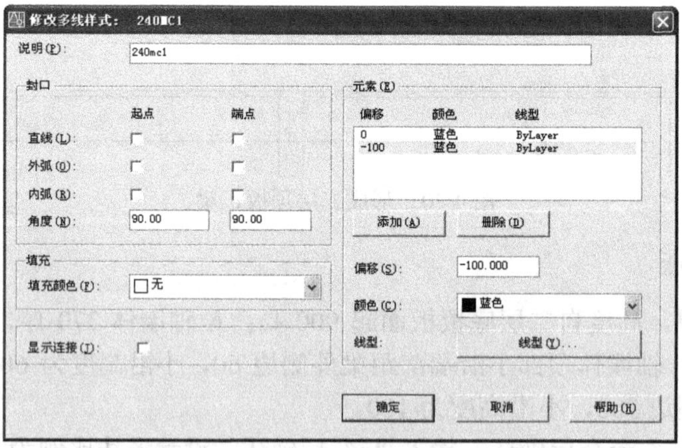

图 4.22　定义二层窗线为多线 240mc1

（2）输入“mline”命令后确认，输入“s”后确认，设置多线比例为 1；输入“st”后确认，输入样式名称“240mc1”后确认，选择二层 F 轴墙体部分顶部外边线与顶部线的虚交点为起点，竖直向上点取与顶梁交点垂足为终点，生成 F 轴窗。

（3）输入“mline”命令后确认，输入“s”后确认，设置多线比例为 1；输入“st”后确认，输入样式名称“240mc1”后确认，选择二层 A 轴顶梁底部外侧小沿角点为起点，竖直向下点取与 A 轴墙顶线交点垂足为终点，初步生成 A 轴窗；输入“move”命令后确认，选择初步生成的 A 轴窗，水平向左移动 100，生成最终的 A 轴窗，关闭“辅助线”、“轴线”图层后，结果如图 4.23 所示。

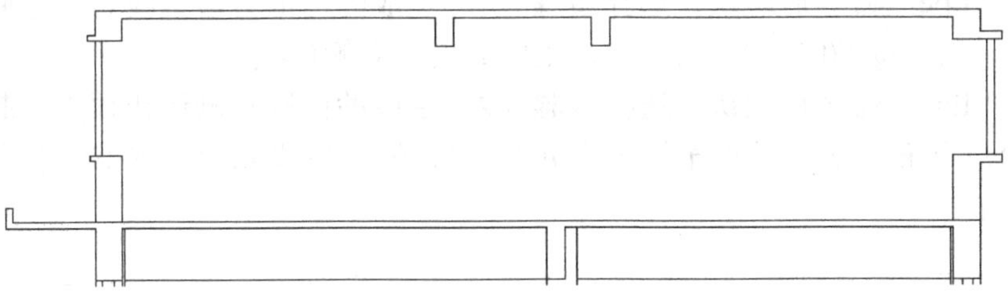

图 4.23　绘制二层窗

2．绘制 D 轴、B 轴门

（1）输入“mline”命令后确认，输入“s”后确认，设置多线比例为 1；输入“st”后确认，输入样式名称“240mc”后确认，选择二层 D 轴顶梁下边线中点为起点，竖直向下点取与二层底板顶面交点垂足为终点，生成 D 轴门。

（2）输入“mline”命令后确认，输入“s”后确认，设置多线比例为 1；输入“st”后确认，输入样式名称“240mc”后确认，选择二层 B 轴顶梁下边线中点为起点，竖直向下点取与二层底板顶面交点垂足为终点，生成 B 轴门（提示：也可利用步骤（1）D 轴门向右复制 2100 得到 B 轴门），结果如图 4.24 所示。

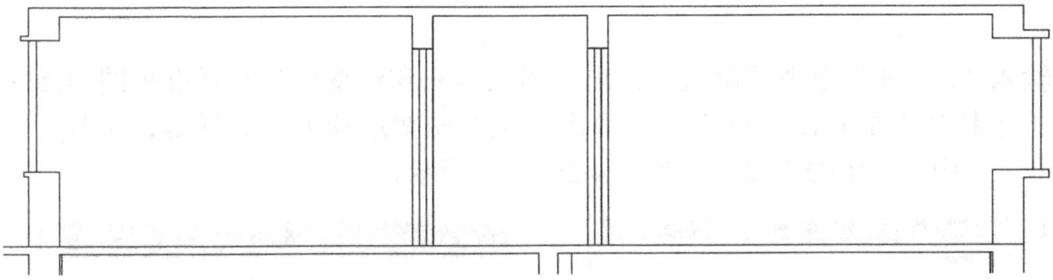

图 4.24　绘制二层门

4.3.3　绘制二层非剖切可见线

观察二层立面图中的非剖切可见线部分，应绘制墙体内侧线，D 轴、B 轴之间的 2100 高的门框线。

1．绘制 F 轴、A 轴墙体内侧非剖切可见线

（1）将图层选择为“非剖面”。

（2）输入“line”命令后确认，选择二层 F 轴墙体顶部右侧端点为起点，竖直向上选择二层 F 轴顶梁底部右侧角点为终点，得到 F 轴墙体内侧非剖切可见线。

（3）输入“line”命令后确认，选择二层 A 轴墙体顶部左侧端点为起点，竖直向上选择二层 A 轴顶梁底部左侧角点为终点，得到 A 轴墙体内侧非剖切可见线。

2．绘制 D 轴、B 轴之间的 2100 高的门框线

（1）输入“offset”命令后确认，选择偏移复制距离为 900，选择 B 轴线向左复制出此门框右侧边线的所在直线。

（2）输入“line”命令后确认，选择步骤（1）生成的门框右边直线与二层底板板面交点为起点，竖直向上取@（0,2100）为终点，生成此门框右侧边线。

（3）输入“line”命令后确认，选择步骤（2）生成的门框右侧边线顶点为起点，水平向左@（−1000,0）为第二点，再竖直向下至@（0,−2100），生成此门框顶部线和左侧边线，结果如图 4.25 所示。

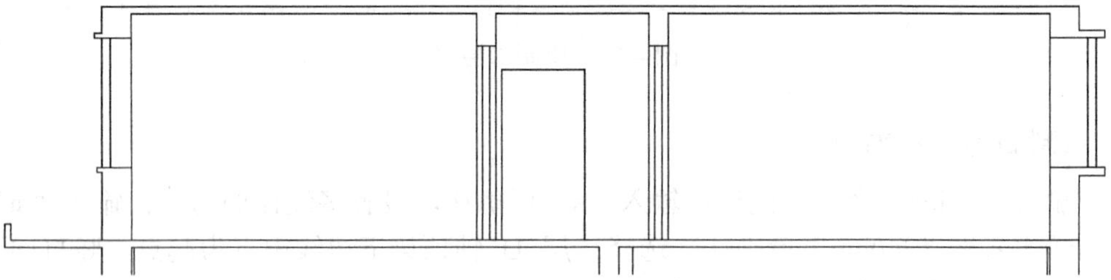

图 4.25 绘制二层非剖切可见线

4.3.4 填充混凝土楼板和梁

观察图纸中的剖切部分，对混凝土部分需用实心颜色填充。

（1）打开所有图层，全选图中内容，输入“explode”命令后确认；输入“trim”命令后确认（结合 erase 命令），删除多余线，为需要填充部分设置好封闭的边界线（要首尾相连，不要出头）。

（2）输入“bhatch”命令后确认，弹出“图案填充和渐变色”对话框见图 4.26（a），单击“图案”下拉列表框右侧的按钮，弹出“填充图案选项板”对话框，选择“其他预定义”选项卡，选中“SOLID”图案，如图 4.26（b）所示。

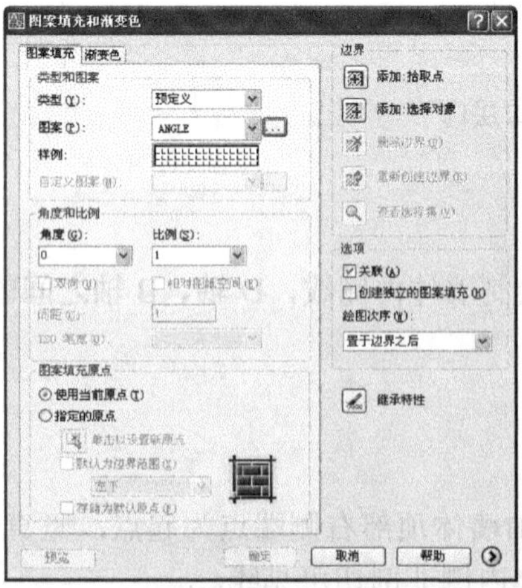

(a)“图案填充和渐变色”对话框

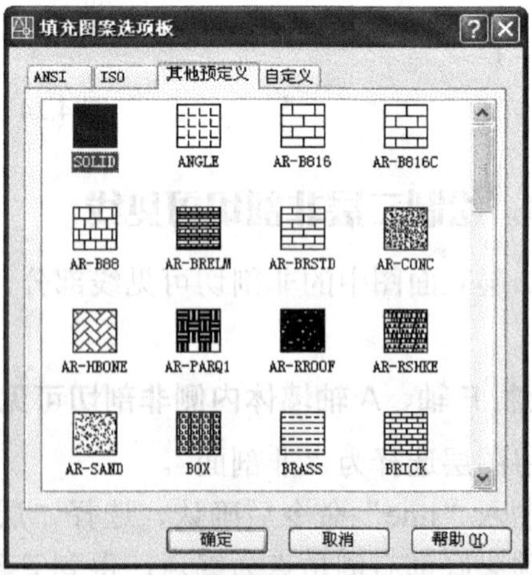

(b)“填充图案选项板”对话框

图 4.26 填充图案设置

单击“填充图案选项板”对话框的“确定”按钮，返回“图案填充和渐变色”对话框，修改“样例”为品红（和楼层颜色一致），如图 4.27 所示。

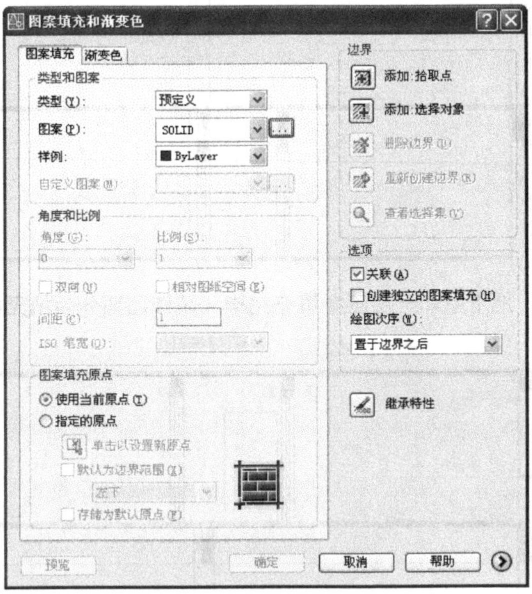

图 4.27　设置图案样例

（3）用鼠标左键单击“边界”栏的“添加：选择对象”按钮，在屏幕上选择好需填充图案的边界线（**注意，其中二层需要填充部分应单独执行填充命令选择边界和填充；一层和地下室可一起填充**），地下室和一层部分先填充，首先选择其填充边界，如图 4.28 所示。

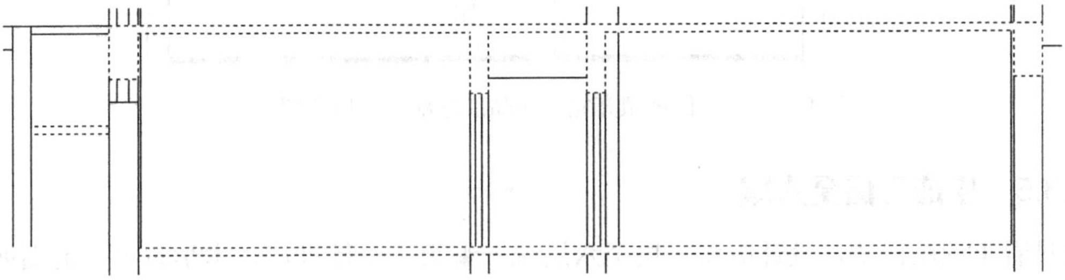

图 4.28　地下室选定填充图案边界（边界线呈虚线所示）

（4）当选定图案填充边界后，单击鼠标右键弹出如图 4.29 所示的快捷菜单，用鼠标左键单击“确认”或“预览”命令项后，观察填充图案部分是否正确（推荐先预览）。

（5）预览无误后最后单击“确定”按钮，地下室和一层部分填充完毕（至少使用两次填充命令），如图 4.30 所示。

（6）对二层需填充的部分可以参照步骤（1）～（5）操作，填充完毕后如图 4.31 所示。

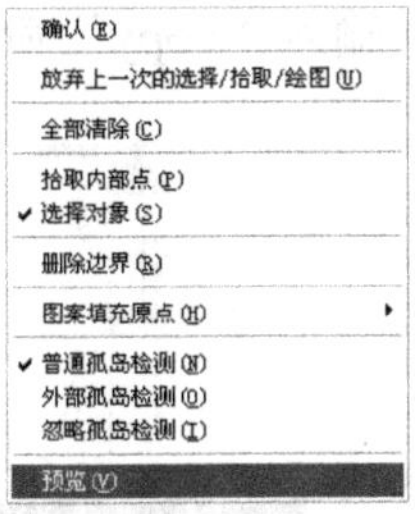

图 4.29　选定图案填充边界后，单击鼠标右键弹出快捷菜单

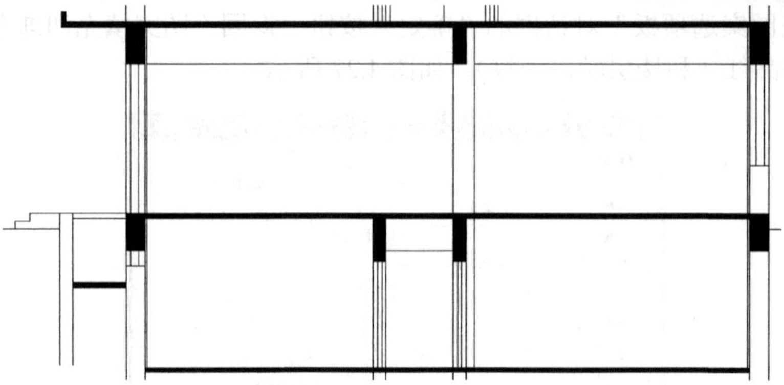

图 4.30　地下室和一层图案填充完毕（品红色部分为填充图案）

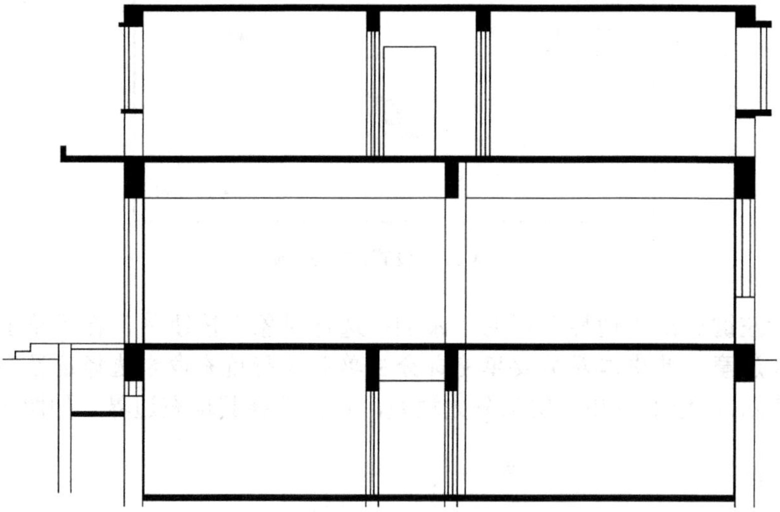

图 4.31　二层图案填充完毕（品红色部分为填充图案）

4.3.5　生成三层至六层

通过看工程图已知，设计时将二层至六层统一编为一个标准层，本学习单元前面四大步已经生成二层标准层的所有图案，且二层已进行单独填充，故三层至六层可用二层进行多重 copy 命令得到。

（1）输入“copy”命令后确认，选择二层所有图形，如图 4.32 所示。

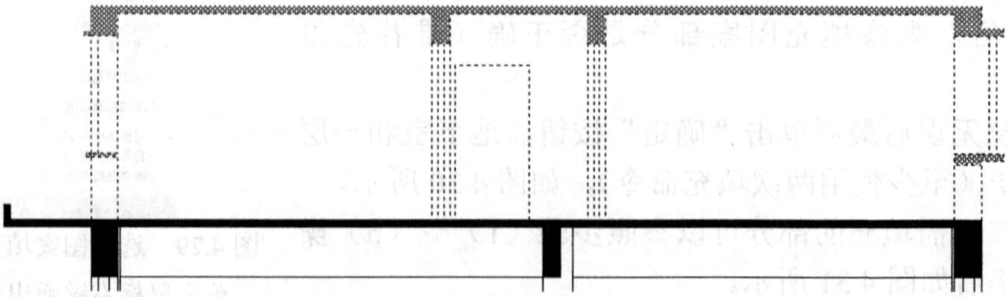

图 4.32　选择二层所有需向上复制的图案（变灰部分被选中）

（2）确定所选图形后，选定基点为二层 F 轴墙体边线与二层底板板面左下角交点，竖直向上用鼠标选取 F 轴二层顶梁顶面左上角点为第二点，复制次数为 4 次，结果如图 4.33 所示。

至此，二层至六层所有内部图案已绘制完成。

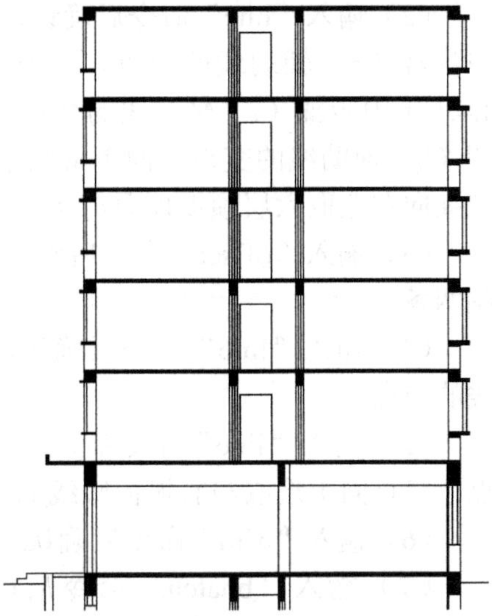

图 4.33　复制生成三层至六层

学习单元 4　绘制坡屋顶

经过仔细观察发现，本工程坡屋顶为非对称，左坡坡度小，右坡坡度大，且屋顶横向两端各设屋檐；屋脊顶部标高为 20.800；屋顶两侧各有非剖切可见的老虎窗，分别需要先定位再详细绘制；故需要先绘制一些辅助线，再绘制具体线条，注意图层和线型设置及关键点应准确捕捉。

4.4.1　绘制辅助线

首先认真观察坡屋顶剖面线的位置，坡屋顶的左坡底部外侧端点交于六层顶板顶面的左端角点；而右坡底部下端水平线长度为 200，外侧竖向高度为 200，上端右侧水平段长度为 100；右坡底部下端水平线中点距 A 轴线水平距离为 1800；外侧屋檐顶部水平线距六层顶板顶面线 400；屋脊顶部尖角点至六层顶板顶面的垂直距离为 2700；左、右两侧的老虎窗窗框顶线高度距六层顶板顶面为 2020，老虎窗窗楣高度为 120，窗楣线与坡屋顶相交后，交点在两侧分别距各自窗楣线端部水平距离：左坡为 3656，右坡为 2300。设置坡屋顶板厚度为 100。操作步骤如下。

（1）选择当前图层为“辅助线”。

（2）输入“offset”命令后确认，设置偏移复制距离为 200，选择六层顶板顶面线向上复制一条。

（3）输入“offset”命令后确认，设置偏移复制距离为 400，选择六层顶板顶面线向上复制一条。

（4）输入“offset”命令后确认，设置偏移复制距离为 2020，选择六层顶板顶面线向上复制一条。

（5）输入“offset”命令后确认，设置偏移复制距离为 2140，选择六层顶板顶面线向上复制一条。

（6）输入“offset”命令后确认，设置偏移复制距离为 2700，选择六层顶板顶面线向上复制一条。

（7）输入“offset”命令后确认，设置偏移复制距离为 1800，选择 A 轴向左复制一条。

（8）输入“offset”命令后确认，设置偏移复制距离为 1700，选择 A 轴向左复制一条。

（9）输入“offset”命令后确认，设置偏移复制距离为 1900，选择 A 轴向左复制一条。

4.4.2　绘制坡面线及填充

（1）选择当前图层为“楼层”。

（2）输入“line”命令后确认，用鼠标选取六层顶板顶面左端角点，选取 C 轴与 4.4.1 节中步骤（6）辅助线的交点，绘制左坡面上侧线，继续选取 4.4.1 节中步骤（2）辅助线与 4.4.1 节中步骤（7）辅助线的交点，向右继续选取 4.4.1 节中步骤（2）辅助线与 4.4.1 节中步骤（8）辅助线的交点，向下继续选取六层顶板顶面与 4.4.1 节中步骤（8）辅助线的交点，继续向左选取六层顶板顶面与 4.4.1 节中步骤（9）辅助线的交点。

（3）输入“offset”命令后确认，设置偏移复制距离为 100，选择两侧斜坡上边线向下复制两条。

（4）输入“line”命令后确认，选取六层顶板顶面左端角点，水平向右选取与左坡板底线的交点。

（5）输入“line”命令后确认，选取六层顶板顶面与 4.4.1 节中步骤（9）辅助线的交点，竖直向上选取与右坡板底线的交点。

（6）输入“trim”命令后确认，合理选择后，删除多余线，初步生成坡屋顶板轮廓线。

（7）输入“bhatch”命令后确认，设置填充图案为“SOLID”，品红色；选择步骤（2）～（6）生成的坡面闭合轮廓线，预览无误后确认，填充图案完毕，形成整个坡屋顶的斜坡部分，如图 4.34 所示。

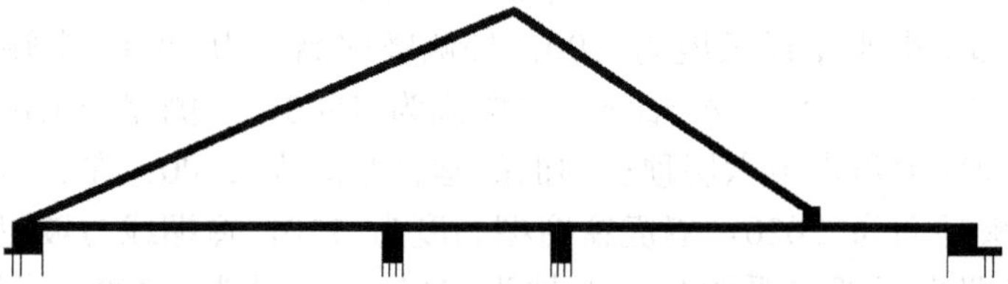

图 4.34　形成坡屋顶斜坡的剖切部分

4.4.3　绘制坡屋顶屋檐及非剖面可见线

我们还需绘制屋檐和老虎窗的立面线，后者是未剖切到的但可见的部分，可依托前面生成的辅助线并根据图上尺寸绘制。

（1）选择当前图层为“墙体”。

（2）输入“line”命令后确认，选取六层顶板顶面左端角点，第二点相对坐标@（-200,0），第三点相对坐标@（0,400），第四点相对坐标@（-100,0），第五点相对坐标@（0,-600），第六点相对坐标@（300,0），输入“C”后确认，形成左端顶部檐口。

（3）输入“line”命令后确认，选取六层顶板顶面右端角点，第二点相对坐标@（200,0），第三点相对坐标@（0,400），第四点相对坐标@（100,0），第五点相对坐标@（0,-600），第六点相对坐标@（-300,0），输入“C”后确认，形成右端顶部檐口。

（4）选择六层左、右端刚刚形成的屋檐封闭线，进行填充。输入“bhatch”命令后确认，选择填充样式为“SOLID”，品红色，选择需填充的左、右屋檐封闭线并预览无误后确认，形成屋檐。

（5）选择当前图层为“非剖面”。

（6）输入“line”命令后确认，选择 4.4.1 节中步骤（5）辅助线与左坡上面交点为起点，第二点为@（-3656,0），第三点为@（0,-120），第四点为@（120,0），第五点为第四点竖直向下与左坡上面的交点。

（7）输入“line”命令后确认，选择上面步骤（6）中的第四点为起点，水平向右相交于左坡上面的交点，形成左坡老虎窗的非剖切部分。

（8）输入“line”命令后确认，选择 4.4.1 节中步骤（5）辅助线与右坡上面交点为起点，第二点为@（2300,0），第三点为@（0,-120），第四点为@（-120,0），第五点为第四点竖直向下与右坡上面的交点。

（9）输入“line”命令后确认，选择上面步骤（8）中的第四点为起点，水平向右相交于右坡上面的交点，形成右坡老虎窗的非剖切部分，如图 4.35 所示。

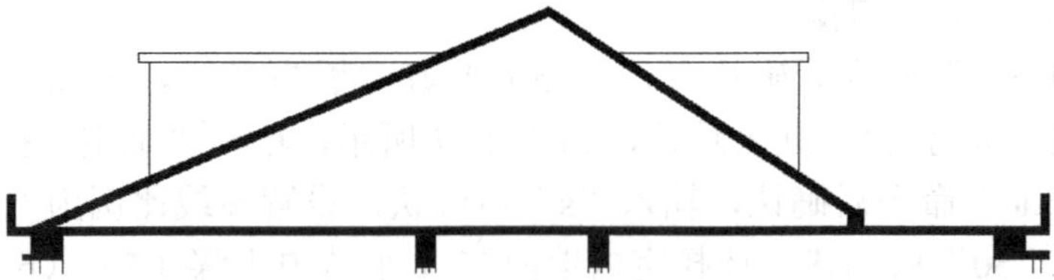

图 4.35　形成坡屋顶左、右老虎窗

4.4.4　绘制 F 轴左侧外部非剖切部分立面

下面绘制 F 轴左侧非剖切部分立面线，这部分是未剖切到的但可见的部分，可依托前面生成的辅助线并根据图上尺寸绘制。

（1）选择当前图层为“非剖面”。

（2）输入“line”命令后确认，选取二层 F 轴左侧雨篷板小沿外侧顶面左上端角点，第二点水平向右相交于墙体外边线，形成小沿上部的非剖切线。

（3）输入“line”命令后确认，选取二层 F 轴左侧雨篷板小沿外侧顶面左上端角点，第二点为竖直向上至左侧顶部屋檐底部线水平向左延长线的虚交点，第三点为竖直向上至左侧顶部屋檐顶部线水平向左延长线的虚交点，第四点水平向右交于左侧斜坡上面的线交点，形成 F 轴左侧非剖切墙身线，如图 4.36 所示。

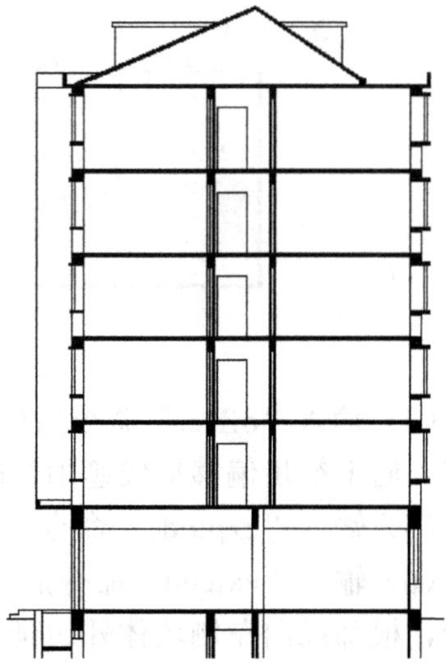

图 4.36　形成 F 轴左侧非剖切墙身立面

4.4.5　绘制 A 轴右侧外部非剖切部分立面

下面绘制 A 轴右侧非剖切部分立面线，这部分是未剖切到的但可见的部分。观察图纸，发现一层右侧有一个遮阳篷，而二层及以上则设有阳台，需要分别绘制。首先应新建辅助线，再绘制图案。

1．绘制辅助线

（1）选择当前图层为“辅助线”。

（2）输入“line”命令后确认，选取 A 轴正负零地面右端点为起点，水平向右画一条长度超过一层遮阳篷宽度的辅助线。

（3）输入“offset”命令后确认，设置偏移距离为 250，选择步骤（2）刚刚形成的辅助线，向图形上方复制一条。

（4）输入“offset”命令后确认，设置偏移距离为 550，选择步骤（2）刚刚形成的辅助线，向图形上方复制一条。

（5）输入“offset”命令后确认，设置偏移距离为 1250，选择 A 轴线，向右偏移复制一条。

（6）输入“offset”命令后确认，设置偏移距离为 1490，选择 A 轴线，向右偏移复制一条。

（7）输入“offset”命令后确认，设置偏移距离为 1750，选择 A 轴线，向右偏移复制一条。

2. 绘制 A 轴一层外侧遮阳篷

（1）选择当前图层为“门窗”。

（2）输入“mlstyle”命令后确认，定义 50 厚遮阳板为多线，名称为“50”，具体参数为：左偏 25、右偏-25，蓝色，其余默认，如图 4.37 所示，单击“确定”按钮。

（3）输入“mline”命令后确认，输入“s”后确认，设置多线比例为 1；输入“st”后确认，输入样式名称“50”后确认，选择室内地面与 1.小节中步骤（5）、（6）辅助线两交点之间的中点为起点，竖直向上选取与 1.小节中步骤（3）辅助线的交点为第二点，选择 A 轴外墙与 1.小节中步骤（4）辅助线的交点为第三点，形成遮阳篷下部骨架。

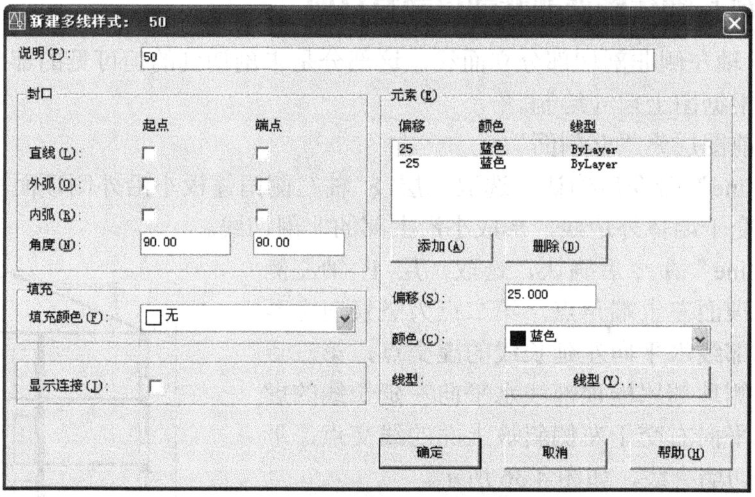

图 4.37　定义 50 多线样式

（4）输入“offset”命令后确认，设置偏移复制距离为 50，选择步骤（3）生成的遮阳篷骨架，向上初步偏移形成遮阳篷的顶篷轮廓。

（5）输入“explode”命令后确认，全部选择步骤（3）、（4）初步生成的遮阳篷后分解。

（6）输入“extend”命令后确认，将遮阳篷顶篷端部线向 1.小节中步骤（6）辅助线延伸相交，根部线向左侧墙体外边延伸相交。

（7）设置当前图层为“非剖面”，键入“line”命令后确认，选择 1.小节中步骤（5）生成的辅助线与地坪线交点为起点，竖直向上相交于 1.小节中步骤（3）辅助线垂足为第二点，水平向右相交于 1.小节中步骤（4）辅助线垂足为第三点，竖直向下相交于地坪线垂足为第四点，生成遮阳篷外侧骨架下部小墙。

（8）输入“trim”命令后确认（结合 erase 命令），删除多余图线后，结果如图 4.38 所示（蓝色部分为遮阳篷，底部小墙为白色）。

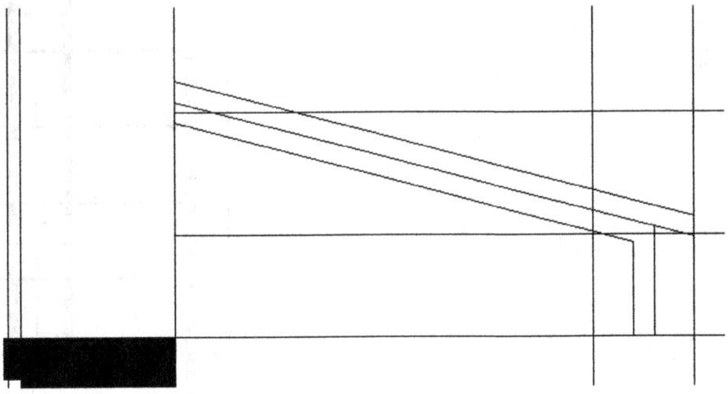

图 4.38　生成一层外侧遮阳篷

3．绘制 A 轴二层外侧阳台

（1）设置当前图层为“辅助线”。输入“line”命令后确认，选择二层底板顶面 A 轴右端上方角点为起点，水平向右作超过阳台外伸长度辅助线一条。

（2）设置当前图层为“非剖面”。输入“offset”命令后确认，设置偏移距离为 370，选择步骤（1）辅助线，向上复制一条。

（3）输入“offset”命令后确认，设置偏移距离为 100，选择步骤（1）辅助线，向下复制一条。

（4）输入“line”命令后确认，选择步骤（3）辅助线与左侧墙体的交点为起点，水平向右与 1.小节中步骤（7）辅助线的垂足为第二点。

（5）输入“copy”命令后确认，将步骤（4）辅助线竖直向上复制 470。同理，将步骤（4）辅助线竖直向上分别复制 1150、1250、2350、2900。

（6）输入“offset”命令后确认，输入偏移距离为 750，将 1.小节中步骤（7）辅助线向左复制一条。

（7）输入“line”命令后确认，选择步骤（5）辅助线与 1.小节中步骤（7）辅助线的交点为起点，第二点@（100, 0），第三点@（0, 100），第四点@（-100, 0），生成阳台窗台。

（8）选择步骤（2）～（6）刚刚生成的线设置图层为“非剖面”。

（9）关闭“辅助线”、“轴线”图层。输入“trim”命令后确认，按照 A 轴右侧未剖切部分的实际线条要求进行修剪，结合 erase 命令将图线进行修剪，修改完毕，结果如图 4.39 所示。

4．绘制 A 轴三层至六层外侧阳台

由工程设计图可知，二层至六层为标准层，且除六层阳台顶部檐口外，以下每层阳台基本一致。故可以利用已绘制完毕的二层阳台线为对象，向上复制出三层至六层阳台，再局部修改六层顶部。

（1）输入“copy”命令后确认，全选 3.小节中生成的二层阳台非剖切可见线，竖直向上每隔层高 2900 复制一层阳台，共复制 4 次，初步形成三层至六层阳台。

（2）输入“line”命令后确认，选择六层阳台右上角点为起点，第二点@（50,0），第三点@（0,500），第四点水平向左相交于右坡上表面线，结果如图 4.40 所示。

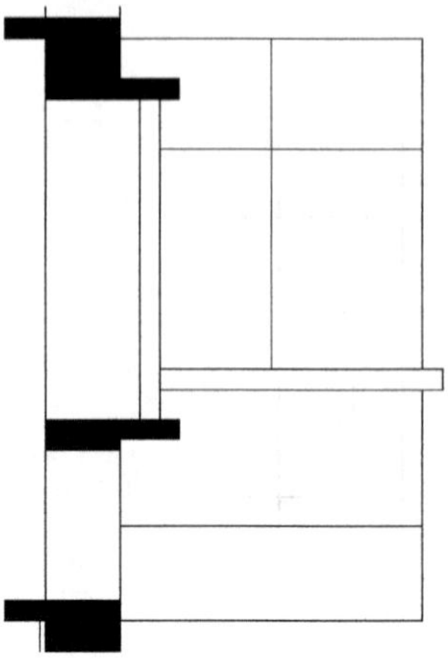

图 4.39　生成二层外侧未剖切可见阳台

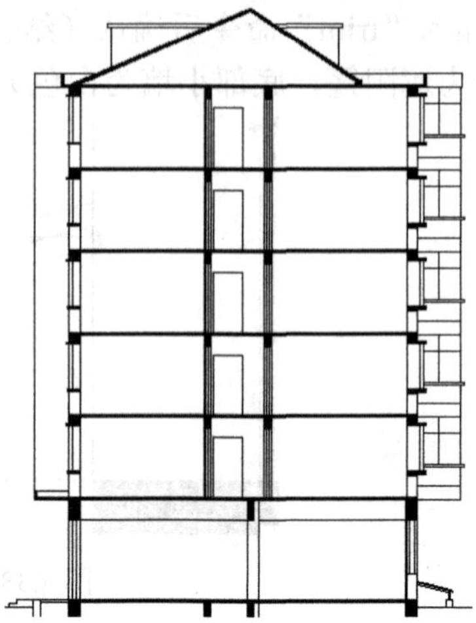

图 4.40　生成三层至六层外侧未剖切可见阳台

学习单元 5　完成剖面图绘制

前面 4 个学习单元已经将图形基本完成，只剩下标注尺寸、标高、图名、比例、图框需要绘制，按照顺序依次进行，一边标注、一边检查尺寸是否有误，标注应齐全、清晰；绘制标高位置应指明、且上下对齐；图名、比例文字大小应合适；图框可以利用块插入并进行修改成为剖面图图框。

4.5.1　标注尺寸

（1）设置当前图层为“标注”。

（2）单击“标注样式”按钮，弹出“标注样式管理器”，新建“副本 ISO-25”标注样式，将“符号和箭头”选项卡的“箭头”栏中的第一项改成“建筑标记”，箭头大小为 200；超出尺寸线 200，起点偏移量 4500；设置“文字”选项卡中文字高度为 2.5，字体为宋体，黄色。

（3）单击“标注样式”按钮，弹出“标注样式管理器”，新建“副本（1）ISO-25”标注样式，将“符号和箭头”选项卡的“箭头”栏中的第一项改成“建筑标记”，箭头大小为 200；超出尺寸线 200，起点偏移量 200；设置“文字”选项卡中的文字高度为 2.5，字体为宋体，黄色。

（4）可选择“副本 ISO-25”标注样式置为当前，单击“线性标注”按钮，选择尺寸界线的起点，先左侧、后右侧标注尺寸，由下向上先进行第一段标注；单击“连续标注”按钮，由第一段标注的终点为起点连续标注至最顶端。

（5）再选择“副本（1）ISO-25”标注样式置为当前，分别标注内部门高度、窗高度及与板顶面的高度：单击“线性标注”按钮，单独标注地下室的门高度；单击“线性标注”按钮，先分别标注二层门、窗高度，单击“连续标注”按钮，由二层标注终点为起点连续标注门、窗顶部距至板顶面高度直至六层顶面为止（一边标注、一边注意尺寸数值是否有误，如果有误应仔细对照图纸检查绘图过程并及时改正相关图形和尺寸，不能仅仅修改标注的数值。注意选择点要准确，方向要正确，不要遗漏，标注高度连续时，尺寸线应在一条直线上；标注文字位置可以单独调整至合适）。

（6）单击“角度标注”按钮，选择坡屋顶左右坡面线与六层屋顶平面，标注角度。

（7）标注完毕后，尺寸界线比较长而且头部不齐时，可以借助辅助线作为剪切边界来剪齐，此时若不能剪切可以分解所有尺寸标注后再剪切，结果如图 4.41 所示。

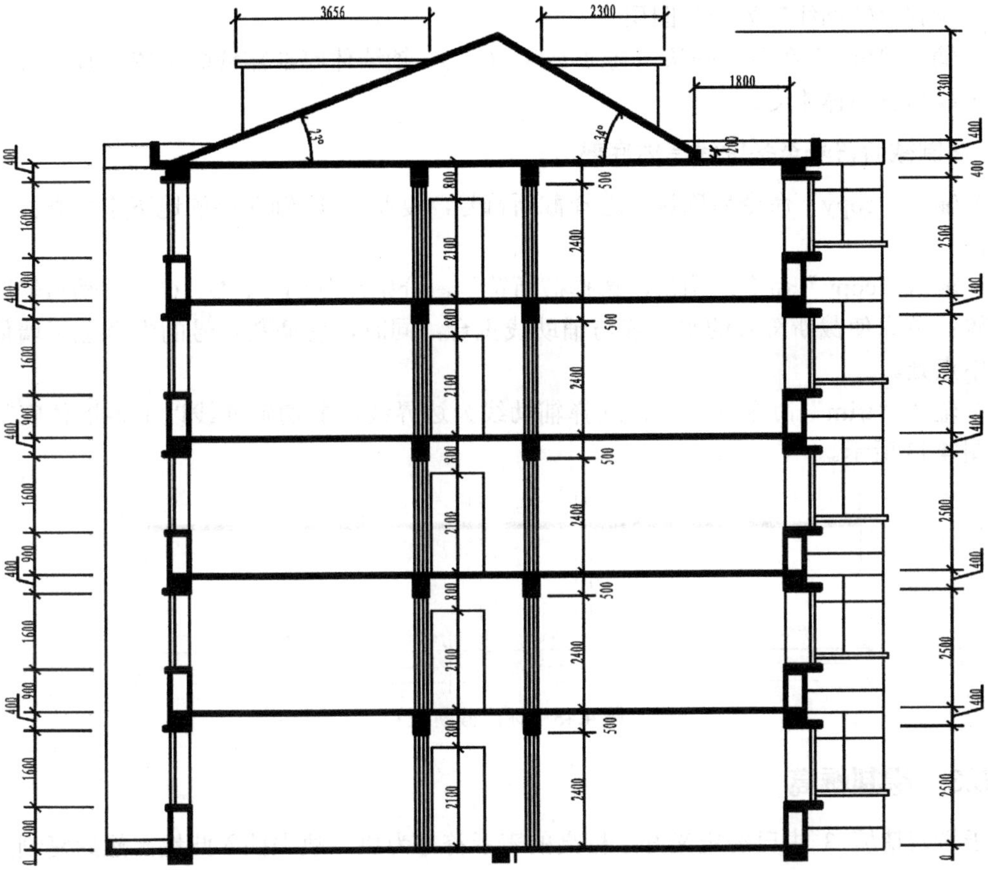

图 4.41　标注尺寸

4.5.2　绘制地下室下部墙体截断符号

由于无须表示出基础，故将与基础相连的墙体全部截断，用截断符号表示。

1. 绘制截断符号

按照普通截断符号的样式及墙体宽度，绘制采用画一半折线，两次镜像得到另一半。

（1）设置当前图层为“标注”。输入“line”命令后确认，屏幕上任选一点，第二点为@（170,0），第三点为@（0,-100），第四点为@（100,100），得到左半边截断符号。

（2）输入“mirror”命令后确认，选择步骤（1）的符号，以步骤（1）第四点为镜像线一点，沿着竖直轴镜像一次；同理，选择步骤（2）刚生成的右半边部分，以步骤（1）第四点为镜像线一点，沿着水平轴镜像一次，得到完整的截断符号，如图 4.42 所示。

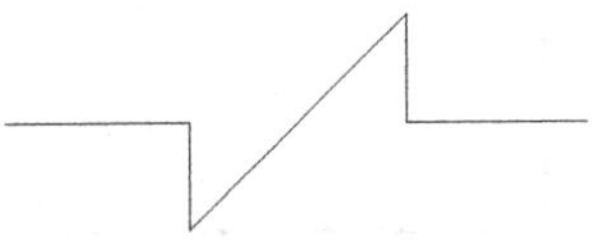

图 4.42　绘制截断符号

2．绘制一条辅助线

为将截断符号准确地复制到各轴底部墙体需截断的部位，且保持平齐，需先绘制一条辅助线。

（1）设置“辅助线”为当前图层。

（2）输入“line”命令后确认，在 F、D、C、A 轴墙体底部需截断位置，画一条两侧出头的水平线与各墙体相交。

3．复制截断符号至各轴线墙体底部

（1）输入“copy”命令后确认，选择截断符号，复制到 F 轴左侧的地下室采光井外壁底部中间。

（2）输入“copy”命令后确认，选择截断符号，分别复制到 F、D、C、A 轴与辅助线相交的位置；首先使截断符号的水平线与辅助线重合，同时，使截断符号的中点位于墙体底部的厚度中点处。

（3）输入“trim”命令后确认，选择辅助线为边界线，剪切辅助线以下各墙体底部线，结果如图 4.43 所示。

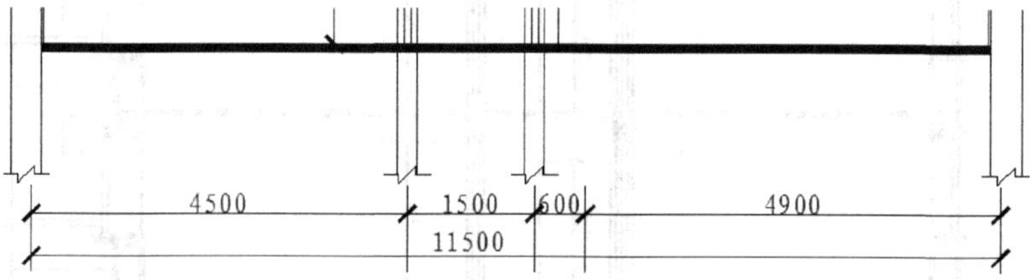

图 4.43　标注截断符号

4.5.3　绘制标高

由于学习情境 3 中已经定义好了标高的表示符号为块，故先插入此块，然后复制到标高标注位置，最后再绘制标高的数值。

（1）设置当前图层为“标注”。

（2）输入“insert”命令后确认，系统弹出“插入”对话框，名称里找到定义好的“标高符号 1”（也可自行绘制，方法详见学习情境 3），图案如对话框右上角图示，如图 4.44 所示。

单击“确定”按钮后，插入标高符号到图形中。

（3）单击“文字样式”按钮，设定文字样式，如图 4.45 所示。

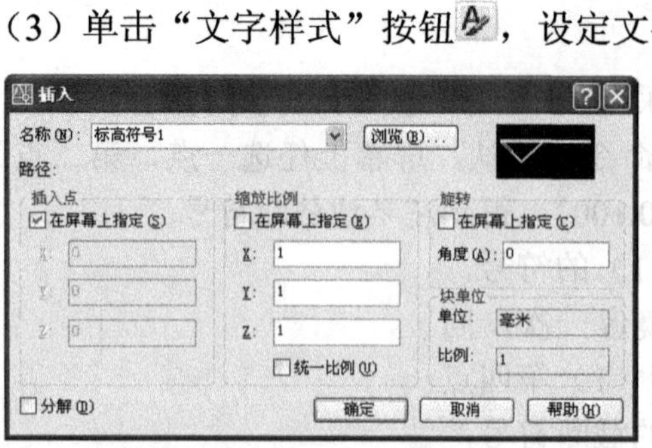

图 4.44　插入标高符号块

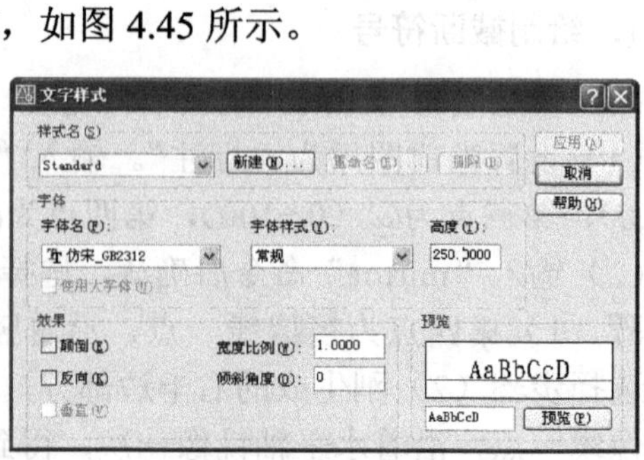

图 4.45　设定文字样式

（4）单击“多行文字”按钮A，单击鼠标左键确定输入左上方角点，向右下侧拉方框后选定文字输入位置，在标高符号上方输入文字“%%p0.000”后单击“确定”按钮，则屏幕上将出现“±0.000”，如图 4.46 所示。

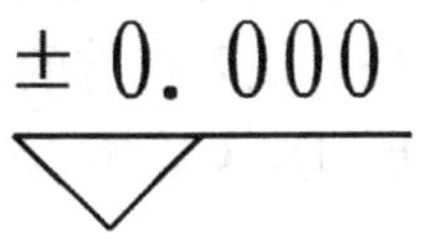

图 4.46　输入标高数值

（5）如果符号不是细线，则需输入“explode”命令，选择标高符号，分解成细线。

（6）输入“copy”命令，先选择标高符号与数值，再选择基点为标高符号三角形尖端点，复制标高符号与数值到室内地坪线上，使三角形尖端点标注在地坪线上。

（7）输入“copy”命令，先选择标高符号与数值，再选择基点为标高符号三角形尖端点，准确复制标高符号与数值到其他需要的位置；用鼠标左键双击文字后，改变其文字数值为所需标高，注意不要遗漏和错误标注，结果如图 4.47 所示。

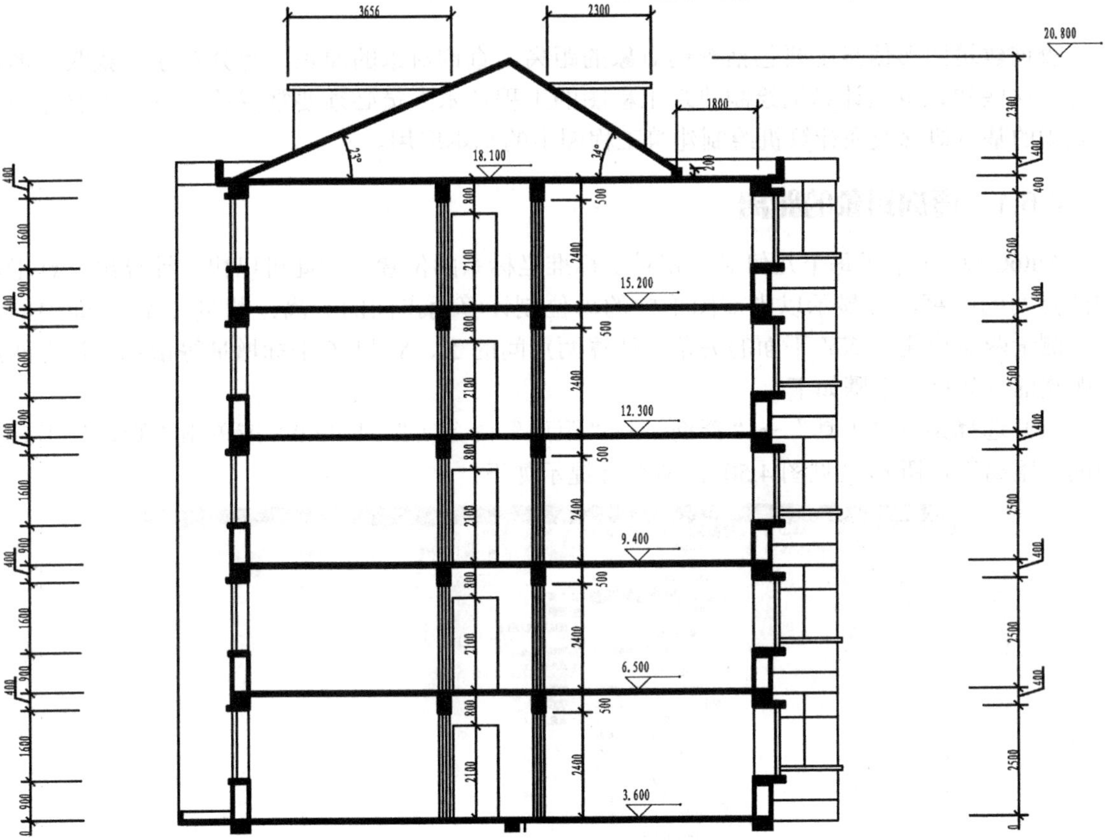

图 4.47　复制标高符号及数值并修改数值后的效果

4.5.4　绘制文字、比例，插入图框

（1）设置当前图层为“标注”；设置文字样式同标高的文字样式。

（2）单击“多行文字”按钮A，输入图名“2-2 剖面图”，改变字号为“500”。

（3）单击“多行文字”按钮A，在图名右侧输入比例：“1∶100”，改变字号为“250”。

（4）输入“mline”命令后确认，在图名正下方绘制长度略长于图名的线宽为 90 的水平线。

（5）插入已有的轴线符号图块，复制到相应的轴线下方，并修改轴线名称自左向右分别为：F、D、C、B、A，如图 4.48 所示。

图 4.48　绘制图名、比例

（6）剖面图绘制完成后如图 4.1 所示，再插入标准图框，修改其中的信息为本剖面图信息：建施、09 号、2-2 剖面图。

学习单元 6　查询建筑图形信息

查询建筑图形信息主要包括查询对象的距离、查询对象的面积、等分对象、获取图形信息等，这些知识也是计算机绘制建筑工程图的工程技术人员必须要掌握的。下面主要介绍这些知识的基本概念及在计算机绘制建筑工程图中的基本应用。

4.6.1　查询对象的距离

AutoCAD 记录了每个几何对象相对于标准坐标系的位置，因此可以快速计算出任意指定的两点间的距离，并显示以当前图形中的单位制计算两点间的距离；测量 XY 平面中的倾角，测量两点连线与 XY 平面的夹角，计算两点间的 X、Y 和 Z 坐标增量等信息。计算两点间距离的具体操作步骤如下。

（1）选择菜单“工具”→“查询”→“距离”命令（见图 4.49）或单击“查询”工具栏中的“距离”按钮（见图 4.50），命令行提示如下：

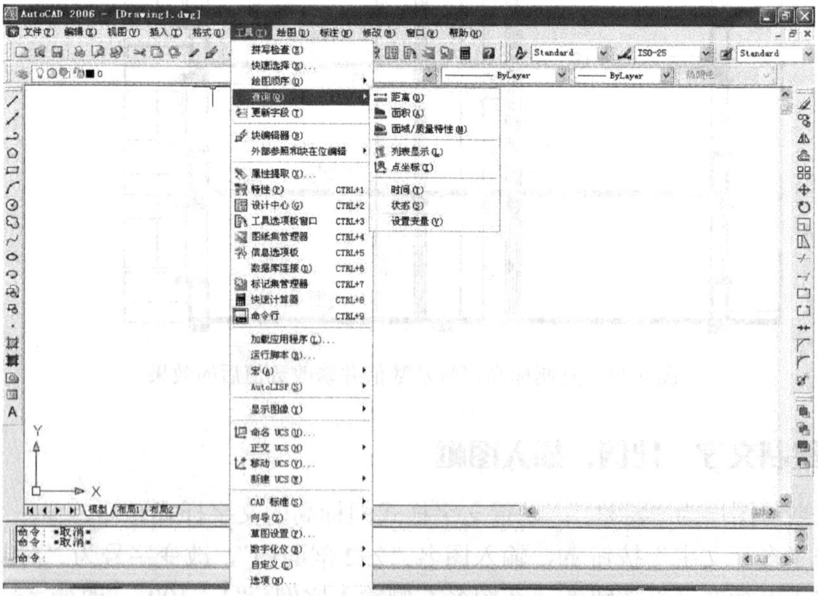

图 4.49　选择“距离”菜单命令

```
命令：_dist
指定第一点：（指定第一点 A，见图 4.51）
指定第二点：（指定第二点 B）
```

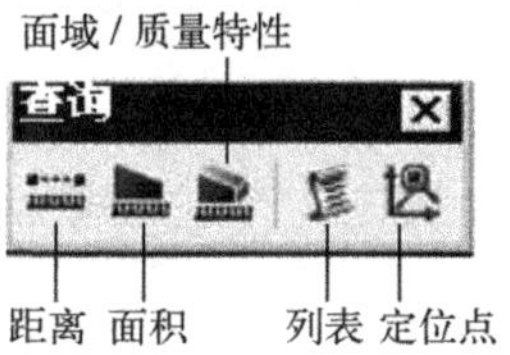

图 4.50 “距离”工具栏

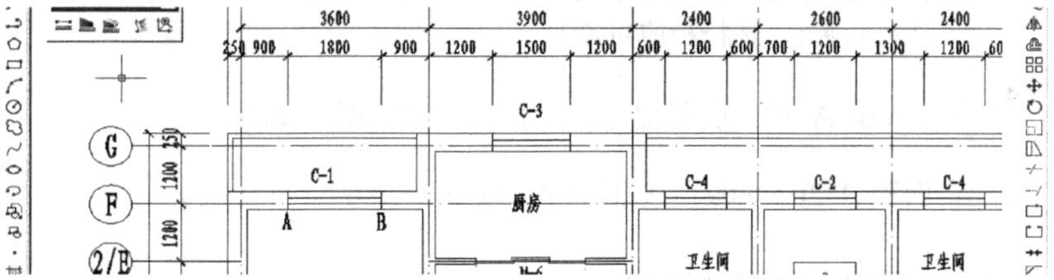

图 4.51 计算距离和角度

（2）AutoCAD 立即显示如下的信息：

```
距离=18.0000，XY 平面中的倾角=0，与 XY 平面的夹角=0
X 增量=18.0000，Y 增量=0.0000，Z 增量=0.0000
```

4.6.2 查询对象的面积信息

AutoCAD 图形数据库中保存了所有对象的详细信息，包括它们的精确几何参数，因而可以很容易地计算任何封闭对象的面积和周长。另外，也可以计算由指定的若干点构成封闭区域的面积。在计算面积时，AutoCAD 将记录，并将一个或多个面积进行加减运算，从而求出总和。

1. 获取多点围成区域的面积

如果指定一系列的点并围成一个封闭的多边形区域，则 AutoCAD 将根据这个虚构的多边形，计算图形中任一部分的面积和周长。如图 4.52 所示，计算由指定的点围成的多边形 ABCDE 中三角形 ABC 的面积，具体操作步骤如下。

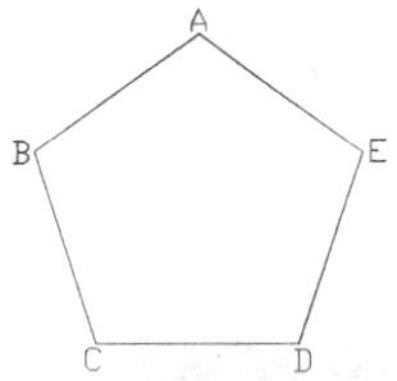

图 4.52 计算指定点包括的区域面积

（1）单击“查询”工具栏中的“面积”按钮，命令行提示如下：

```
命令：_area
指定第一个角点或[对象(O)/加(A)/减(S)]：<对象捕捉 开>（指定 A 点，见图 4.52）
指定下一个角点或按“Enter”键全选：（指定 B 点）
指定下一个角点或按“Enter”键全选：（指定 C 点）
指定下一个角点或按“Enter”键全选：（单击右键或按“Enter”键结束）
```

（2）结束命令后，AutoCAD 立即显示点所定义各边围成的面积和周长。对选择的多点确认后立即显示计算的结果如下：

```
面积=36936.7480，周长=1008.3558
```

2. 获取封闭区域的面积

在 AutoCAD 中，可以计算任何封闭对象的面积。另外，根据所选对象的类型，AutoCAD 将计算对象的周长或面积。计算封闭区域面积的具体操作步骤如下。

（1）选择菜单“工具”→“查询”→“面积”命令，命令行提示如下：

> 命令：_area
> 指定第一个角点或[对象(O)/加(A)/减(S)]：O（选择“对象”选项，按“Enter”键）
> 选择对象：（选择相应对象）

（2）AutoCAD 将立即显示封闭对象的面积和周长：

> 面积=133638.4097，周长=1393.5135

3．获取组合区域的面积

在 AutoCAD 中，可以使用“加”和“减”选项组合区域，计算最后面积的总和。在做区域面积的加减计算时，可以通过选择对象或指定点所围成的多边形作为计算的区域。

在计算组合区域时，需将 AREA 命令切换到“加”模式或“减”模式：如果进入“加”模式，选定的任何区域都做加运算；而在“减”模式下，则从总和中减去所选区域。在 AREA 命令的提示下，可以输入“A”或“S”来切换模式，或在图形区中右击，从快捷菜单中选择“加”或“减”命令。下面是计算多边形 ABCDKJIHG 面积（见图 4.53）的步骤。

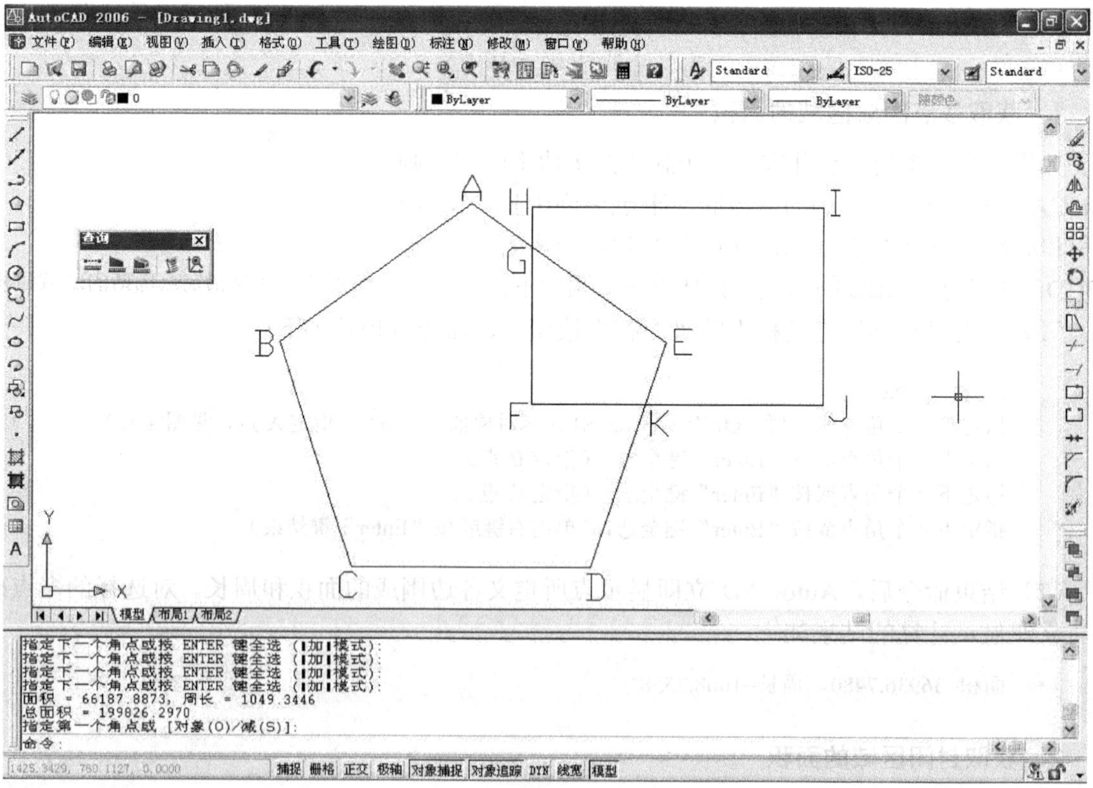

图 4.53　多边形面积

（1）选择菜单“工具”→“查询”→“面积”命令，命令行提示如下：

```
命令：_area
指定第一个角点或[对象(O)/加(A)/减(S)]：A
指定第一个角点或[对象(O)/减(S)]：O
选择对象(“加”模式)：(选择正五边形 ABCDE)
面积=133638.4097，周长=1393.5135
总面积=133638.4097
选择对象(“加”模式)：(直接按“Enter”键或单击鼠标右键)
指定第一个角点或[对象(O)/减(S)]：<对象捕捉 开>（选择 G 点，见图 4.53）
指定下一个角点或按“Enter”键全选（“加”模式)：(选择 H 点)
指定下一个角点或按“Enter”键全选（“加”模式)：(选择 I 点)
指定下一个角点或按“Enter”键全选（“加”模式)：(选择 J 点)
指定下一个角点或按“Enter”键全选（“加”模式)：(选择 K 点)
指定下一个角点或按“Enter”键全选（“加”模式)：(直接按“Enter”键或单击鼠标右键)
```

（2）结束命令后，AutoCAD 立即显示计算的结果，结果如图 4.53 所示。

```
面积=65948.8222，周长=1048.6839
总面积=199587.2319
```

4.6.3　等分对象

AutoCAD 可以将弧、圆、椭圆、椭圆弧、线、多段线、样条等对象划分成等长的片段，并放置等分标记。AutoCAD 提供了两个命令用于在沿对象的长度方向上放置标记对象。

1．定距等分对象

（1）功能：在图形对象上按指定间隔距离绘制点对象或插入图块。

（2）命令格式如下。

① 下拉菜单：单击菜单“绘图”→“点”→“定距等分”命令。

② 命令行：输入“MEASURE”(缩写名为 ME)。

（3）基本操作步骤如下：

```
命令：_measure
选择要定距等分的对象：(选择如图 4.54 中所示的线段)
指定线段长度或［块(B)］：15
```

命令操作结果如图 4.54 所示。特别注意的是，MEASURE 命令沿选定对象按指定间隔绘制点对象时，是从距离鼠标拾取点最近的一端开始绘制点对象。在图 4.54 中，直线长度为 66，指定定距等分距离为 15。如果选择对象时用鼠标点选直线的右端部分，则 AutoCAD 在直线上将从右往左绘制点对象，即从右往左绘制出间距为 15 的 4 个点，最后一点距左端距离为 6，反之亦然。

对该操作命令选项的说明如下。

若在“指定线段长度或[块(B)]：”提示下输入“B”，则命令行提示如下：

```
指定线段长度或[块(B)]：B
输入要插入的块名：01
是否对齐块和对象？[是(Y)/否(N)] <Y>:
指定线段长度：15
```

此命令选项的执行结果以自定义的块来作为等分点的标记，即在等分点位置插入自定义的块。

2．定数等分对象

（1）功能：在图形对象上按指定等分数目绘制点对象或插入图块。

（2）命令格式如下。

① 下拉菜单：单击菜单“绘图”→“点”→“定数等分”命令。

② 命令行：输入“DIVIDE”（缩写名为 DIV）。

（3）基本操作步骤如下：

```
命令：_divide
选择要定数等分的对象：
指定线段数目或[块(B)]：5
```

按上述命令提示操后，绘图结果如图 4.55 所示。

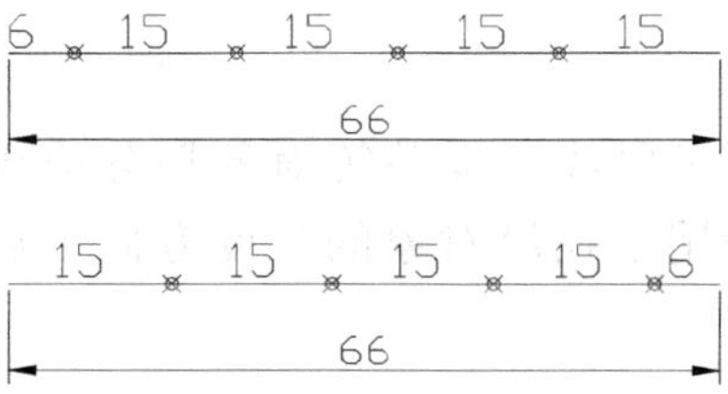

图 4.54　定距等分

图 4.55　定数等分

对该命令选项的说明如下：

若在“指定线段数目或[块(B)]：”提示下输入“B”，则命令行提示和操作方法与定距等分相同。

4.6.4　获取图形信息

在 AutoCAD 中，还可以跟踪图形及图形中某个对象的信息，并显示在 AutoCAD 的文本窗口中。这些信息的类别一般包括以下几方面：当前图形的状态、图形中所选对象的信息和当前图形工作的时间。

1．当前图形状态的查询

在绘图过程中，要查询图形的状态，应使用 STATUS 命令。STATUS 命令显示包含在图形中的大量信息，包括图形文件名、图形中对象的数量、图形单位、插入基点、捕捉和栅格设置、当前空间、当前图层、当前颜色和线型、当前标高和厚度、当前各种设置、当前对象捕捉模式、可用磁盘空间和物理内存。

要显示图形的状态，可以在命令行输入“status”命令后按“Enter”键，AutoCAD 立即显示图形的状态。某个图形的查询内容如图 4.56 所示。

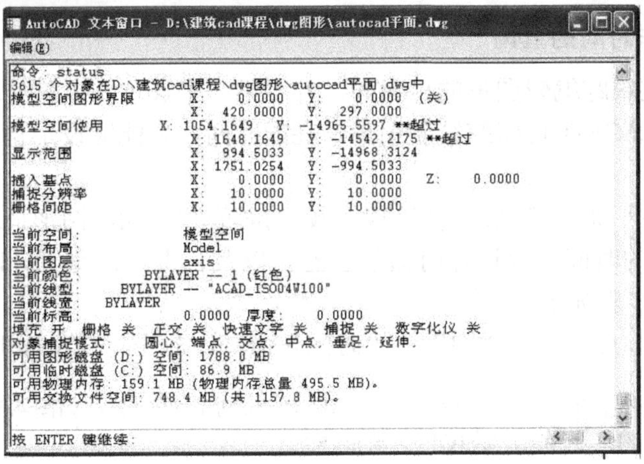

图 4.56　显示图形的状态信息

2. 图形中对象信息的查询

使用 LIST 命令显示选定对象的信息。显示信息根据所选对象的类型而异。无论对象是什么类型，AutoCAD 都将显示如下信息：对象的类型、对象所在的图层、对象所在的空间、对象句柄（赋予给图形中每一个对象的唯一名称）、对象的位置（相对于当前用户坐标系的 X、Y、Z 坐标）、对象的尺寸（根据对象的类型而异）。显示一个对象信息的操作步骤如下。

（1）选择菜单“工具”→“查询”→“列表显示”命令（见图 4.57），命令行提示如下：

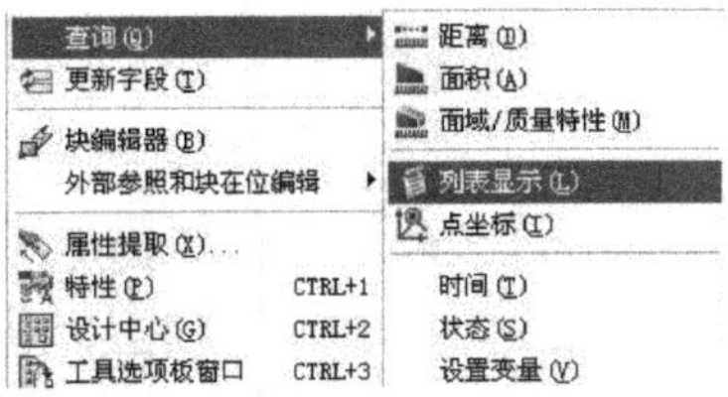

图 4.57　选择“列表显示”命令

> 命令：_list
> 选择对象：（选择一个或多个对象后，按“Enter”键）
> 选择对象：找到 1 个，总计 2 个

（2）AutoCAD 立即显示所选对象的信息，如图 4.58 所示。

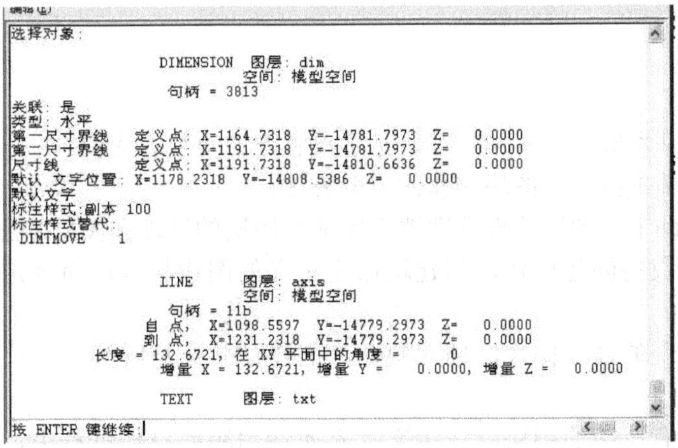

图 4.58　显示所选对象的信息

3．当前图形工作时间的查询

AutoCAD 始终在跟踪编辑图形的总时间，并提供一个选项，以打开和关闭计时器，包括重置为零。另外，AutoCAD 还跟踪绘制图形消耗的时间，并能够设定自动保存备份的时间，防止数据的丢失。

用 TIME 命令显示如下信息：图形原始创建的时间和日期、图形最近一次保存的日期和时间、图形累计编辑的时间、经过计时器的状态，以及自上一次重置计时器后经过的时间。显示时间信息的操作步骤如下。

（1）选择菜单“工具”→“查询”→“时间”命令，命令行提示如下：

```
命令：_time（然后按“Enter”键，AutoCAD 立即显示时间信息，如图 4.59 所示）
输入选项[显示(D)/开(ON)/关(OFF)/重置(R)]：
```

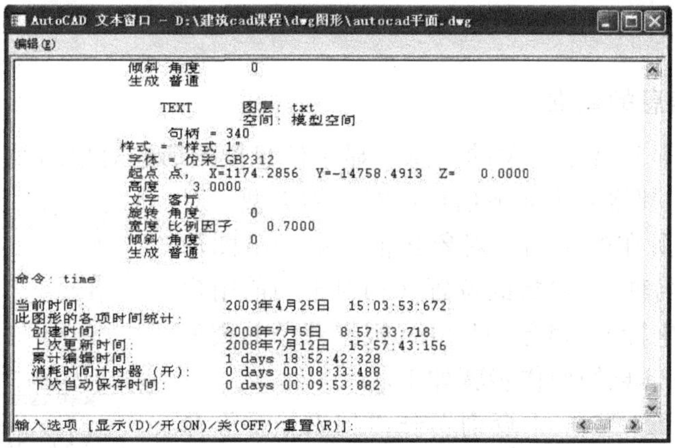

图 4.59　显示图形的时间信息

（2）按“Enter”键或“Esc”键结束该命令；或者输入一个字母，响应 4 个选项之一；或者右击图形区，从快捷菜单中选择一个命令：显示重复显示更新的时间、打开经过计时器、关闭经过计时器或者重置计时器。

计时器信息显示在 AutoCAD 文本窗口中，用户按“F2”键将切换到图形窗口。

思考与练习题 4

1．简述图层的基本概念、基本特征、基本设置方法及基本应用。

2．简述图块的基本概念、图块操作的一般方法。

3．叙述如何借助于“图层特性管理器”完成对图层的管理和图层状态的设置操作。

4．如何完成图块的创建操作，创建块命令定义的图块与写块命令定义的图块有什么相同和不同之处。

5．如何完成图块的插入操作，插入块命令的操作效果与阵列插入块命令的操作效果有什么不同。

6．如何定义具有属性的图块，在定义具有属性图块的操作过程中，定义图块属性命令的作用是什么。

7．参考所给图形，总结计算机绘制工程图的一般方法，重点理解和掌握图层及图块操作方法，合理地利用AutoCAD软件的命令操作，完成如图4.60～图4.62所示工程图的计算机绘制任务。

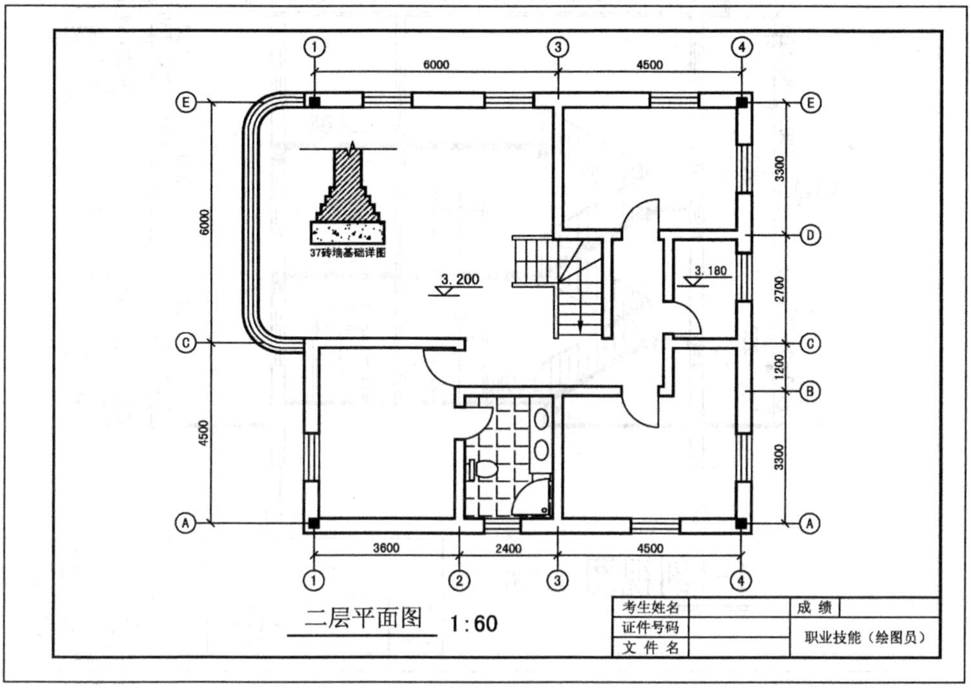

图4.60　实训作业1

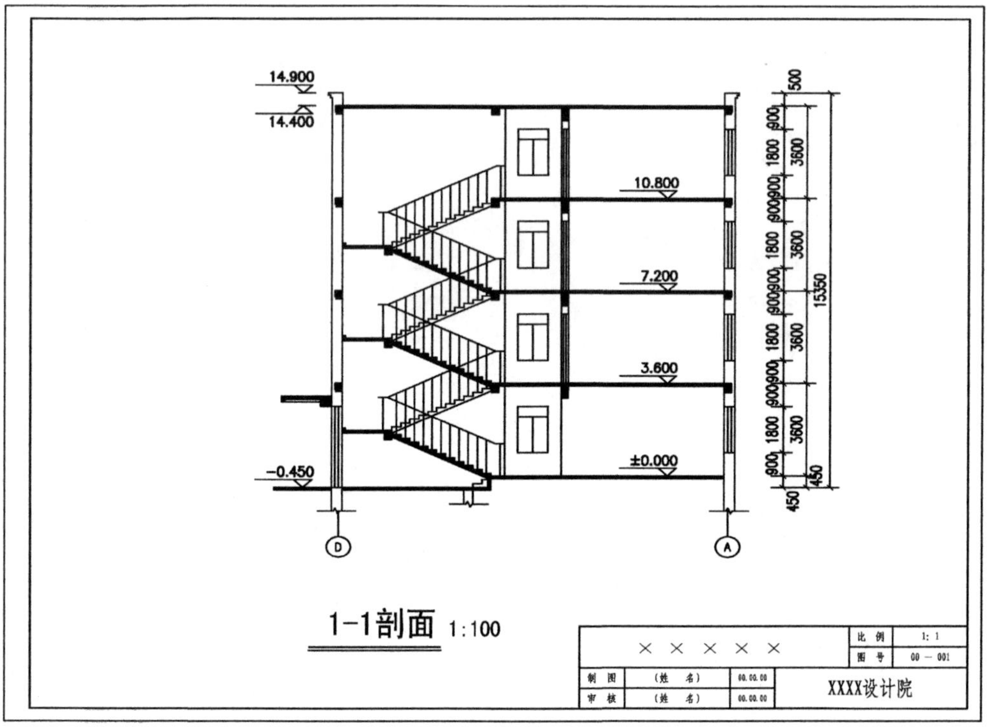

图4.61　实训作业2

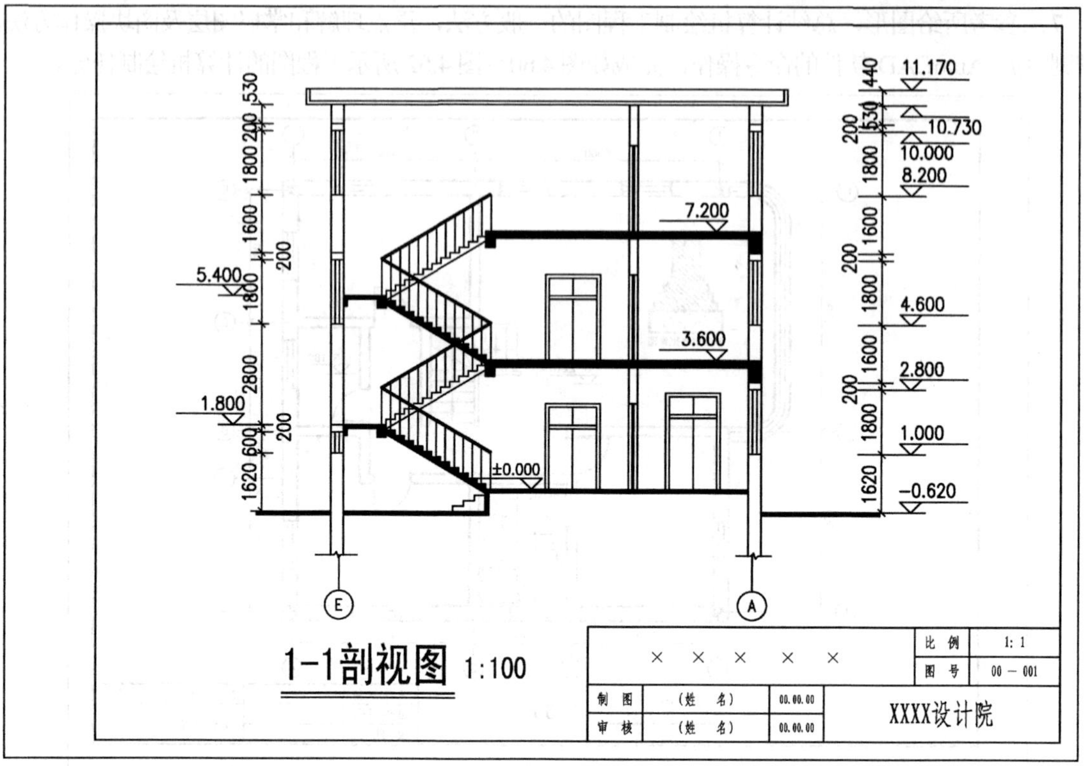
11.170
10.730
10.000
8.200
7.200
5.400
4.600
3.600
2.800
1.800
1.000
±0.000
−0.620
440
530
200
1800
1600
2800
600
1620
E
A
1-1剖视图 1:100
比 例
1: 1
图 号
00 — 001
× × × × ×
制 图
审 核
（姓 名）
00.00.00
XXXX设计院

图 4.62　实训作业 3

学习情境 5 天正建筑软件绘制平面图

天正建筑软件 TArch 是北京天正工程软件有限公司在 AutoCAD 平台上开发的建筑 CAD 软件，是目前国内应用比较广泛的建筑专业设计软件。安装天正建筑软件 TArch 之前，首先要安装平台软件 AutoCAD。TArch 的不同版本对计算机操作系统和 AutoCAD 软件的最低要求有所不同。本书主要以 TArch 6.0 为主来介绍用天正软件绘制建筑工程图的操作方法，其他版本的 TArch 软件操作与此基本相同。天正建筑软件的操作和 AutoCAD 软件有所不同，我们可以用一个积木搭房子来比喻两者的不同。用 AutoCAD 软件绘图的过程就像我们需要做出每个积木形状和大小，然后把每个积木放到合适的位置，从而搭出一个房子；而用天正建筑软件绘图就像是积木的形状已经做出来了，我们只需定义每个积木的大小，然后把每个积木放到合适的位置即可。天正建筑软件是在 AutoCAD 软件基础上开发出来的，因此 AutoCAD 的所有命令和操作方式在天正操作环境下一样适用。本学习情境用天正建筑软件 TArch 完成对 6 层砖混结构住宅楼标准层平面图的绘制，平面图各部分的尺寸如图 5.1 所示。

学习单元 1 建立轴网

本学习单元介绍天正建筑软件 TArch 的主要内容，包括天正建筑软件 TArch 的主界面、建立绘图轴网等。天正建筑软件 TArch 是在 AutoCAD 软件平台上开发的，在学习该软件时，应注意该软件与 AutoCAD 软件在操作方面的相同与不同。

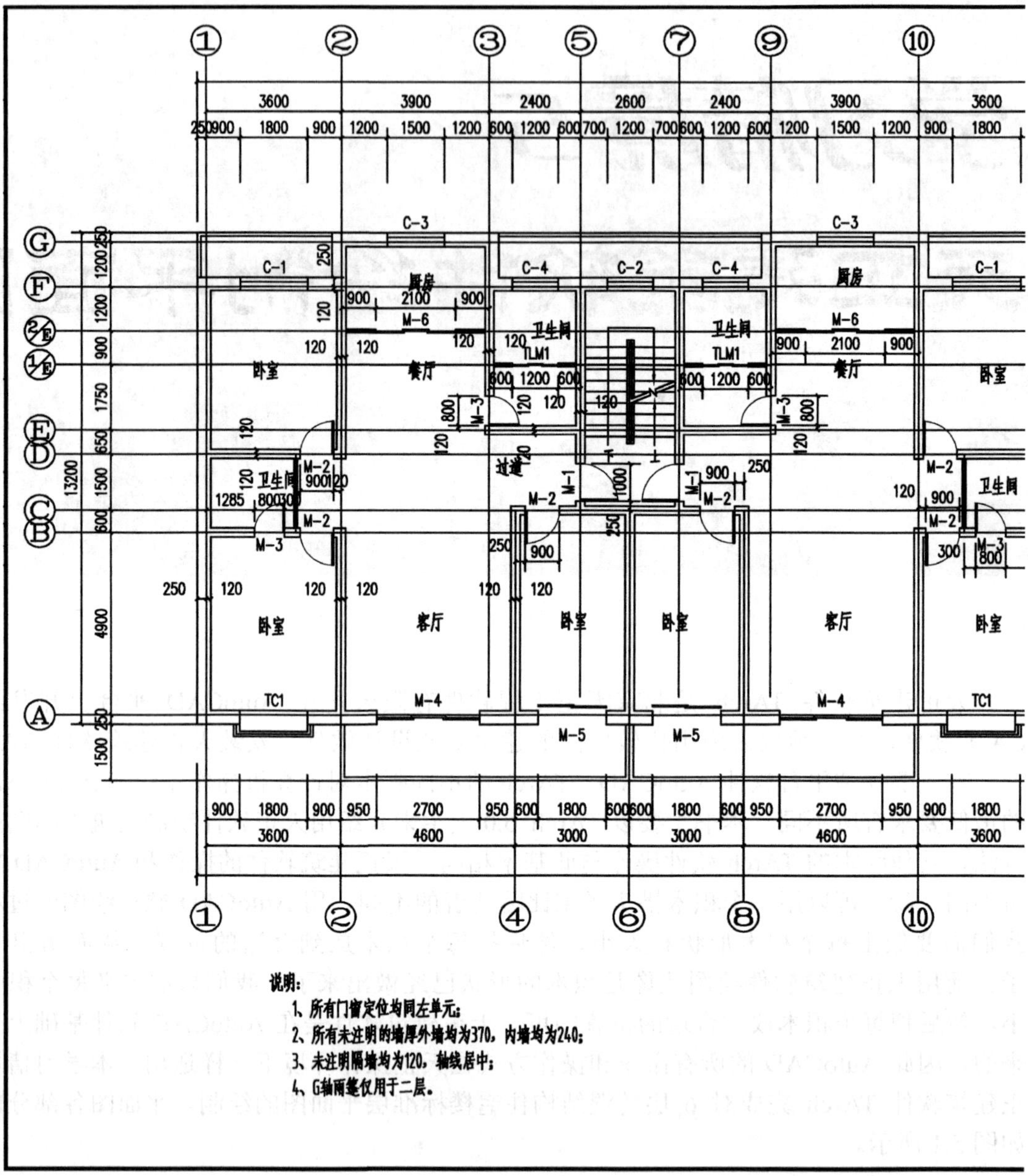
厨房
卫生间
餐厅
卧室
过道
客厅
说明：
1、所有门窗定位均同左单元；
2、所有未注明的墙厚外墙均为370，内墙均为240；
3、未注明隔墙均为120，轴线居中；
4、G轴雨篷仅用于二层。

图 5.1 砖混结构住宅楼

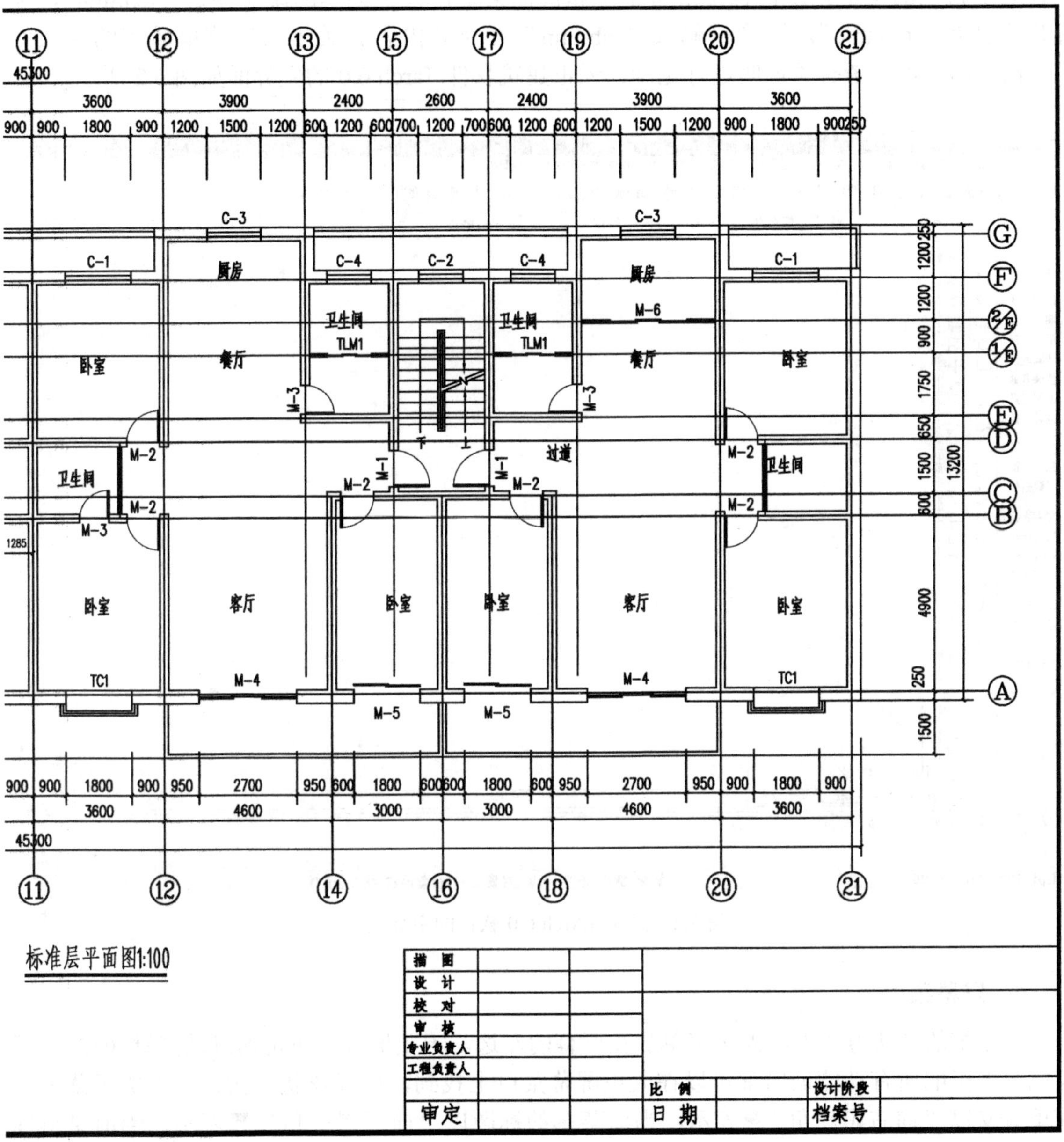

厨房
卧室
餐厅
卫生间
客厅
过道
标准层平面图1:100
描图
设计
校对
审核
专业负责人
工程负责人
审定
比例
日期
设计阶段
档案号

标准层平面图

5.1.1 天正 TArch 的操作界面

Tarch 软件对 AutoCAD 工作界面作了重大补充，同时保留了 AutoCAD 的原有风格。天正建立了自己的菜单系统，包括屏幕菜单和快捷菜单，天正菜单的源文件是“tch.tmn”，编译后文件是“tch.tmc”，用户可修改“tah.tmn”补充其内容。关于天正菜单系统的语法结构，高级用户可参考有关说明进行定制。天正建筑软件 Tarch 6.0 的主界面如图 5.2 所示。

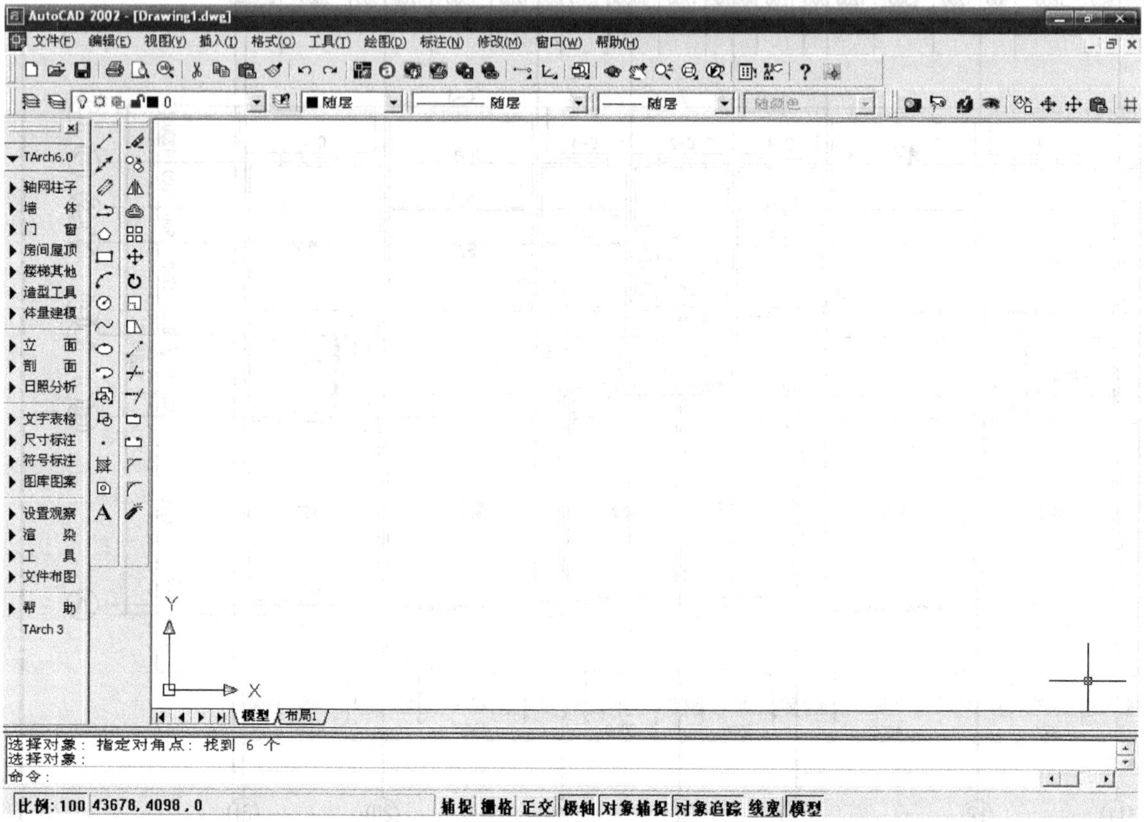

图 5.2 天正 TArch 6.0 软件的主界面

1．屏幕菜单

在系统的默认方式下，天正菜单放在屏幕的左边。天正屏幕菜单可通过功能键 F12 进行控制。天正的所有功能调用都可以在天正屏幕菜单上找到，可以树状结构调用多级子菜单。菜单分支以“向右黑三角”▶表示，当前菜单的标题以“向下黑三角”▼表示，当前菜单标题上面的菜单标题是上级菜单，以“空心三角”▽表示。所有的分支子菜单都可以用鼠标左键单击选择为当前菜单，也可以用右键单击，弹出菜单，从而维持当前菜单不变。大部分菜单项都有图标，以方便用户更快地确定菜单项的位置。当光标移动到菜单项上时，AutoCAD 的状态行就会出现该菜单项功能的简短提示。

屏幕菜单以树状结构陈列天正软件的所有功能，为简洁起见，菜单项一般不在其他菜单分支重复出现。但是有些菜单项可能有多种用途，经常要和其他菜单一起使用，为了清楚起见，屏幕菜单的底部在源文件列出时以两条分隔线隔开，表示引用其他菜单分支下的功能。

提示 1：对于屏幕分辨率小于 1024×768 的用户，有些菜单项可能排列不下，这时可以右击当前菜单标题，以弹出菜单的方式列出所有菜单项。

提示 2：如果菜单被关闭，使用组合键 Ctrl+F12 可以打开。

2. 快捷菜单

快捷菜单又称为右键菜单，在 AutoCAD 绘图区，单击鼠标右键（简称右击）弹出快捷菜单。

快捷菜单会根据当前预选对象确定菜单内容。在预选对象后，弹出的菜单列出最常用的功能，否则会根据所选原对象列出命令。当光标在菜单上移动时，AutoCAD 状态行给出当前菜单项的简短使用说明。天正软件有些命令利用预选对象，有些命令则不利用预选对象。对于单选对象命令，如果与选取位置无关，则利用预选对象（如对象编辑），否则还要提示选择对象（如轴网标注）。

5.1.2　建立轴网

天正建筑软件 TArch 提供了比较实用的轴网创建功能，这里介绍建立直线轴网、直线轴网标注等操作方法。

1. 建立直线轴网

（1）单击屏幕菜单“轴网柱子”→“直线轴网”命令，弹出如图 5.3 所示的对话框。

（2）选择“上开”间状态单选按钮，分别双击“尺寸”列表框中已有的数值，或在“键入”文本框中输入轴线间距 3600、3900、2400、2600、2400、3900、3600、3600、3900、2400、2600、2400、3900、3600，对话框左边即出现图中的几条红线。

（3）再选择“下开”间状态单选按钮，分别双击“尺寸”列表框中已有的数值，或在“键入”文本框中输入轴线间距 3600、4600、3000、3000、4600、3600、3600、4600、3000、3000、4600、3600，对话框左边即出现图中的几条黄线。

（4）单击“左进”单选按钮，分别双击“尺寸”列表框中已有的数值，或在“键入”文本框中输入轴线间距 4900、600、1500、650、1750、900、1200、1200，对话框即出现图中的几条绿线，完成轴线输入（见图 5.4）。

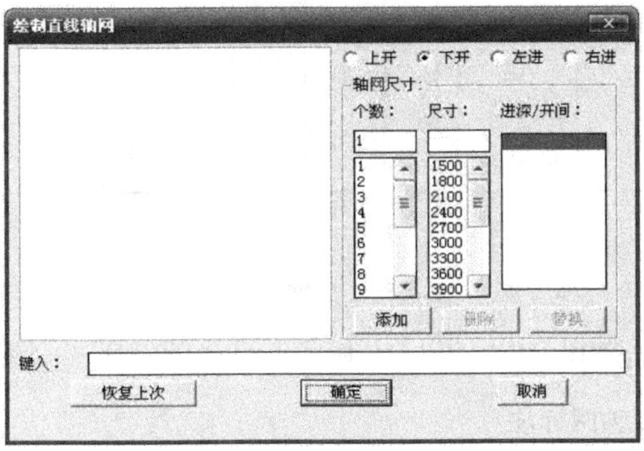

图 5.3 “绘制直线轴网”对话框

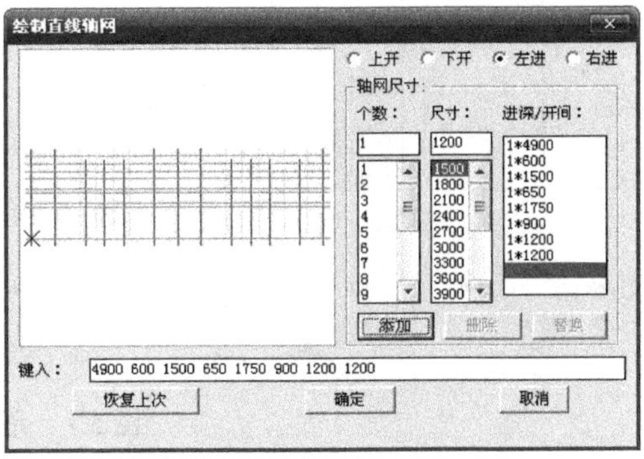

图 5.4　输入轴线数据

（5）单击“确定”按钮，然后在绘图区用鼠标选取插入点之后，即在图中插入如图 5.5 所示的直线轴网。

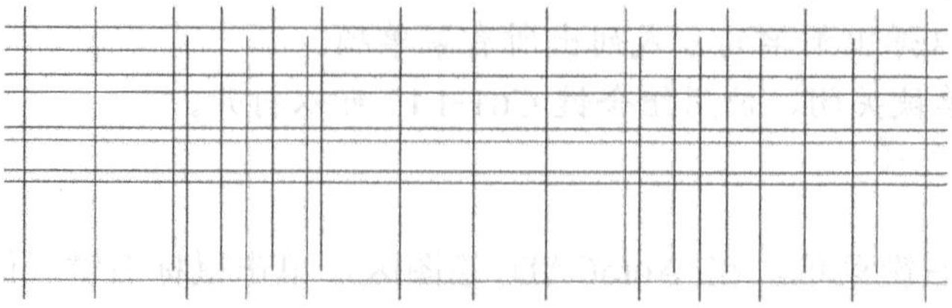

图 5.5　完成直线轴网

2. 直线轴网标注

（1）单击“轴网柱子”→“两点轴标”菜单命令，选择需要标注的起始轴线和终止轴线。

（2）弹出如图 5.6 所示的“轴网标注”对话框，设置好参数，然后单击“确定”按钮。

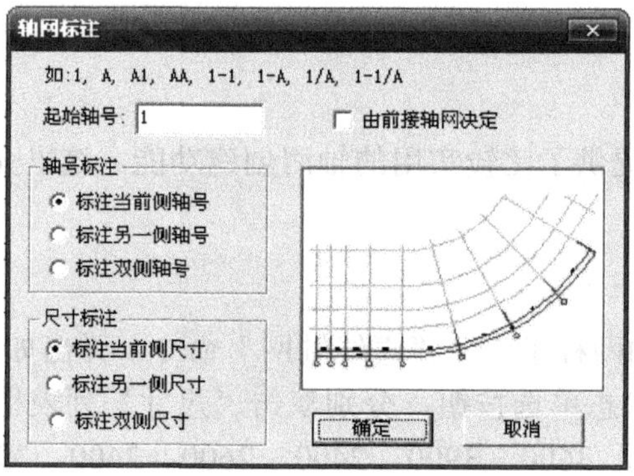

图 5.6 “轴网标注”对话框

（3）完成一侧轴线标注（见图 5.7）。

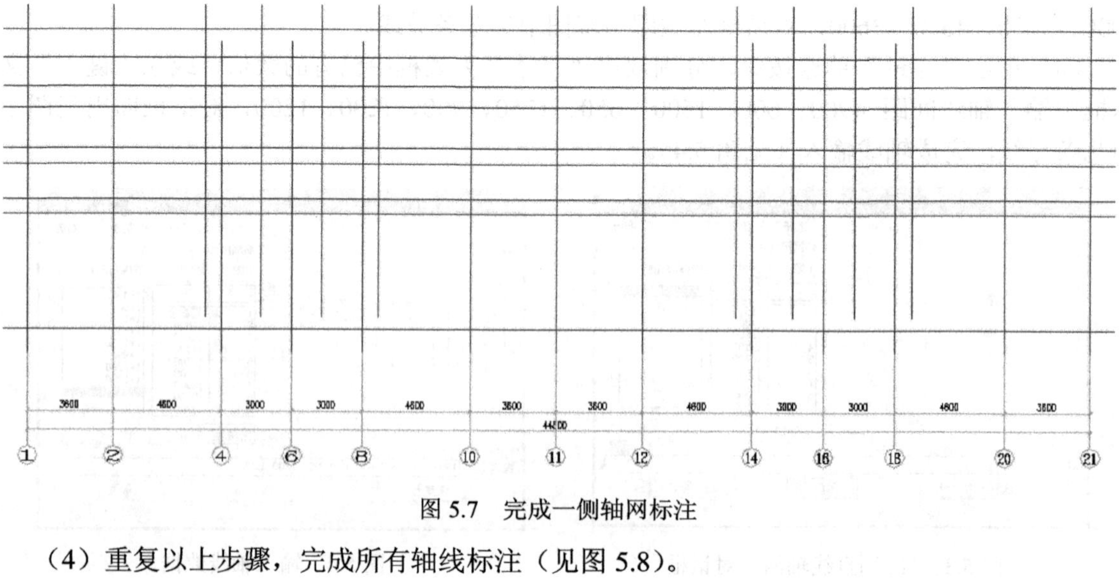

图 5.7　完成一侧轴网标注

（4）重复以上步骤，完成所有轴线标注（见图 5.8）。

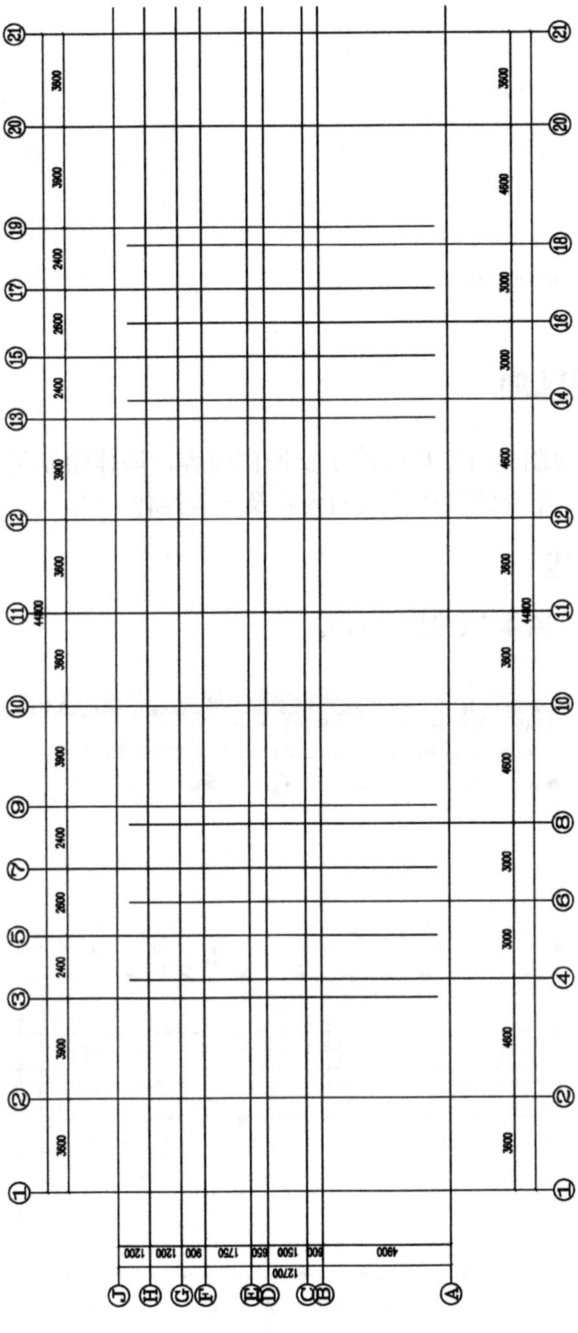

图 5.8　完成所有轴线标注

（5）单击“轴网柱子”→“单轴变号”菜单命令，将 F、G 轴变为 1/E、2/E 轴号（见图 5.9）。

（6）单击“轴网柱子”→“重排轴号”菜单命令，将 H 轴重新输入 F，则后续轴号全部重新编号（见图 5.10）。

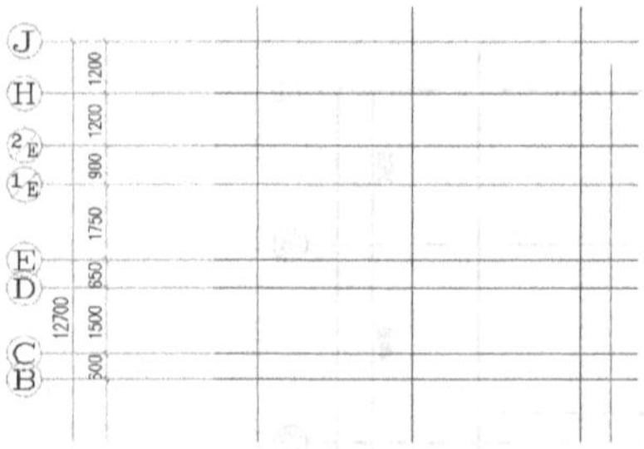

图 5.9　单轴变号

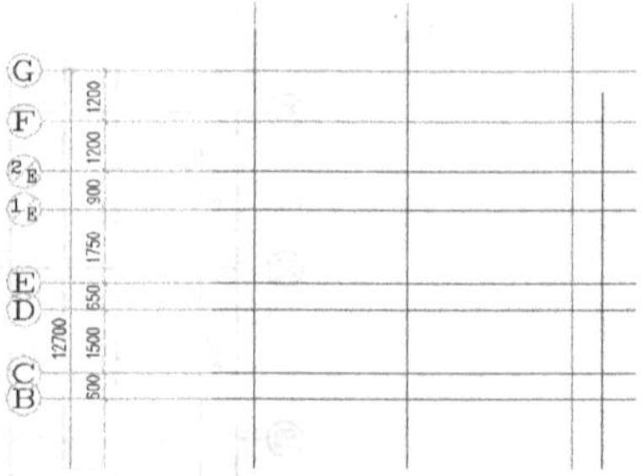

图 5.10　重排轴号

学习单元 2　绘制墙体

绘制墙体是计算机绘制建筑工程图的主要操作内容，墙体绘制包括：绘制外墙线、绘制内墙线、绘制隔墙等。这里介绍墙体绘制的内容及一般操作方法。

5.2.1　绘制外墙线

（1）单击屏幕菜单“墙体”（见图 5.11）。

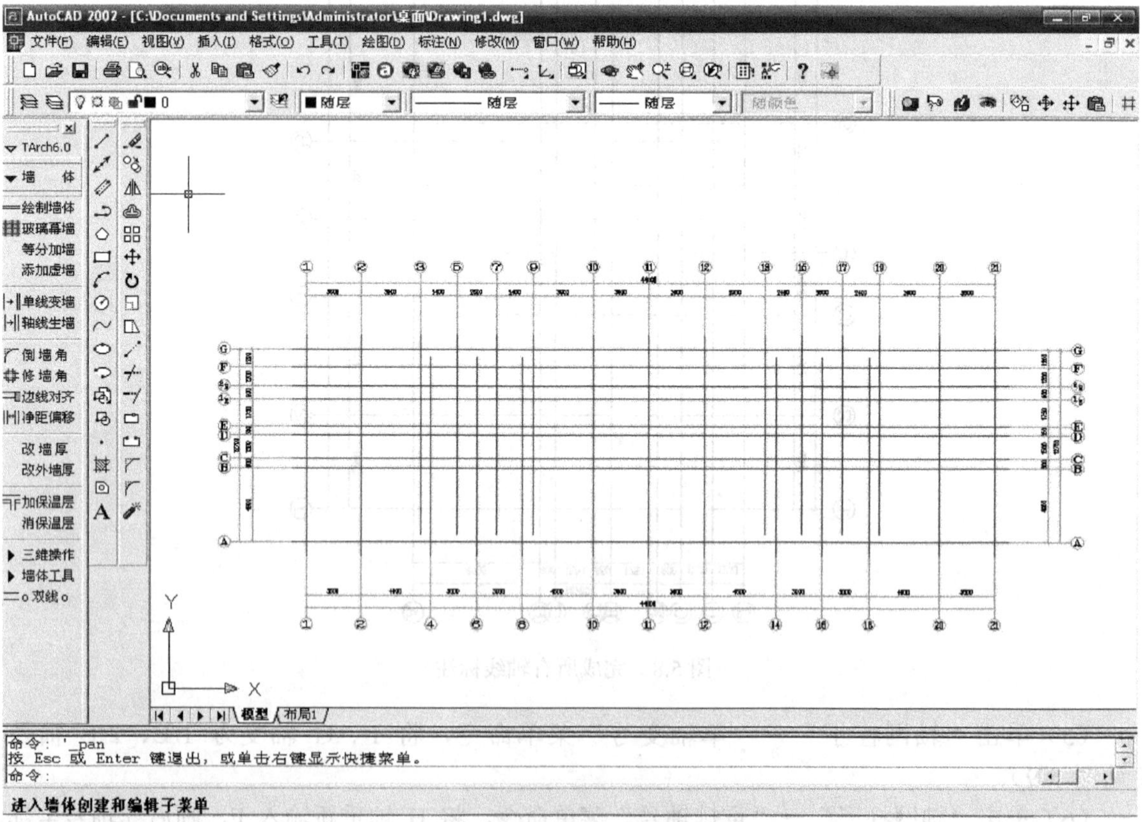

图 5.11　“墙体”菜单

（2）单击屏幕菜单“墙体”→“绘制墙体”命令，弹出如图 5.12 所示的对话框。

（3）设置外墙体参数，外墙体左宽 250，右宽 120，总宽 370，总宽固定，材料选择砖墙，高度为 3000（见图 5.13）。

（4）绘制外墙体，结果如图 5.14 所示。

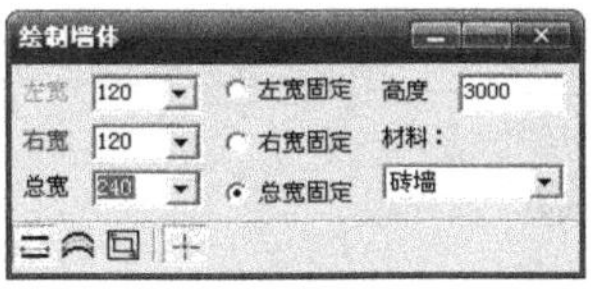

图 5.12　“绘制墙体”对话框

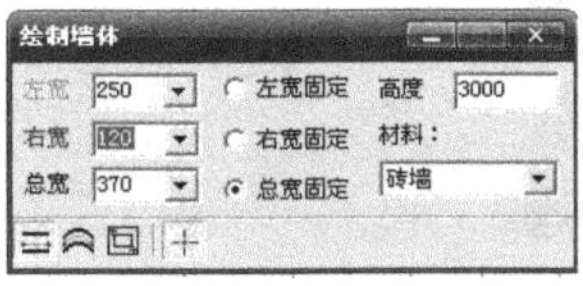

图 5.13　外墙体参数设置

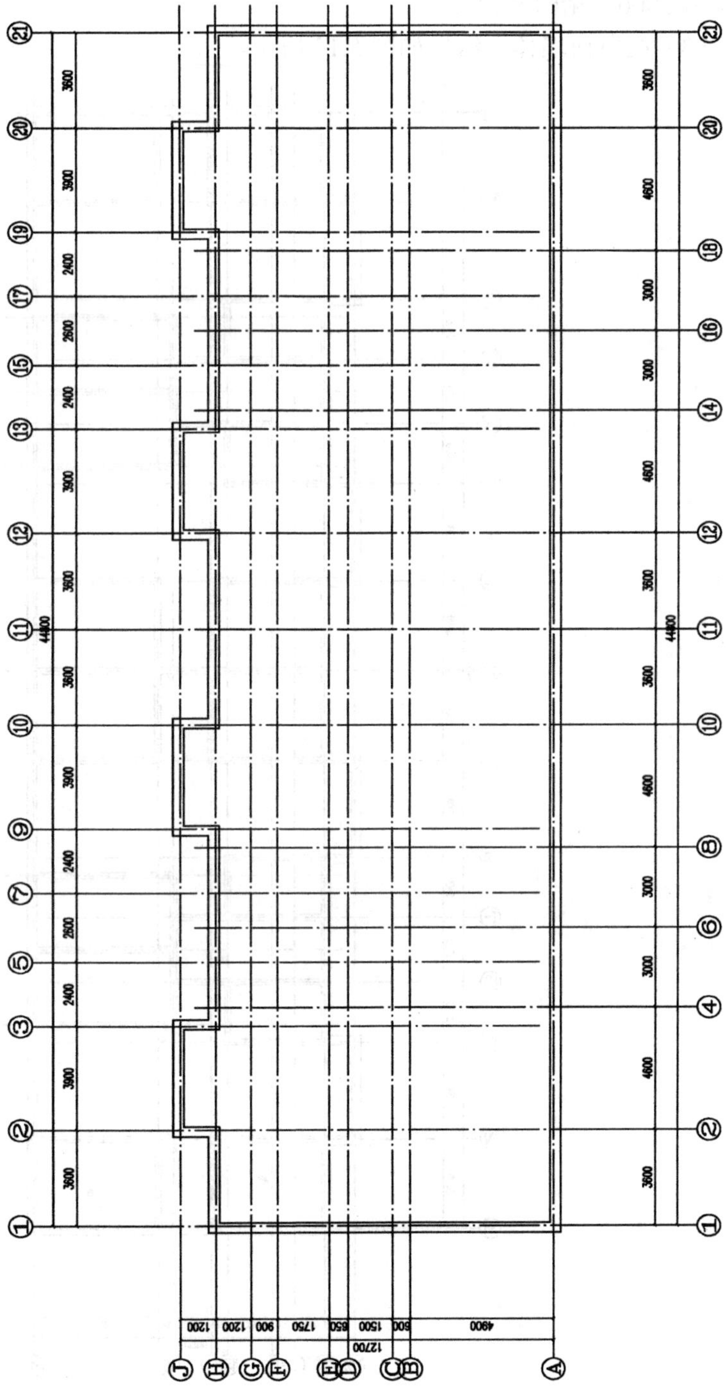

图 5.14　外墙体绘制

5.2.2 绘制内墙线

（1）单击“墙体”→“绘制墙体”菜单命令，打开“绘制墙体”对话框。

（2）设置内墙体参数，内墙左宽 120，右宽 120，总宽 240，总宽固定，材料选择砖墙，高度为 3000（见图 5.12）。

（3）绘制内墙体，结果如图 5.15 所示。

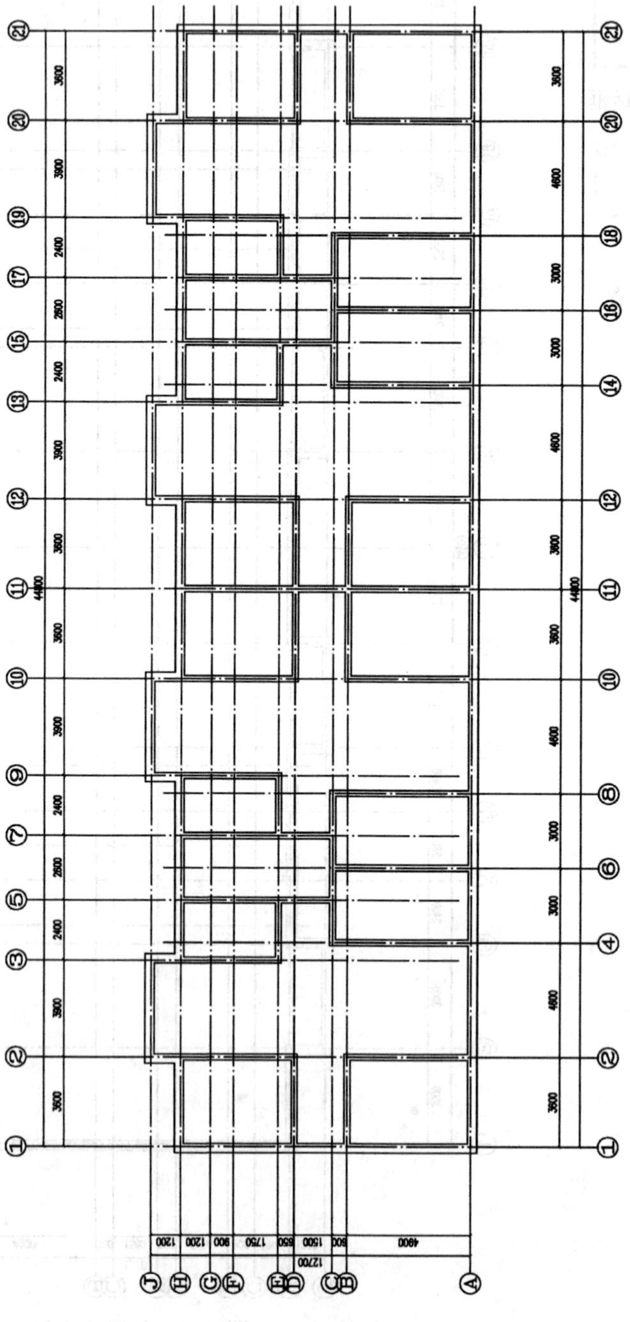

图 5.15　内墙体绘制

5.2.3　绘制隔墙

（1）单击“墙体”→“绘制墙体”菜单命令，打开“绘制墙体”对话框。

（2）设置隔墙参数，隔墙左宽 45，右宽 45，总宽 90，总宽固定，材料选择轻质隔断，高度为 3000（见图 5.16）。

（3）绘制隔墙，结果如图 5.17 所示。

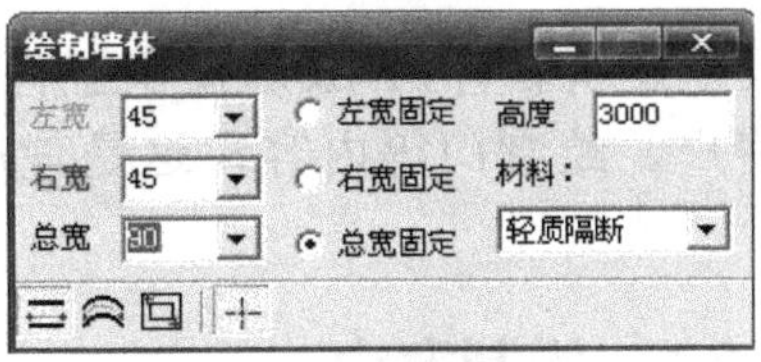

图 5.16　隔墙参数设置

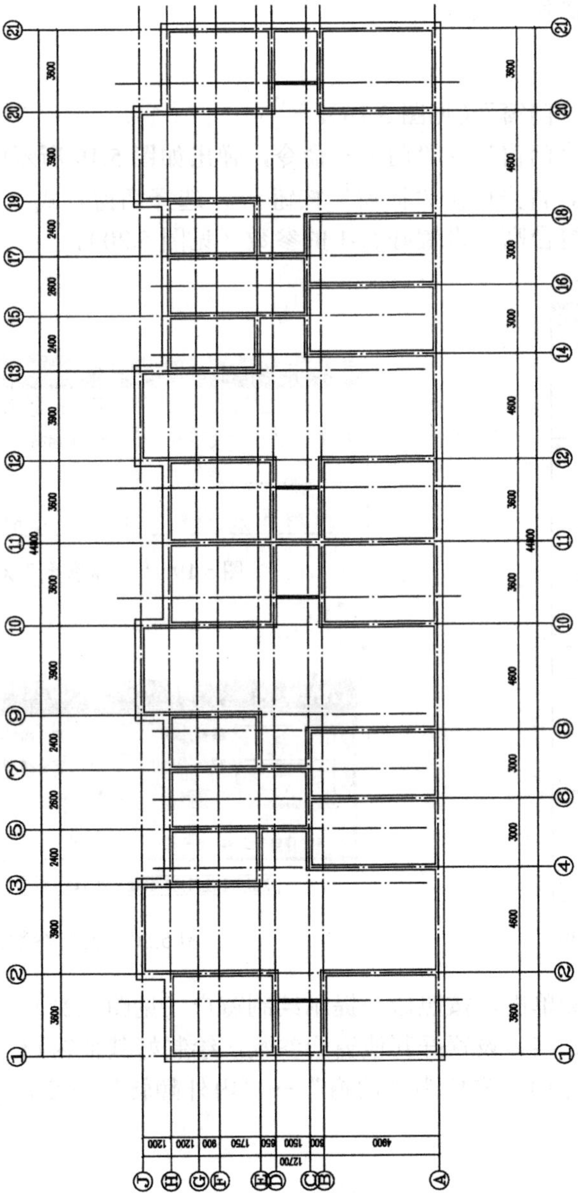

图 5.17　隔墙绘制

学习单元 3　绘制门窗

天正建筑软件 TArch 提供了内容丰富、实用的绘制门窗功能，本学习单元主要介绍绘制窗户、绘制门等内容，这是使用天正建筑软件 TArch 进行计算机工程图绘制的基本操作。

5.3.1　绘制窗户

普通窗、凸窗的绘制是计算机绘制建筑工程图的主要操作项目之一，这里介绍普通窗、凸窗绘制的内容与一般操作方法。

1．绘制普通窗

（1）单击屏幕菜单“门窗”（见图 5.18）。

（2）单击屏幕菜单“门窗”→“门窗”命令，弹出如图 5.19 所示的对话框。

（3）设置窗户参数。首先单击“插窗”按钮，选择插窗方式，注明编号 C-1，然后选择或输入窗宽、窗高和窗台高，设置好 C-1 的参数（见图 5.20）。

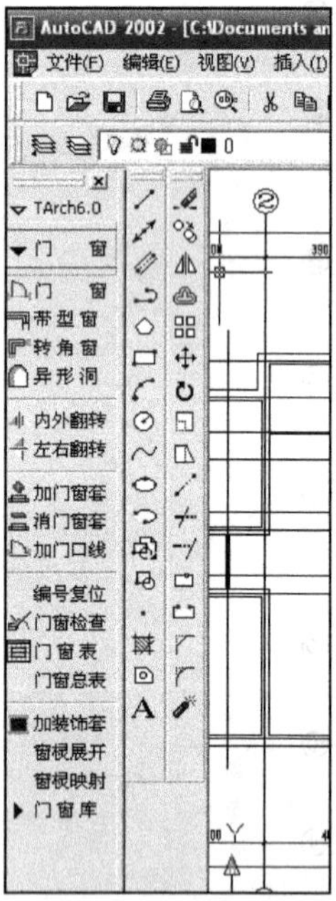

图 5.18 “门窗”菜单

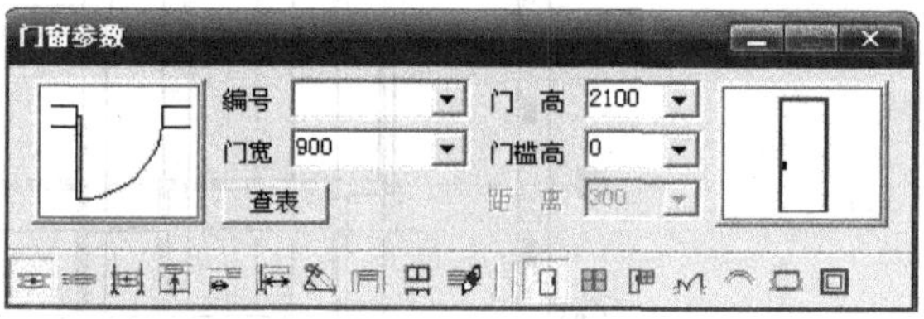

图 5.19 “门窗参数”对话框

图 5.20 窗户参数设置

（4）在墙体上用鼠标单击，按照命令提示绘制窗户（见图 5.21）。

（5）按照步骤（3）、（4）设置好其他窗户参数，绘制好其他窗户（见图 5.22）。

（6）修改窗户内外方向。先单击“门窗”→“内外翻转”命令，然后单击需要修改的窗户，结果见图 5.23。

2．绘制凸窗

（1）单击屏幕菜单“门窗”→“门窗”，弹出如图 5.19 所示的对话框。

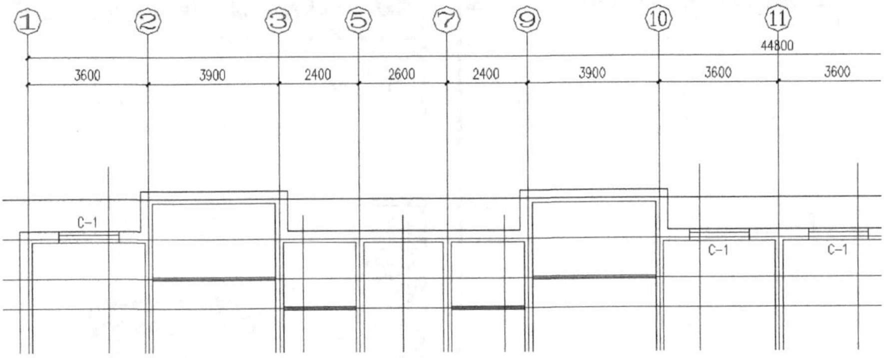

图 5.21 绘制 C-1 窗户

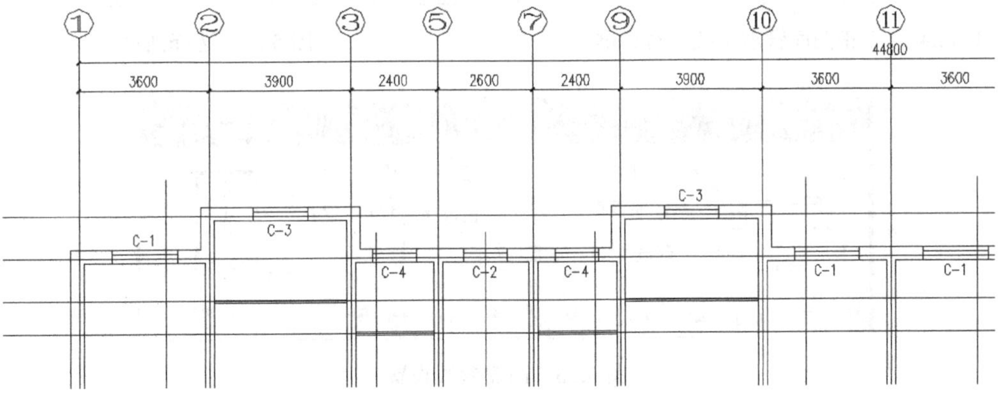

图 5.22 绘制其他窗户

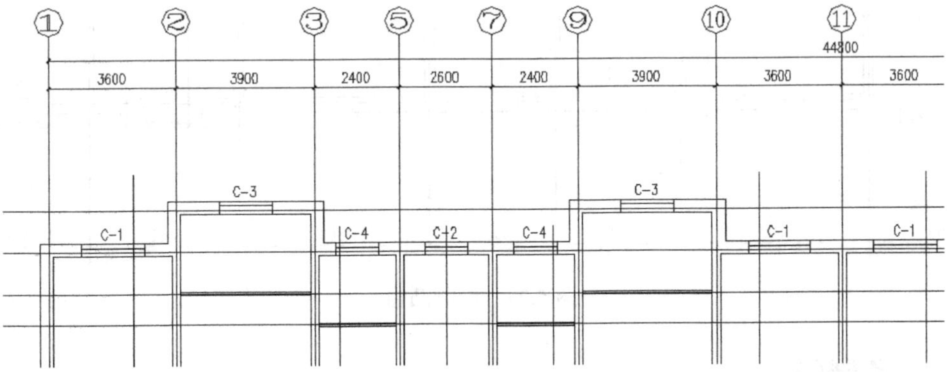

图 5.23 窗户内外翻转

（2）单击窗户示例图，弹出“天正图库管理系统”对话框，选择 WINLIB2D（见图 5.24）。

（3）选择“凸窗（方形外挑）”（见图 5.25），单击“OK”按钮确定。

（4）设置凸窗参数。首先单击“插窗”按钮，选择插窗方式，注明编号 TC1，然后选择或输入窗宽、窗高和窗台高。设置好 TC1 的参数（见图 5.26）。

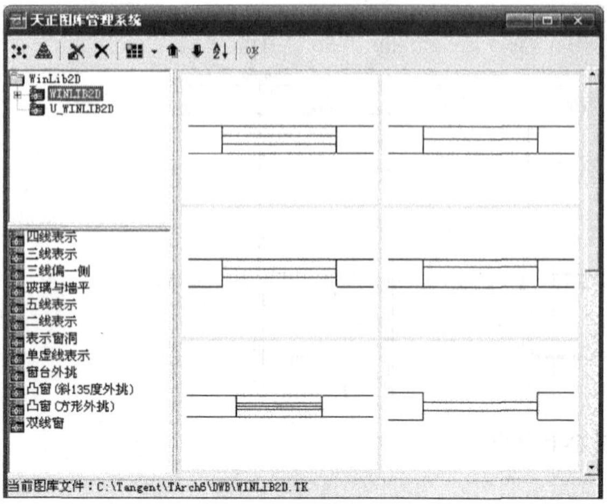

图 5.24 “天正图库管理系统”对话框

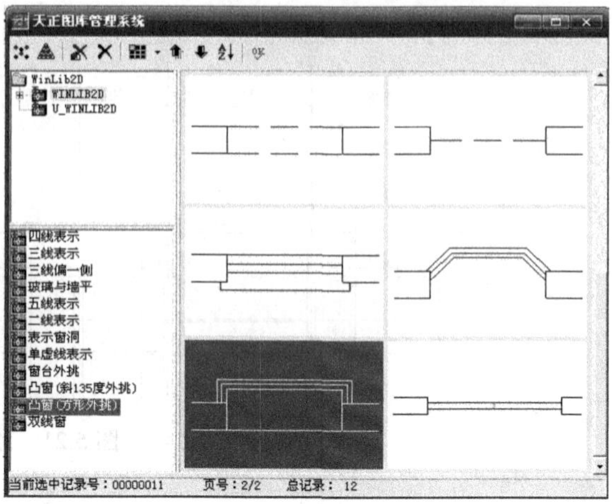

图 5.25 选择凸窗

图 5.26 凸窗参数设置

（5）在墙体上用鼠标单击，按照命令提示绘制凸窗（见图 5.27）。

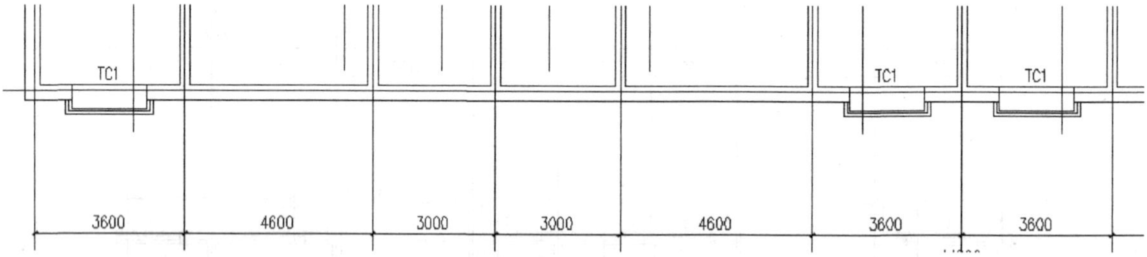

图 5.27 绘制凸窗

5.3.2 绘制门

普通门、推拉门的绘制是计算机绘制建筑工程图的主要操作项目之一，这里介绍普通的、推拉门的绘制内容及一般操作方法。

1. 绘制普通门

（1）单击屏幕菜单“门窗”→“门窗”命令，弹出如图 5.19 所示的对话框。

（2）设置门参数。首先单击“插门”按钮，选择插门方式，注明编号 M-1，然后选择或输入门宽、门高和距离。设置好 M-1 的参数（见图 5.28）。

（3）在墙体上用鼠标单击，按照命令提示绘制门（见图 5.29）。

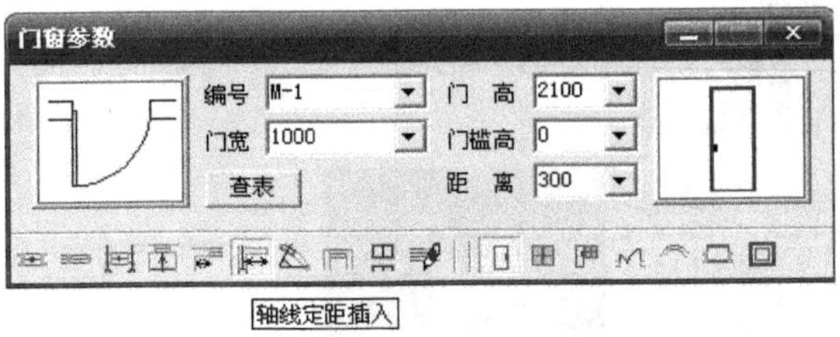

图 5.28　设置门参数

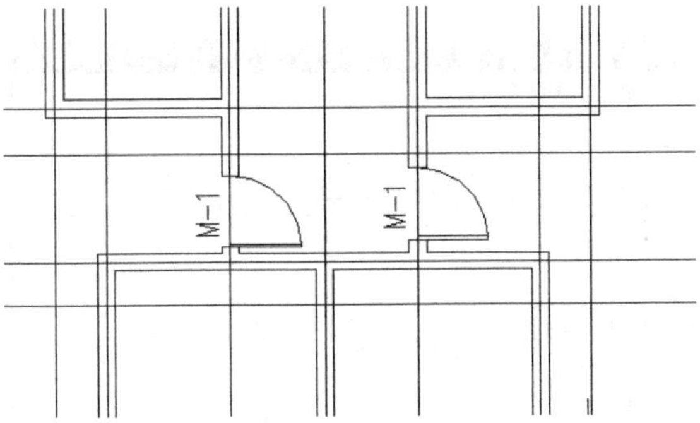

图 5.29　绘制普通门 M-1

（4）按照步骤（2）、（3）设置好其他门参数，绘制好其他门，结果见图 5.30。

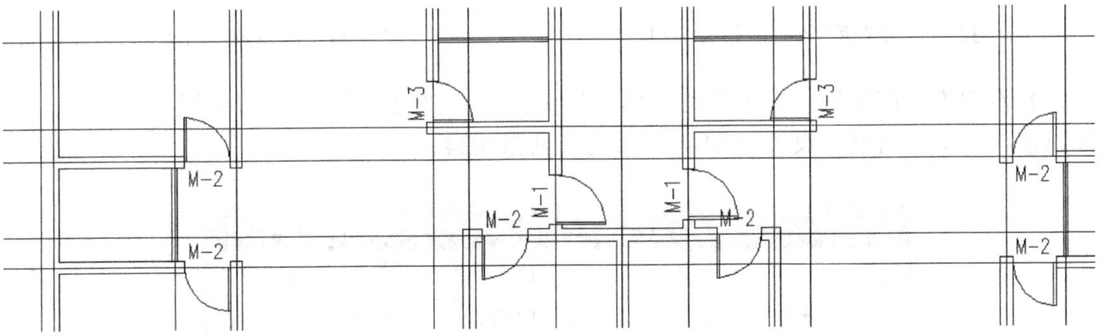

图 5.30　绘制其他普通门

（5）修改门内外及左右方向。先单击“门窗”菜单下的“内外翻转”命令或“左右翻转”命令，然后单击需要修改的门即可（见图 5.31）。

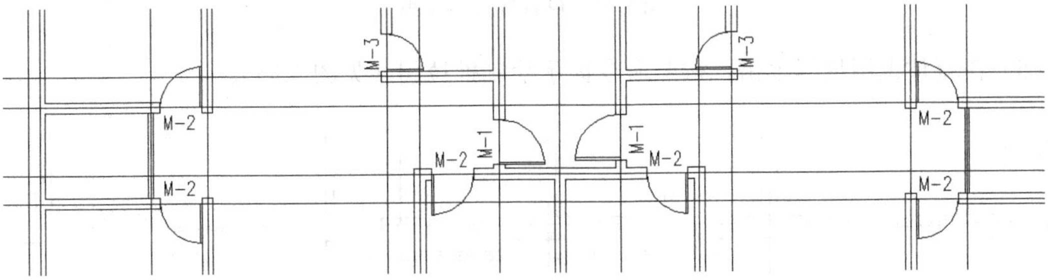

图 5.31　修改门的翻转方向

2．绘制推拉门

（1）单击屏幕菜单“门窗”→“门窗”命令，弹出如图 5.19 所示的对话框。

（2）单击窗户示例图，弹出“天正图库管理系统”，选择“DorLib2D”中的“推拉门”

（见图 5.32）。

（3）在左下部窗格中选择“三扇内装推拉门”（见图 5.33），单击“OK”按钮确定。

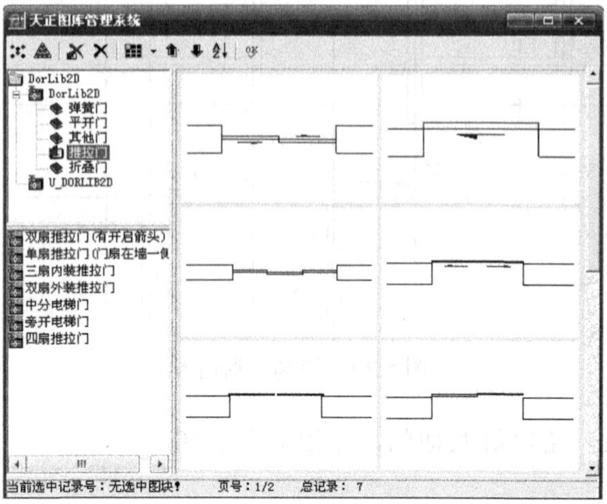

图 5.32 “天正图库管理系统”对话框

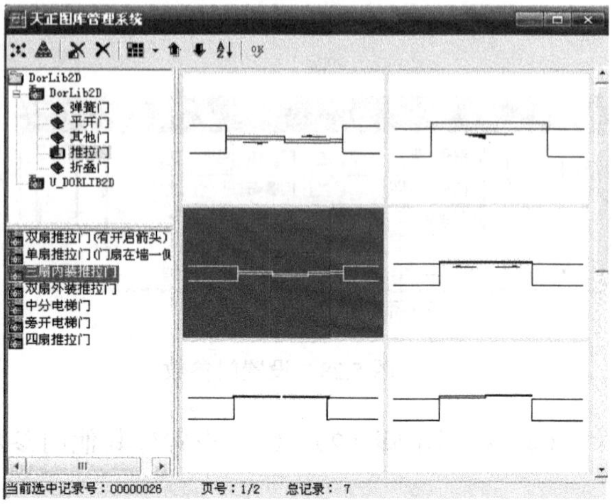

图 5.33 选择推拉门类型

（4）设置推拉门参数。首先单击“插门”按钮，选择插门方式，注明编号 M-4，然后选择或输入门宽、窗高。设置好 M-4 的参数（见图 5.34）。

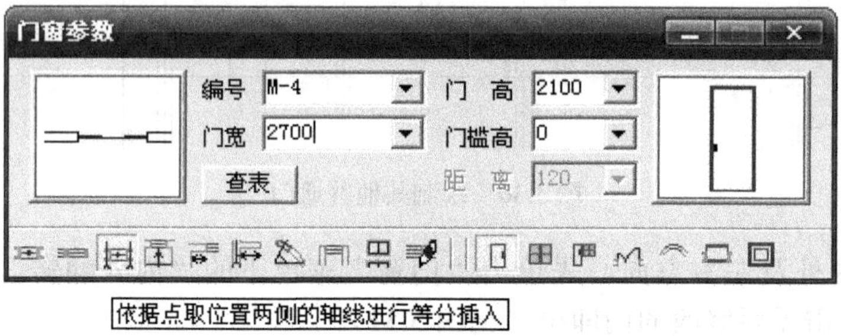

图 5.34 设置推拉门参数

（5）在墙体上用鼠标单击，按照命令提示绘制推拉门（见图 5.35）。

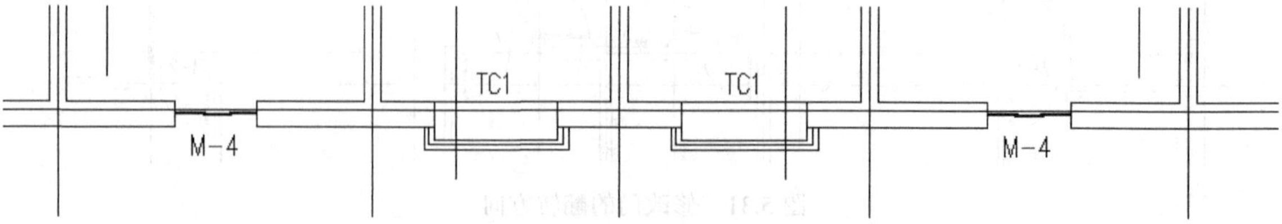

图 5.35 绘制推拉门 M-4

（6）重复以上步骤，绘制其他推拉门（见图 5.36）。

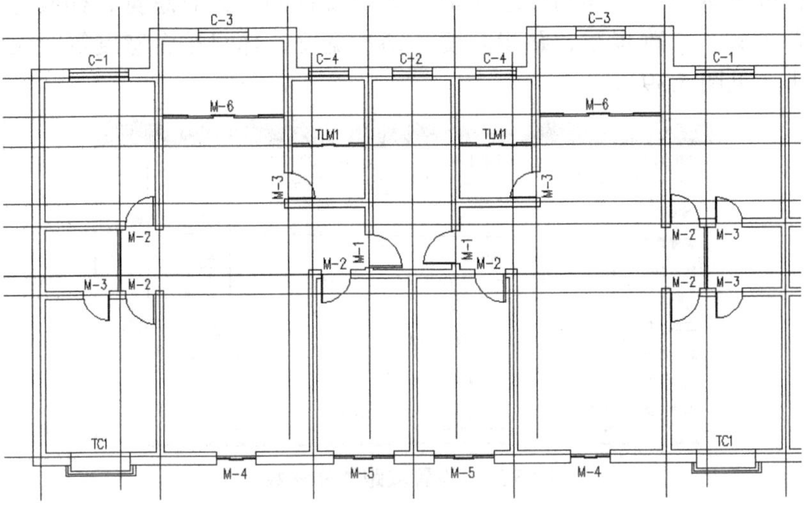

图 5.36　绘制其他推拉门

学习单元 4　绘制楼梯和阳台

天正建筑软件 TArch 不仅提供了绘制门窗功能，同时也提供了绘制楼梯和阳台功能，本学习单元主要介绍用天正建筑软件 TArch 绘制楼梯和阳台的基本操作。

5.4.1　绘制楼梯

（1）单击屏幕菜单“楼梯其他”（见图 5.37）。

（2）单击屏幕菜单“楼梯其他”→“双跑楼梯”命令，弹出如图 5.38 所示的对话框。

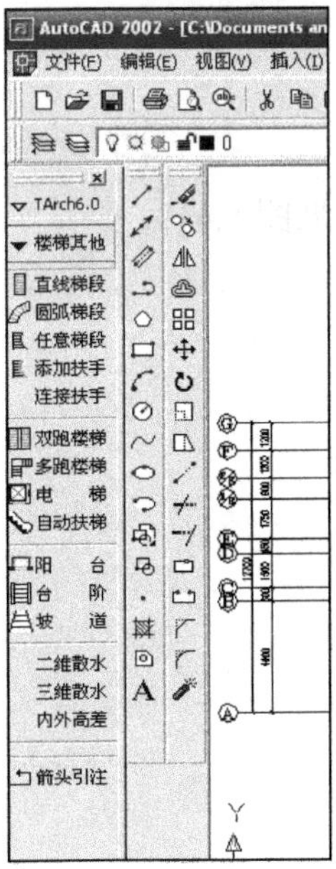

图 5.37 “楼梯其他”菜单

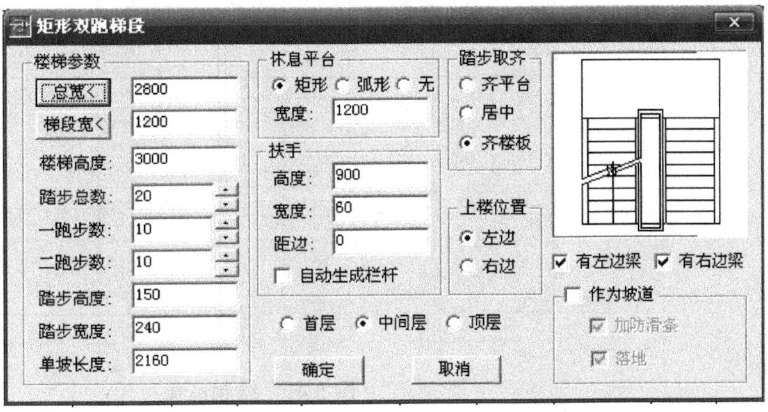

图 5.38 “矩形双跑梯段”对话框

（3）根据楼梯参数设置楼梯的详细参数。需要设置的参数有总宽、梯段宽、楼梯高度、踏步总数、一跑步数、二跑步数、踏步高度、踏步宽度、休息平台宽度等。设置好参数后单击“确定”按钮（见图 5.39）。

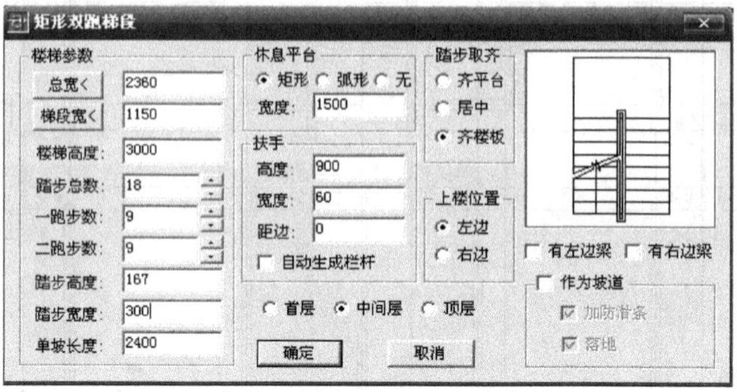

图 5.39　设置双跑楼梯参数

（4）用鼠标单击楼梯，选择好插入点后插入楼梯（见图 5.40）。

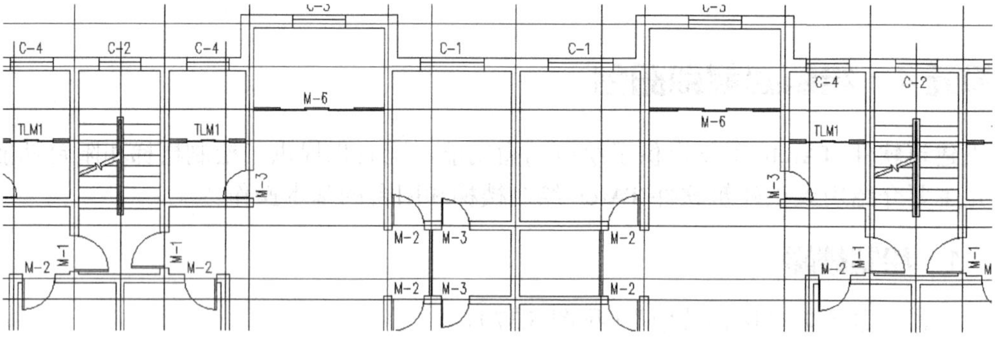

图 5.40　插入楼梯

5.4.2　绘制箭头

（1）单击屏幕菜单“楼梯其他”→“箭头引注”命令。

（2）指定箭头的起点、拐点和终点，输入文字（“上”或“下”）（见图 5.41）。

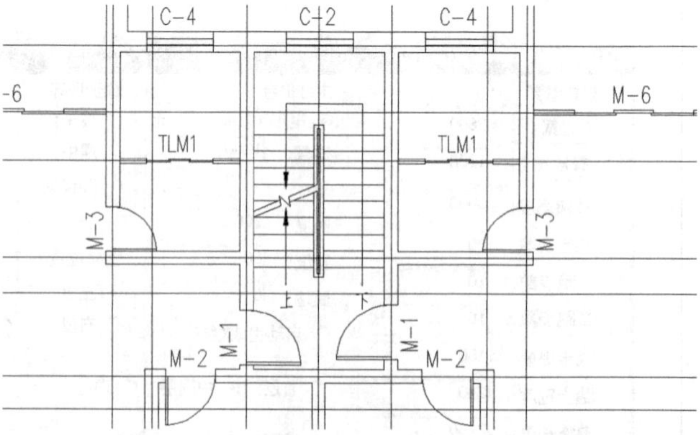

图 5.41　绘制箭头

（3）绘制其他楼梯箭头。

5.4.3　绘制阳台

（1）偏移轴线，确定阳台轮廓位置（见图 5.42）。

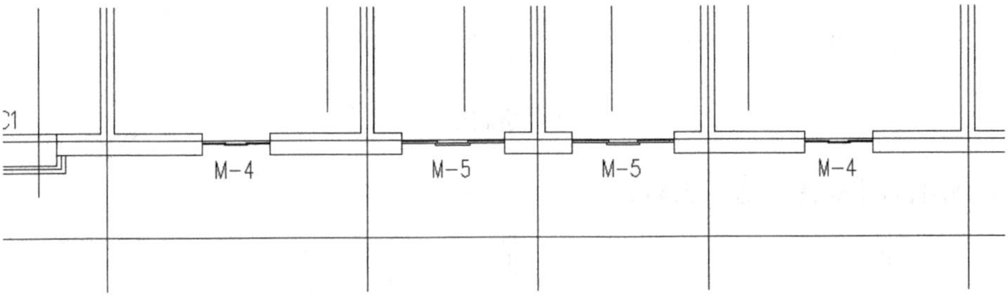

图 5.42　确定阳台轮廓位置

（2）单击屏幕菜单“楼梯其他”→“阳台”命令。选择阳台轮廓线（见图 5.43）。

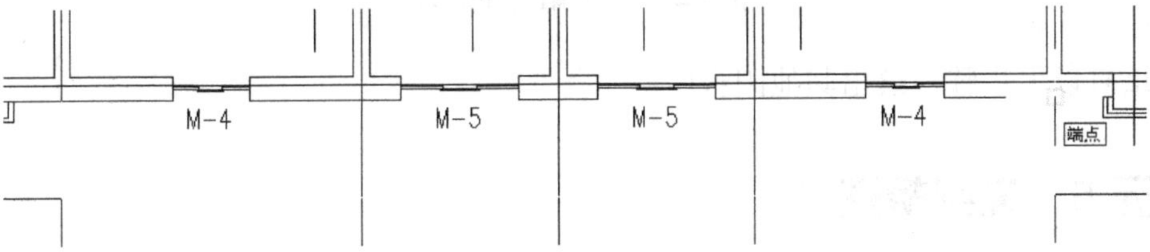

图 5.43　选择阳台轮廓线

（3）选择相邻的墙、门窗、柱等（见图 5.44）。

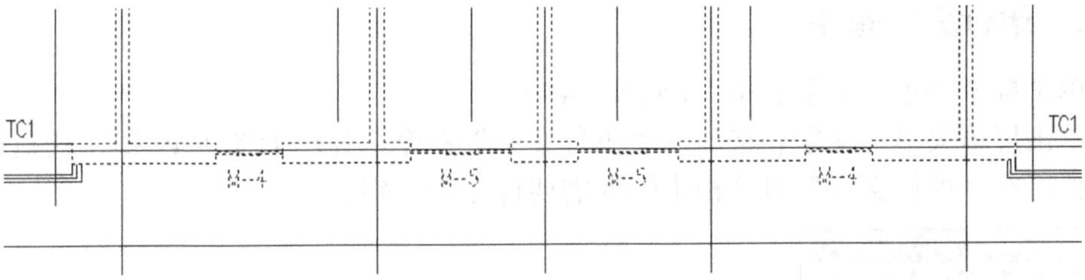

图 5.44　选择相邻的构件

（4）单击鼠标右键确认，弹出如图 5.45 所示对话框。设置相关参数。

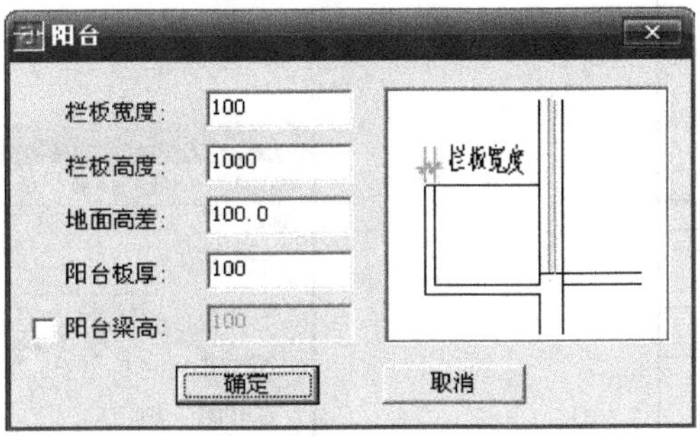

图 5.45　“阳台”对话框

（5）单击“确定”按钮，绘制出阳台（见图 5.46）。

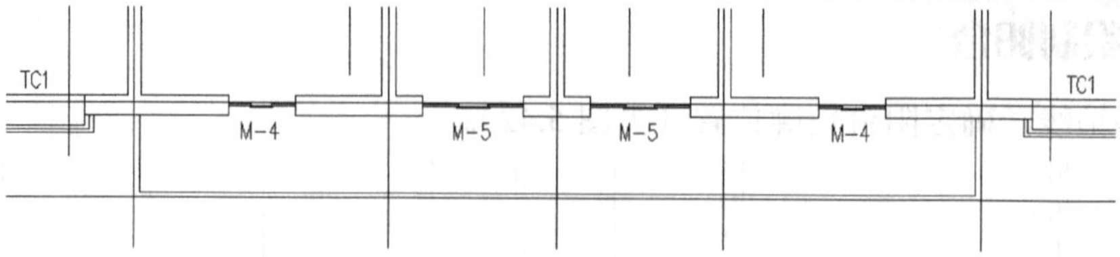

图 5.46　绘制出阳台

（6）绘制阳台间隔墙（见图 5.47）。

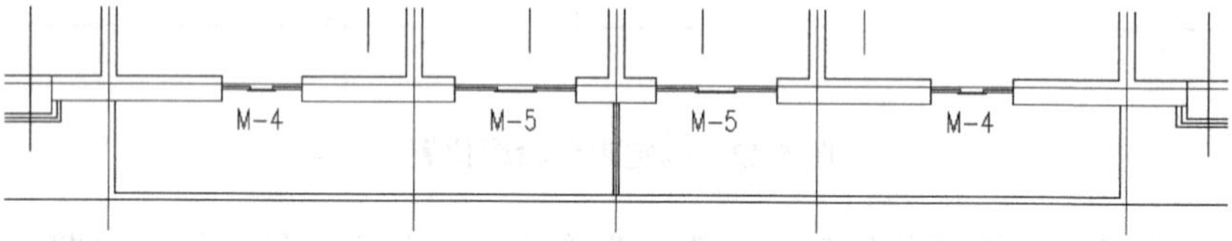

图 5.47　绘制阳台间隔墙

（7）重复以上步骤，绘出其他阳台。

学习单元 5　文字标注

与 AutoCAD 软件相同，天正建筑软件 TArch 的文字标注有单行文字标注、多行文字标注两种基本方式。下面介绍文字标注的基本操作。

5.5.1　单行文字标注

（1）单击屏幕菜单“文字表格”（见图 5.48）。

（2）单击屏幕菜单“文字表格”→“单行文字”命令，弹出如图 5.49 所示的对话框。设置文字参数，在“单行文字”对话框中输入需要标注的文字。

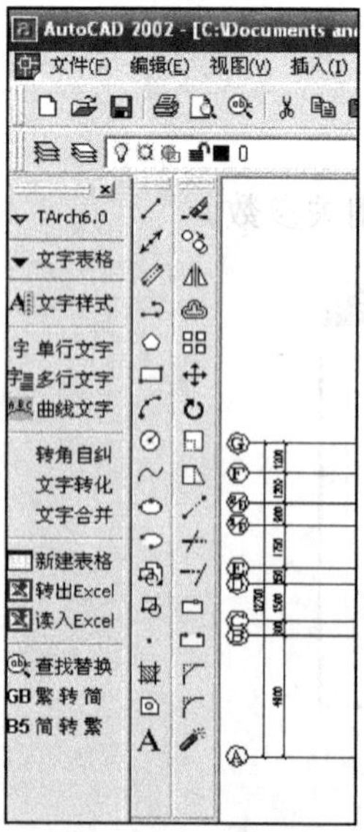

图 5.48 “文字表格”菜单

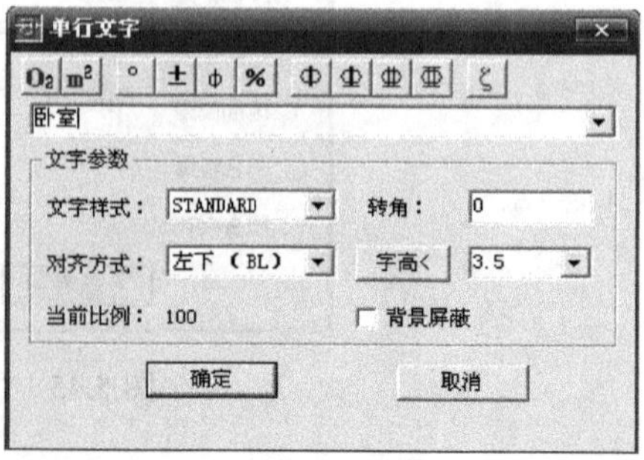

图 5.49 “单行文字”对话框

（3）单击“确定”按钮，在绘图区用鼠标单击要插入文字的位置，插入文字后如图 5.50 所示。

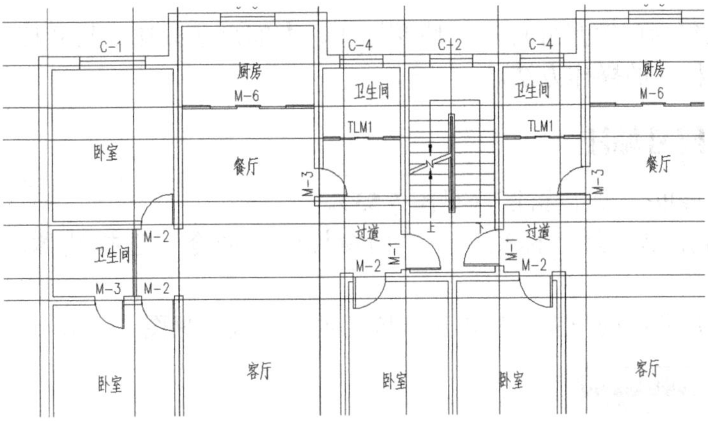

图 5.50　插入单行文字

（4）重复步骤（2）、（3），完成所有文字的标注。

5.5.2　多行文字标注

（1）单击屏幕菜单“文字表格”→“多行文字”命令，弹出如图 5.51 所示的“多行文字”对话框。设置文字参数，在“多行文字”对话框中输入需要标注的文字。

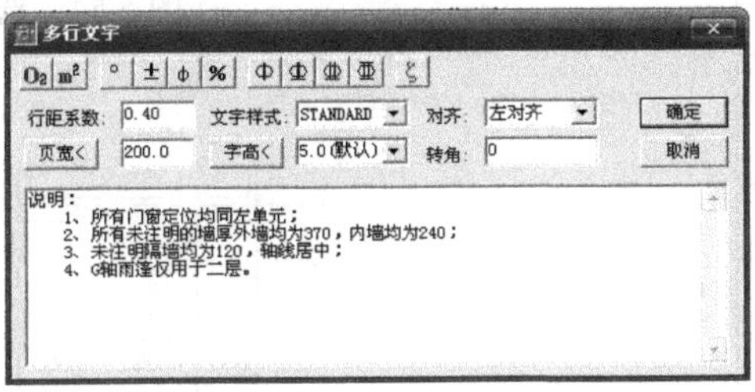

图 5.51　“多行文字”对话框

（2）单击“确定”按钮，在绘图区用鼠标单击要插入文字的位置，插入文字后如图 5.52 所示。

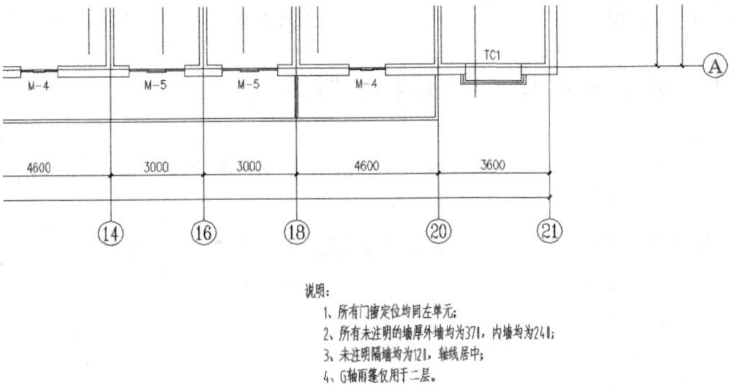

图 5.52　插入多行文字

学习单元 6　尺寸标注

通常尺寸标注包括门窗尺寸标注、墙厚标注、内部尺寸标注、尺寸标注延伸及绘制图框等，下面介绍尺寸标注的操作方法。

5.6.1　门窗尺寸标注

（1）单击屏幕菜单“尺寸标注”（见图 5.53）。

（2）单击屏幕菜单“尺寸标注”→“门窗标注”命令，选择墙体的起点和终点（见图 5.54）。

（3）选择门窗尺寸线的位置，标出第一段门窗尺寸线（见图 5.55）。

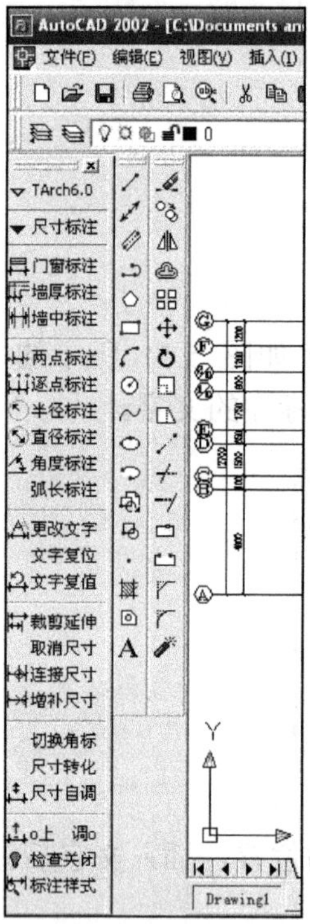

图 5.53 “尺寸标注”菜单

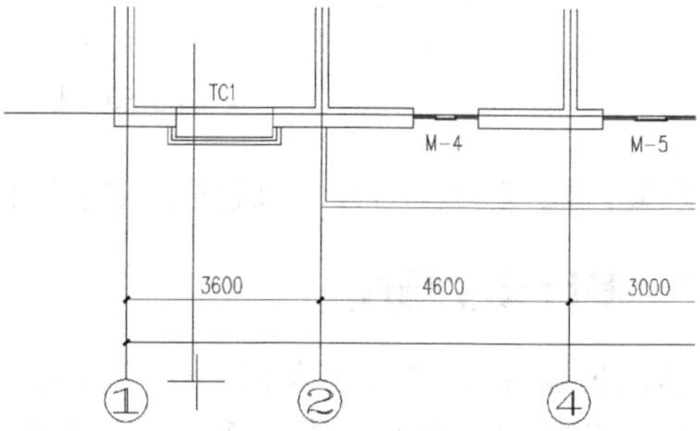

图 5.54　选择墙体

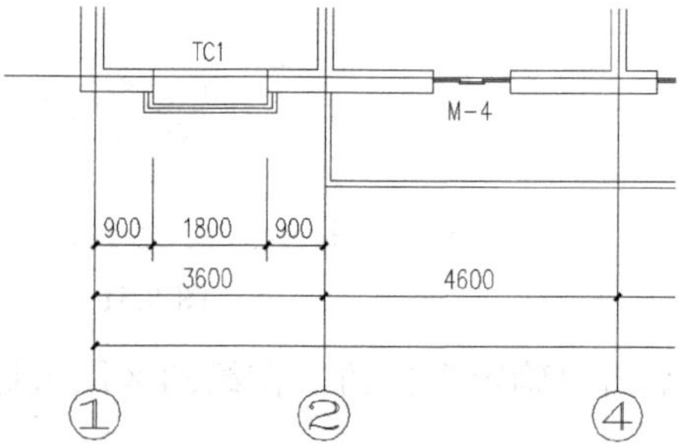

图 5.55　标出第一段门窗尺寸

（4）选择其他墙体（见图 5.56），单击鼠标右键确认。

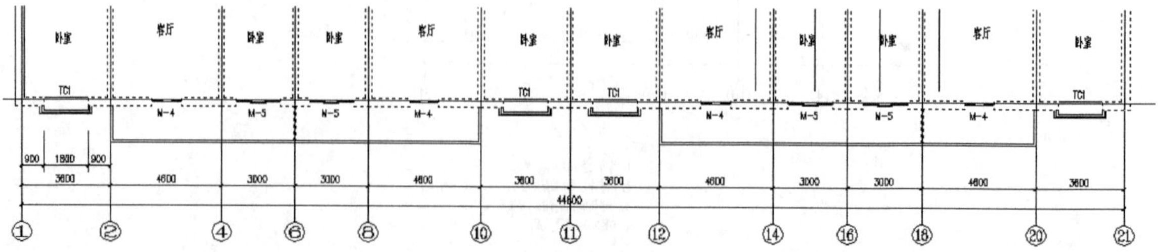

图 5.56　选择其他墙体

（5）自动绘制出整段墙的门窗尺寸（见图 5.57）。

（6）重复以上步骤完成其余门窗尺寸的标注（见图 5.58）。

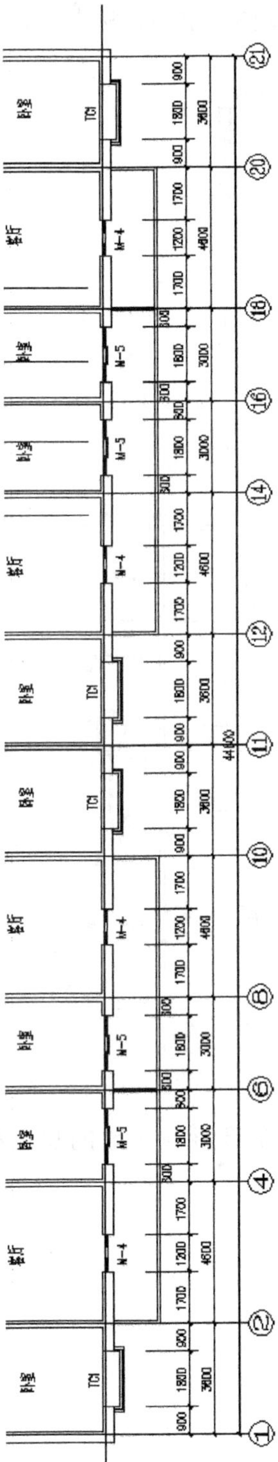

图 5.57　完成整段墙体门窗尺寸标注

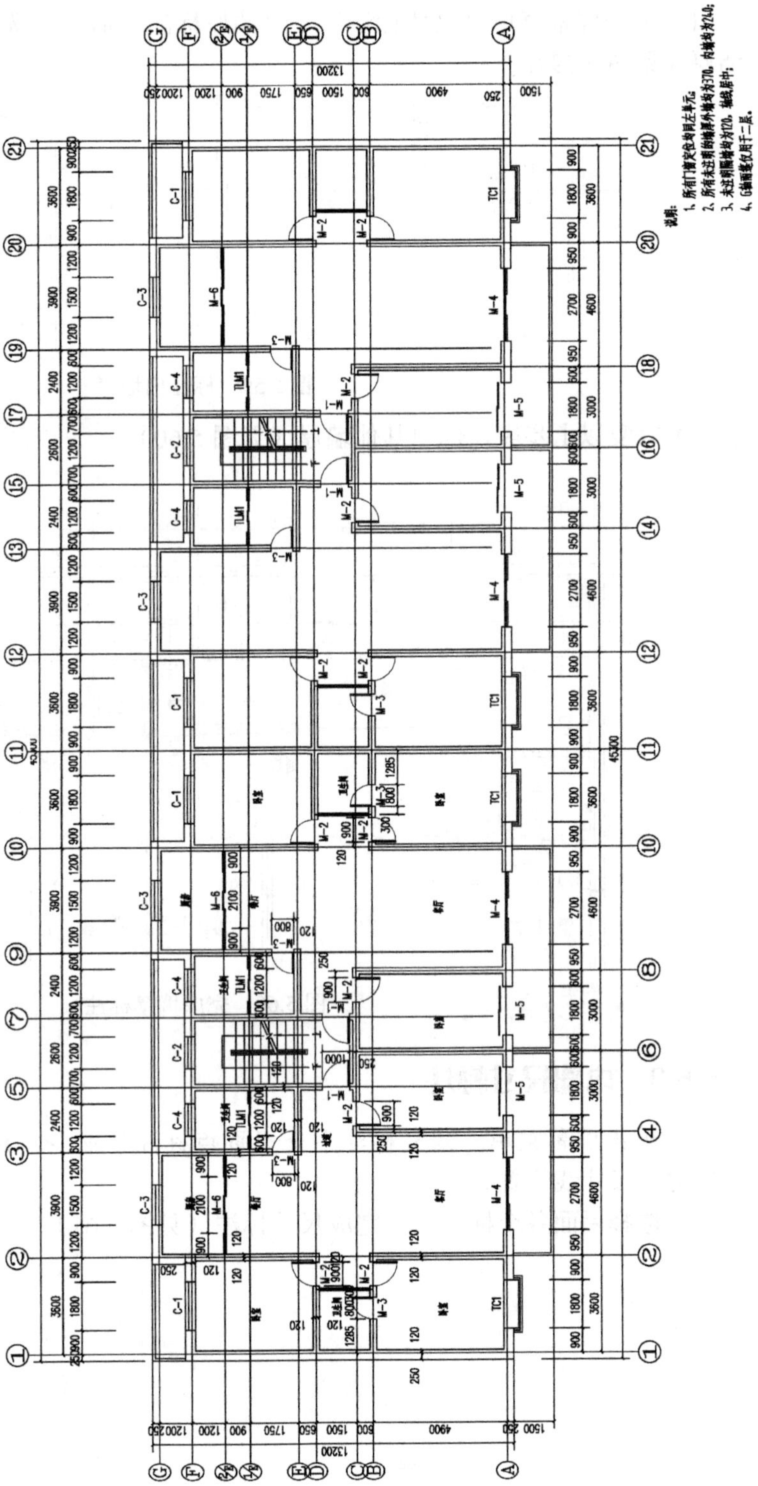

图 5.58　其余墙体门窗标注

5.6.2 墙厚标注

（1）单击屏幕菜单“尺寸标注”→“墙厚标注”命令，选择墙体，单击鼠标左键，标注出墙厚（见图 5.59）。

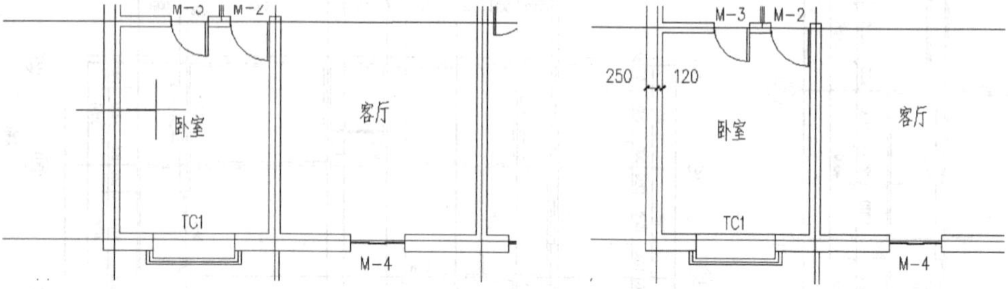

图 5.59　标注出墙厚

（2）重复以上步骤，标出其他墙厚（见图 5.60）。

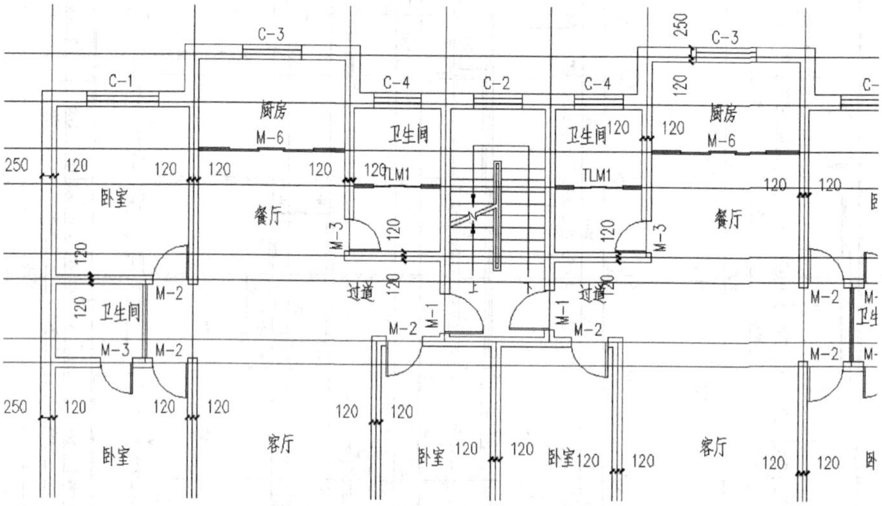

图 5.60　完成墙厚标注

5.6.3 内部尺寸标注

（1）单击屏幕菜单“尺寸标注”→“逐点标注”命令，选择需要标注对象的起点和终点，确定出尺寸线位置。

（2）选择后面各个标注点，完成尺寸标注（见图 5.61）。

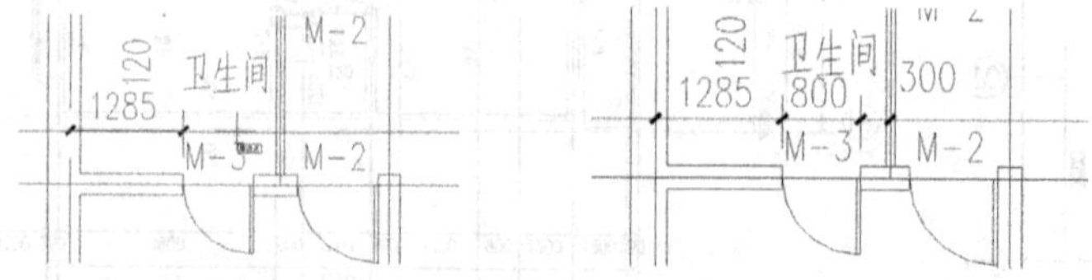

（a）　（b）

图 5.61　完成第一个尺寸标注

（3）重复以上步骤，完成内部其他位置的尺寸标注（见图 5.62）。

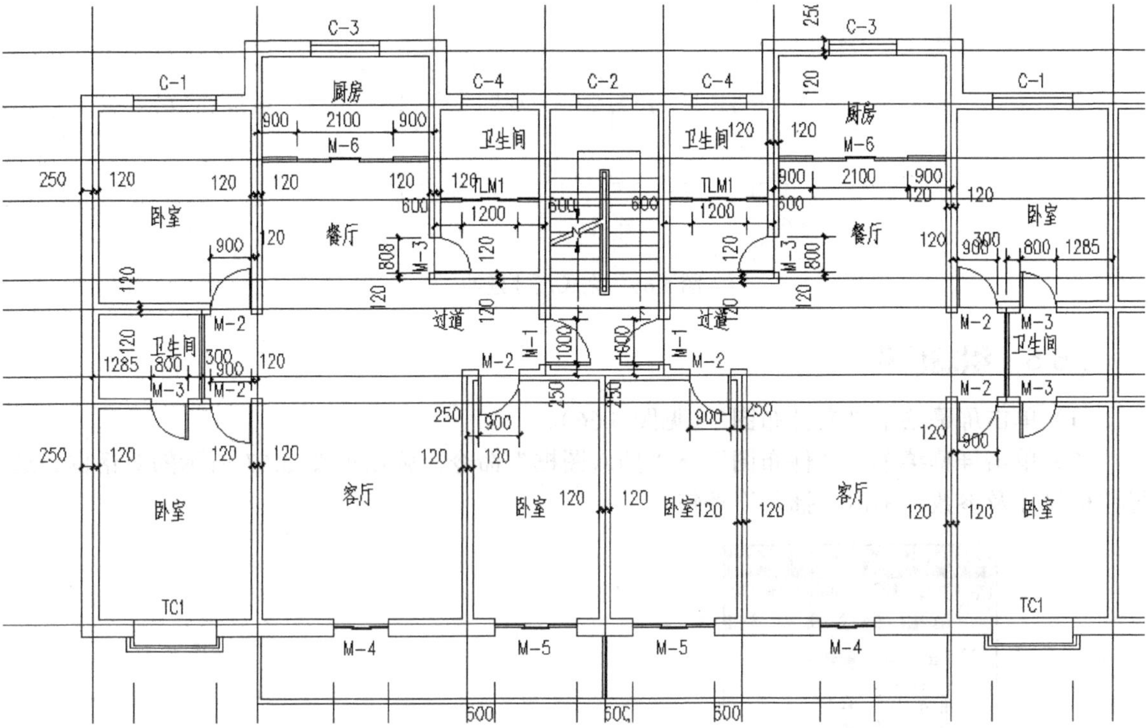

图 5.62　完成其他尺寸标注

5.6.4　尺寸标注延伸

（1）单击屏幕菜单“尺寸标注”→“裁剪延伸”命令，选择尺寸需要延伸到的基点（见图 5.63）。

（2）选择需要延伸的尺寸（见图 5.64）。

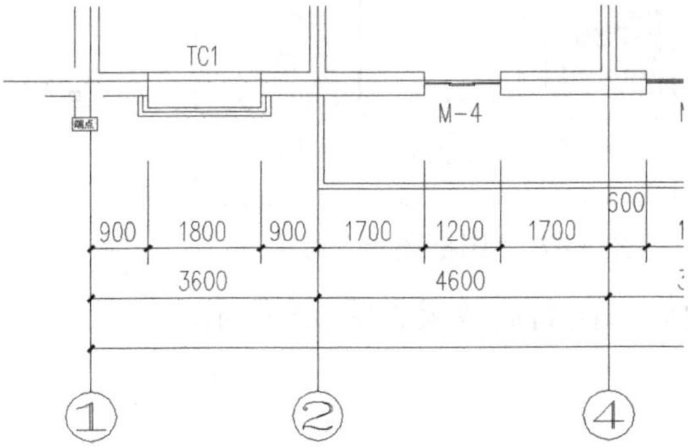

图 5.63　选择尺寸延伸基点

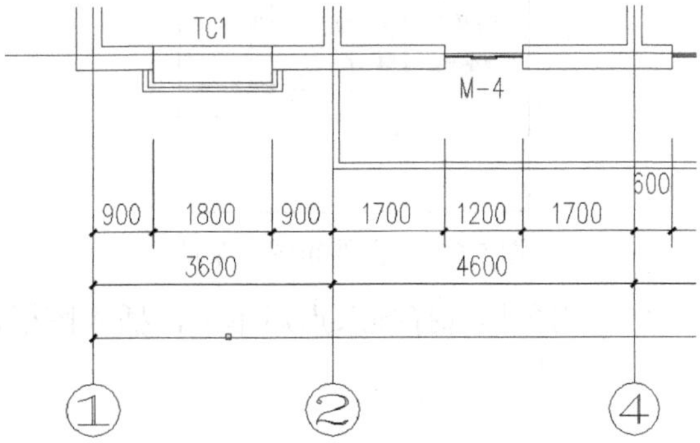

图 5.64　选择需要延伸的尺寸

（3）完成尺寸延伸（见图 5.65）。

（4）重复以上步骤，完成其他尺寸延伸。

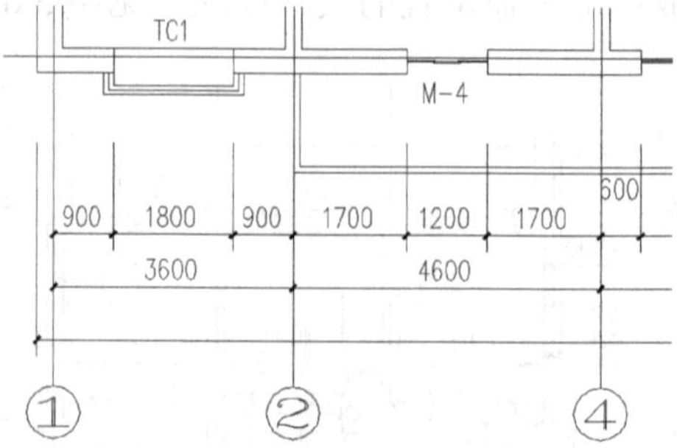

图 5.65　完成尺寸延伸

5.6.5　绘制图框

（1）单击屏幕菜单“文件布图”（见图 5.66）。

（2）单击屏幕菜单“文件布图”→“插入图框”命令，弹出如图 5.67 所示的对话框。选择图框尺寸及参数，单击“插入”按钮。

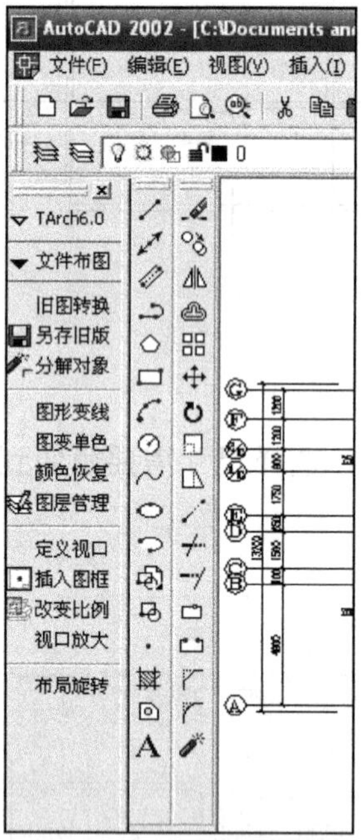

图 5.66　“文件布图”菜单

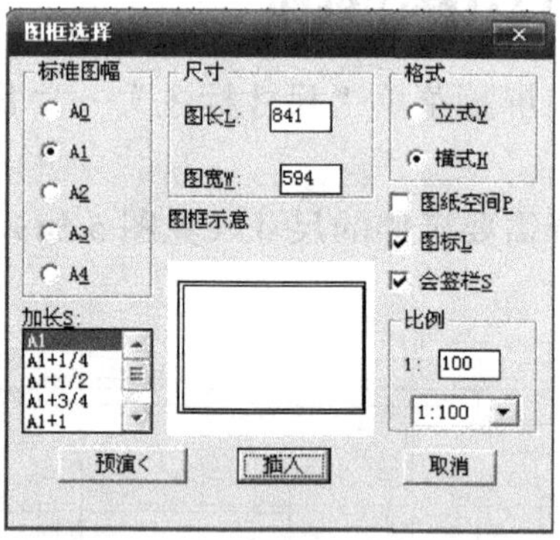

图 5.67　“图框选择”对话框

（3）用鼠标选择插入点后单击，插入图框，再输入图名后效果见图 5.1 所示。

思考与练习题 5

1．简述天正建筑软件与 AutoCAD 软件的关系。

2．参考所给图形，总结计算机绘制工程图的一般方法，重点理解和掌握天正建筑软件

TArch 的操作方法，用天正建筑软件 TArch 完成如图 5.68～图 5.71 所示的建筑平面工程图的计算机绘制任务。

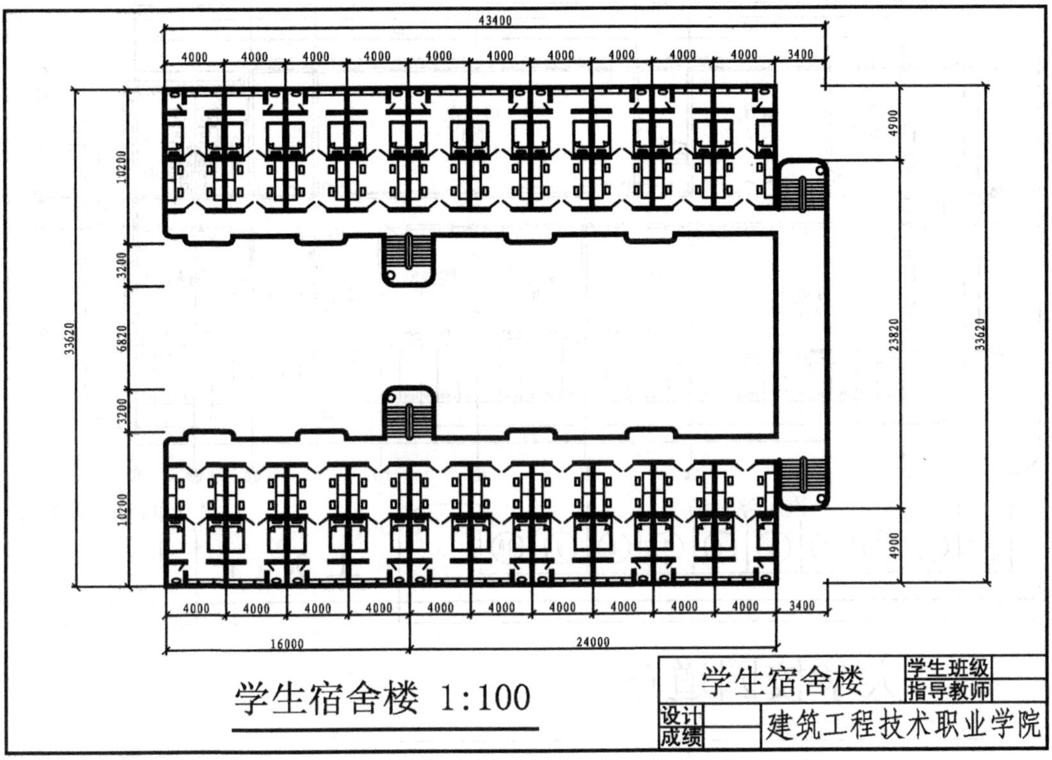

图 5.68　实训作业 1

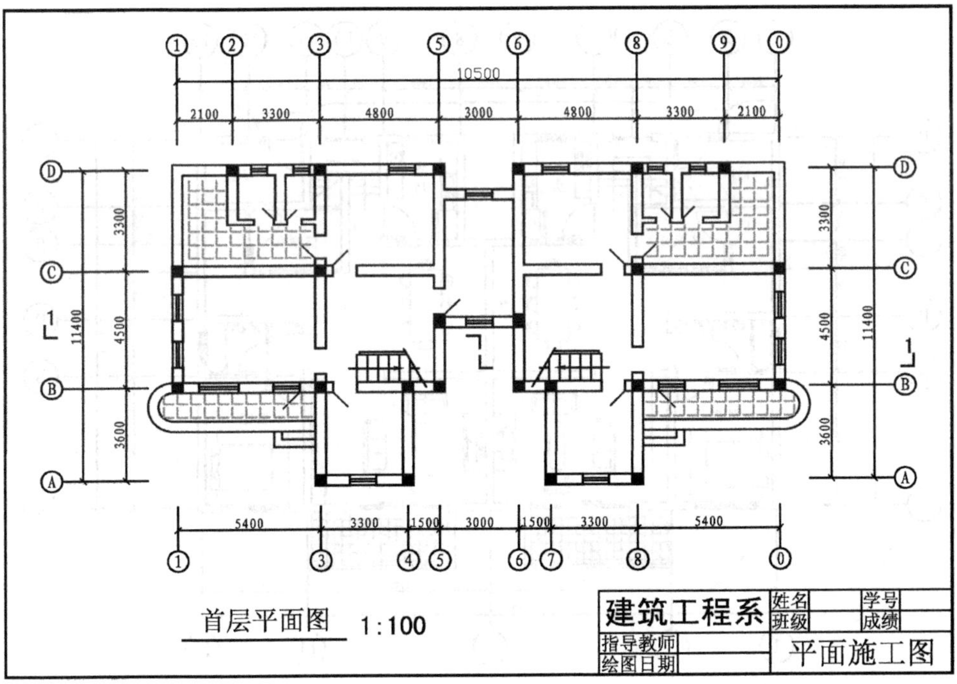

图 5.69　实训作业 2

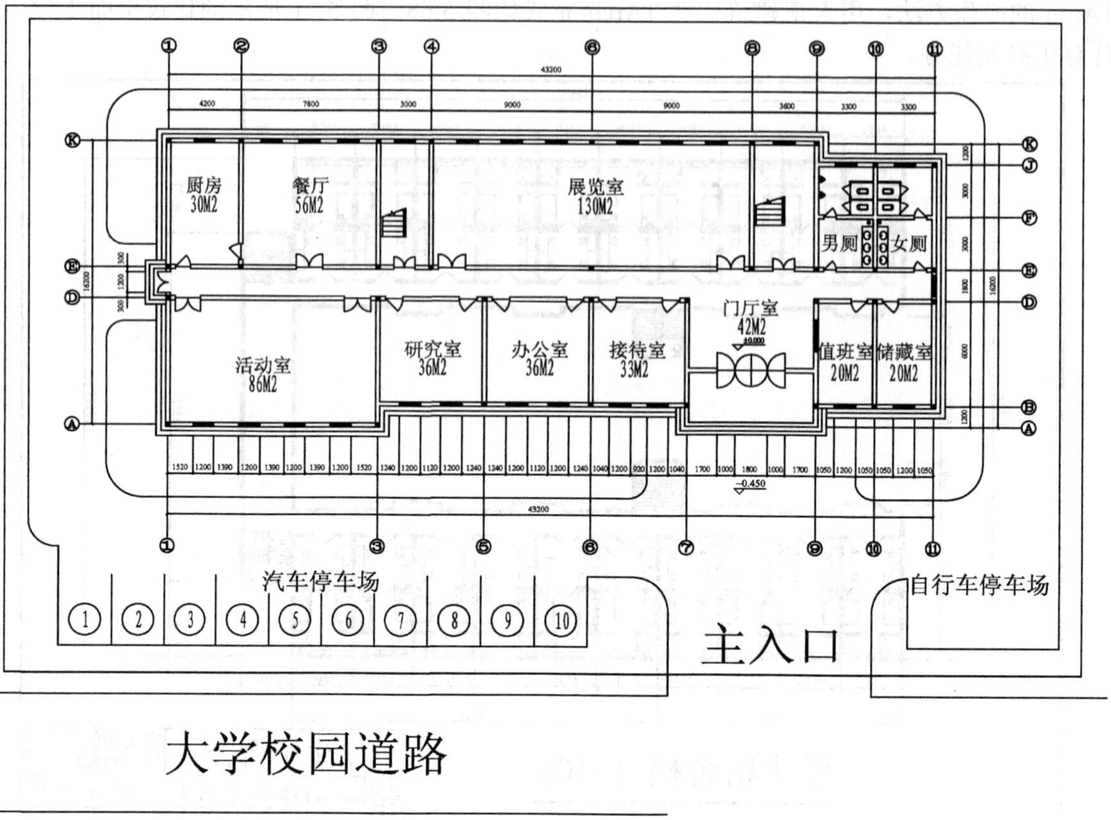

图 5.70　实训作业 3

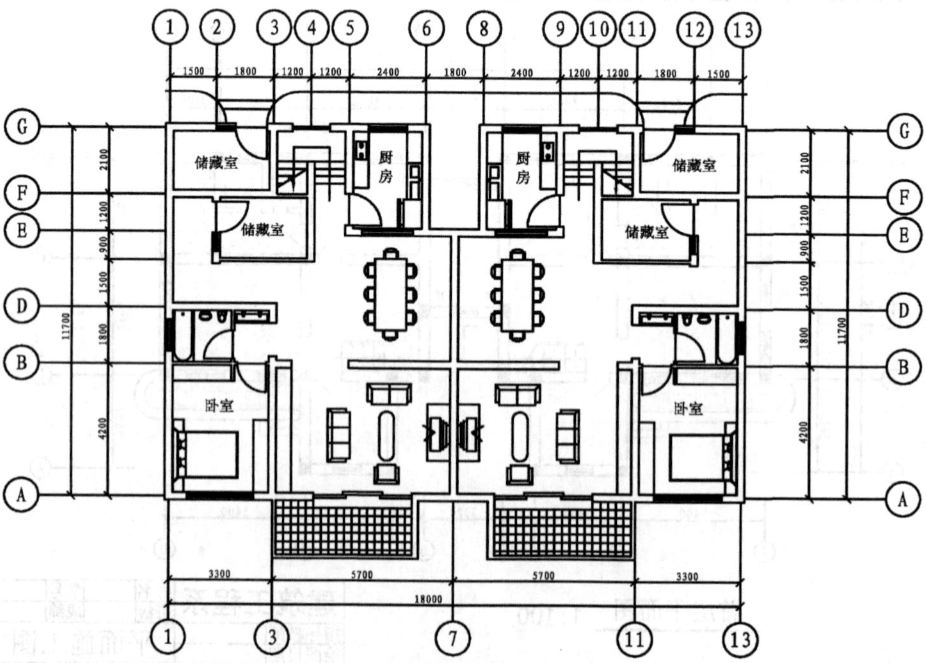

图 5.71　实训作业 4

学习情境 6 天正建筑软件绘制立面图、剖面图与三维立体图

天正建筑软件 TArch 不仅有较强的平面图绘制功能，在绘制立面图、剖面图和三维立体图方面也有较好的功能，本学习情境介绍用天正建筑软件 TArch 绘制 6 层砖混结构住宅建筑工程立面图、剖面图和三维立体图的基本操作，其中该工程立面图各部分尺寸如图 6.1 所示，剖面图各部分尺寸如图 6.2 所示。

学习单元 1 生成立面图

本学习单元介绍天正建筑软件 TArch 的立面图生成功能，以及立面图绘制的内容和一般操作方法。

1. 立面图生成的条件

首先要确定是否已经对各标准层的墙体区分过内外墙，在未识别时单击屏幕菜单“墙体”→“墙体工具”→“识别内外”命令进行识别。

其次指定各楼层的对齐点，每个标准层都有共同的对齐点，默认的对齐点在原点（0,0,0）的位置，用户可以修改它。事实上，对齐点就是 DWG 作为图块插入的基点，用 AutoCAD 的 INSBASE 命令可以改变基点。

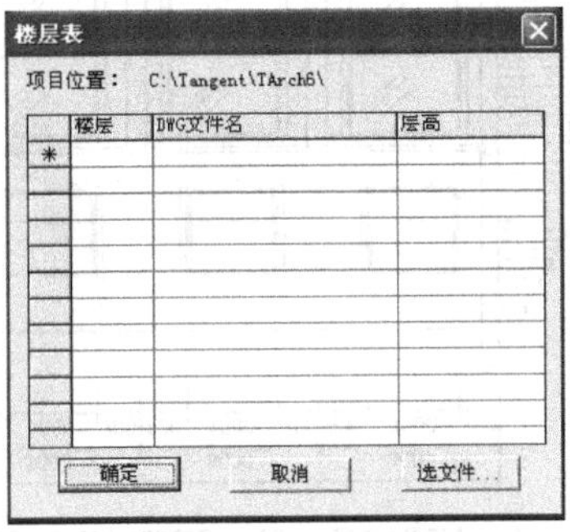

图 6.3 建立楼层表

第三，在生成多层立面图之前，要单击屏幕菜单“设置观察”→“楼层表”命令建立楼层表（如图 6.3 所示），

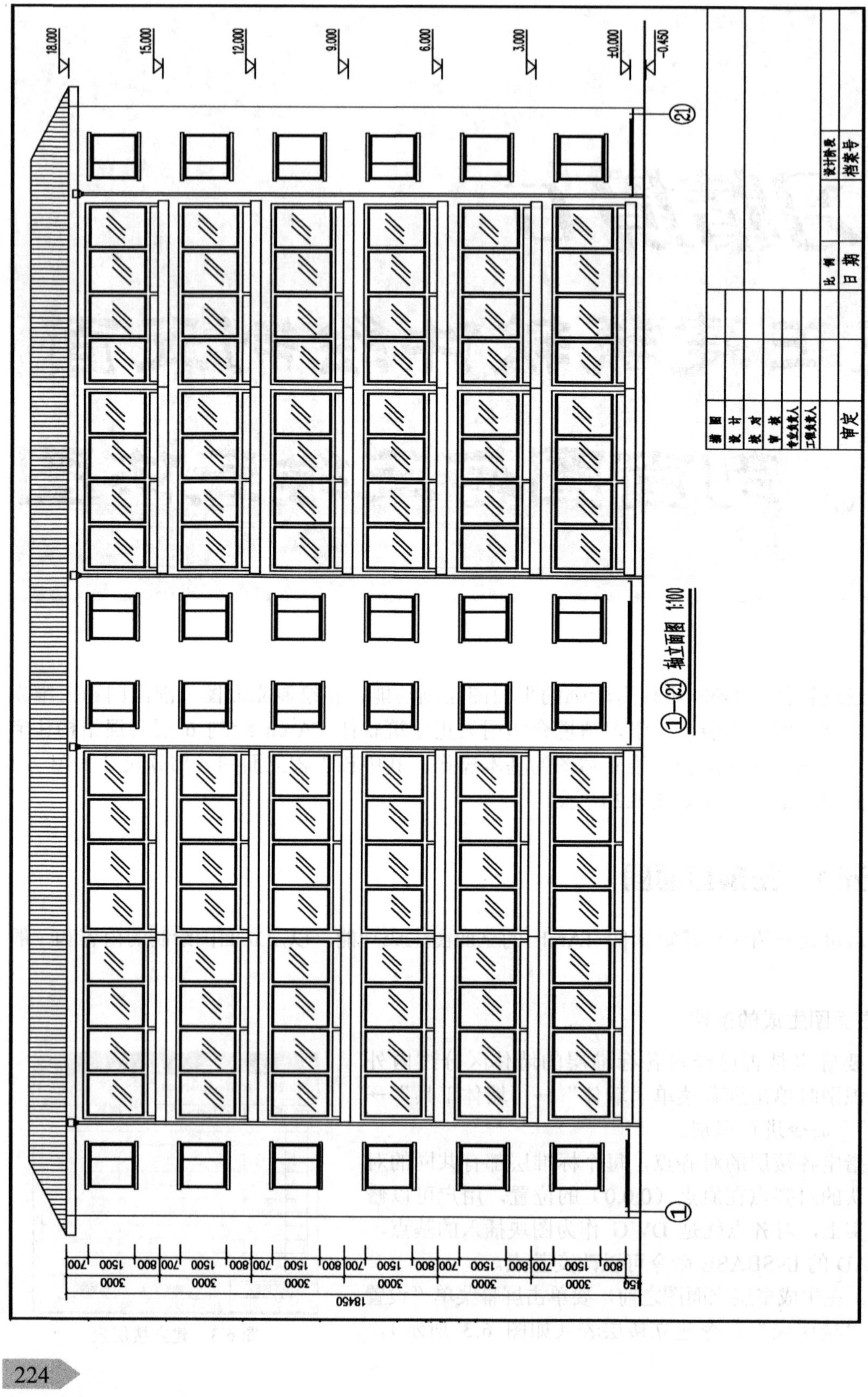

图 6.1　砖混结构住宅楼立面图

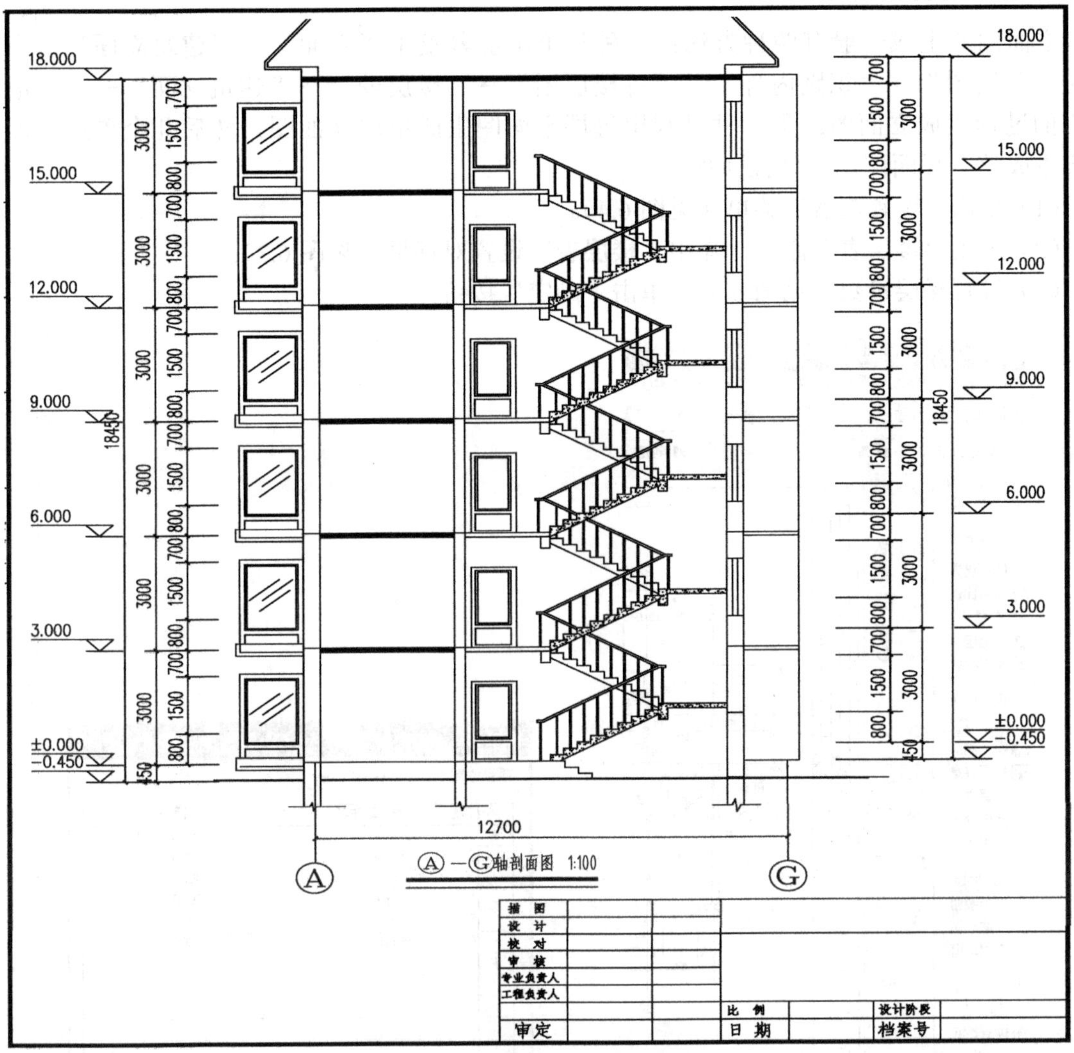

图 6.2　砖混结构住宅楼剖面图

定义本工程中各平面楼层之间的关系。单层立面图生成不必建立楼层表。

第四，在自动生成立面图时，如果选取不同方向的墙面，则按 WCS（世界坐标系）的正立面与侧立面方式生成不同立面图。

2．立面图生成的参数设置

在生成立面图时，可以设置标注的形式，如在图形的哪一侧标注立面图的尺寸和标高，同时可以设置门窗和阳台的式样，其方法与标准层立面图的设置相同。设定是否在立面图上绘制出每层平面图的层间线，设定首层平面图的室内外高差，在楼层设置中可以修改标准层的层高。

室内外高差需要同首层平面图一致。用户应当通过适当更改首层外墙的 Z 向参数（即底标高和高度）或设置内外高差平台，来实现室内外高差的目的。

3．立面图生成的方法

立面图的生成一般有两种方法：一种是单击屏幕菜单“立面”→“建筑立面”命令，按照“首层图”→“识别内外”→“各楼层图”→“楼层表”→“建筑立面”→“生成立面”的过程生成立面图；另一种是利用每层平面图生成单层立面图，然后几个单层立面图组合生成整个平面图。具体操作如下。

（1）单击“设置观察”菜单（见图 6.4）。

（2）单击“楼层表”命令，弹出“楼层表”设置对话框（见图 6.3）。

（3）设置楼层参数（见图 6.5），单击“确定”按钮。

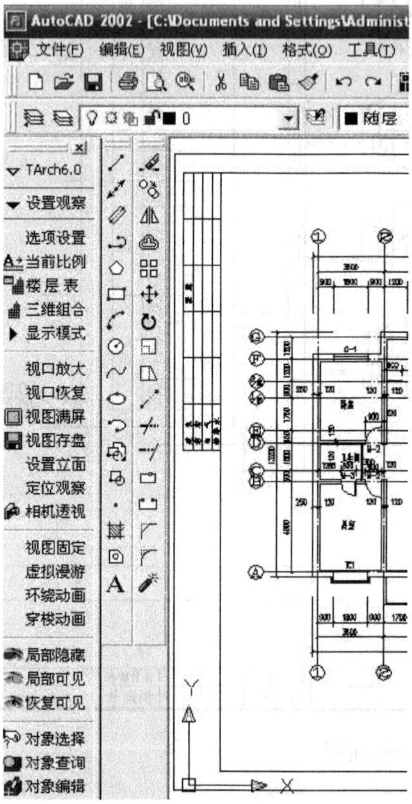

图 6.4 “设置观察”菜单

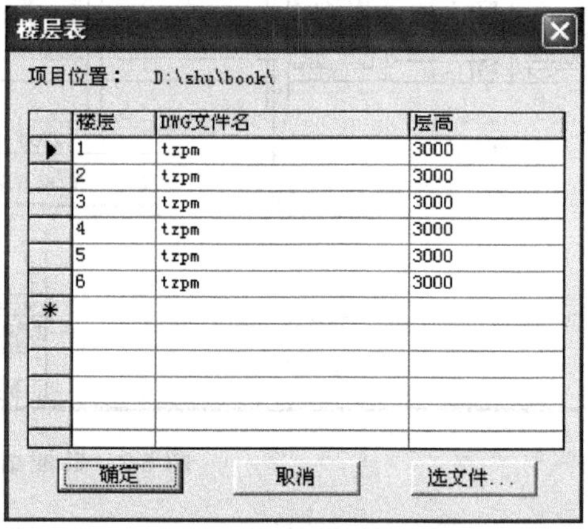

图 6.5 设置楼层参数

（4）单击“立面”菜单（见图 6.6）。

（5）单击“建筑立面”命令，按照命令行提示操作：

```
输入立面方向或[正立面(F)/背立面(B)/左立面(L)/右立面(R)]<退出>：F
选择要出现在立面图上的轴线：(选择起终轴线)
```

（6）弹出“立面生成设置”对话框，设置立面生成参数（见图 6.7）。

（7）设置好参数之后，单击“生成立面”按钮，打开“输入要生成的文件”对话框，在“文件名”文本框中输入立面图形的名称，单击“保存”按钮（见图 6.8）。

（8）立面图生成后如图 6.9 所示。

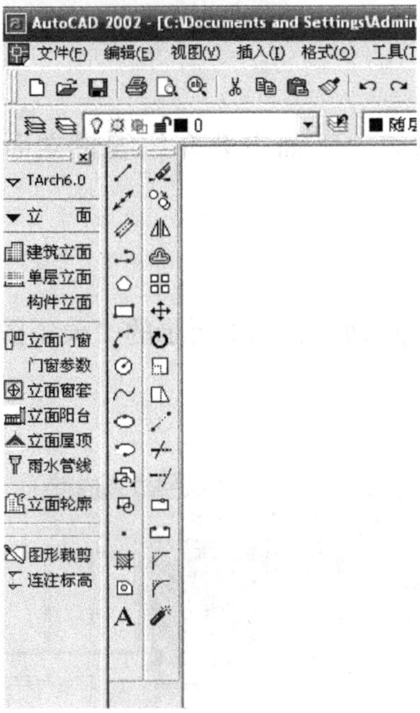

图 6.6 “立面”菜单

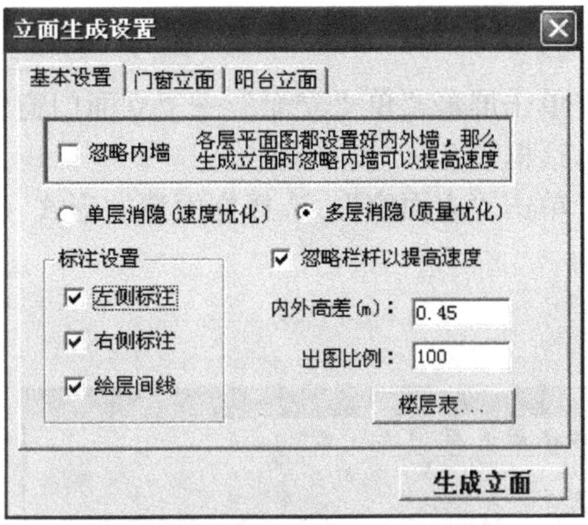

图 6.7 “立面生成设置”对话框

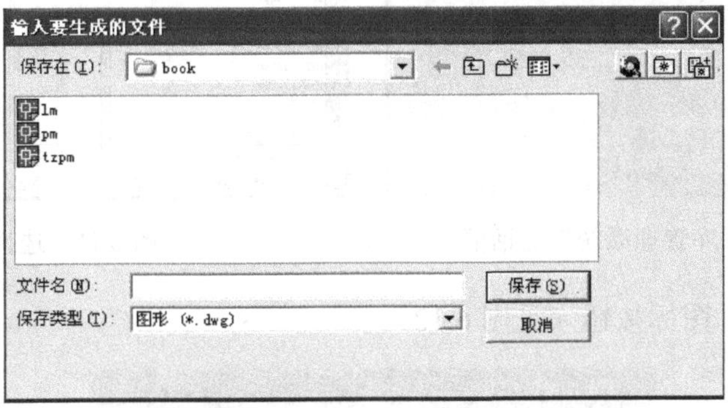

图 6.8 保存生成的立面

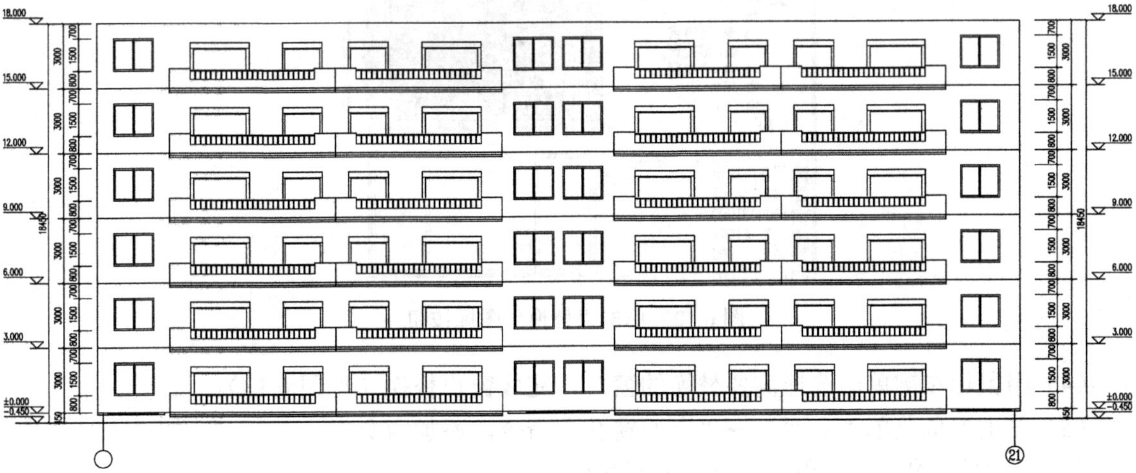

图 6.9 立面生成

学习单元 2　编辑立面图

编辑立面图包括立面窗户、立面阳台、立面屋顶等。下面主要介绍编辑立面图的基本操作。

6.2.1　编辑立面窗户

（1）单击屏幕菜单“立面”→“立面门窗”命令，弹出如图 6.10 所示的“天正图库管理系统”对话框。

（2）单击“立面窗”，选择立面窗的形式（见图 6.11）。

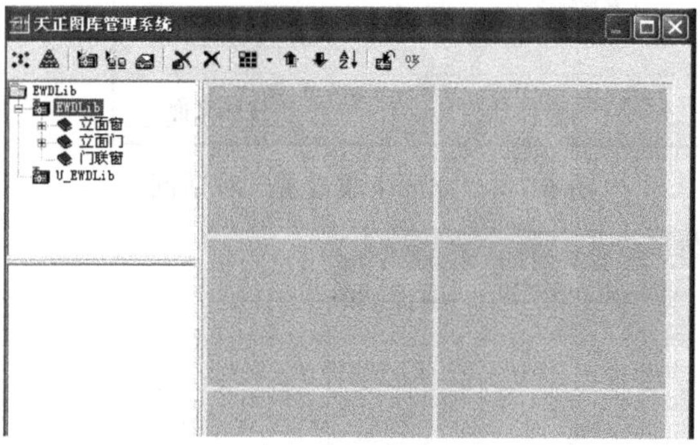

图 6.10　“天正图库管理系统”对话框

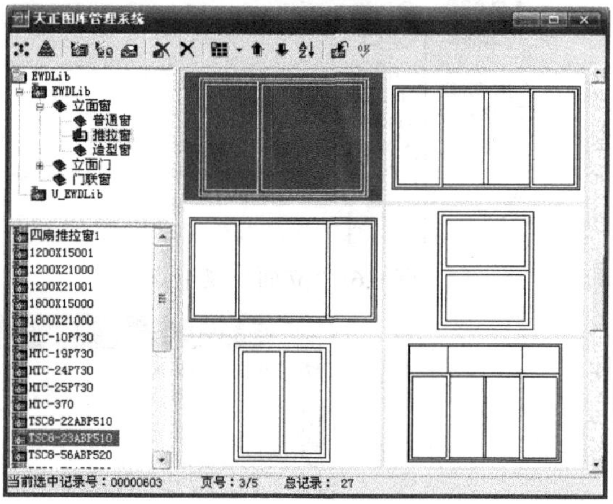

图 6.11　选择立面窗户

（3）单击“替换”图标按钮（见图 6.12）。

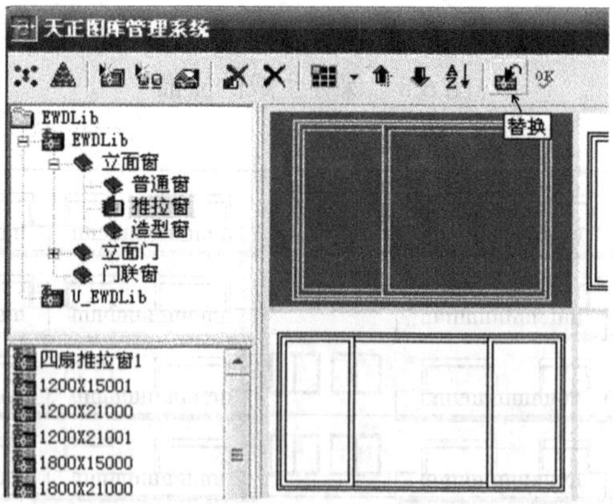

图 6.12　单击“替换”图标按钮

（4）用鼠标左键单击选择需要替换的窗户，完成窗户替换（见图 6.13）。

（5）单击屏幕菜单“立面”→“立面窗套”命令，添加窗套。

① 指定窗套的左下角和右上角（见图 6.14）。

图 6.13　完成窗户替换

② 弹出“窗套参数”对话框，设置窗套参数（见图 6.15）。

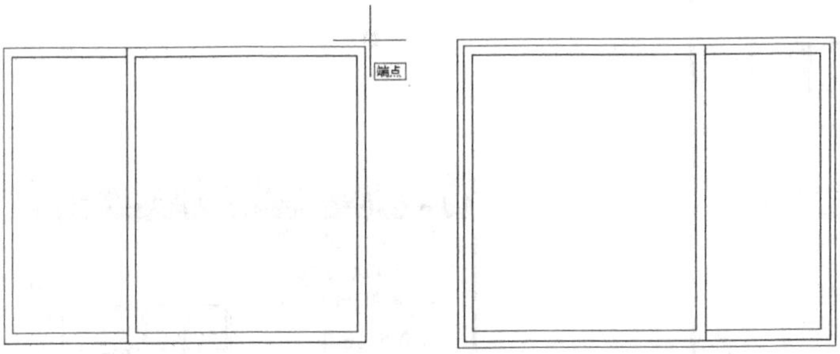

（a）　　　　　　（b）

图 6.14　指定窗套的左下角和右上角

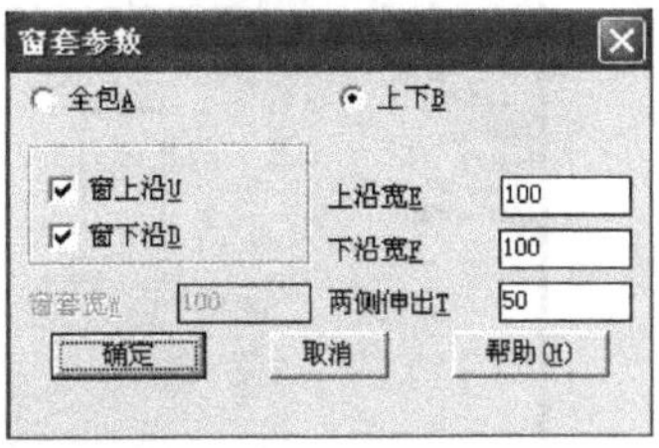

图 6.15　设置窗套参数

③ 单击“确定”按钮，完成窗套的绘制（见图 6.16）。

④ 按照上述步骤完成所有窗套的绘制（见图 6.17）。

（a）　　　　　　（b）

图 6.16　窗套的绘制

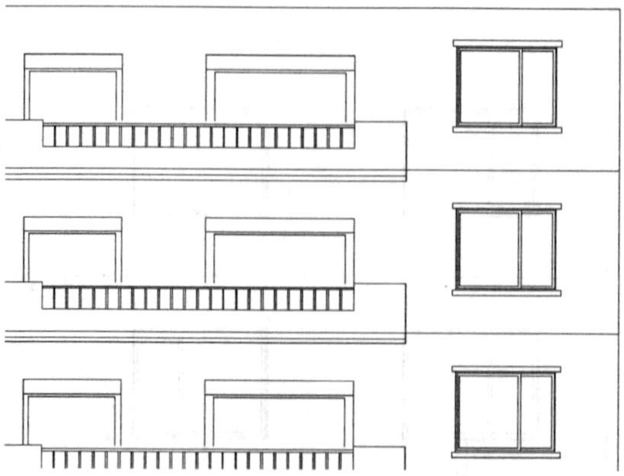

图 6.17　完成所有窗套的绘制

6.2.2　编辑立面阳台

（1）单击屏幕菜单“立面”→“立面阳台”命令，弹出如图 6.18 所示的“天正图库管理系统”对话框，选择立面阳台形式。

（2）单击“替换”按钮，选择替换参数（见图 6.19）。

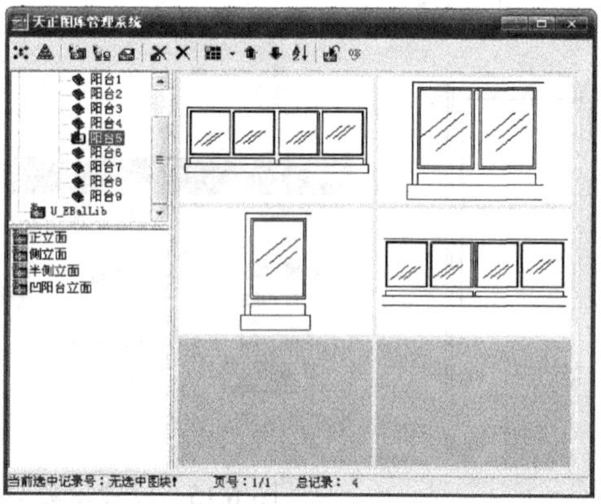

图 6.18　立面阳台替换图库选择

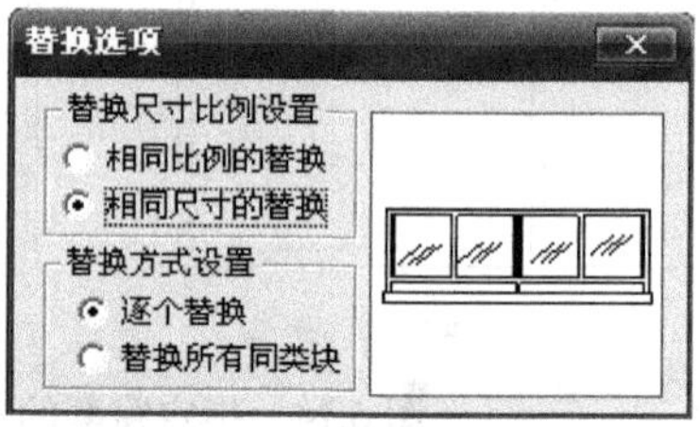

图 6.19　立面阳台替换选项

（3）用鼠标左键单击选择需要替换的立面阳台，完成立面阳台替换（见图 6.20）。

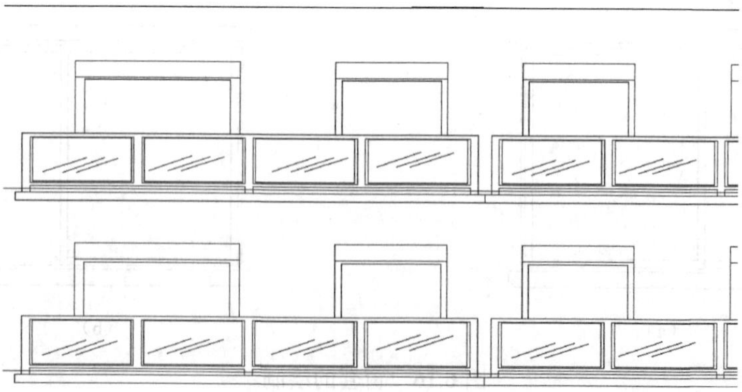

图 6.20　完成阳台立面替换

（4）选择阳台，单击鼠标右键出现快捷菜单（见图 6.21）。

（5）单击“对象编辑”命令，出现“图块编辑”对话框（见图 6.22）。

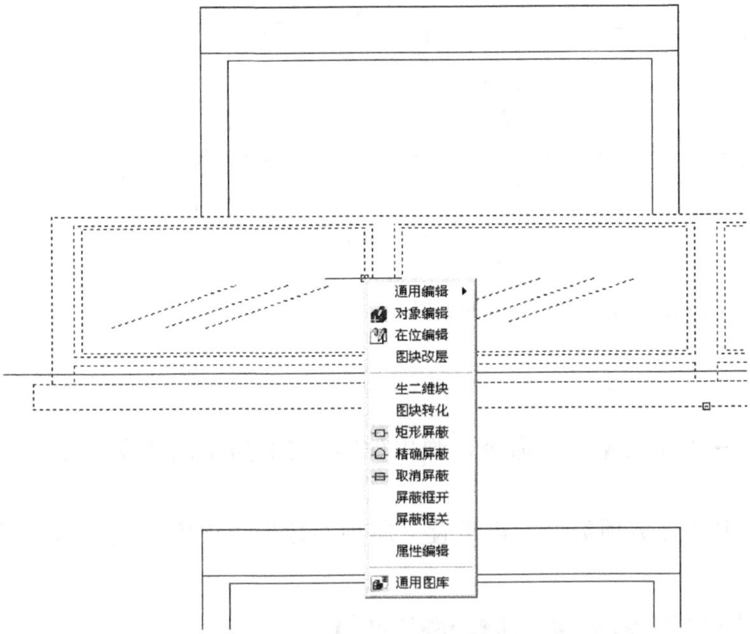

图 6.21　鼠标快捷菜单

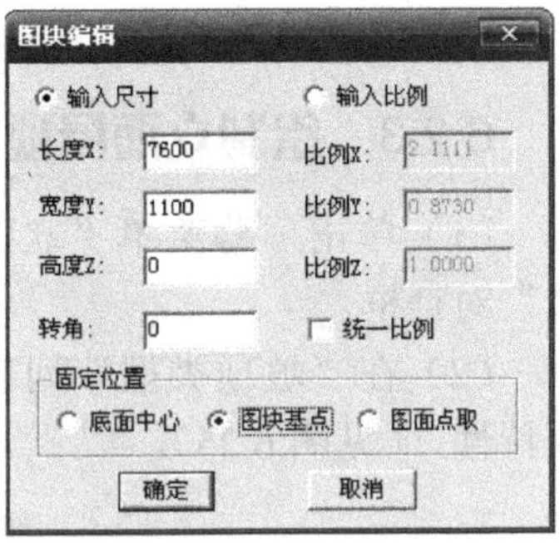

图 6.22　“图块编辑”对话框

（6）设置好图块参数，单击“确定”按钮，得到编辑后的阳台（见图 6.23）。

图 6.23　编辑后的阳台

（7）删除多余图块，编辑其他阳台，完成阳台的编辑（见图 6.24）。

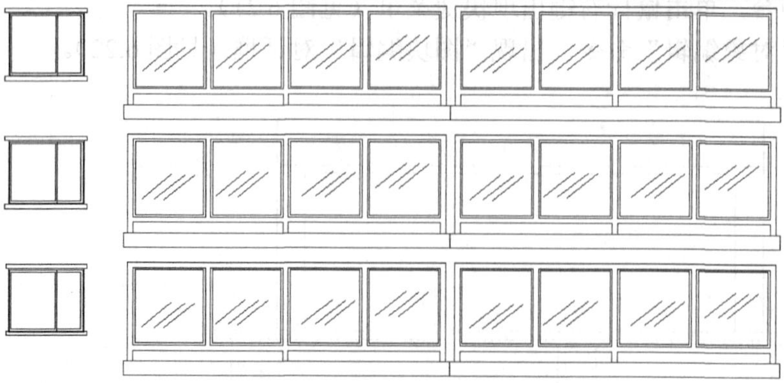

图 6.24　完成所有阳台的编辑

6.2.3　绘制立面屋顶

（1）单击屏幕菜单“立面”→“立面屋顶”命令，弹出如图 6.25 所示的“立面屋顶参数”对话框。

（2）在“坡顶类型”列表框中选择坡顶类型，再设置“屋顶参数”、“出檐参数”和“屋顶特性”（见图 6.25）。

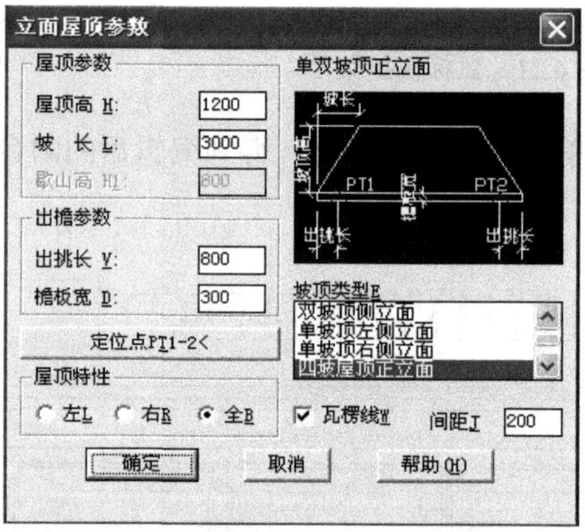

图 6.25　“立面屋顶参数”对话框

（3）单击定位点 PT1-2（如图 6.26 所示），选择屋顶定位点。

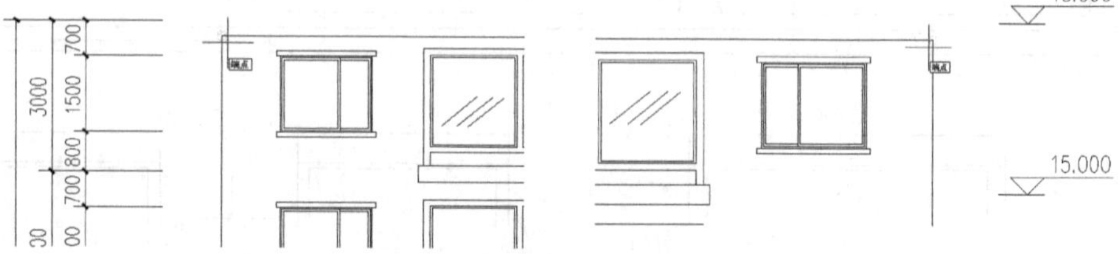

（a）　　　　　　　　　　（b）

图 6.26　选择屋顶定位点

（4）选择定位点后弹出“立面屋顶参数”设置对话框，单击“确定”按钮，生成立面屋顶（见图 6.27）。

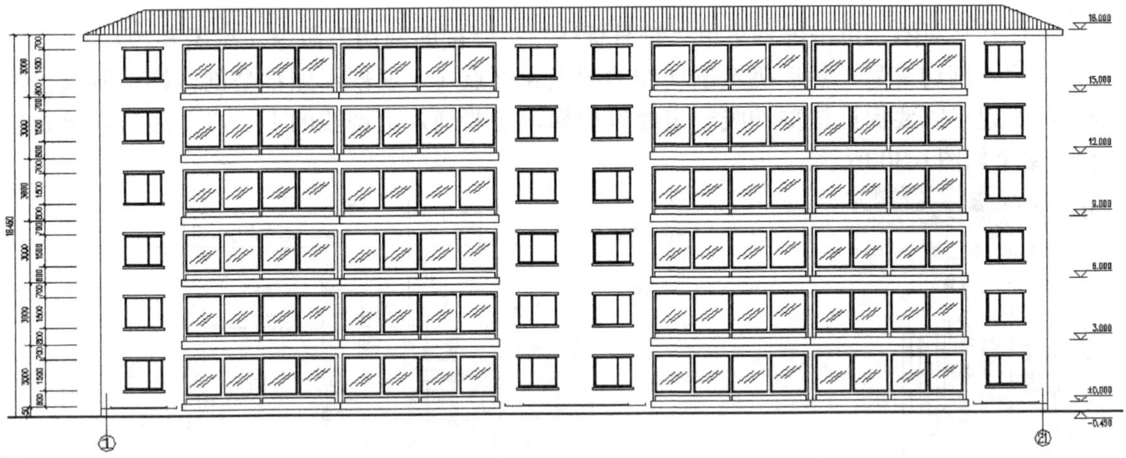

图 6.27　完成立面屋顶绘制

（5）选择屏幕菜单“立面”→“雨水管线”命令，用鼠标选取雨水管的插入位置，设置好雨水管线的管径，插入雨水管（见图 6.28）。

图 6.28　完成插入雨水管绘制

（6）使用“单行文字”命令标注图名，插入图框，完成立面图绘制（见图 6.1）。

学习单元 3　生成剖面图

本学习单元介绍天正建筑软件 TArch 的剖面图生成功能，以及剖面图绘制的内容与一般操作方法。

天正建筑软件 TArch 是根据平面图的剖切符号来生成剖面图的，在绘制剖面图时，首先单击屏幕菜单“剖面”→“建筑剖面”命令，接着选择生成剖面图的轴线，在打开的“剖面生成设置”对话框中建立楼层表，单击“剖面生成”按钮，最后自动生成剖面图，然后对生成的剖面图进行编辑，即可完成剖面图的绘制。

1．在平面图中绘制剖切符号

（1）打开平面图，单击屏幕菜单“符号标注”→“剖面剖切”命令（见图 6.29）。

（2）输入剖切符号，然后确定剖切线的起点和终点（一般剖面图都是剖楼梯，所以在确定剖切线的起点时要保证该剖切线一定经过楼梯，还要确定剖切线的下一点，最后确定观察方向），结果如图 6.30 所示。

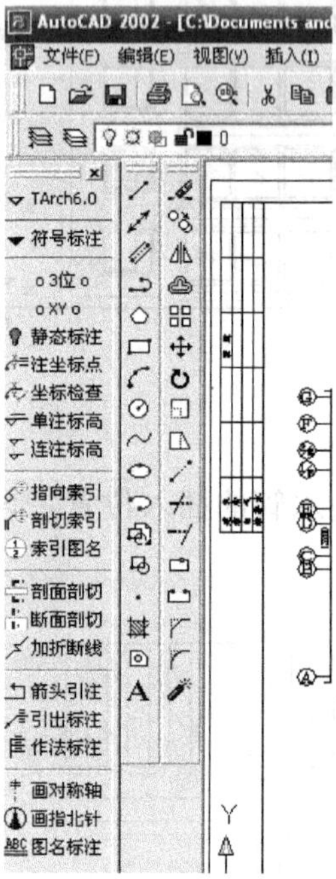

图 6.29 “符号标注”菜单

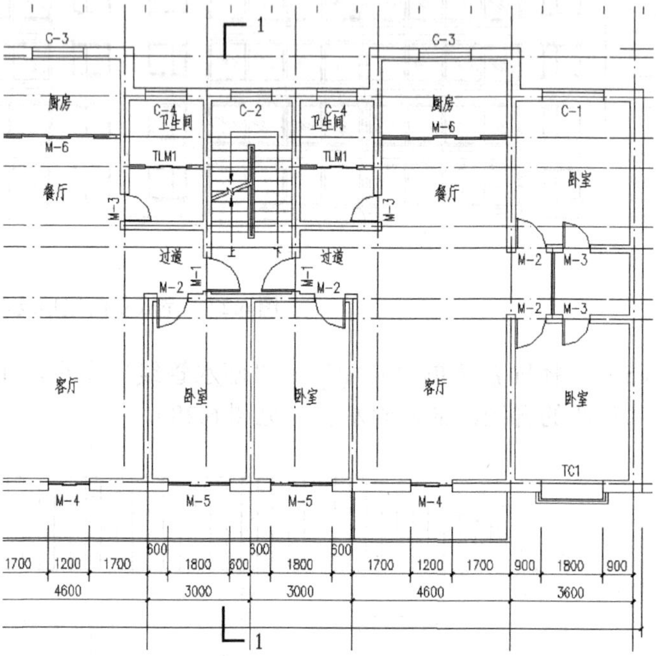

图 6.30 生成剖切符号

2．绘制剖面图操作步骤

（1）在平面图中，单击屏幕菜单“剖面”→“建筑剖面”命令。

（2）选取剖切线。

（3）选择要出现在剖面图上的轴线。选择 A 轴、G 轴。

（4）弹出“剖面生成设置”对话框，设置相关参数。

① 基本设置（见图 6.31）。

② 门窗立面设置（见图 6.32）。

③ 阳台立面设置（见图 6.33）。

（5）单击“生成剖面”按钮，弹出“输入要生成的文件”对话框，在“文件名”文本框中输入文件名，单击“保存”按钮。

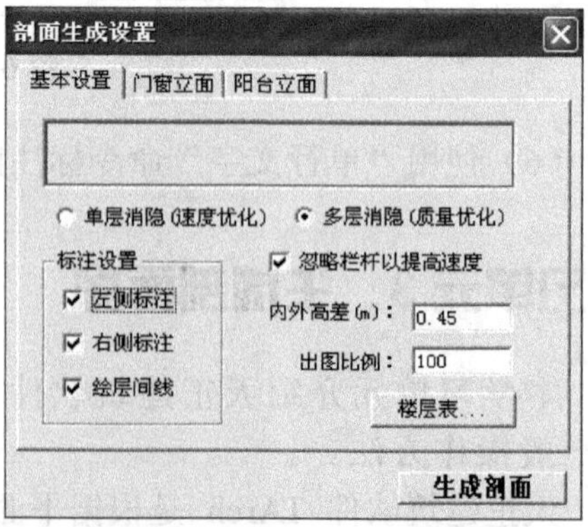

图 6.31 “基本设置”选项卡

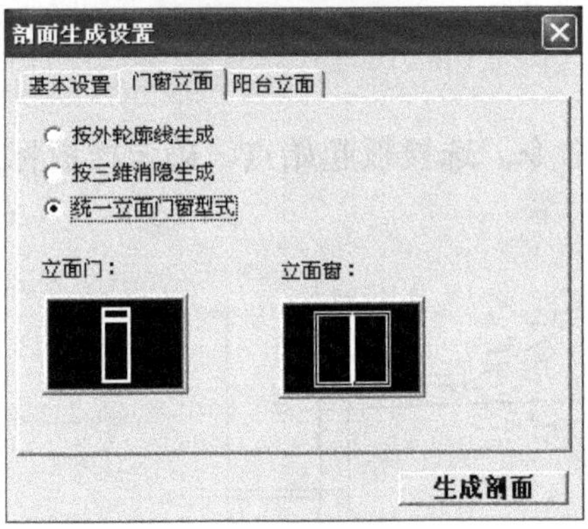

图 6.32 “门窗立面”选项卡

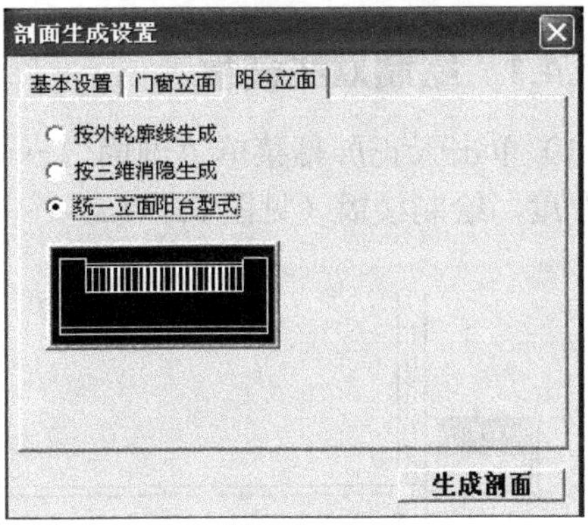

图 6.33 “阳台立面”选项卡

（6）生成剖面图（见图 6.34）。

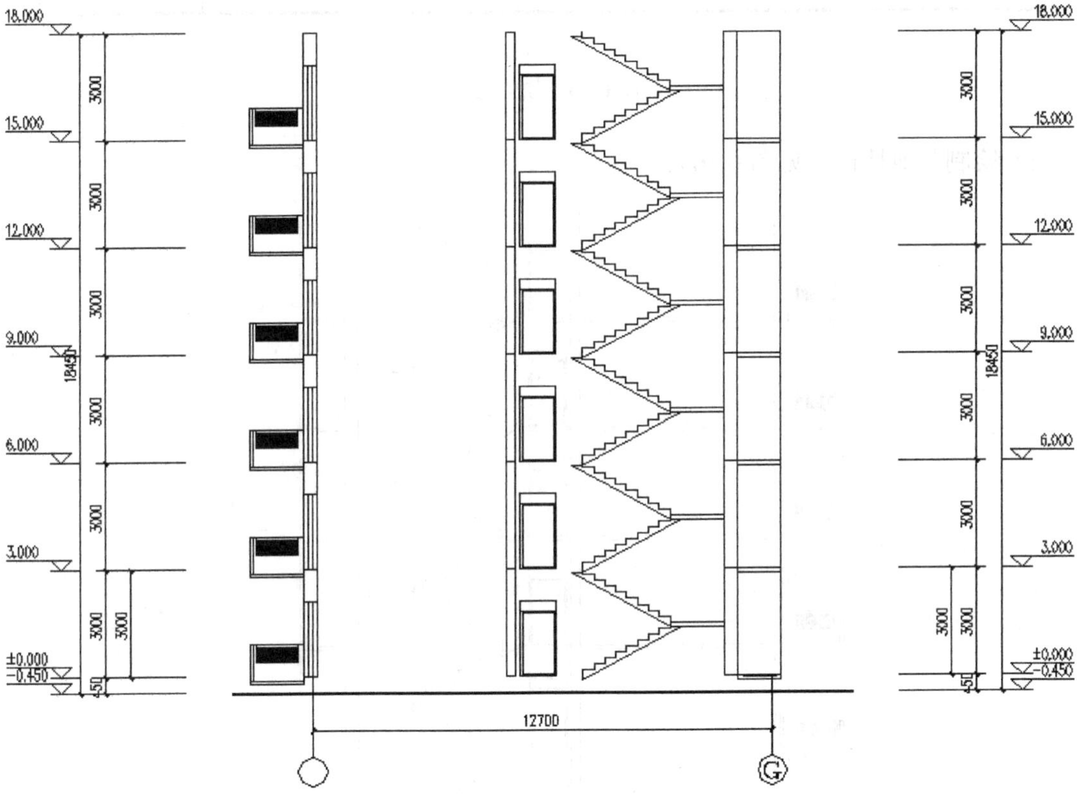

图 6.34 生成剖面图

学习单元 4 编辑剖面图

编辑剖面图包括绘制双线楼板，编辑立面阳台及底层地面，编辑楼梯，绘制剖面檐口，进行剖面填充等。下面主要介绍编辑建筑工程剖面图的基本操作。

6.4.1 绘制双线楼板

（1）单击天正屏幕菜单“剖面”→“双线楼板”命令。选楼板起始点，确定楼板标高、楼板厚度，绘制楼板（见图 6.35）。

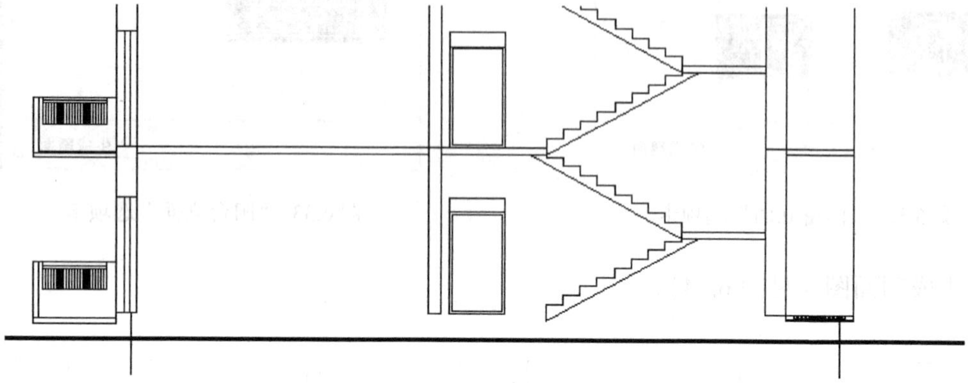

图 6.35 绘制楼板

（2）绘制其他楼板（见图 6.36）。

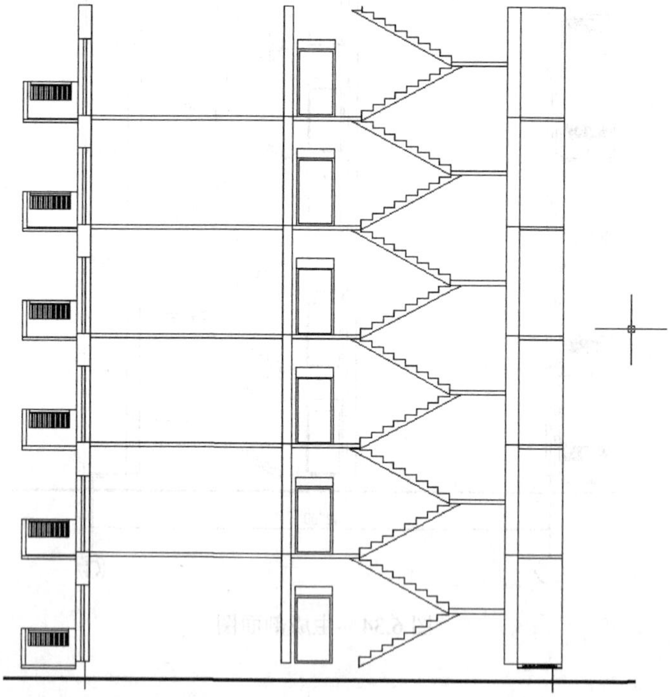

图 6.36 完成楼板绘制

6.4.2 编辑立面阳台及底层地面

（1）按照立面图编辑中阳台的编辑方法完成阳台编辑（见图 6.37）。

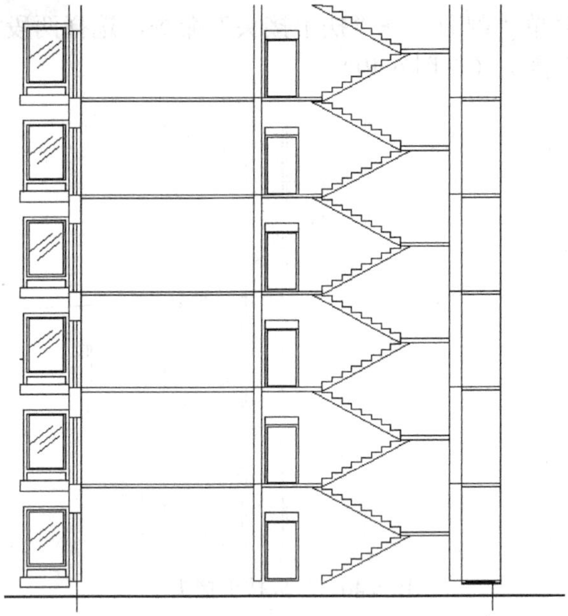

图 6.37　编辑阳台

（2）编辑底层地面。结果如图 6.38 所示。

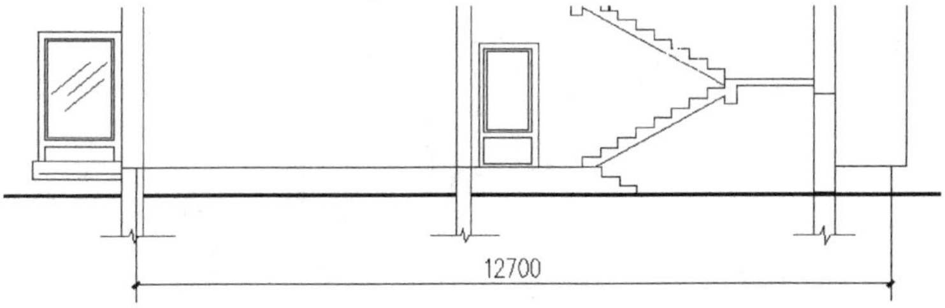

图 6.38　编辑底层地面

6.4.3　编辑楼梯

（1）单击天正屏幕菜单“剖面”→“楼梯栏杆”命令。

（2）输入楼梯栏杆高度、栏杆起点和终点，生成楼梯栏杆，删除多余楼梯（见图 6.39）。

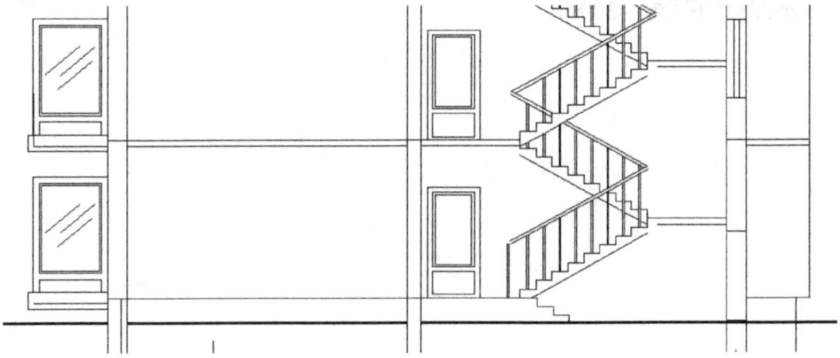

图 6.39　生成楼梯栏杆

（3）单击天正屏幕菜单“剖面”→“扶手接头”命令，选择两段相邻的扶手，输入扶手伸出长度，完成楼梯扶手接头（见图 6.40）。

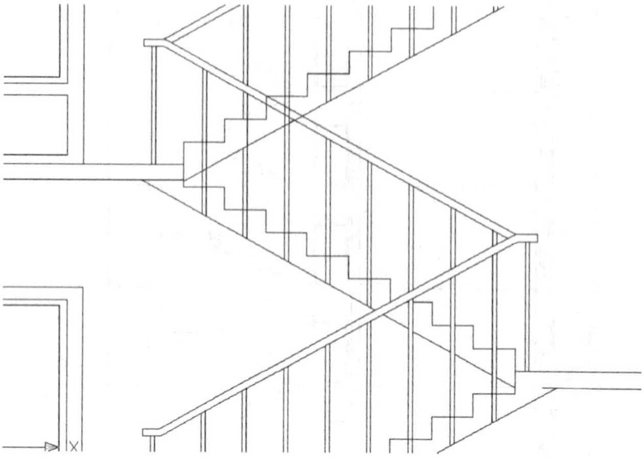

图 6.40　生成扶手接头

（4）修剪扶手，完成扶手绘制（见图 6.41）。

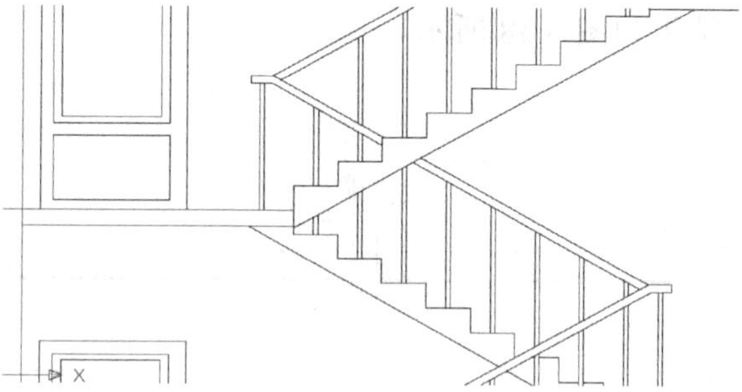

图 6.41　完成扶手绘制

（5）添加楼梯梁。完成了 200×300 的楼梯梁的绘制（见图 6.42）。

输入剖面梁的参照点 <退出>：
梁左侧到参照点的距离 <100>：0
梁右侧到参照点的距离 <100>：200
梁底边到参照点的距离 <300>：

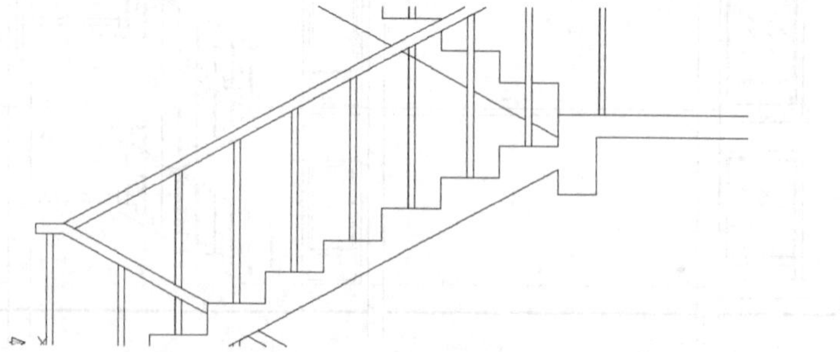

图 6.42　完成楼梯梁绘制

6.4.4　绘制剖面檐口

（1）单击屏幕菜单“剖面”→“剖面檐口”命令，弹出“剖面檐口参数”对话框（见图6.43），设置剖面檐口参数。

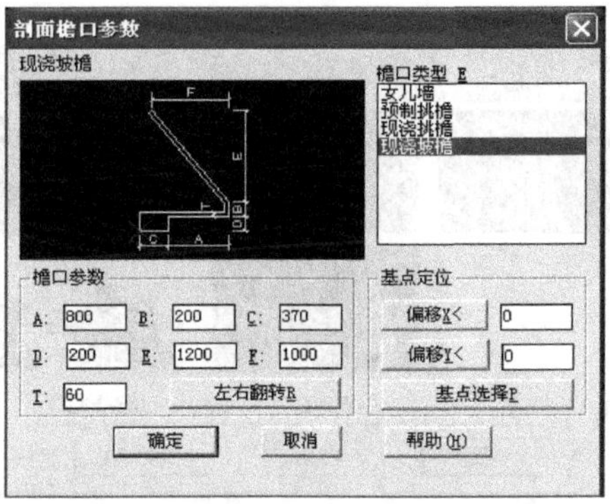

图6.43　“剖面檐口参数”对话框

（2）选择定位点，绘制剖面檐口（见图6.44）。

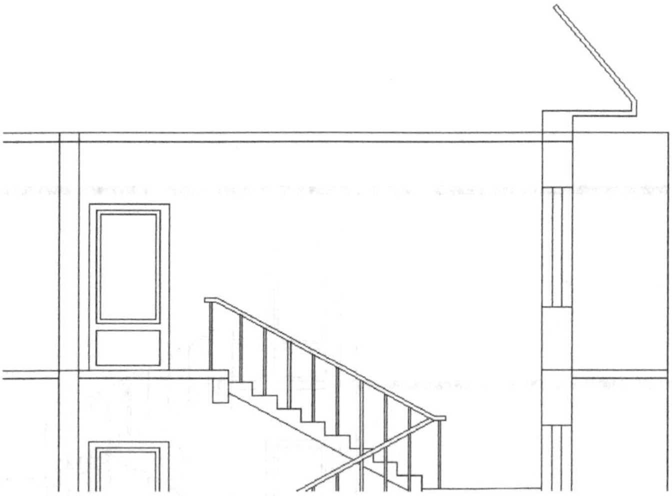

图6.44　剖面檐口绘制

（3）完成所有檐口绘制（见图6.45）。

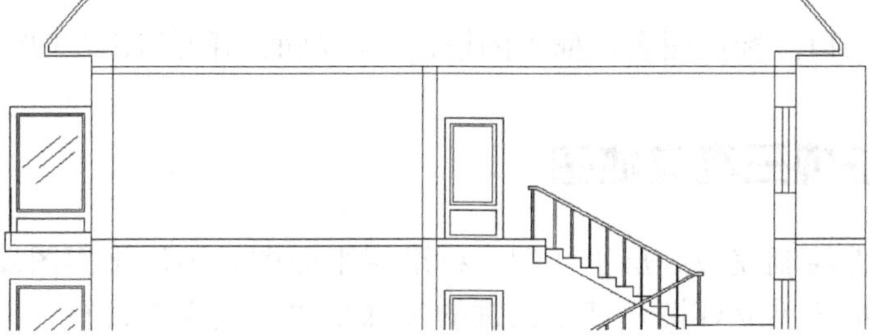

图6.45　完成所有剖面檐口绘制

6.4.5 进行剖面填充

（1）单击屏幕菜单“剖面”→“剖面填充”命令，选择需要填充的对象。

（2）弹出“请点取所需的填充图案”对话框，选择填充图案，设置比例（见图 6.46）。

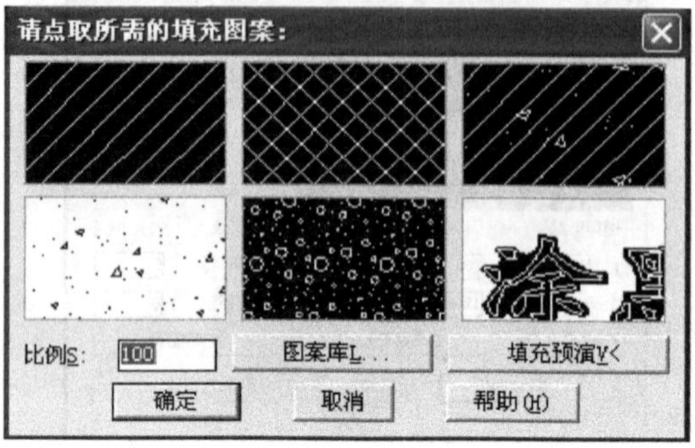

图 6.46 选择填充图案

（3）单击“确定”按钮，完成剖切图案填充（见图 6.47），按照同样的方法完成其他剖切图案的填充。

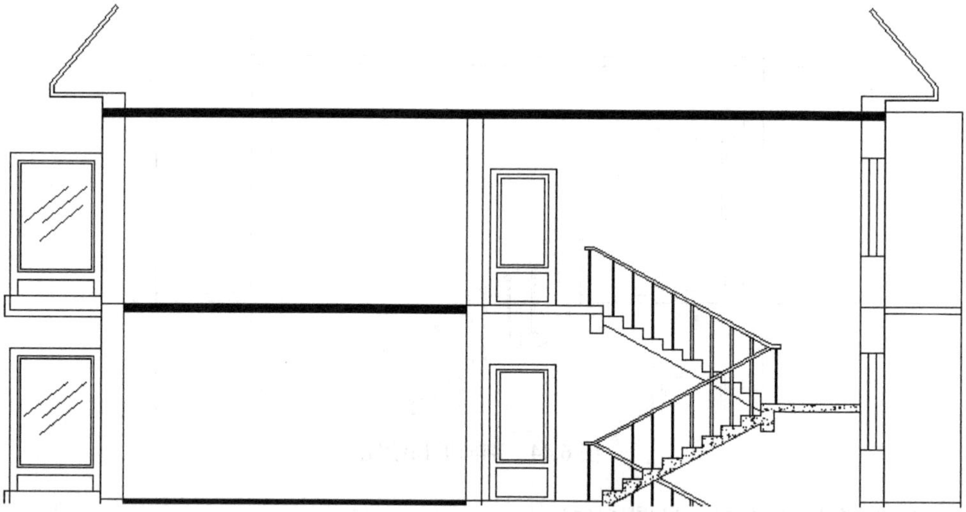

图 6.47 完成剖切图案填充

（4）修改楼梯门口，标注图名，插入图框，完成剖面图的绘制（见图 6.2）。

学习单元 5 生成三维立体图

用天正建筑软件绘制完成底层平面图、标准层平面图、顶层平面图及屋顶平面图后，就可用天正软件来生成三维立体图，其中关键的步骤是“楼层表”设置。用天正建筑软件生成三维立体图的具体步骤如下。

（1）单击天正屏幕菜单“设置观察”命令，如图 6.48 所示。

（2）选择“楼层表”命令，弹出“楼层表”对话框，按照表中要求输入层号和各层文件名及层高，如图 6.49 所示，单击“确定”按钮。

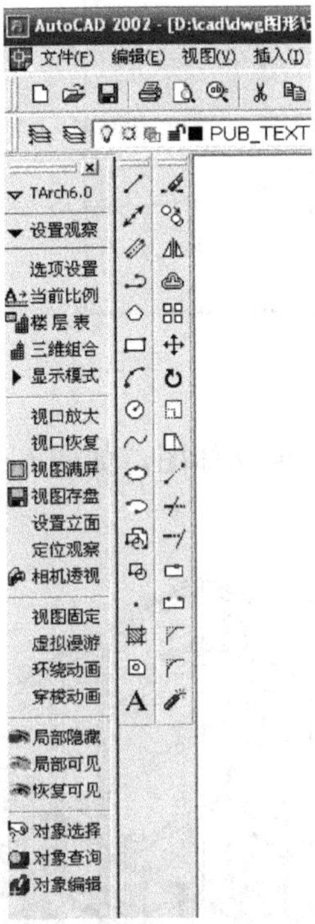

图 6.48　“设置观察”菜单命令

图 6.49　设置楼层表参数

（3）选择“三维组合”命令，弹出“楼层组合”对话框，设置参数如图 6.50 所示，如果不需显示内墙，可选择“排除内墙”复选框，单击“确定”按钮后，输入三维立体图的名称，如图 6.51 所示。

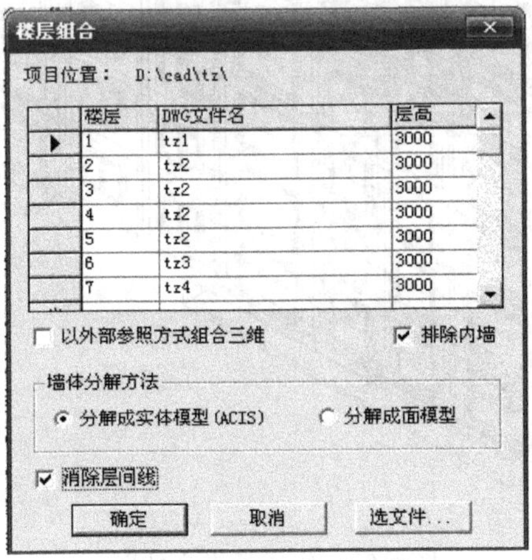

图 6.50　设置生成参数

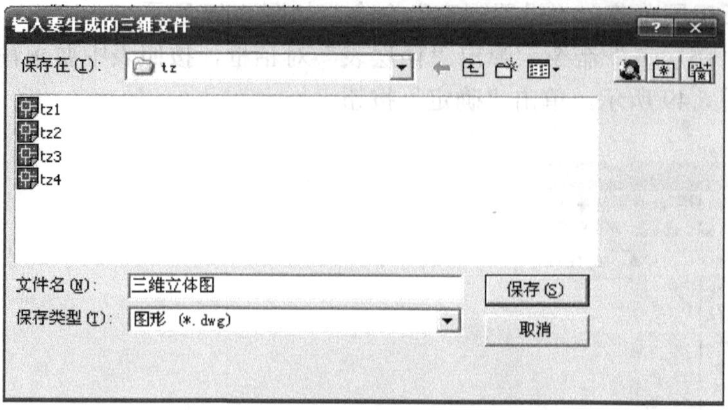

图 6.51　命名三维立体图

（4）单击“保存”按钮后，稍等片刻，天正软件系统生成三维立体图，如图 6.52 所示。

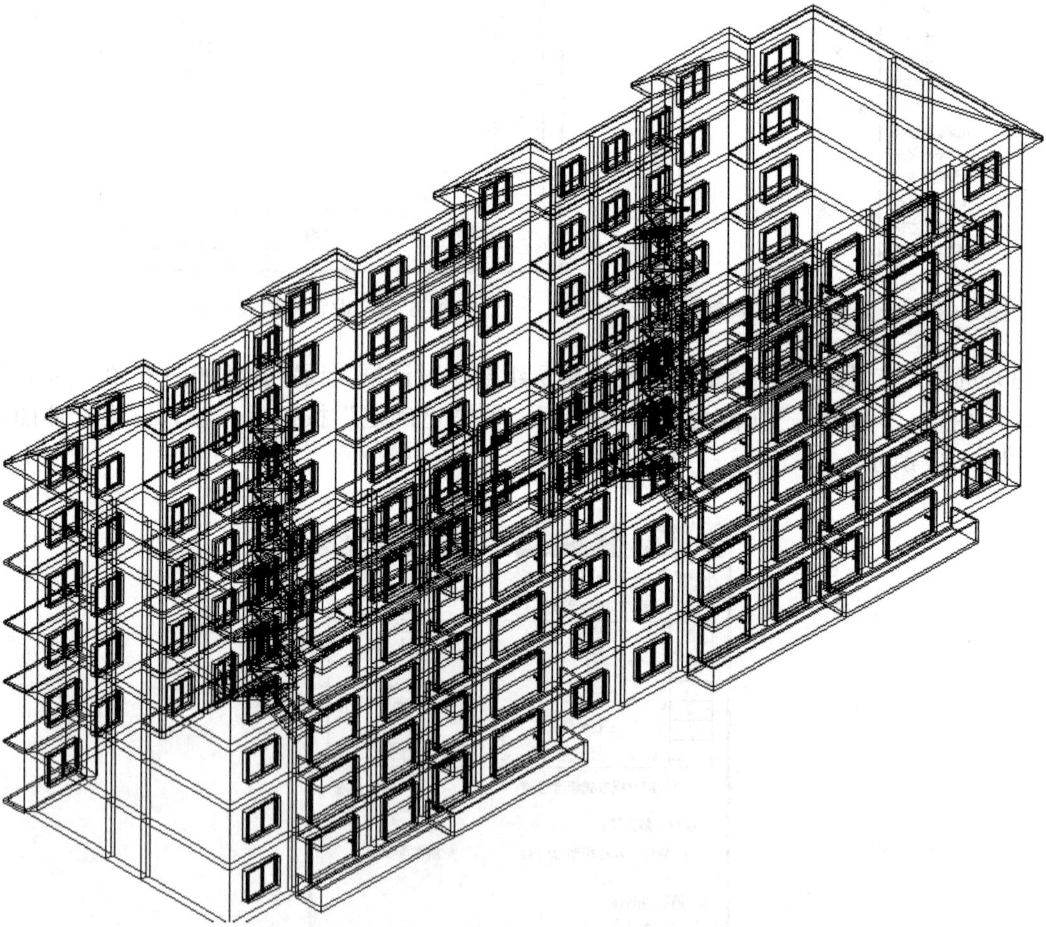

图 6.52　生成三维立体图

（5）单击下拉菜单“视图”→“消隐”命令，生成效果如图 6.53 所示。

（6）单击下拉菜单“视图”→“三维动态观察器”命令，拖动鼠标左键，可以从各个角度观察已生成的三维立体图。

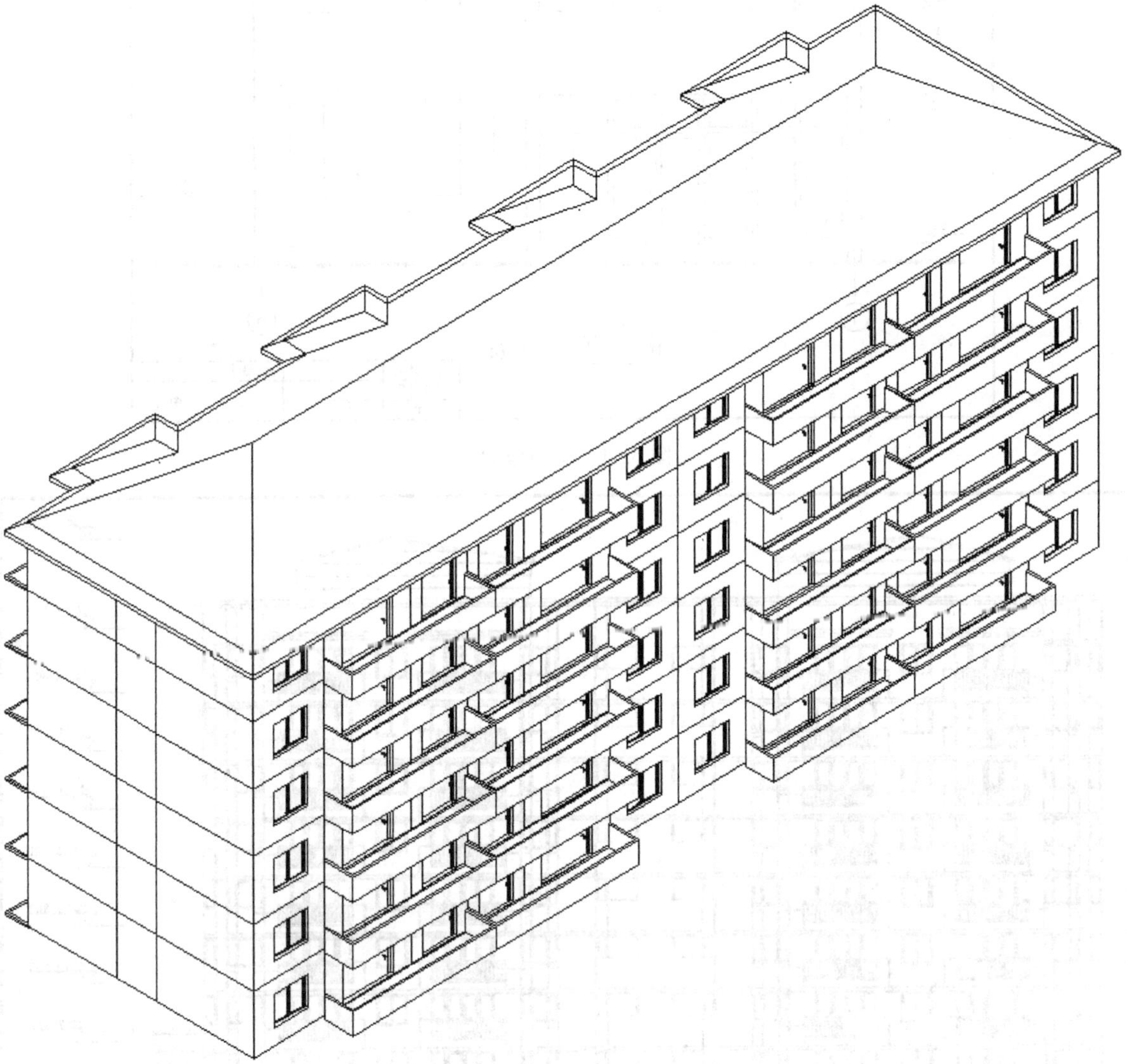

图 6.53　消隐后三维立体图

思考与练习题 6

1．简述天正建筑软件的操作特点。

2．参考所给图形，总结计算机绘制工程图的一般方法，重点理解和掌握天正建筑软件 TArch 的操作方法，用天正建筑软件 TArch，完成如图 6.54～图 6.57 所示的建筑立面图或剖面图的计算机绘制任务。

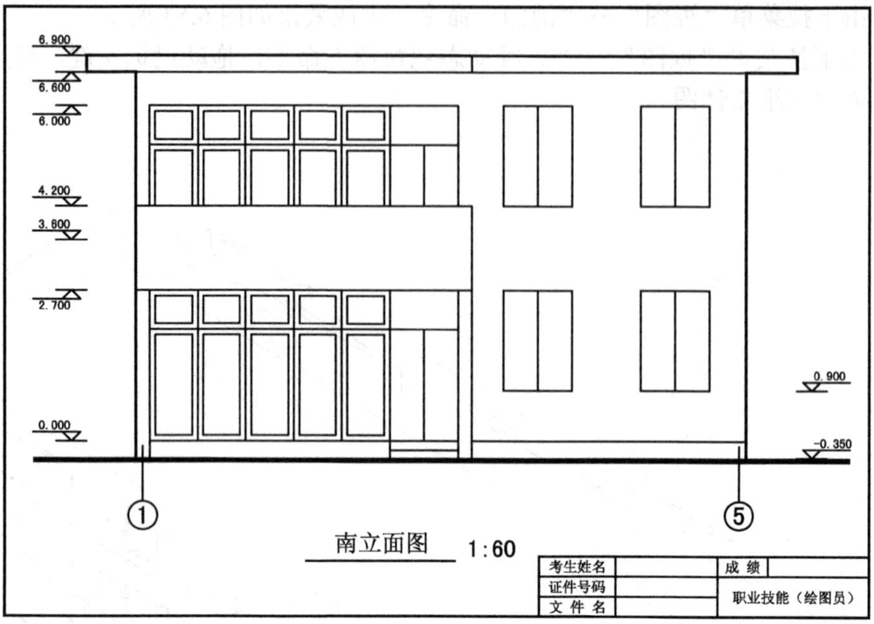

图 6.54　实训作业 1

图 6.55　实训作业 2

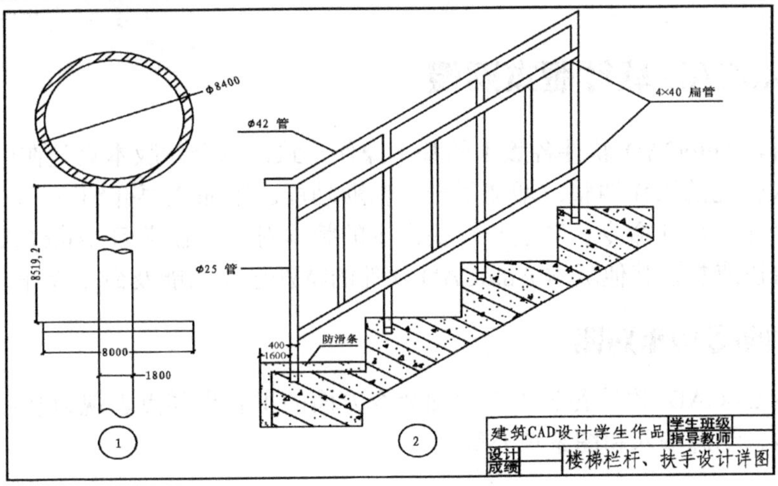

图 6.56　实训作业 3

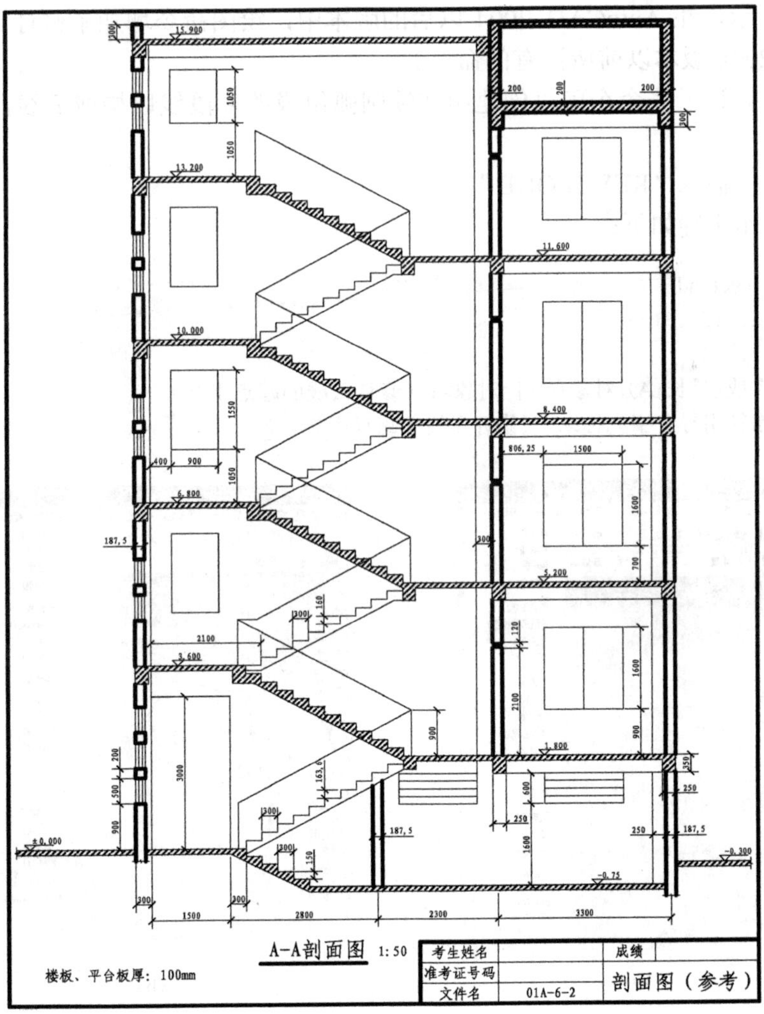

图 6.57　实训作业 4

附录 A　AutoCAD 软件版本对照

从总体上讲，AutoCAD 软件各版本的基本操作一致，每个新版本只是在前一版本的基础上做了某些更人性化的操作调整，增加了一些辅助功能。下面主要介绍 AutoCAD 软件的绘图命令、编辑命令、标注命令、图层与图块命令的版本对照。在学习 AutoCAD 主要版本软件的基础上，可快速掌握其他版本 AutoCAD 软件的特殊绘图功能及命令操作方法。

A.1　绘图命令版本对照

现代阶段 AutoCAD 软件各版本在绘图命令方面的主要异同点表现为修订云线、创建表格、创建螺旋线、动态输入和图案填充等。

A.1.1　修订云线

如图 A.1 所示，在 AutoCAD 2004 以后的版本中，绘图命令增加了修订云线操作功能，这是 AutoCAD 2004 版本以前所没有的命令。

（1）功能：修订云线命令可以创建由连续圆弧组成的多段线以构成云线，以便于检查或圈阅图形。

（2）命令行：输入“REVCLOUD”。

（3）基本操作步骤如下：

命令：_revcloud
最小弧长：15
最大弧长：15
指定起点或[弧长(A)/对象(O)]<对象>：（修订云线的起点坐标）
沿云线路径引导十字光标...：（修订云线的路径引导）

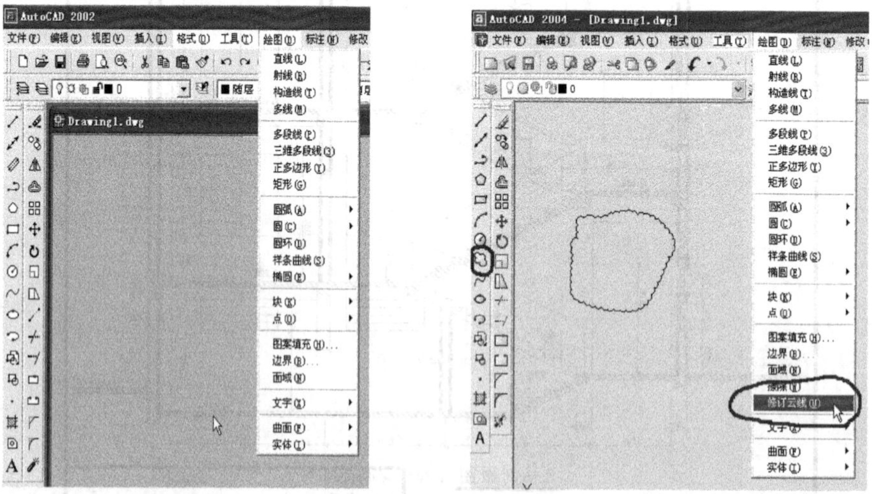

(a)　　(b)

图 A.1　修订云线功能

确认后完成修订云线的操作。

可以从头开始创建修订云线，也可以将对象（例如圆、椭圆、多段线或样条曲线）转换为修订云线，修订云线的绘图操作效果如图 A.2 所示。

图 A.2　修订云线操作示例

A.1.2　创建表格

如图 A.3（a）所示，AutoCAD 2005 最明显之处是增加了表格的制作功能，这是 AutoCAD 2005 以前版本所没有的命令操作。

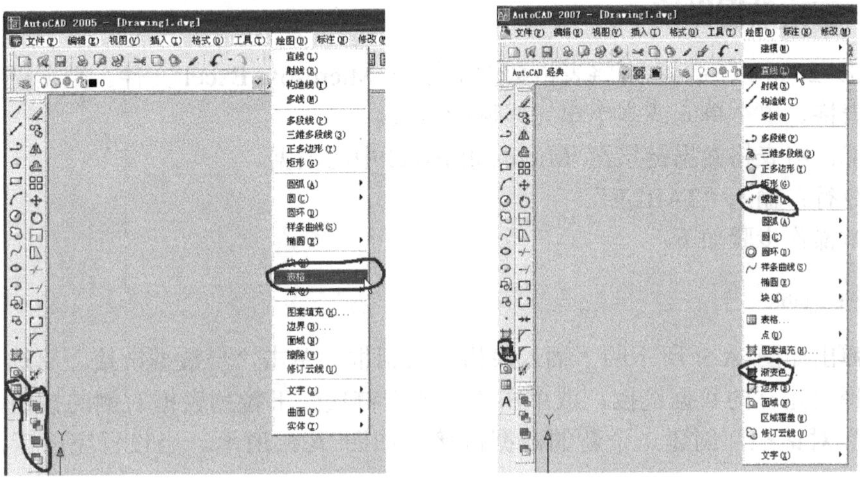

(a)　　　　(b)

图 A.3　创建表格功能

（1）功能：表格命令可通过指定行和列数目及大小设置表格格式，也可定义新表格样式并保存这些设置以供将来使用。

（2）命令行：输入“TABLE”。

（3）基本操作步骤如下：

```
命令：_table
```

弹出如图 A.4 所示的“插入表格”对话框，完成“插入表格”对话框的操作后，单击“确定”按钮。

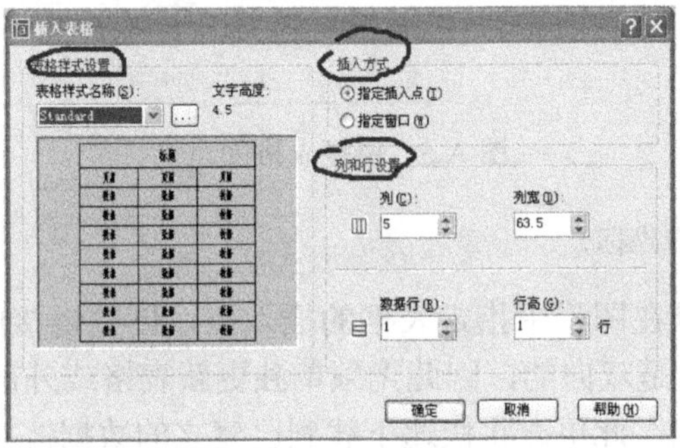

图 A.4　“插入表格”对话框

指定插入点：（指定点坐标）

确认后完成创建表格操作。

提示：此时，表的标题行处于选中状态，在标题行中输入文字，然后按“Tab”键选择下一表单元，依次类推。

在创建表格后，可以向表中添加文字或块，添加单元及调整表的大小，还可以修改单元内容的特性（如类型、样式和对齐等）。

A.1.3 表格数据链接

AutoCAD 2008 以后版本可将表格数据链接至 Microsoft Excel 文件。数据链接可以是指向整个电子表格、单个单元或多个单元区域的链接。

（1）功能：将表格数据链接至 Microsoft Excel 中的数据。

（2）命令行：输入“TABLE”。

（3）基本操作步骤如下：

命令：_table

确认后弹出如图 A.5 所示的“插入表格”对话框，单击“自数据链接”单选按钮，从下拉列表中选择已建立的数据链接，或单击“自数据链接”下拉列表框右侧的按钮，打开“选择数据链接”对话框，创建一个新的数据链接，如图 A.5 所示。当设置完成后，单击“确定”按钮。

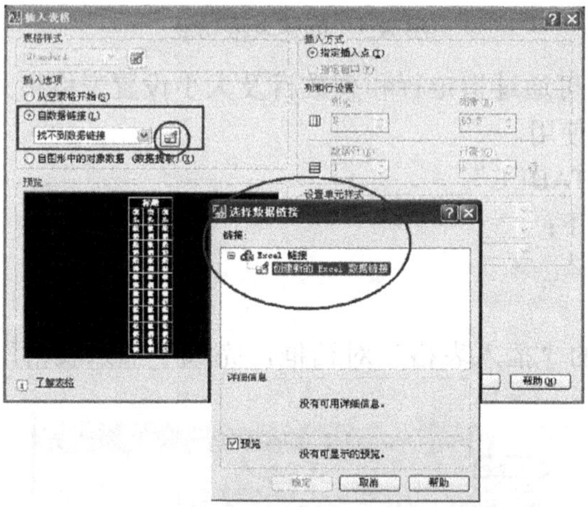

图 A.5　链接表格创建

指定插入点：（指定点坐标）

单击“确定”按钮可以在图形中指定表格的插入点，创建链接的电子表格。

对数据链接进行的更新是双向的，因此无须单独更新表格或外部电子表格。如果更改了链接 Excel 电子表格中的数据，此更改将快速下载到已建立的数据链接。如果更改了图形中的链接表格，则可以将这些更改上载到外部电子表格。所有链接的信息均可轻松保持最新且同步。

A.1.4　创建螺旋线

如图 A.3（b）所示，AutoCAD 2007 版本增加了创建螺旋线的操作功能，这是 AutoCAD 2007 以前版本所没有的命令操作。

（1）功能：螺旋是开放的二维螺旋或三维螺旋，可以使用螺旋功能创建对象（如弹簧或螺钉）。

（2）命令行：输入“HELIX”。

（3）基本操作步骤如下：

命令：_helix
圈数=3.0000　扭曲=CCW
指定底面的中心点：（指定底面圆心坐标）
指定底面半径或[直径(D)]<1.0000>：（指定底面圆的半径数值）
指定顶面半径或[直径(D)]<270.9126>：（指定顶面圆的半径数值）
指定螺旋高度或[轴端点(A)/圈数(T)/圈高(H)/扭曲(W)]<1.0000>：（螺旋高度值）

确认后完成螺旋线的创建，绘图操作效果如图 A.6 所示。

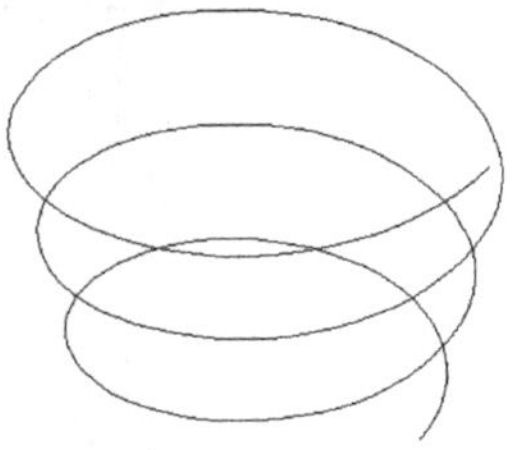

图 A.6　螺旋线操作示例

A.1.5　动态输入

如图 A.7 所示，AutoCAD 2006 以后版本增加了动态输入功能，这点和以前的版本有很大的区别，可以帮助用户更快地创建设计数据。

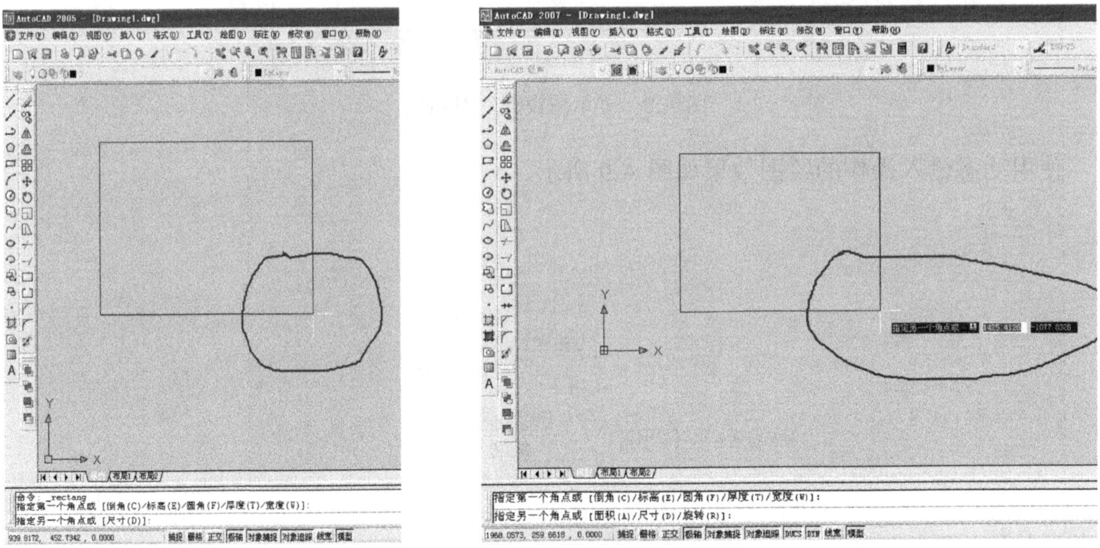

(a)　(b)

图 A.7　动态输入功能

（1）功能：新的动态输入功能可使用户直接在光标点处快速启动命令、读取提示和输入值，而不需要把注意力分散到图形编辑器外。

（2）命令行：输入“DSETTINGS”。

（3）基本操作步骤如下：

命令：_dsettings

确认后弹出如图 A.8 所示的“草图设置”对话框，进入动态输入设置功能。

动态输入：（有两种类型）
指针输入：（用于输入坐标值）
标注输入：（用于输入距离和角度值）
动态提示：（在十字光标附近显示命令提示和命令输入）

完成“草图设置”对话框的操作后，单击“确定”按钮。

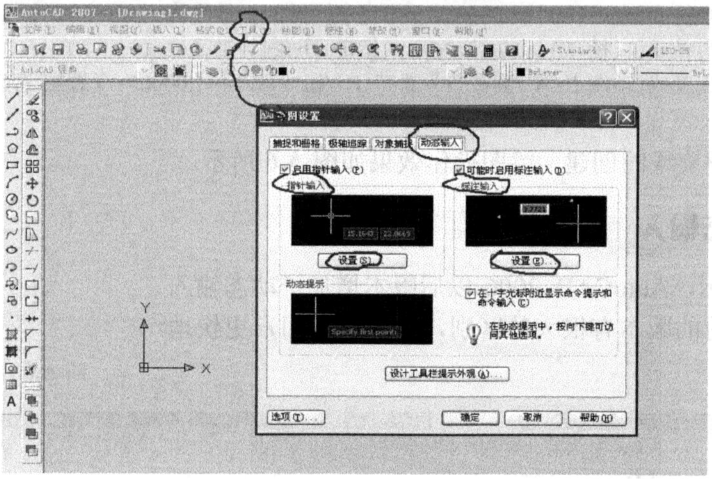

图 A.8 “草图设置”对话框

使用动态输入操作的绘图效果如图 A.9 所示。

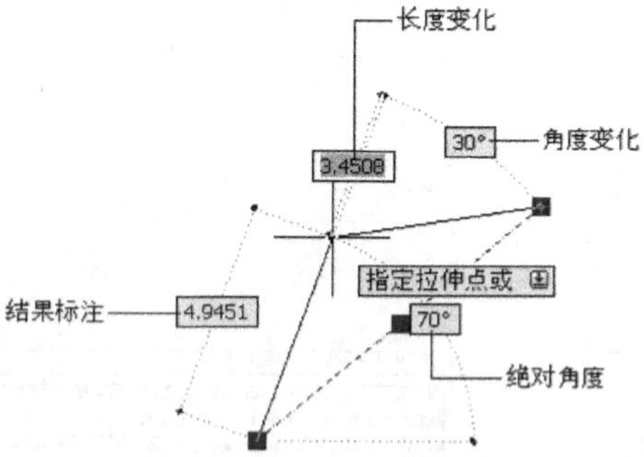

图 A.9 动态输入操作示例

A.1.6 图案填充

AutoCAD 2002、AutoCAD 2004、AutoCAD 2005、AutoCAD 2007 的版本在图案填充功能方面有所区别，可以通过如图 A.10～图 A.13 所示作分析比较，从图中可以看出 AutoCAD

2004 版本比 AutoCAD 2002 版本功能更强大，可以编辑渐变色填充，而 AutoCAD 2005 在 AutoCAD 2004 的基础上增加了修剪图案填充、设置允许的间隙图案填充，而在 AutoCAD 2007 以后的版本功能更是强大，增加了创建独立的图案填充、编辑图案填充边界、图案填充原点特性等功能。

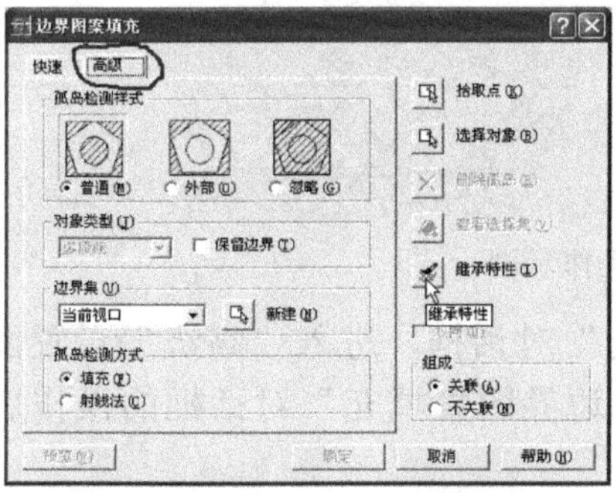

图 A.10 AutoCAD 2002 版本

图 A.11 AutoCAD 2004 版本

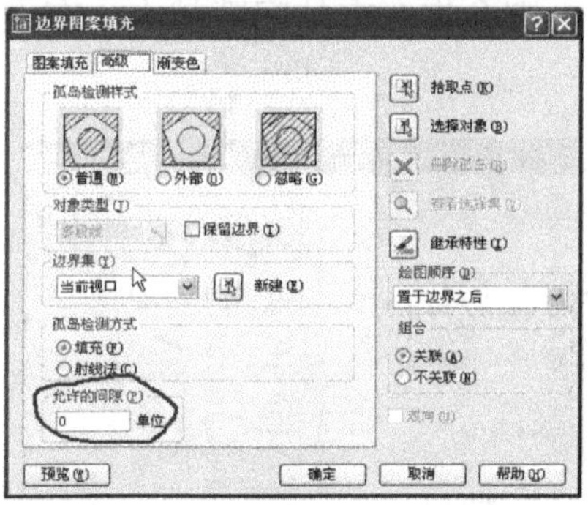

图 A.12 AutoCAD 2005 版本

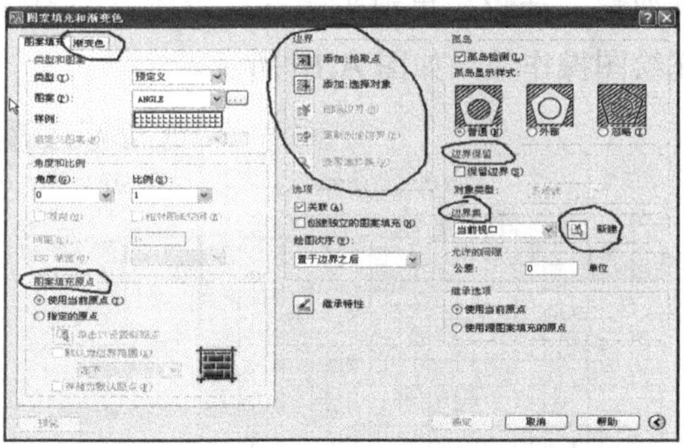

图 A.13 AutoCAD 2007 版本

1. 修剪图案填充

（1）功能：在 AutoCAD 2005 以后版本中图案填充对象与其他对象一样，可以进行修剪。可以按照修剪任何其他对象的方法来修剪图案填充对象。

（2）命令行：输入“TRIM”。

（3）基本操作步骤如下：

```
命令：_trim
选择对象：（选择剪切边）
选择要修剪的对象：（选择要修剪的对象）
```

确认后完成图案修剪的操作，修剪图案填充的绘图操作效果如图 A.14 所示。

2. 填充存在间距的边界

（1）功能：可以通过“允许的间隙”命令项来填充未闭合的区域。

（2）命令行：输入“BHATCH”。

（3）基本操作步骤如下：

命令：_bhatch

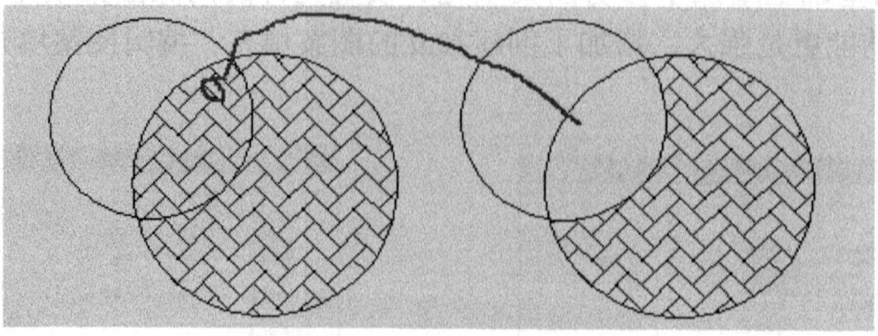

图 A.14　修剪图案操作示例

确认后弹出如图 A.15 所示的“边界图案填充”对话框，进入“高级”设置面板，在“允许的间隙”文本框中输入允许的数值，完成“边界图案填充”对话框的操作后，单击“确定”按钮，完成存在间距的边界填充操作。

可以设置填充“允许的间隙”项数值的大小。任何小于等于“允许的间隙”中数值的间隙都将被忽略，并将边界视为闭合。该值设置得越大，则允许存在的间隙越大。存在间距的图案填充绘图操作效果如图 A.15 所示。

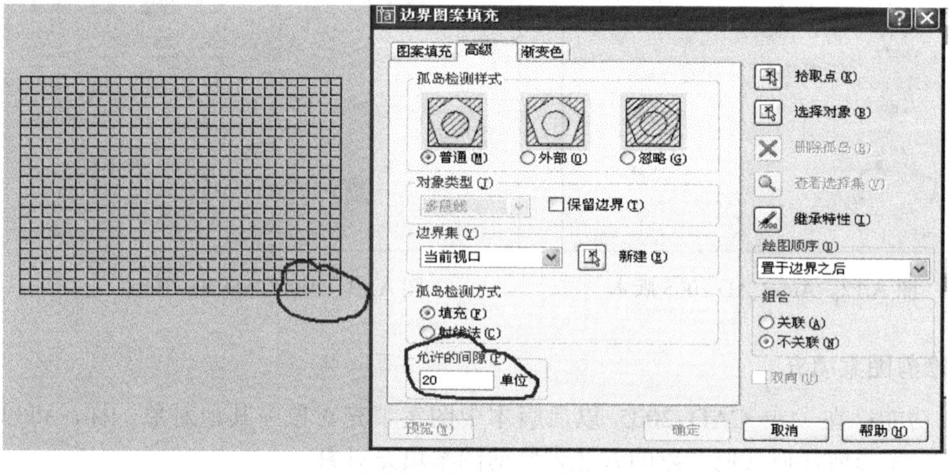

图 A.15　存在间距边界图案填充操作示例

3．创建独立的图案填充

（1）功能：将同一个填充图案同时应用于图形的多个区域时，可以指定每个填充区域都是一个独立的对象。

（2）命令行：输入“BHATCH”。

（3）基本操作步骤如下：

命令：_bhatch

确认后弹出如图 A.16 所示的“图案填充和渐变色”对话框，进入“图案填充”设置面板，在“选项”栏选中“创建独立的图案填充”复选框，完成“边界图案填充”对话框的操作后单击“确定”按钮，完成独立的图案填充操作。

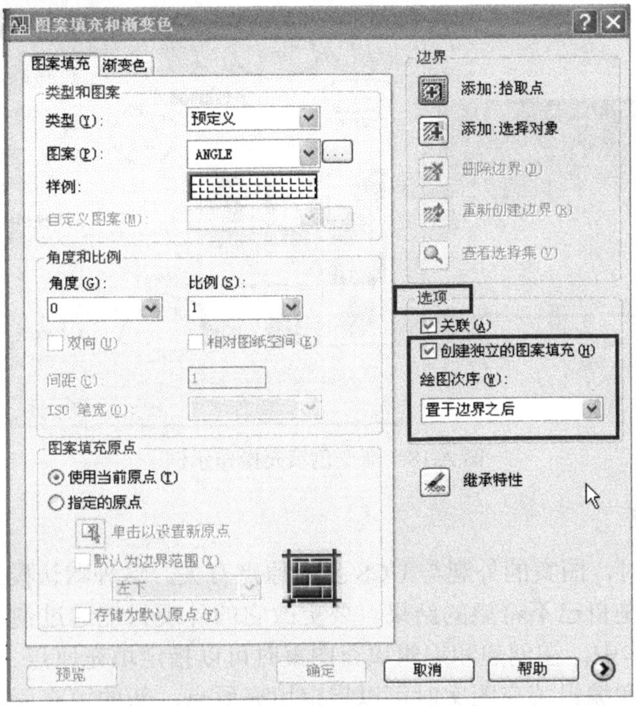

图 A.16　创建独立图案填充功能

在完成以上操作后，可以修改一个区域中的图案填充，而不会改变所有其他图案填充。如图 A.17 所示中间的矩形将作为一个独立的对象进行填充。

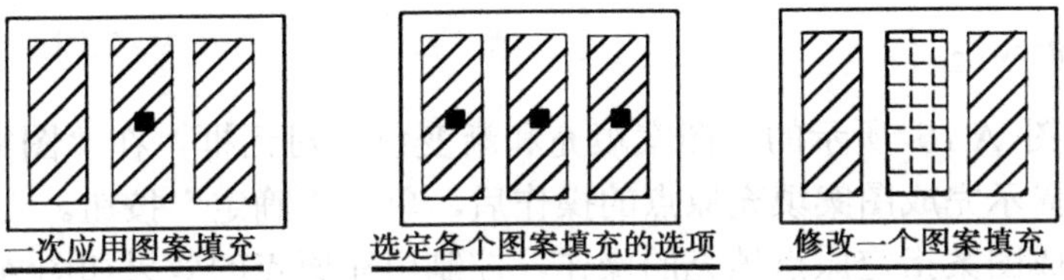

图 A.17　创建独立图案填充操作示例

4．渐变填充

（1）功能：渐变填充在一种颜色的不同灰度之间或两种颜色之间使用过渡。渐变填充可用于增强演示图形的效果，使其呈现光在对象上的反射效果。

（2）命令行：输入“BHATCH”。

（3）基本操作步骤如下：

```
命令：_bhatch
```

确认后弹出如图 A.18 所示的“边界图案填充”对话框，选择“渐变色”选项卡，选择“单色”或“双色”单选按钮，再选择渐变色的方向或输入角度数值，按照提示完成边界图案填充设置，单击“确定”按钮。

按照上述步骤完成渐变色图案填充的操作，渐变色填充效果如图 A.18 所示。

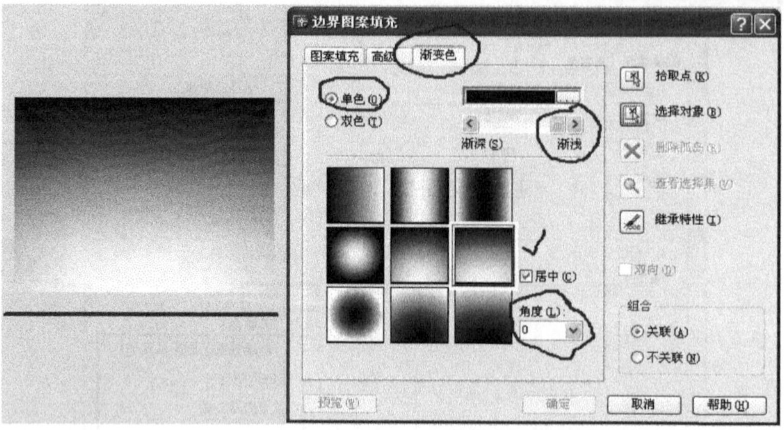

图 A.18　渐变色填充操作示例

5．控制填充原点

在创建填充图案时，图案的外观与 UCS 坐标原点有关。这种默认模式下创建的图案外观很难预知，而且经常是自己不希望的结果。要更改它的外观只能通过使用不同位置的边界。在 AutoCAD 2006 版本中，在创建和编辑填充图案时可以指定填充原点。

（1）功能：创建和编辑填充图案时可以指定填充原点。新的填充原点可以在“图案填充和渐变色”对话框中进行设置，用户可以使用当前的原点，或者通过单击一个点来设置新的原点，或利用边界的范围来确定。

（2）命令行：输入“BHATCH”。

（3）基本操作步骤如下：

命令：_bhatch

确认后弹出如图 A.16 所示的“图案填充和渐变色”对话框，在“图案填充原点”栏设置填充原点，按照提示完成图案填充原点的操作后，单击“确定”按钮。

按以上步骤完成图案指定原点填充的操作，控制填充原点的效果如图 A.19 所示。

图 A.19　指定图案填充原点操作示例

6. 编辑图案填充边界

在 AutoCAD 中指定填充区域以前有许多的限制，如只能拾取区域中边界内的一个点，而且整个边界都必须在当前屏幕显示范围内可见。所以，只能缩放或平移到整个边界可见或将边界分成多个部分。在创建完图案填充后，不能利用其他的对象重新定义边界，这样只能删除原来的图案填充重来一次。在 AutoCAD 2006 以后版本中，填充得到了很大的改进，用户只需花很少的时间调整填充边界。

（1）功能：用户可以在范围不完全在当前屏幕的区域中选取一个点来填充。新的边界选项允许用户添加、删除、重新创建边界及查看当前边界。

（2）命令行：输入“HATCHEDIT”。

（3）基本操作步骤如下：

```
命令：_hatchedit
```

确认后弹出如图 A.20 所示的“图案填充编辑”对话框，在“边界”栏单击“删除边界”或“重新创建边界”按钮，根据提示完成图案填充编辑操作，单击“确定”按钮。

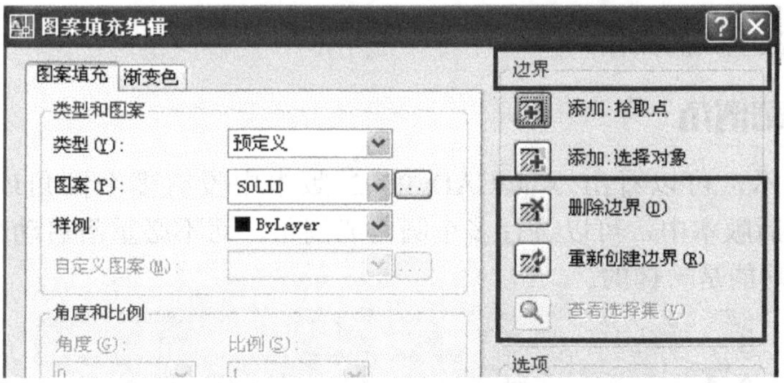

图 A.20　“图案填充编辑”对话框

按照以上步骤完成编辑图案填充的操作，编辑图案填充的效果如图 A.21 所示。

带孤岛的填充对象　　从对象中排除一个孤岛　　填充的对象　　重新创建的孤岛

图 A.21　编辑图案填充边界操作示例

A.2　编辑命令版本对照

现代阶段 AutoCAD 软件各版本在绘图命令方面的主要异同点表现为：多个放弃、重做、圆角和倒角、合并线段、镜像、复制、旋转和缩放、修剪和延伸、编辑多行文字等功能。

A.2.1 多个放弃和重做

从 AutoCAD 2004 版本开始，UNDO 命令和 REDO 命令的功能得到增强，可以一次放弃或重做多个操作。

（1）功能：可以一次放弃或重做多个操作。

（2）命令行：输入“UNDO/MREDO”。

（3）基本操作步骤如下：

```
命令：_undo
自动=开，控制=全部，合并=是
输入要放弃的操作数目或[自动(A)/控制(C)/开始(BE)/结束(E)/标记(M)/后退(B)] <1>：(输入
    要放弃的次数)
```

确认后完成多次放弃的操作。

```
命令：_mredo
输入动作数目或[全部(A)/上一个(L)]：A
```

确认后完成多次重做的操作。

A.2.2 圆角和倒角

如图 A.22 所示，可以看出 AutoCAD 2002 版本中没有多个圆角或倒角的选项，在 AutoCAD 2004 以后版本中，可以进行多个圆角或倒角，而不必重新启动命令。虽然命令响应的输入不同，但功能是一样的。

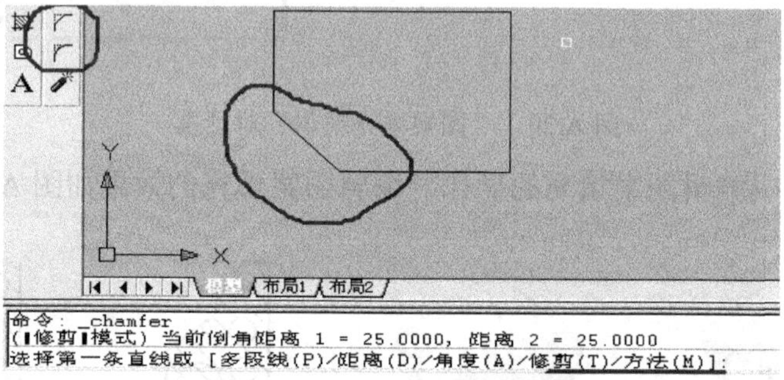

（a）AutoCAD 2002 版本

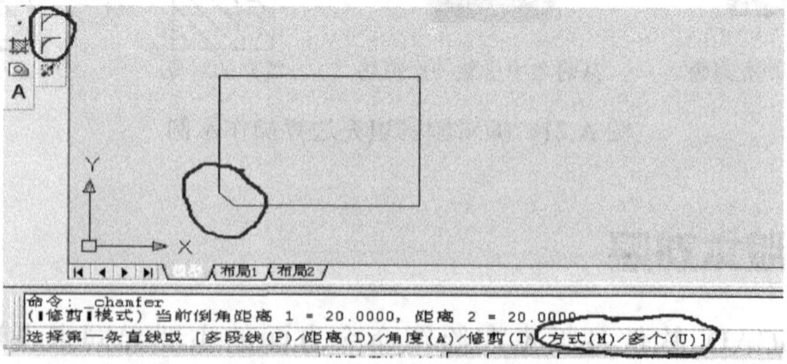

（b）AutoCAD 2004 版本

图 A.22　圆角和倒角功能

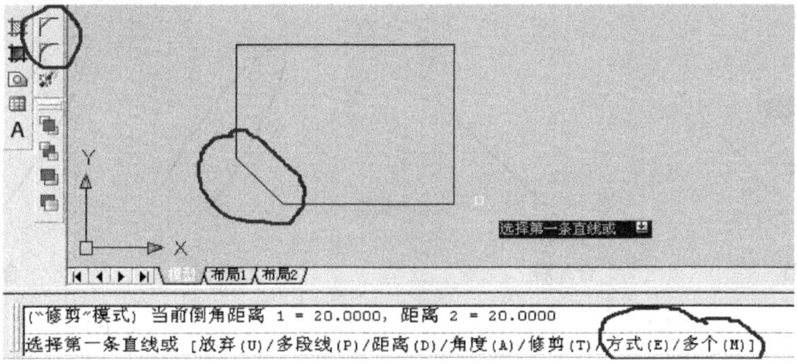

（c）AutoCAD 2006 版本

图 A.22　圆角和倒角功能（续）

（1）功能：FILLET 命令和 CHAMFER 命令已更加有效。使用其中任意一个命令时，都可以使用“多个”选项为多组直线添加圆角或倒角，而不必重新启动命令。

（2）命令行：输入“FILLET”或“CHAMFER”。

（3）基本操作步骤如下：

命令：_fillet
选择第一个对象或[多段线(P)/半径(R)/修剪(T)/多个(U)]：U

确认后按照提示可完成使用多个倒角的操作。

命令：_chamfer
选择第一条直线或[多段线(P)/距离(D)/角度(A)/修剪(T)/方式(M)/多个(U)：U

确认后按照提示可完成使用多个圆角的操作。

A.2.3　合并线段

在 AutoCAD 2006 以后版本中，新的 JOIN（连接）命令能够将多个同类对象的线段连接成单个对象，这样可以减少文件大小和改进图形的质量。

（1）功能：能够将多个同类对象的线段连接成单个对象。

（2）命令行：输入“JOIN”。

（3）基本操作步骤如下：

命令：_join
选择源对象：
选择要合并到源的直线：

确认后按照提示可完成线段合并的操作。

JOIN 命令对多段线、直线、圆弧、椭圆弧和样条曲线都有效。它可以很容易地将任何数量的在同一直线方向上的线段连接成一条线。原始的线段可以是相互交叠的、带缺口的或端点相连的，但必须是在同一直线方向上。对于圆弧段或椭圆弧段也是一样，它需要圆弧在同一圆周上。JOIN 命令使用户可连接在同一平面而且端点相连的多个样条曲线，可使用 JOIN 命令封闭圆弧或椭圆弧，自动将它们转换为圆或椭圆。合并线段编辑的绘图操作效果如图 A.23 所示。

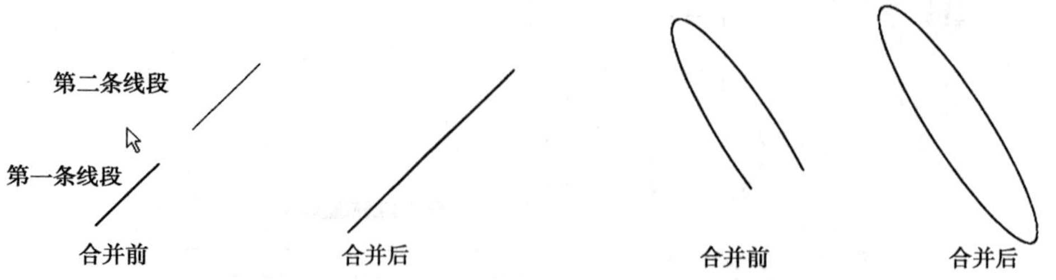

(a) (b)

图 A.23 合并线段操作示例

A.2.4 镜像功能

如图 A.24 所示，在 AutoCAD 2002 版本中创建文字、属性和属性定义的镜像时，仍然按照轴对称规则进行，生成被反转或倒置的图像。从 AutoCAD 2004 版本开始，创建文字、属性和属性定义的镜像时，文字的对齐和对正的方式在镜像前后相同。

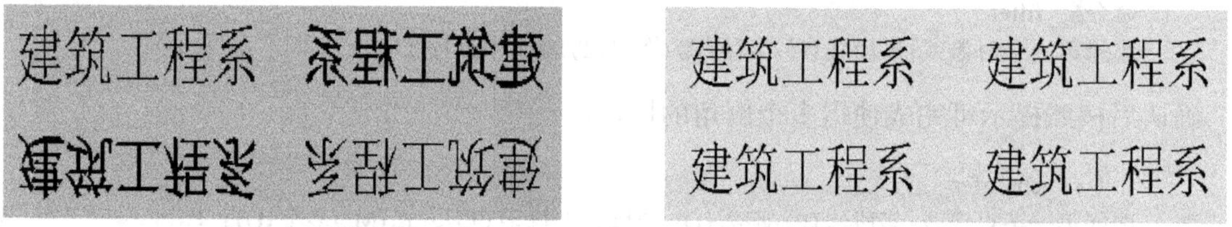

(a)AutoCAD 2002 版本镜像效果 (b)AutoCAD 2004 版本镜像效果

图 A.24 镜像功能操作示例

（1）功能：可以按指定的点对称复制一个对象。创建文字、属性和属性定义的镜像时，文字的对齐和对正方式在镜像前后相同。

（2）命令行：输入“MIRROR”。

（3）基本操作步骤如下：

```
命令：_mirror
选择对象：（找到 1 个）
选择对象：
……
选择对象：
指定镜像线的第一点：（指定镜像线的第一点）
指定镜像线的第二点：（指定镜像线的第二点）
要删除源对象吗？[是(Y)/否(N)]<N>：
```

按照以上步骤完成镜像操作，文字镜像编辑操作效果如图 A.24 所示。

A.2.5 复制功能

如图 A.25 所示，在 AutoCAD 2002、AutoCAD 2004 版本中，要复制多个副本时必须输入命令选项“M”，而在 AutoCAD 2005 以后版本中要复制多个副本时可以直接复制。

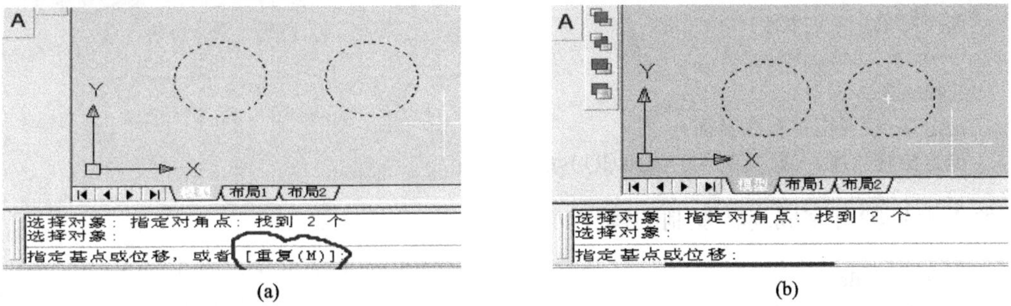

图 A.25 复制功能比较

（1）功能：可以按指定的点复制一个或多个副本。

（2）命令行：输入“COPY”。

（3）基本操作步骤如下：

```
命令：_copy
选择对象： (找到 1 个)
……
选择对象：
指定基点或[位移(D)]<位移>：
指定第二个点或<使用第一个点作为位移>：
指定第二个点或[退出(E)/放弃(U)]<退出>：
……
指定第二个点或[退出(E)/放弃(U)]<退出>：
```

按照以上步骤可完成多个副本复制的操作。

A.2.6 旋转和缩放

如图 A.26 所示，AutoCAD 2002、AutoCAD 2004、AutoCAD 2005 版本中旋转（ROTATE）命令和缩放（SCALE）命令不能进行复制。在 AutoCAD 2006 以后版本中旋转（ROTATE）命令和缩放（SCALE）命令有“复制”选项。旋转或缩放对象时，可以使用此选项创建对象的副本。

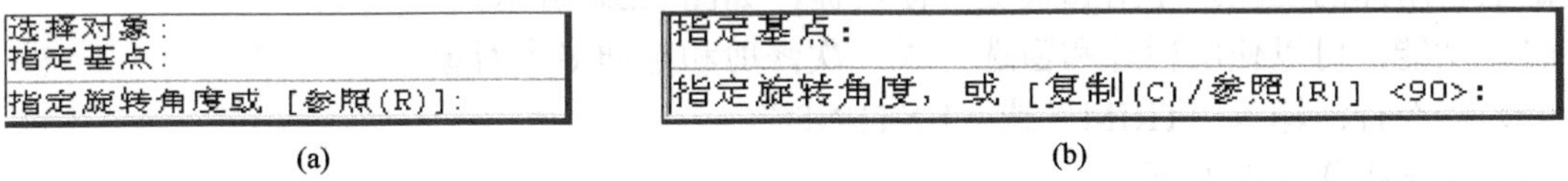

图 A.26 不同版本旋转功能比较

（1）功能：旋转或缩放对象时，可以使用此选项创建对象的副本。

（2）命令行：输入“ROTATE”或“SCALE”。

（3）基本操作步骤如下：

```
命令：_rotate
UCS 当前的正角方向：ANGDIR=逆时针    ANGBASE=0
```

选择对象：　（找到 1 个）
……
选择对象：
指定基点：（指定基点坐标）
指定旋转角度，或[复制(C)/参照(R)]<0>：

按照以上步骤可完成旋转复制的操作。

命令：_scale
选择对象：（找到 1 个）
……
选择对象：
指定基点：（指定基点坐标）
指定比例因子或[复制(C)/参照(R)]<1.0000>：

按照以上步骤可完成缩放复制的操作。

旋转和缩放编辑的绘图操作效果如图 A.27 所示。

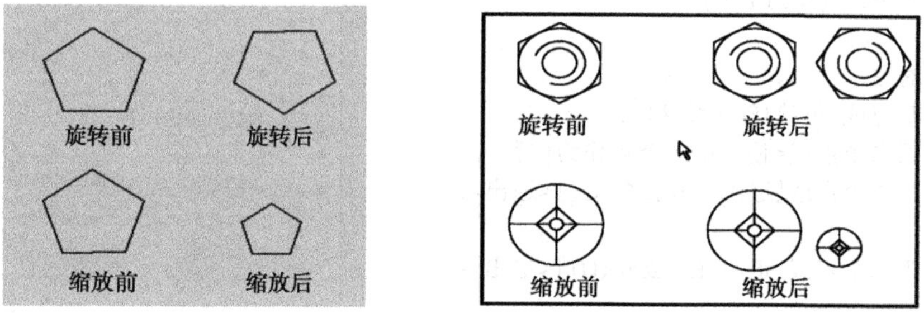

(a)　(b)

图 A.27　旋转和缩放操作示例

A.2.7　修剪和延伸

在 AutoCAD 2006 以后版本中，可以使用栏选和窗选方式一次修剪和延伸多个对象。这两个命令是在 AutoCAD 2002、AutoCAD 2004、AutoCAD 2005 版本中修剪和延伸两个命令的基础上新附加的功能。使用起来更方便快捷，如图 A.28 所示。

（1）功能：可以使用栏选和窗选方式一次修剪和延伸多个对象。

（2）命令行：输入“TRIM”或“EXTEND”。

（3）基本操作步骤如下：

命令：_trim
当前设置：投影=UCS，边=无
选择剪切边：
……
选择剪切边：
选择对象或<全部选择>：
选择要修剪的对象，或按住“Shift”键选择要延伸的对象，或[栏选(F)/窗交(C)/投影(P)/边(E)/删除(R)/放弃(U)]：F

按照以上步骤可完成一次修剪栏选的操作。

```
命令：_extend
当前设置：投影=UCS，边=无
选择边界的边：
……
选择边界的边：
选择对象或<全部选择>：
选择对象：
选择要延伸的对象，或按住“Shift”键选择要修剪的对象，或[栏选(F)/窗交(C)/投影(P)/边(E)/
    放弃(U)]：F
```

按照以上步骤可完成一次延伸栏选的操作。

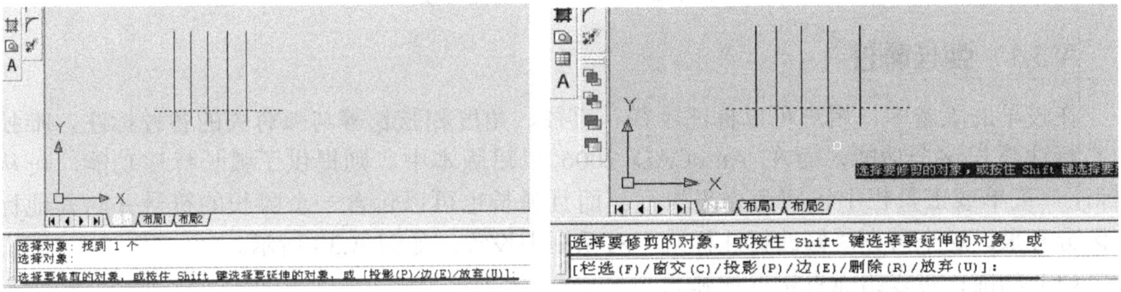

(a)AutoCAD 2004 版本　　(b)AutoCAD 2006 版本

图 A.28　修剪和延伸功能比较

A.2.8 编辑多行文字

AutoCAD 软件在编辑文字方面做了不少改进。比如 AutoCAD 2004 版本可以使用多行文字编辑器创建多行文字中的缩进和制表位，这样更容易正确对齐表格和编号列表的文字。AutoCAD 2005 版本增强了向多行文字增加背景功能，使图示效果更清晰。而 AutoCAD 2006 以后版本更新了不少新的功能。比如在以前版本创建和编辑文字经常会出问题。以前版本文字的大小自动调整以适合在编辑器中显示，但这样的话，在放到实际位置时这些文字就不知该有多大。而 2006 版本的在位编辑对于单行文字和多行文字都适用。另外，对于编辑多行文字，会有一个新的选项工具栏和右键菜单选项。可以选择显示文字格式工具栏、选项和标尺。甚至可以使用不透明背景等。具体操作命令参照本教材文字的创建和编辑部分的内容。

A.3 标注命令版本对照

AutoCAD 软件各个版本在标注命令的操作基本是完全相同的，只是以后版本在原有的基础上增加了一些新功能。下面通过如图 A.29 所示来作个比较。

从图 A.29 中可以看出，在 AutoCAD 2006 版本中有了一些新功能，比如弧长标注、折弯标注、翻转标注箭头、改变标注线型等。

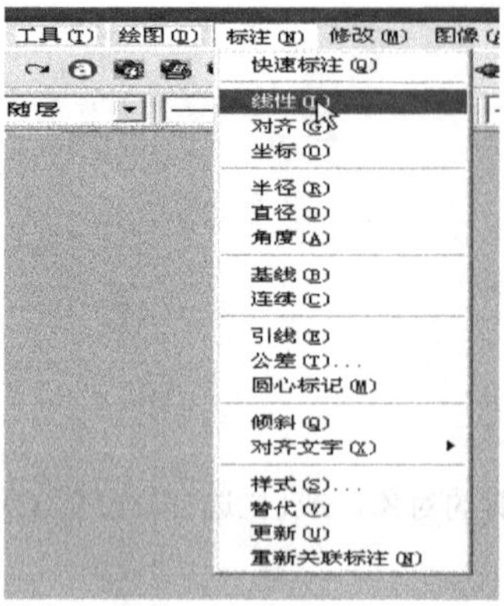

(a)AutoCAD 2004 版本

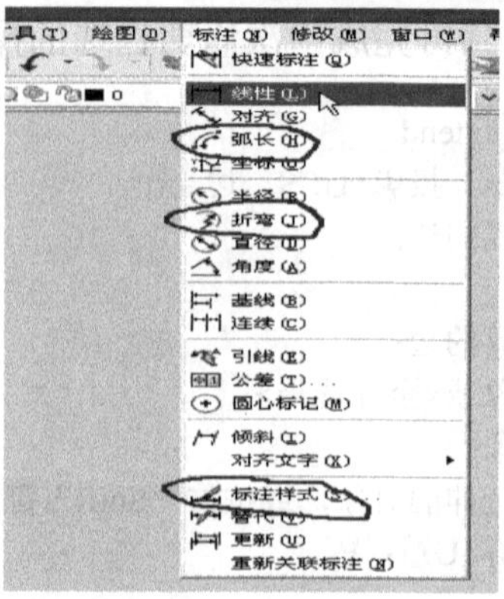

(b)AutoCAD 2006 版本

图 A.29　标注命令功能比较

A.3.1　弧长标注

在较早的版本中，用户可以标注半径、直径、角度和弦长等与弧有关的各种标注，唯独没有标注弧长这个功能，而在 AutoCAD 2006 以后版本中，则提供了弧长标注功能。可从“标注”菜单或工具栏中访问命令来执行。而且弧长也可以包含一个弧长的符号并与其他标注区分开来。这个可在“修改标注样式”对话框中设置，如图 A.30 所示。

（1）功能：可以给弧直接标注弧长。

（2）命令行：输入“DIMARC”。

（3）基本操作步骤如下：

命令：_dimarc
选择弧线段或多段线弧线段：
指定弧长标注位置或[多行文字(M)/文字(T)/角度(A)/部分(P)]：

按照以上步骤可完成弧长标注的操作。弧长标注的操作效果如图 A.31 所示。

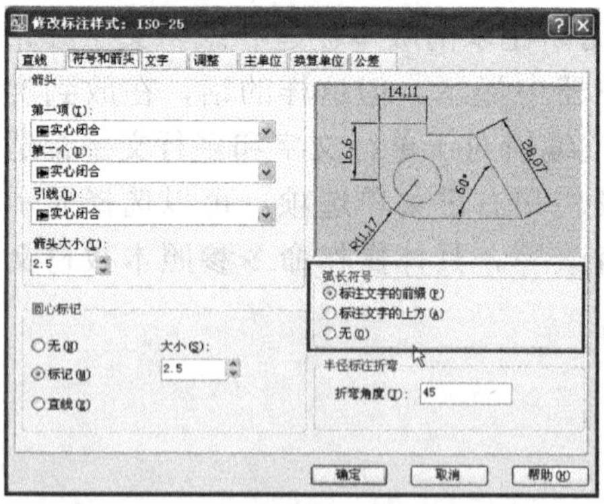

图 A.30　“修改标注样式”对话框

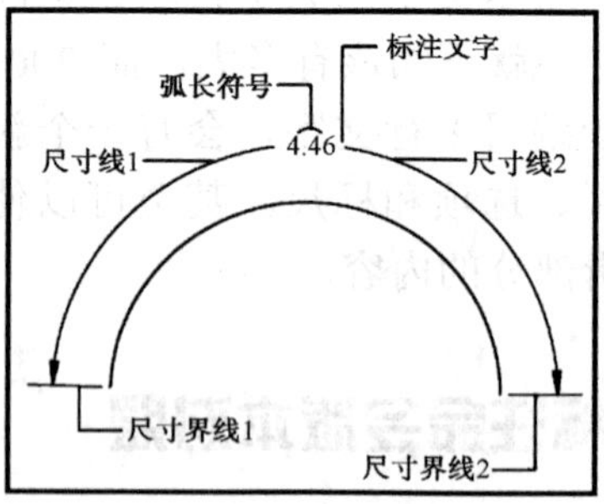

图 A.31　弧长标注操作示例

A.3.2　折弯标注

如图 A.32 所示，如果圆弧或圆的圆心位于图形边界之外，用户可以使用折弯标注测量并显示其半径。

（1）功能：可以使用折弯标注命令来标注圆弧或圆的圆心位于图形边界之外的图。

（2）命令行：输入“DIMJOGGED”。

（3）基本操作步骤如下：

```
命令：_dimjogged
选择圆弧或圆：
指定中心位置替代：（指定标注中心位置）
指定尺寸线位置或[多行文字(M)/文字(T)/角度(A)]：（指定尺寸线位置）
指定折弯位置：（指定尺寸线上折弯位置）
```

按照以上步骤可完成折弯标注的操作。折弯标注的操作效果如图 A.33 所示。

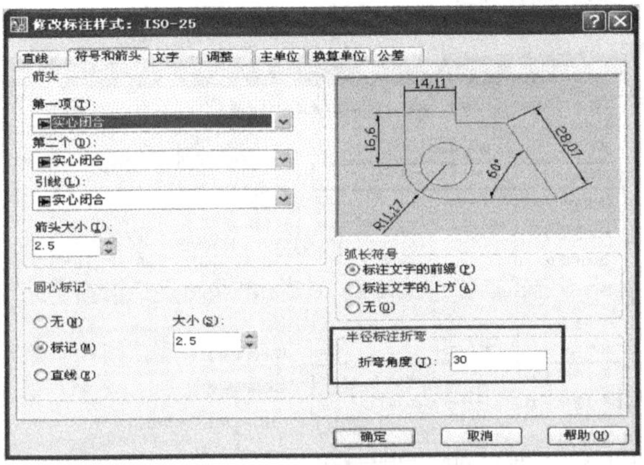

图 A.32　折弯标注功能设置

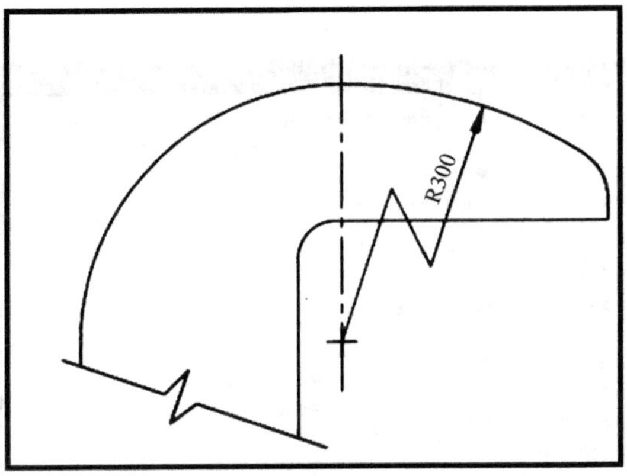

图 A.33　折弯标注操作示例

A.3.3　翻转标注箭头

在 AutoCAD 2006 以后版本中，新的翻转箭头项被添加到标注的右键快捷菜单中，用户可以翻转任何一个箭头的方向。

（1）功能：标注完成后可以随时翻转箭头的方向。

（2）命令行：输入“AIDIMFLIPARROW”。

（3）基本操作步骤如下：

```
命令：_aidimfliparrow
选择对象：（选择要翻转的箭头）
```

按照以上步骤可完成翻转标注箭头的操作。

也可以直接选择尺寸线上的箭头，调用鼠标右键菜单中的“翻转箭头”命令项就可以对箭头进行翻转，如图 A.34 所示。

A.3.4　改变标注线型

如图 A.35 所示，在 AutoCAD 2006 以后版本中，标注对象可以为不同的线指定不同的线型。用户可以通过“修改标注样式”对话框或属性窗口来进行调整。

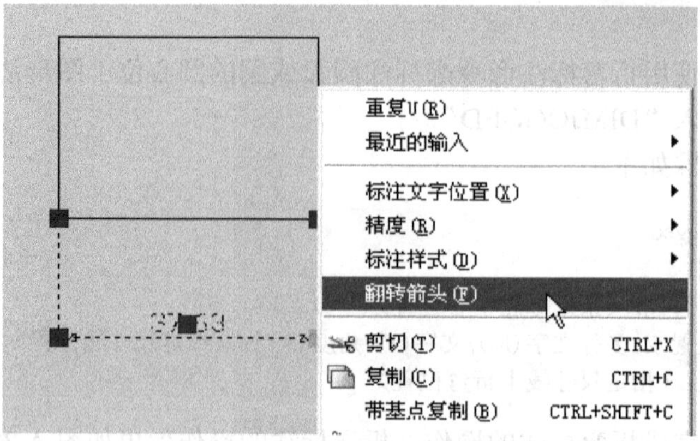

图 A.34　翻转标注箭头操作命令

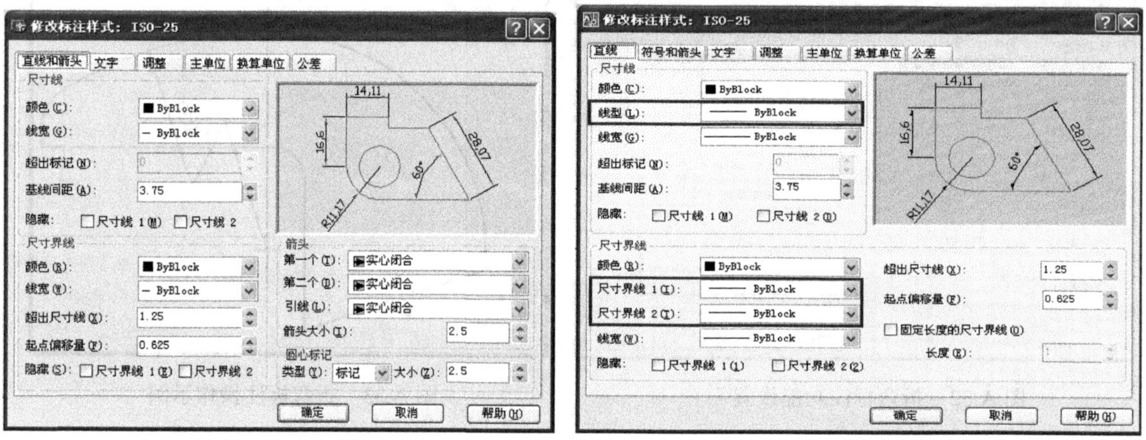

(a)AutoCAD 2004 版本　　　　(b)AutoCAD 2006 版本

图 A.35　标注线型功能操作

（1）功能：可以为不同的线指定不同的线型标注。

（2）命令行：输入“DIMSTYLE”。

（3）基本操作步骤如下：

命令：_dimstyle

确认后弹出“标注样式管理器”对话框，单击“修改”按钮，在“修改标注样式”对话框中，选择“直线”选项卡，在“线型”下拉列表中选择需要的线型。

按照以上步骤可完成改变标注线型的操作。

A.3.5　标注添加打断

在 AutoCAD 2008 以后版本中，可以在尺寸线或尺寸界线与几何对象或其他标注相交的位置将其打断。如图 A.36 所示，尺寸 18 的尺寸界线被打断。

（1）功能：可以在尺寸线或尺寸界线与几何对象或其他标注相交的位置将其打断。

（2）命令行：输入“DIMBREAK”。

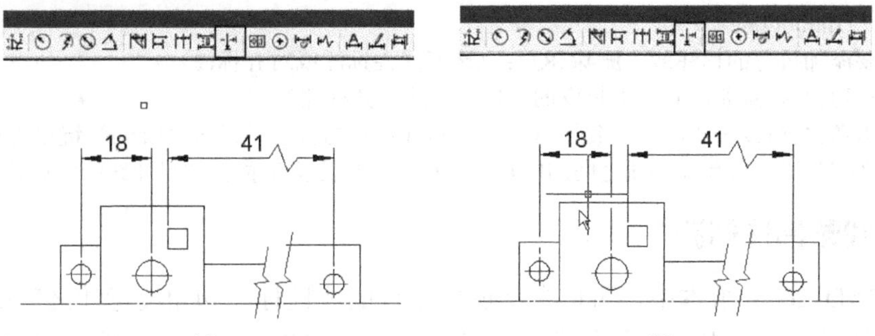

图 A.36　打断标注功能操作

（3）基本操作步骤如下：

命令：_dimbreak
选择标注或[多个(M)]：(选择标注或输入 m)

选择标注后，显示以下提示：

选择要打断标注的对象或 [自动(A)/恢复(R)/手动(M)] <自动>：(选择与标注相交或与选定标注的尺寸界线相交的对象，输入选项或按“Enter”键)

选择要打断标注的对象后，将显示以下提示：

选择要打断标注的对象：(选择通过标注的对象或按“Enter 键”)

提示：使用“手动”选项，可将折断标注添加到不与标注或尺寸界线相交对象的标注中。

A.3.6 标注添加折弯

在 AutoCAD 2008 版本中，可以向线性标注添加折弯线，以表示实际测量值与尺寸界线之间的长度不同。如果显示的标注对象小于被标注对象的实际长度，则通常使用折弯尺寸线表示。如图 A.37 所示，尺寸 102 用折弯线标注。

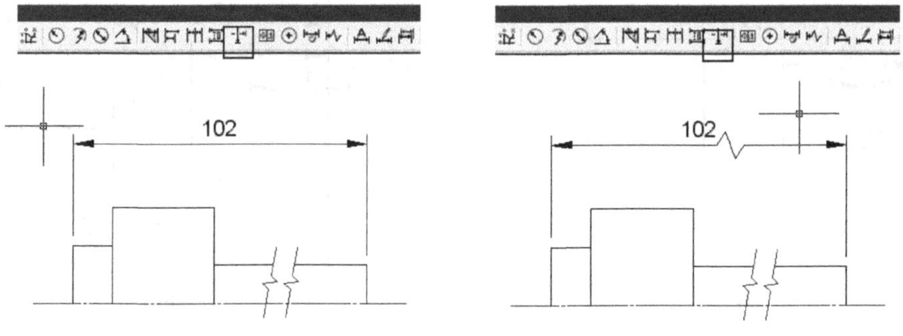

图 A.37　折弯标注功能操作

（1）功能：可以向线性标注添加折弯线，以表示实际测量值与尺寸界线之间的长度不同。
（2）命令行：输入“DIMJOGLINE”。
（3）基本操作步骤如下：

命令：_dimjogline
选择要添加折弯的标注或［删除(R)］：(选择线性标注或对齐标注)
添加折弯：(指定要向其添加折弯的线性标注或对齐标注)
指定折弯位置(或按“Enter”键)：(指定一点作为折弯位置，或按“Enter”键以将折弯放在标注文字和第一条尺寸界线之间的中点处，或基于标注文字位置的尺寸线的中点处。)

A.3.7　调整标注间距

在 AutoCAD 2008 版本中，可以自动调整平行的线性标注和角度标注之间的间距，或者根据指定的间距值进行调整。除了调整尺寸线间距，还可以通过输入间距值 0 使尺寸线相互对齐。由于能够调整尺寸线的间距或对齐尺寸线，因而无须重新创建标注或使用夹点逐条对齐并重新定位尺寸线。

（1）功能：可以调整平行的线性标注和角度标注之间的距离。

（2）命令行：输入“DIMSPACE”。

（3）基本操作步骤如下：

命令：_dimspace
选择基准标注：(选择平行线性标注或角度标注)
选择要产生间距的标注：(选择平行线性标注或角度标注以从基准标注均匀隔开，并按“Enter”键)
输入值或［自动(A)］<自动>：(指定间距或按“Enter”键)
输入间距值：(指定从基准标注均匀隔开选定标注的间距值。例如输入值 0.5000，则所有选定标注将以 0.5000 的距离隔开。)

提示： 可以使用间距值 0（零）将对齐选定的线性标注和角度标注的末端对齐。

选择命令项“自动”后，将基于在选定基准标注的标注样式中指定的文字高度自动计算间距。所得的间距值是标注文字高度的两倍。调整标注间距如图 A.38 所示。

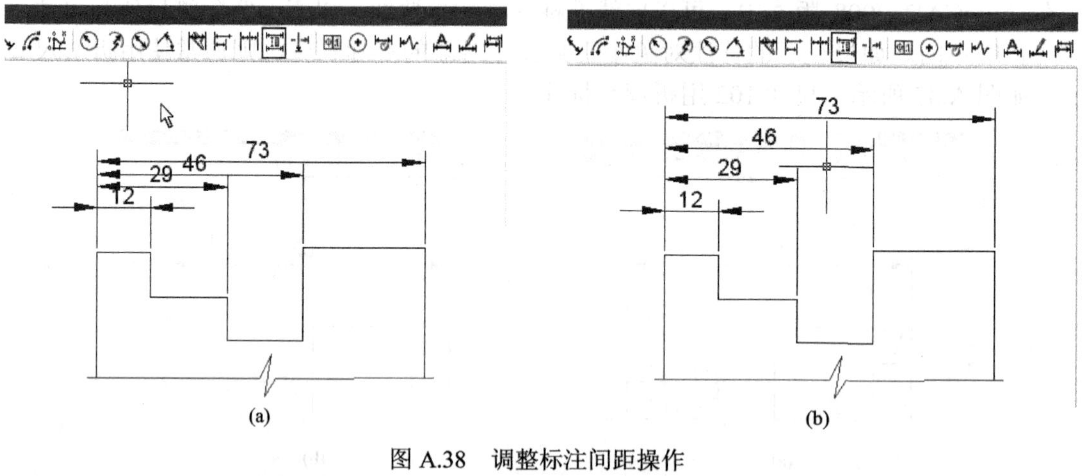

图 A.38　调整标注间距操作

A.3.8　创建多重引线

在 AutoCAD 2008 版本中，增加了多重引线标注功能。多重引线是具有多个选项的引线对象。对于多重引线，先放置引线对象的头部、尾部或内容均可。

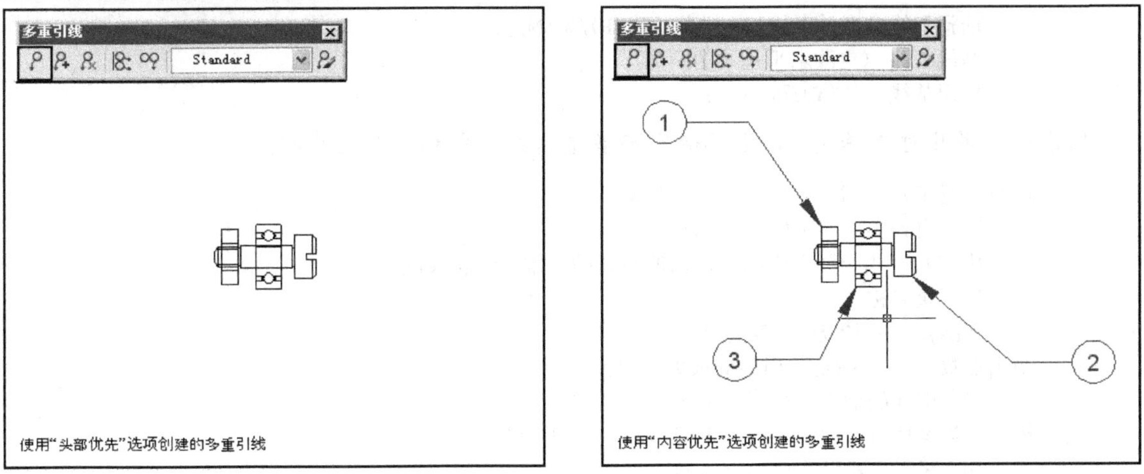

(a) (b)

图 A.39 创建多重引线操作

（1）功能：创建具有多个选项的引线对象。

（2）命令行：输入“MLEADER”。

（3）基本操作步骤如下：

命令：_mleader
指定引线箭头的位置或[引线基线优先(L)/内容优先(C)/选项(O)]：
箭头优先：(指定多重引线对象箭头的位置)
指定引线基线的位置：(指定新的多重引线对象的引线基线位置)

提示：如果此时退出命令，则不会有与多重引线相关联的文字。

引线基线优先：(指定多重引线对象基线的位置)
指定引线箭头的位置：(指定新的多重引线对象的箭头位置)

提示：如果此时退出命令，则不会有与多重引线相关联的文字。

内容优先：(指定与多重引线对象相关联的文字或块的位置)

提示：如果先前绘制的多重引线对象是内容优先，则后续的多重引线对象也将先创建内容（除非另外指定）。

用鼠标指定与多重引线对象相关联的文字标签的位置后，在文本框中完成文字输入后，单击“确定”按钮或在文本框外单击。

提示：也可以如上所述，选择以引线优先的方式放置多重引线对象，如果此时选择“端点”，则不会有与多重引线对象相关联的基线。

选项：(指定用于放置多重引线对象的选项)
输入选项 [引线类型(L)/引线基线(A)/内容类型(C)/最大点数(M)/第一个角度(F)/第二个角度(S)/退出选项(X)]：
引线类型(L)：(指定要使用的引线类型)
输入选项 [类型(T)/基线(L)]：
类型(T)：(指定直线、样条曲线或无引线)

选择引线类型 [直线(S)/样条曲线(P)/无(N)]：
基线(L)：(更改水平基线的距离)
使用基线 [是(Y)/否(N)]：

提示：如果此时选择“否”，则不会有与多重引线对象相关联的基线。

内容类型(C)：(指定要使用的内容类型)
输入内容类型 [块(B)/无(N)]：
块(B)：(指定图形中的块，以便与新的多重引线相关联)
输入块名称：
无(N)：(指定“无”内容类型)
最大点数(M)：(指定新引线的最大点数)
输入引线的最大点数或 <无>：
第一个角度(F)：(约束新引线中的第一个点的角度)
输入第一个角度约束或 <无>：
第二个角度(S)：(约束新引线中的第二个角度)
输入第二个角度约束或 <无>：
退出选项(X)：(返回到第一个 MLEADER 命令提示)

A.3.9 对齐多重引线

使用 MLEADERALIGN 命令，可以沿指定的线对齐若干多重引线对象。水平基线将沿指定的不可见的线放置。箭头将保留在原来放置的位置(如图 A.40 所示)。

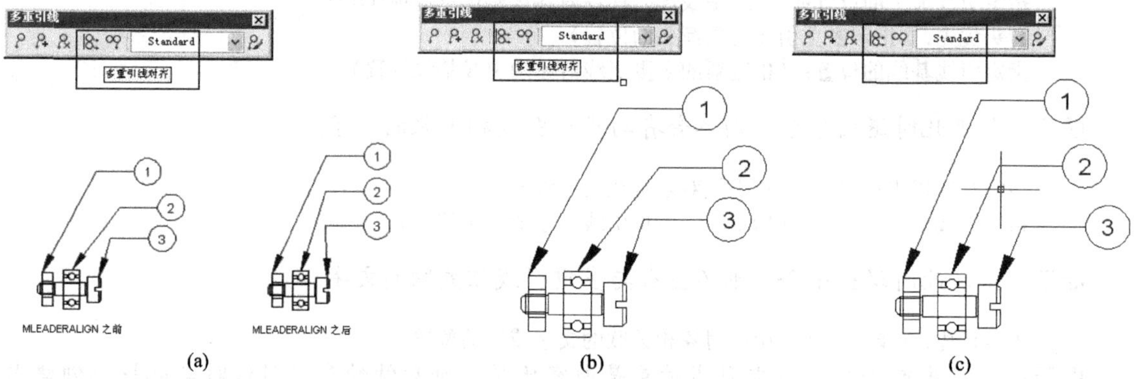

(a)　(b)　(c)

图 A.40　对齐多重引线操作

(1) 功能：选择多重引线后，指定所有其他多重引线要与之对齐的多重引线。
(2) 命令行：输入“MLEADERALIGN”。
(3) 基本操作步骤如下：

命令：_mleaderalign
选择要对齐的多重引线或 [选项(O)]：
选项(O)：(指定用于对齐选定的多重引线的选项)
输入选项 [分布(D)/使引线线段平行(P)/指定间距(S)/使用当前(U)]：
分布(D)：(等距离隔开两个选定点之间的内容)
使引线线段平行(P)：(放置内容，从而使选定多重引线中的每条最后的引线线段均平行)
指定间距(S)：(指定选定的多重引线内容范围之间的间距)
使用当前(U)：(使用多重引线内容之间的当前间距)

A.4　图层与图块版本对照

如图 A.41 所示，若图块某个外观有些区别，用户就要分解图块来编辑其几何图形。这种方法会产生大量的、矛盾的和错误的图形。AutoCAD 2006 以后版本新增动态图块功能，用户可编辑图形外观而不需要分解它。用户可以在插入图形时或插入图块后操作图块对象。

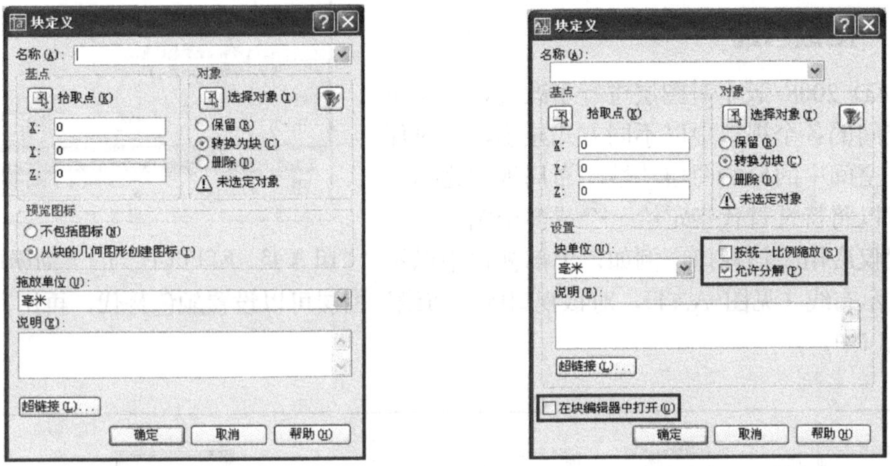

(a)AutoCAD 2004 版本　　(b)AutoCAD 2006 版本

图 A.41　编辑图块操作

A.4.1　动态图块

动态图块功能使用户可编辑图形外观而不需要分解它们。用户可以在插入图形时或插入图块后操作图块对象。

（1）功能：动态图块功能使用户可编辑图形外观而不需要分解它们。

（2）命令行：输入“BEDIT”或“REFEDIT”。

（3）基本操作步骤如下：

```
命令：bedit
```

确认后弹出“编辑块定义”对话框，选择要编辑的块后进行设置，单击“确定”按钮。重新编辑图块操作示意图如图 A.42 所示。

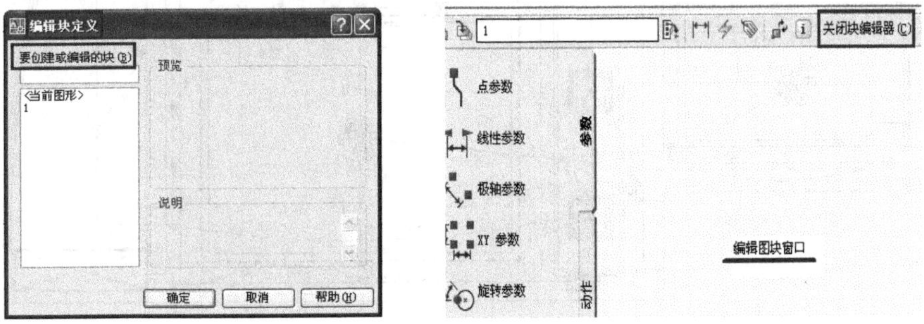

(a)　　(b)

图 A.42　BEDIT 命令重新编辑图块操作

命令：_refedit

确认后弹出“参照编辑”对话框，选择要编辑块的参照名，可以重新修改和定义块，修改后保存参照编辑，单击“确定”按钮。重新编辑图块操作示意图如图 A.43 所示。

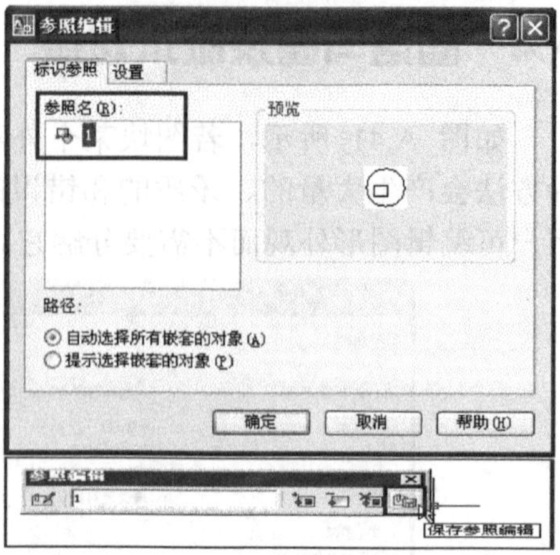

图 A.43　REFEDIT 命令重新编辑图块操作

A.4.2　图层管理

AutoCAD 2008 版本对图层进行了改进，对象可以在图纸空间的各个视口中以不同方式显示，同时保留其在模型空间中的原始图层特性。布局视口为当前视口时，可以将特性替代指定给一个或多个图层，从而使新设置仅应用于该视口。例如，上部视口中以不同的颜色显示布线（见图 A.44），对该视口的“布线”图层可以设置颜色替代，再用其他颜色显示在下部视口中。

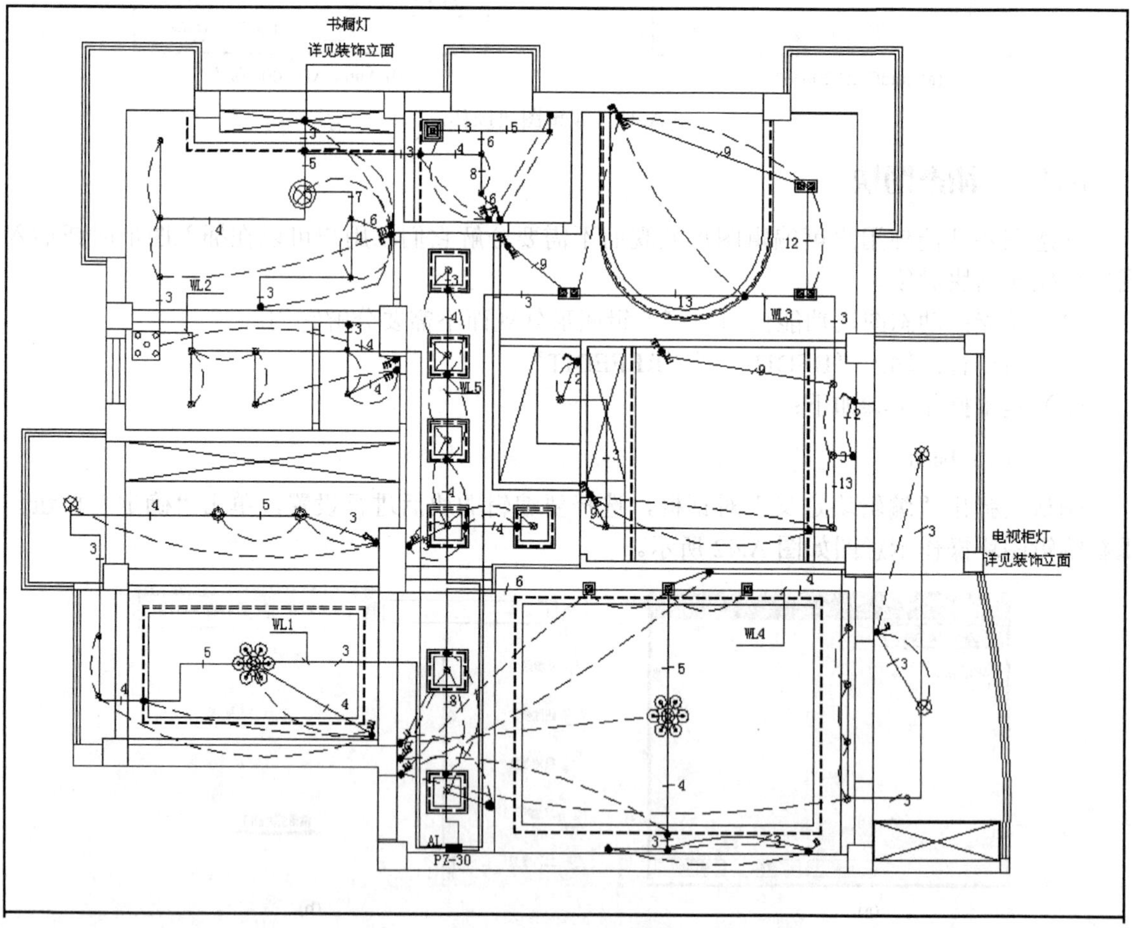

图 A.44　上部视口中以不同的颜色显示布线

从“布局”选项卡打开“图层特性管理器”时，将显示四列（如图 A.45 所示）。这四列用于设置当前视口的图层特性替代：颜色、线型、线宽、打印样式。

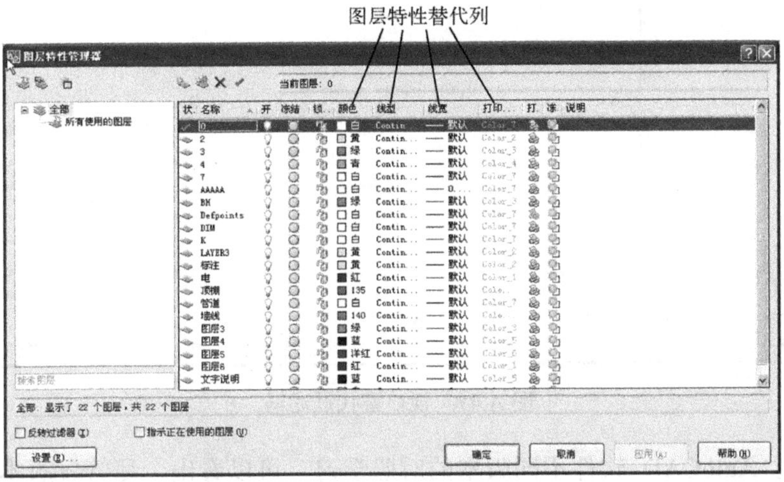

图 A.45　“图层特性管理器”对话框

在图层特性管理器的“视口替代”列打开图层特性管理器时，右侧视口处于活动状态，在图层名、颜色设置和视口颜色设置后面将显示背景色。若打开“图层特性管理器”时，左侧视口处于活动状态，该视口没有图层特性替代，因此不显示背景色（如图 B.46 所示）。

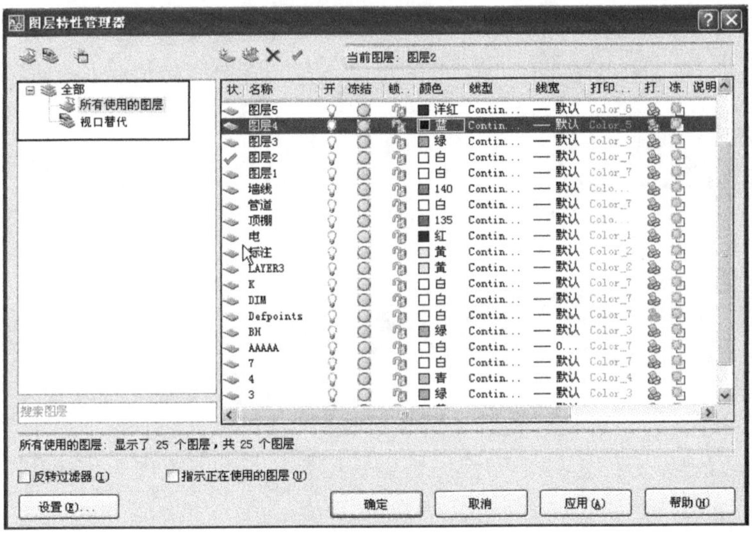

图 A.46　视口颜色显示

使用视口替代过滤器。查看哪些图层具有特性替代的另一种方法是使用“图层特性管理器”中的视口替代过滤器。如果当前视口存在特性替代，将在树状列表中自动创建视口替代过滤器。通过选择该过滤器，可以快速查看视口中具有特性替代的所有图层。在本例中，右侧视口处于活动状态，并且视口替代过滤器显示“光源”图层是唯一包含特性替代的图层（如图 A.47 所示）。

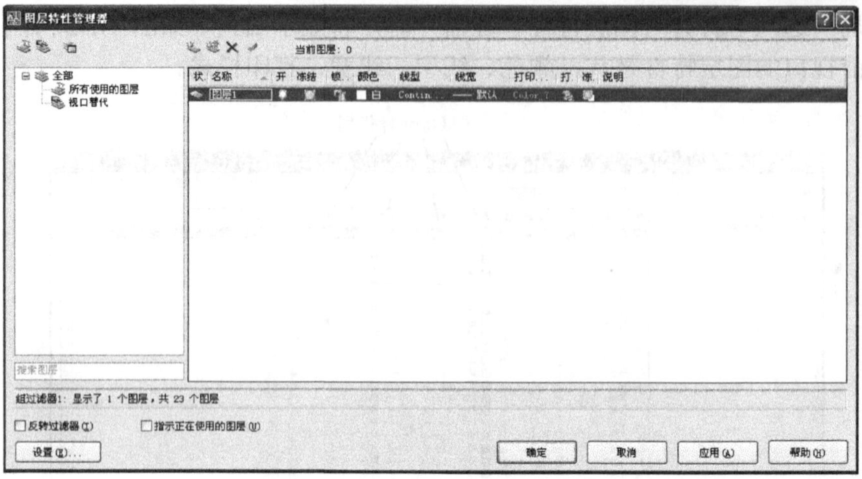

图 A.47　视口替代过滤器

以上通过对 AutoCAD 软件不同版本的对照学习，可以看出，尽管各版本在绘图命令、编辑命令、标注命令、图层与图块操作等方面存在差异，但是每个升级后的版本只是在原版本的基础上增添了部分细小的变化，而软件的基本功能和总体操作是没有太大变化的。只要掌握好其中某一个版本就能够轻松地掌握升级后的软件操作环境，节省选择及适应新版本的时间。

附录B 计算机绘图员职业技能鉴定

通过计算机绘图员职业技能鉴定是本课程人才培养的主要目标之一。要培养从事建筑CAD设计的技能型、实用型人才，不仅要求掌握AutoCAD软件操作和建筑工程图计算机绘制技能，同时也要求取得计算机绘图员职业资格，这样才能更好地适合职业岗位工作的需要。下面介绍计算机绘图员职业技能鉴定标准及职业技能鉴定模拟试题。

B.1 计算机绘图员职业技能鉴定标准

计算机绘图员职业技能鉴定有中级、高级两个层次，中级鉴定是针对高职高专院校学生设置的，部分优秀的高职高专院校学生通过努力可以达到高级水平。

B.1.1 中级绘图员鉴定标准

1. 知识要求

（1）掌握计算机绘图系统的基本组成及操作系统的一般使用知识。

（2）掌握基本图形生成及编辑的基本方法和知识。

（3）掌握复杂图形（如块的定义与插入、图案填充等）、尺寸、复杂文本等的生成及编辑方法和知识。

（4）掌握图形的输出及相关设备的使用方法和知识。

2. 技能要求

（1）具有基本的操作系统使用能力。

（2）具有基本图形的生成及编辑能力。

（3）具有复杂图形（如块的定义与插入、图案填充等）、尺寸、复杂文本等的生成及编辑能力。

（4）具有图形的输出及相关设备的使用能力。

实际操作能力要求达到，能使用计算机辅助设计软件（AutoCAD）及相关设备以交互方式独立、熟练地绘制二维建筑工程图。

3. 鉴定内容

（1）文件操作。

① 调用已存在的图形文件。

② 将当前图形存盘。

③ 用绘图机或打印机输出图形。

（2）绘制、编辑二维图形。

① 绘制点、线、圆、圆弧、多段线等基本图素；绘制字符、符号等图素；绘制复杂图形，如块的定义与插入、图案填充、复杂文本输入。

② 编辑点、线、圆、圆弧、多段线等基本图素，如删除、恢复、复制、变比等；编辑字符、符号等图素；编辑复杂图形，如插入的块、填充的图案、输入的复杂文本等。

③ 设置图素的颜色、线型、图层等基本属性。

④ 设置绘图界线、单位制、栅格、捕捉、正交等。

⑤ 标注长度型、角度型、直径型、半径型、旁注型、连续型、基线型尺寸；修改以上各种类型的尺寸；标注尺寸公差。

B.1.2 高级绘图员鉴定标准

1. AutoCAD 操作及应用

（1）绘图环境的设置。

（2）建立图形文件，设置图层、线型、字体，建立模板文件等。

（3）二维图形的生成与编辑能力。

（4）熟悉建筑制图的规范，掌握投影基础知识，熟练掌握房屋建筑平面图、立面图的制图能力，熟练掌握根据提供的所有建筑施工图和结构构件截面尺寸要求绘制建筑断面图的能力。

（5）AutoCAD 软件的安装与系统配置的能力。

（6）掌握系统配置设定，熟悉各种选项卡的控制和系统配置的输出与输入。

2. 使用 3DS MAX 等软件制作效果图

（1）软件基本操作的应用能力：

熟练掌握各选取控制工具；熟悉视窗导航工具、状态栏、命令面板；熟练掌握图形的轴心控制；熟练掌握镜像、阵列、对齐等操作；熟练使用快捷键；掌握单位设置、精度设置；熟练对场景图形进行分层划组操作；熟悉提高作图速度的一般技巧。

（2）建模能力：

掌握二维图形的创建和编辑修改，三维图形的创建和编辑修改，以及二维图形生成三维图形的操作能力。

（3）材质、贴图的编辑能力：

熟练掌握标准材质的编辑及对其他常用材质进行设置，以及标准材质下各种贴图类型的选择和编辑能力；掌握设置和调整贴图坐标的能力。

（4）灯光和摄像机的编辑能力：

熟练掌握标准灯光的选择和使用，具备对高级灯光一般使用控制的能力，能熟练布控摄像机，掌握摄像机的相关参数的调整。

（5）渲染及效果图的后期处理能力：

掌握渲染输出不同精度和尺寸效果图的能力，熟练掌握界面的操作，熟悉新图像的加入及调整，掌握对图形进行色相、亮度、对比度等调整。

B.2 计算机绘图员职业技能鉴定模拟试题

计算机绘图员职业技能鉴定模拟试题按中级、高级两个层次分别给出，主要介绍中级试题，对于部分优秀的学生可以学习高级部分。

B.2.1 职业技能鉴定模拟试卷（中级）

中级模拟试卷包括绘制图纸的基本操作、选择填空题、绘制几何图形、绘制投影视图及立体图5个部分。测试时间为180分钟。

1. 试卷答题注意事项

（1）请按要求在试卷的标封处填写考生姓名、准考证号和考生单位的名称。

（2）按题目要求在计算机上完成答题。每位考生以本人准考证号的后六位数字加“建筑01”为考生目录（如558866建筑01），在规定的考试工作盘中建立考生目录文件夹，实际操作结果均存放在考生本人的专用目录内。

（3）不要在试卷上乱写乱画，不要在标封区填写无关内容。

2. 试卷内容及评分方法

（1）绘制图纸的基本操作（7分）。

① 画图纸边界线、图框线（本部分内容每做错一处，扣0.5分）。

② 图层设置中（本部分内容每做错一处，扣0.5分）。

③ 设置单位（本部分内容每做错一处，扣0.5分）。

④ 存盘要求（不按要求保存图形文件不得分）。

（2）选择填空题（8分）。

① 调用标准图纸，绘制答题表格图形（不按要求操作不得分）。

② 将选择填空答题的结果填入答题表格相应的位置（本部分内容每做错一处，扣1分）。

（3）按题目要求绘制几何图形（10分）。

① 调用标准图纸，绘制试卷所示图形（本部分内容每做错一处，扣0.5分）。

② 按试卷要求保存图形文件（不按要求保存图形文件不得分）。

（4）按题目要求绘制投影视图、立体图（15分）。

① 调用标准图纸，绘制试卷所示图形（本部分内容每做错一处，扣0.5分）。

② 按试卷要求保存图形文件（不按要求保存图形文件不得分）。

（5）按题目要求绘制平面图、立面图（60分）。

① 建筑平面图部分（40分）。其中调用标准图纸（4分），绘制图形外轮廓、楼板、梁及地面部分（15分），绘制图形内的楼梯、窗等，并完善图形（15分），完成图形的标高绘制（6分）。

② 建筑立面图部分（10分）。其中调用标准图纸（2分），绘制立面图（8分）。

计算机绘图员职业技能鉴定模拟试卷（中级）

（考试时间：180 分钟）

	第一题	第二题	第三题	第四题	第五题	总　分
得　分						
评分员						

一、绘制图纸的基本操作（7 分）

1. 画图纸边界线、图框线

按国标规定设置 A4（竖放）的图幅，画出图纸的边界线、图框线（不留装订边、竖放）及标题栏（如图 B.1 所示）。

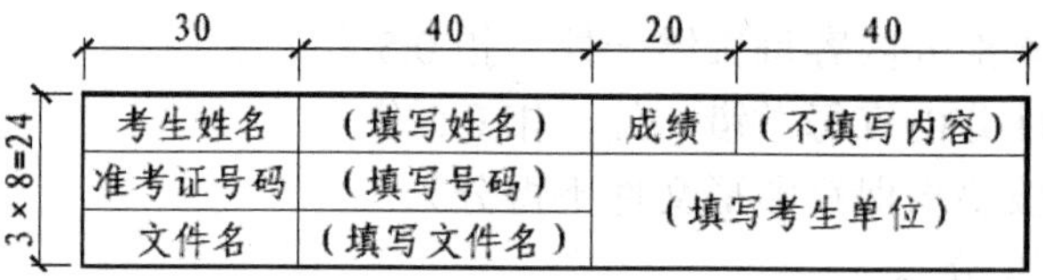

图 B.1

2. 设置图层

（1）装载全部线型。

（2）按以下要求（层名、颜色、线型和线宽）设置图层。

层名	颜色	线型	线宽	绘制内容说明
01	绿（green）	Continuous	0.5mm	粗实线部分
03	白（white）	Continuous	0.13mm	细实线部分
05	黄（yellow）	Acad-ISO02W100	0.13mm	细虚线部分
07	红（red）	Acad-ISO04W100	0.13mm	点画线部分
09	粉（magenta）	Acad-ISO05W100	0.13mm	双点线部分
11	青（cyan）	Continuous	0.25mm	中实线部分

3. 设置单位

长度单位：十进制，精度取小数点后 3 位。

角度单位：度分秒制，精度取 0d。

4. 存盘要求

将所建立的图纸文件以“A4（××）”为文件名，保存到考生目录文件夹中（注：××应为考生本人准考证号的后两位数字，下同）。

二、选择填空题（8分）

调用已完成的“A4（××）”图纸，绘制如图 B.2 所示的图形，将以下选择填空答题的结果填入相应的位置，完成操作后，以“A4-2（××）”为文件名，保存到考生目录文件夹中。

题目	1	2	3	4	5	6	7	8	9	10
答案										

图 B.2

1．旋转（Rotate）命令中的 Base point 是指（　）。
A．原点　　B．操作对象旋转的轴点
C．必须选择图形上的点　　D．端点

2．使用构造线（Xline）命令画垂直线时，应选择哪一项（　）。
A．Hor　　B．Ver
C．Ang　　D．Bisect

3．绘制圆弧（Arc）时，系统默认的正方向是（　）。
A．逆时针方向　　B．顺时针方向
C．任意方向　　D．在屏幕上指定

4．在阵列（Array）命令中，若输入的行间距为正数时，其作用是（　）。
A．向上阵列　　B．向下阵列
C．间距不同　　D．保留旧间距

5．绘制多线（Mline）时，改变所用多线的间距比例应选择（　）。
A．Justification　　B．Scale
C．Style　　D．Chamfer

6．开启对象捕捉功能的快捷键是（　）。
A．F1　　B．F2
C．F3　　D．F4

7．使用构造线（Xline）命令画角平分线时，应选择（　）项。
A．Hor　　B．Ver
C．Ang　　D．Bisect

8．已知圆直径的两个端点，用圆（Circle）命令画圆时，应选择（　）项。
A．3P　　B．2P
C．TTR　　D．Center point

9．复制（Copy）命令中 Multiple 选项的作用是（　）。
A．多次复制　　B．一次复制
C．改变基点复制　　D．对称复制

10．在字形设置（Style）命令中，与设置文字水平镜像注写相对应的选项是（　）。
A．Font Name　　B．Backwards
C．Upside down　　D．Width Factor

三、按题目要求绘制几何图形（10 分）

题目要求：

1．调用已完成的“A4（××）”图纸，绘制如图 B.3 所示图形，绘图比例为 1∶1。

2．不标注尺寸。

3．以“A4-3（××）”为文件名，保存图形文件到考生目录文件夹中。

四、按题目要求绘制投影视图、立体图形（15 分）

题目要求：

1．调用已完成的“A4（××）”图纸，绘制如图 B.4 所示的投影视图，绘图比例为 1∶1。

2．根据图 B.4 所示的投影视图，按等轴测方式完成立体图形绘制，绘图比例为 1∶1。

3．不标注尺寸，将立体图形的水平面涂蓝色。

4．以“A4-41（××）”为文件名，保存图形文件到考生目录文件夹中（注：××应为考生本人准考证号的后两位数字）。

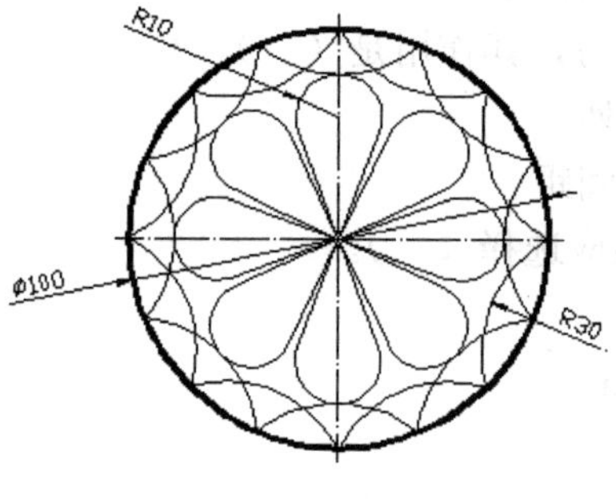

图 B.3

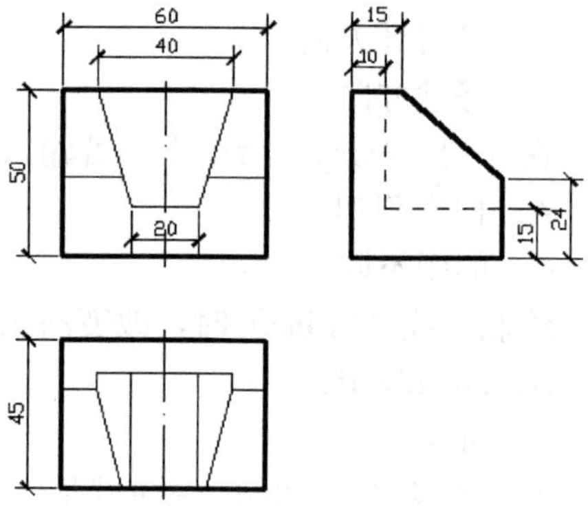

图 B.4

五、按题目要求绘制平面图、立面图（60 分）

题目要求：

1．调用已完成的“A4（××）”图纸，根据国家标准 A3 幅面（横放）调整图纸，抄画如图 B.5 所示的平面图、立面图，绘图比例为 1∶100。

2．标注平面图下方、左方的尺寸和轴号，其他尺寸和轴号可以不进行标注。

3．把标高符号定义成带有属性的图块，基本要求如下。

（1）块名：BG01。块提示：标高值。

（2）块存盘的文件名：HKJX（独立保存图形文件到考生目录文件夹中）。

（3）用块的插入方法标注平面图、立面图中所有的标高符号。

4．以“A3-51（××）”为文件名，保存图形文件到考生目录文件夹中（注：××应为考生本人准考证号的后两位数字）。

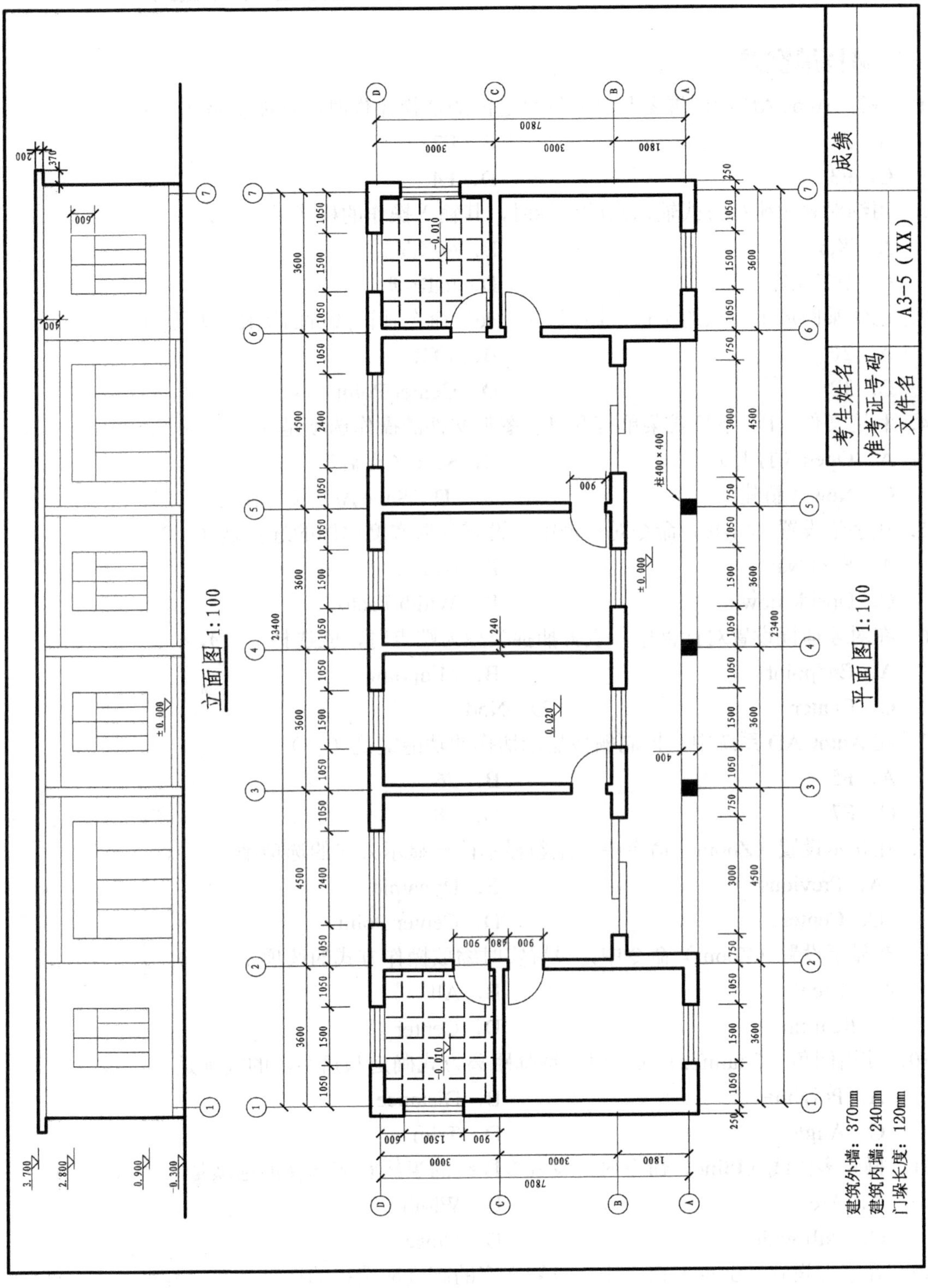

图B.5 绘制平面图、立面图（绘图比例为1：100）

计算机绘图员职业技能鉴定备选模拟试题（中级）

一、选择填空题

1．进行 AutoCAD 绘图屏幕与文本屏幕之间的切换操作时，功能键是（　）。

A．F1　　B．F2

C．F3　　D．F4

2．用绝对直角坐标方式输入点的坐标时，其输入操作的格式是（　）。

A．X,Y　　B．@X,Y

C．@X,Y,Z　　D．@R< θ

3．已知某圆周上三点的坐标，用圆（Circle）命令画该圆时的操作选项是（　）。

A．2P　　B．TTR

C．3P　　D．Center Point

4．利用文件（F）下拉式菜单打开已有图形文件的操作选项是（　）。

A．Open（打开）　　B．Save（存盘）

C．New（新建）　　D．Save As...（另存为）

5．在字形设置（Style）命令对话框中，设置字形宽度比例的选择是（　）。

A．Font Name　　B．New...

C．Upside down　　D．Width Factor

6．在对象捕捉设置对话框中，设置捕捉类型为端点时，应选择（　）。

A．Endpoint　　B．Midpoint

C．Center　　D．Node

7．在 AutoCAD 系统中，控制栅格显示切换的功能键是（　）。

A．F5　　B．F6

C．F7　　D．F8

8．在显示设置（Zoom）命令中，重新显示前一显示方式的选项是（　）。

A．Previous　　B．Dynamic

C．Center　　D．Center Point

9．在显示设置（Zoom）命令中，设置实时缩放操作方式的选项是（　）。

A．Extents　　B．All

C．Real time　　D．Center

10．使用倒角（Chamfer）命令时，选择距离方式确定倾角距离的选项是（　）。

A．Polyline　　B．Distance

C．Angle　　D．Trim

11．操作多段线（Pline）命令时，设置多段线的半线宽应选择的选项是（　）。

A．Arc　　B．Width

C．Half width　　D．Close

12．在字形设置（Style）命令中，设置文字的高度应选择的选项是（　）。

A．Font Name　　B．Backwards

C. Height　　D. Width Factor

13. 建立新图形文件时，通过下拉菜单的操作方式是（　）。

A. File（文件）/Open（打开）　　B. File（文件）/Save（存盘）

C. File（文件）/New（新建）　　D. File（文件）/Save As（另存为...）

14. 在字形设置（Style）命令对话框中，建立新字形名应选择（　）项。

A. Font Name　　B. New...

C. Upside down　　D. Width Factor

15. 在 AutoCAD 系统中，打开或关闭正交功能的功能键是（　）。

A. F5　　B. F6

C. F7　　D. F8

16. 按图幅设置显示图形的视觉尺寸，在显示设置（Zoom）命令中的操作选项是（　）。

A. All　　B. Previous

C. Dynamic　　D. Center

17. 已知椭圆中心、轴的两个端点，用椭圆（Ellipse）命令画椭圆时应选择（　）项。

A. Arc　　B. End point

C. Center　　D. Axis Endpoint 1

18. 在多段线（Pline）命令中，当直线改为圆弧的绘制方式时，应选的操作选项是（　）。

A. Arc　　B. Close

C. Half width　　D. Width

19. 在矩形（Rectang）命令中，改变矩形的线宽时，对应的操作选项是（　）。

A. Elevation　　B. Fillet

C. Width　　D. Chamfer

二、按题目要求绘制几何图形

题目要求：

1. 调用已完成的“A4（××）”图纸，分别绘制如图 B.6、图 B.7 所示的图形，绘图比例为 1∶1。

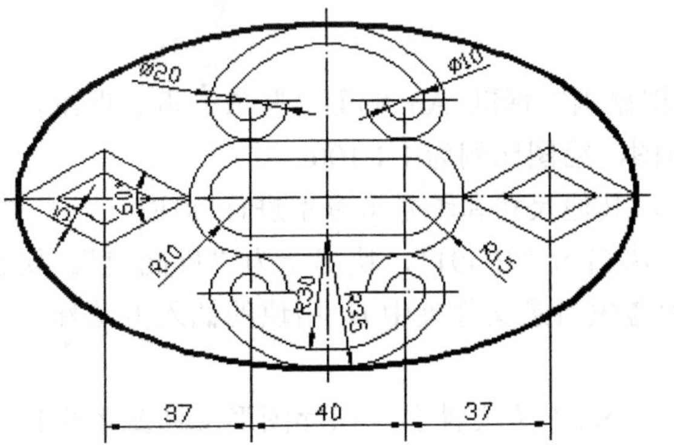

图 B.6

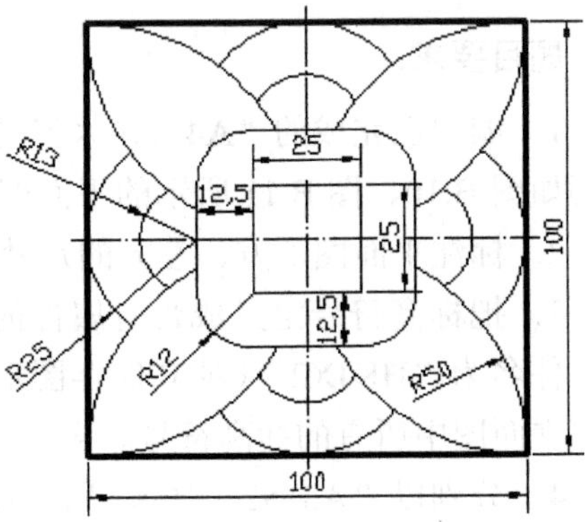

图 B.7

2．不标注尺寸。

3．绘制完成后以“A4-32（××）”、“A4-33（××）”为文件名，保存图形文件到考生目录文件夹中。

三、按题目要求绘制投影视图、立体图形

题目要求：

1．调用已完成的“A4（××）”图纸，分别绘制如图 B.8、图 B.9 所示的投影视图，绘图比例为 1∶1。

2．分别根据图 B.8、图 B.9 所示的投影视图，按等轴测图方式分别完成相应的立体图形绘制，绘图比例为 1∶1。

3．不标注尺寸，分别将立体图形的水平面涂蓝色。

4．绘制完成后以“A4-42（××）”、“A4-43（××）”为文件名，保存图形文件到考生目录文件夹中。

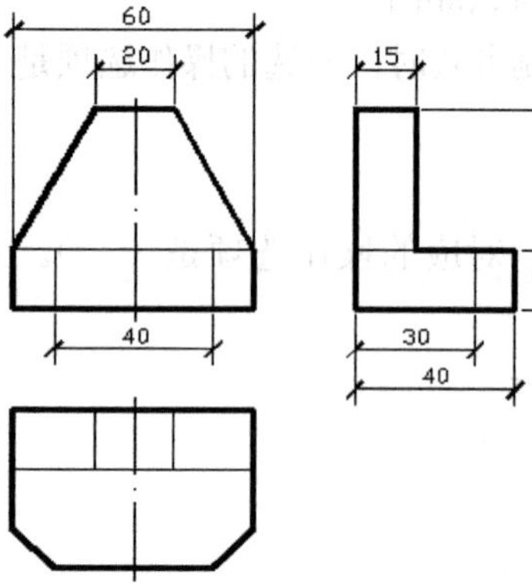

图 B.8

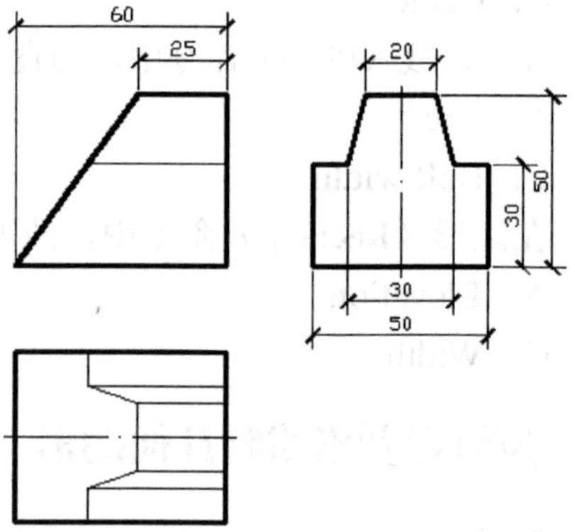

图 B.9

四、按题目要求绘制平面图、立面图

题目要求：

1．调用已完成的“A4（××）”图纸，根据国家标准 A3 幅面（竖放）调整图纸，分别抄画如图 B.10、图 B.11 所示的平面图、立面图，绘图比例为 1∶100。

2．标注平面图下方、左方的尺寸和轴号，其他尺寸和轴号可以不进行标注。

3．把标高符号定义成带有属性的图块，块名为“BG01”，块提示为“标高值”。块存盘的文件名为“HKJX2”（独立保存图形文件到考生目录文件夹中）。用块的插入方法标注平面图、立面图中所有的标高符号。

4．分别以“A3-52（××）”、“A3-53（××）”为文件名，保存图形文件到考生目录文件夹中。

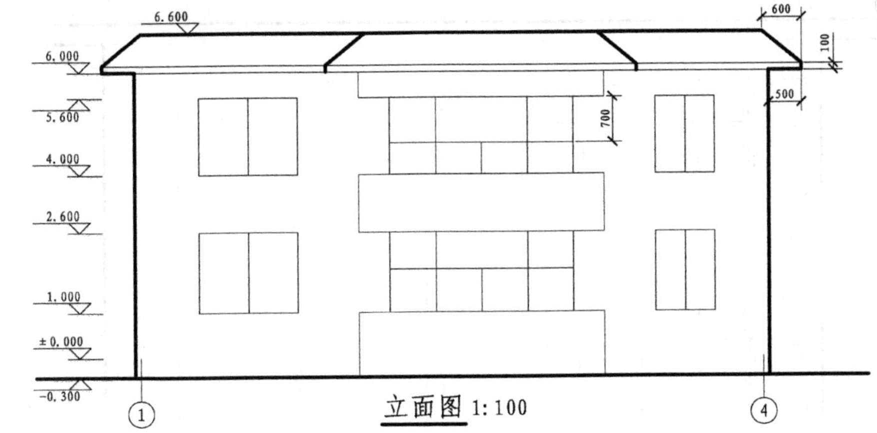

立面图 1:100

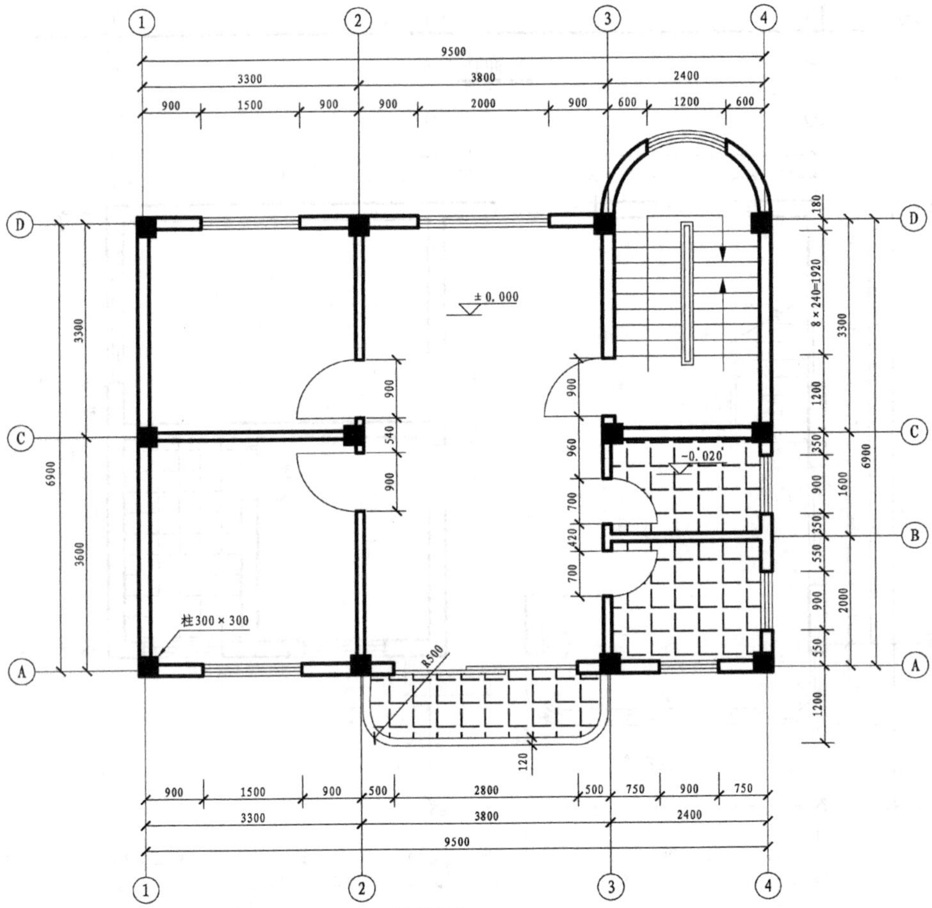

平面图 1:100

建筑外墙：180mm
建筑内墙：120mm
门垛长度：120mm

考生姓名		成绩	
准考证号码			
文件名	A3-5（XX）		

图 B.10　绘制平面图、立面图（绘图比例 1：100）

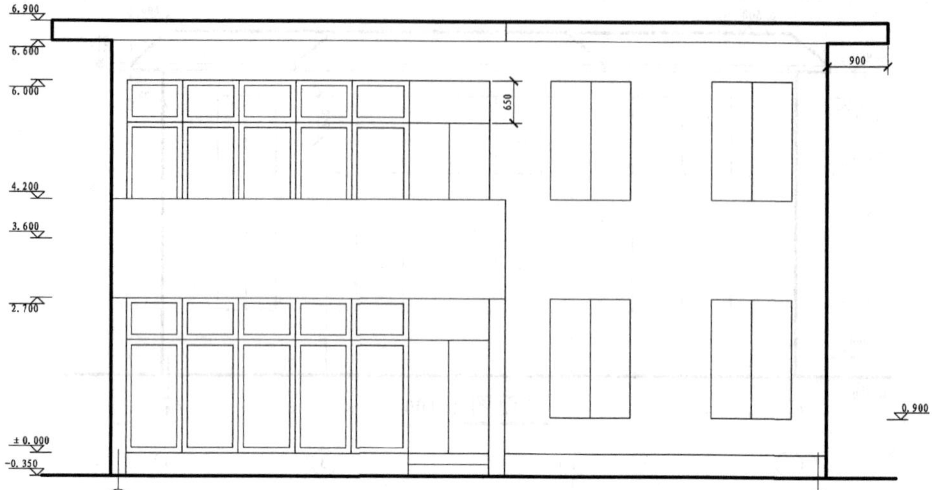

立面图 1:60

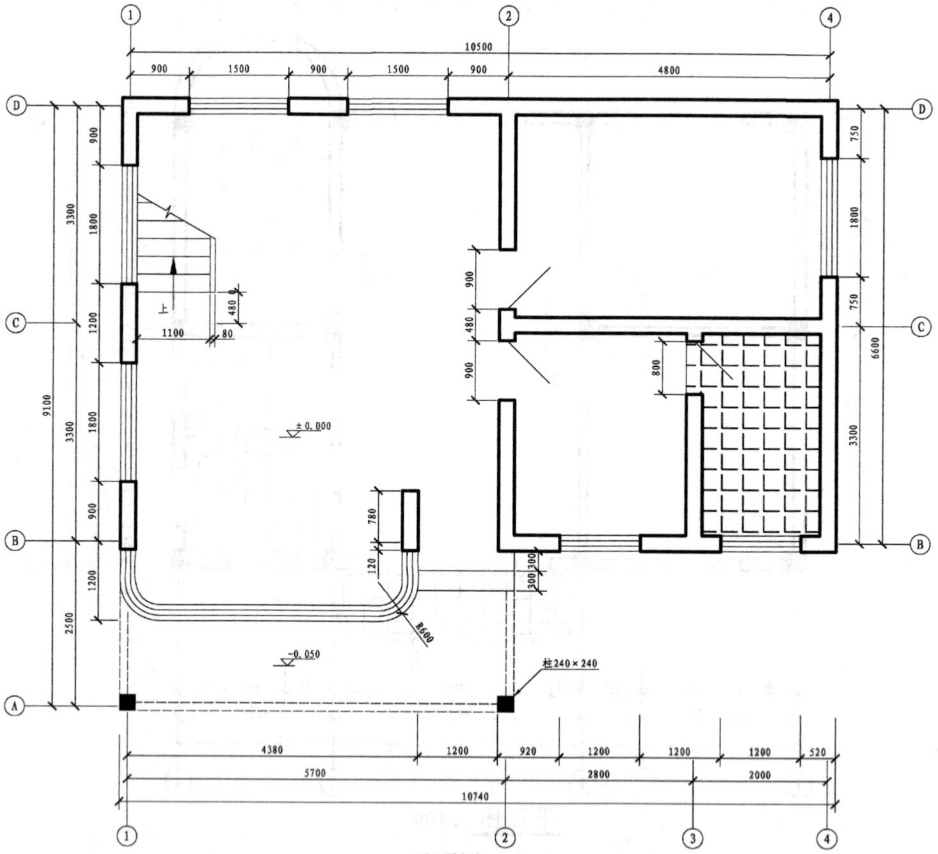

平面图 1:60

建筑外墙：240mm
建筑内墙：240mm
门垛长度：120mm

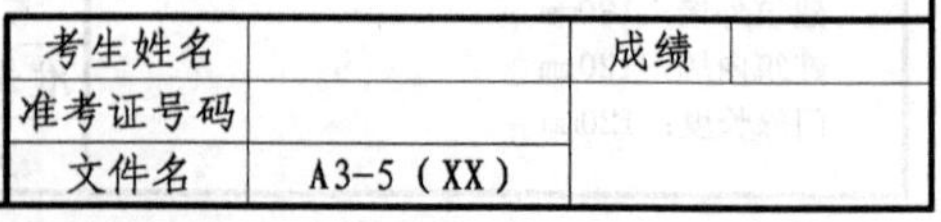

图 B.11　绘制平面图、立面图（绘图比例 1：100）

B.2.2 职业技能鉴定模拟卷（高级）

1．基础知识部分

（1）建立样板文件（10 分）。

① 按要求分别建立 A4 图幅和 A3 图幅的样板文件（4 分）。

② 按要求（层名、颜色、线型和线宽）设置样板文件的图层（4 分）。

③ 按要求设置样板文件的单位（2 分）。

（2）定制用户菜单（10 分）。

① 按题目要求建立菜单文件（4 分）。

② 调用样板文件，将定制的用户菜单装入 AutoCAD 系统（6 分）。

（3）定义线型（10 分）。

① 按要求定义线型文件（4 分）。

② 调用样板文件，将定义线型设置为当前线型，并按要求作图（6 分）。

（4）编写脚本文件（10 分）。

① 按题目要求编写命令脚本文件（4 分）。

② 调用样板文件，运行编写的脚本文件（6 分）。

（5）定义填充图案（10 分）。

① 按题目要求定义填充图案文件（4 分）。

② 调用样板文件，按要求绘制图形，并作图案填充操作（6 分）。

（6）按题目要求绘制建筑平面图、剖面图（50 分）。

① 建筑剖面图部分（40 分）。

② 建筑立面图部分（10 分）。

2．三维效果部分

（1）单项选择题（10 分）。

（2）创建组合体的三维实体模型（20 分）。

（3）创建曲面模型(10 分)。

① 按要求绘制旋转曲面的截面线段，并创建三维曲面（8 分）。

② 按要求设置旋转曲面三维网格密度（2 分）。

（4）实体建模与编辑工程图(60 分)

① 根据标准层建筑平面图和前立面图，按要求创建三维实体模型（30 分）。

② 将三维实体模型转换到图纸空间，按要求创建四个浮动视口（30 分）。

计算机绘图员职业技能鉴定模拟试卷 1（高级）

（考试时间：180 分钟）

	第一题	第二题	第三题	第四题	第五题	第六题	总　分
得　分							
评分员							

一、建立样板文件（10 分）

1．按以下要求分别建立 A4 图幅和 A3 图幅的样板文件

A4 图幅：竖放，不留装订边，画出图纸边界线、图框线及标题栏（如图 B.12 所示）。

A3 图幅：横放，留有装订边，画出图纸边界线、图框线及标题栏（如图 B.12 所示）。

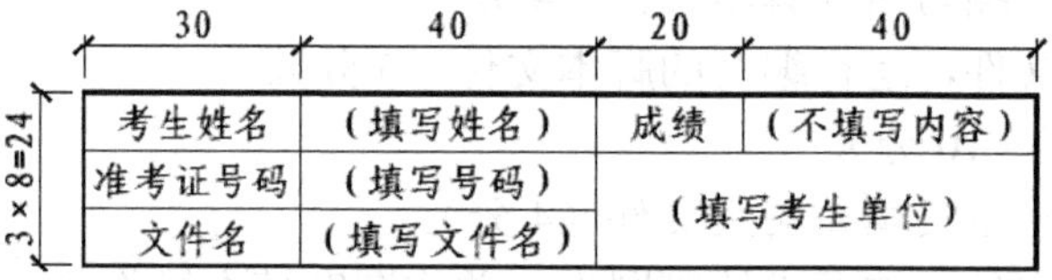

图 B.12

2．按以下规定（层名、颜色、线型和线宽）设置样板文件的图层

层　名	颜　色	线　型	线　宽	绘制内容说明
粗实	绿（green）	Continuous	0.5mm	粗实线部分
细实	白（white）	Continuous	0.13mm	细实线部分
细虚	黄（yellow）	Acad-ISO02W100	0.13mm	细虚线部分
细点	红（red）	Acad-ISO04W100	0.13mm	点画线部分
中实	青（cyan）	Continuous	0.25mm	中实线部分
尺寸	白（white）	Continuous	0.13mm	尺寸线部分

3．按以下要求设置样板文件的单位

长度单位：十进制，精度取小数点后 3 位。

角度单位：度分秒制，精度取 0d。

4．存盘要求

分别将所建立的样板文件以“A4（××）.dwt”和“A3（××）.dwt”为文件名，保存到考生目录文件夹中。

二、定制用户菜单（10分）

建立一个菜单文件，菜单文件名“TYHF（××）.mnu”，完成后保存到考生目录文件夹中。要求所建立的菜单文件在系统原有菜单的基础上增加一个下拉菜单，主菜单的名称为“图样画法（T）”，并指定 T 为快捷键。“图样画法”下拉菜单有“图样”和“尺寸”两组子菜单（要求两组子菜单按并列方式分布），“图样”的下级子菜单为“规划图”、“平面图”、“立面图”、“剖面图”，“尺寸”的下级子菜单为“总尺寸”、“定位尺寸”、“细部尺寸”、“标高符号”，如图 B.13 所示。

调用样板文件“A4（××）.dwt”，将定制的用户菜单装入 AutoCAD 系统，并且要求启动 AutoCAD 系统后，屏幕显示“样图画法（T）”菜单项，菜单位置排列在名称为“标注（M）”的主菜单后面。

完成以上操作后，要求光标指向“样图画法（T）”菜单项中的最后一项，将此画面保存在图形文件中，并将图形文件以“2-2（××）.dwg”为文件名保存到考生目录文件夹中。（注：与“图样画法（T）”下拉菜单命令对应的程序不用编写。）

三、定义线型（10分）

按图 B.14 所示尺寸要求定义四点画线，定义线型的名称为“四点画线”，说明部分写 gb 两个字母。在图 B.14 中，d 表示该画线的宽度，取 d=0.35 mm。完成线型定义操作后，将线型定义文件保存到考生目录文件夹中，文件名为“SDHX（××）.lin”。

调用样板文件“A4（××）.dwt”，将定义的“四点画线”设置为当前线型，并用该线型绘制一个半径等于 50 的圆（圆心坐标适当给出），把完成绘制的图形保存到考生目录文件夹中，文件名为“3-2（××）.dwg”。

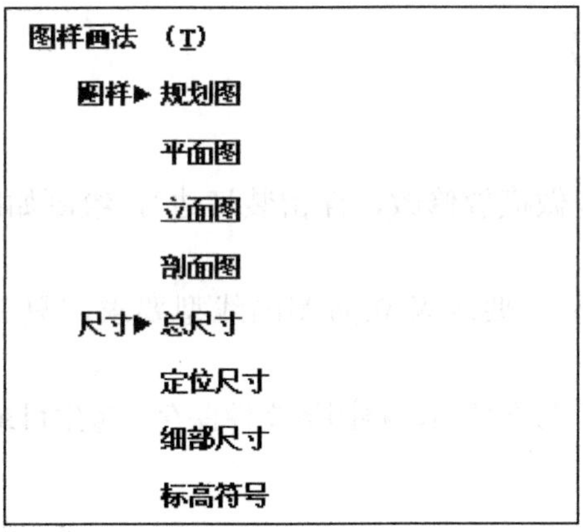

图 B.13

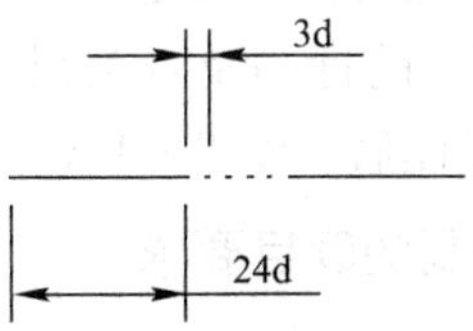

图 B.14

四、编写脚本文件（10分）

编写一个命令脚本文件，绘制如图 B.15 所示尺寸的图形，线型按图示要求画出。图中心坐标为（100，100），中心线超出轮廓线 5 mm，不标注尺寸。调用样板文件运行该命令脚本文件时，应在屏幕内显示如图 B.15 所示的图形。完成命令脚本文件后，将命令脚本文件保存到考生文件夹中，文件名为“JBWJ（××）.scr”。

调用样板文件“A4（××）.dwt”，运行编写的脚本文件，将结果保存到考生目录文件夹中，文件名为“4-2（××）.dwg”。

五、定义填充图案（10 分）

定义如图 B.16 所示的填充图案，填充图案的名称为“HKJX-01A”，完成填充图案的定义后，将该填充图案定义的文件保存到考生目录文件夹中，保存填充图案文件的名称为“TCTA（××）.pat”。

调用样板文件“A4（××）.dwt”，绘制一个 100×100 的正方形（图形位置适当给出），以定义的 HKJX-01A 填充图案进行图案填充操作。把完成图案填充操作的正方形图形文件，保存到考生目录文件夹中，文件名为“5-2（××）.dwg”。

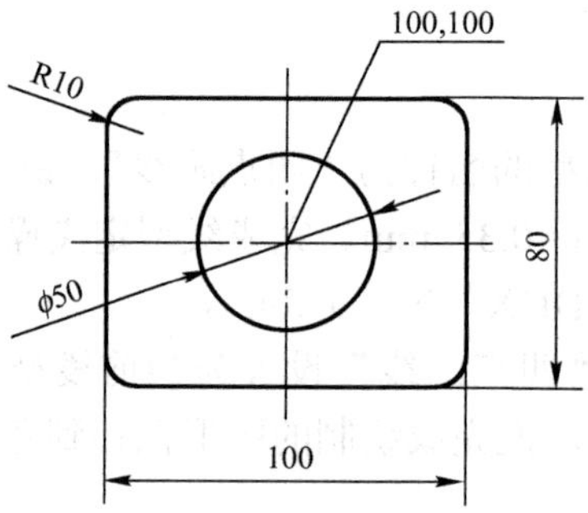

图 B.15

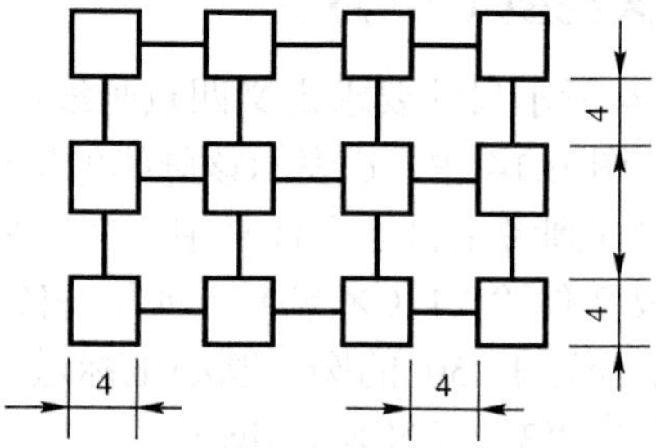

图 B.16

六、绘制立面图、剖面图（50 分）

立面图绘制的题目要求：

1．调用样板文件“A4（××）.dwt”（做横放修改，保留装订边），绘制如图 B.17 所示的立面图，绘图比例为 1∶100。

2．根据平面图、立面图的各种尺寸标注要求及立面图的线型要求，只完成图形的绘制，不标注图中的标高及各类尺寸、文字。

3．完成绘图后，以“6-1（××）.dwg”为文件名，将图形文件保存到考生目录文件夹中。

剖面图绘制的题目要求：

1．调用样板文件“A3（××）.dwt”（做竖放修改，保留装订边），绘制如图 B.18 所示的剖面图，绘图比例为 1∶50。

2．根据剖面图中各种尺寸及线型的基本要求，完成图形的绘制，要求标注所有的标高符号，不要求标注其他各类尺寸和文字。

3．完成绘图后，以“6-2（××）.dwg”为文件名，将图形文件保存到考生目录文件夹中。

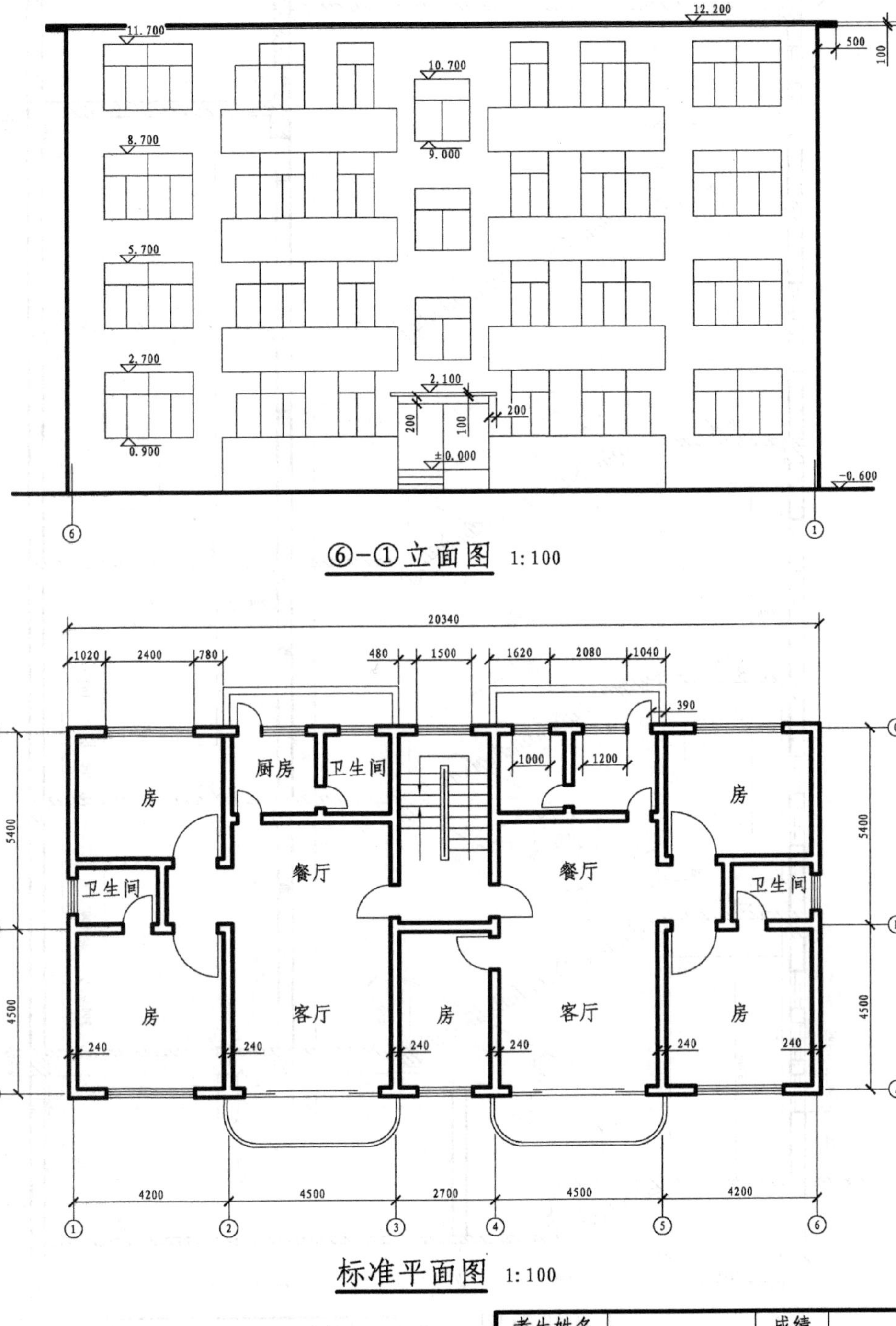

考生姓名		成绩	
准考证号码		立面图（参考）	
文件名	01A-6-1		

图 B.17 绘制立面图（绘图比例为 1：100）

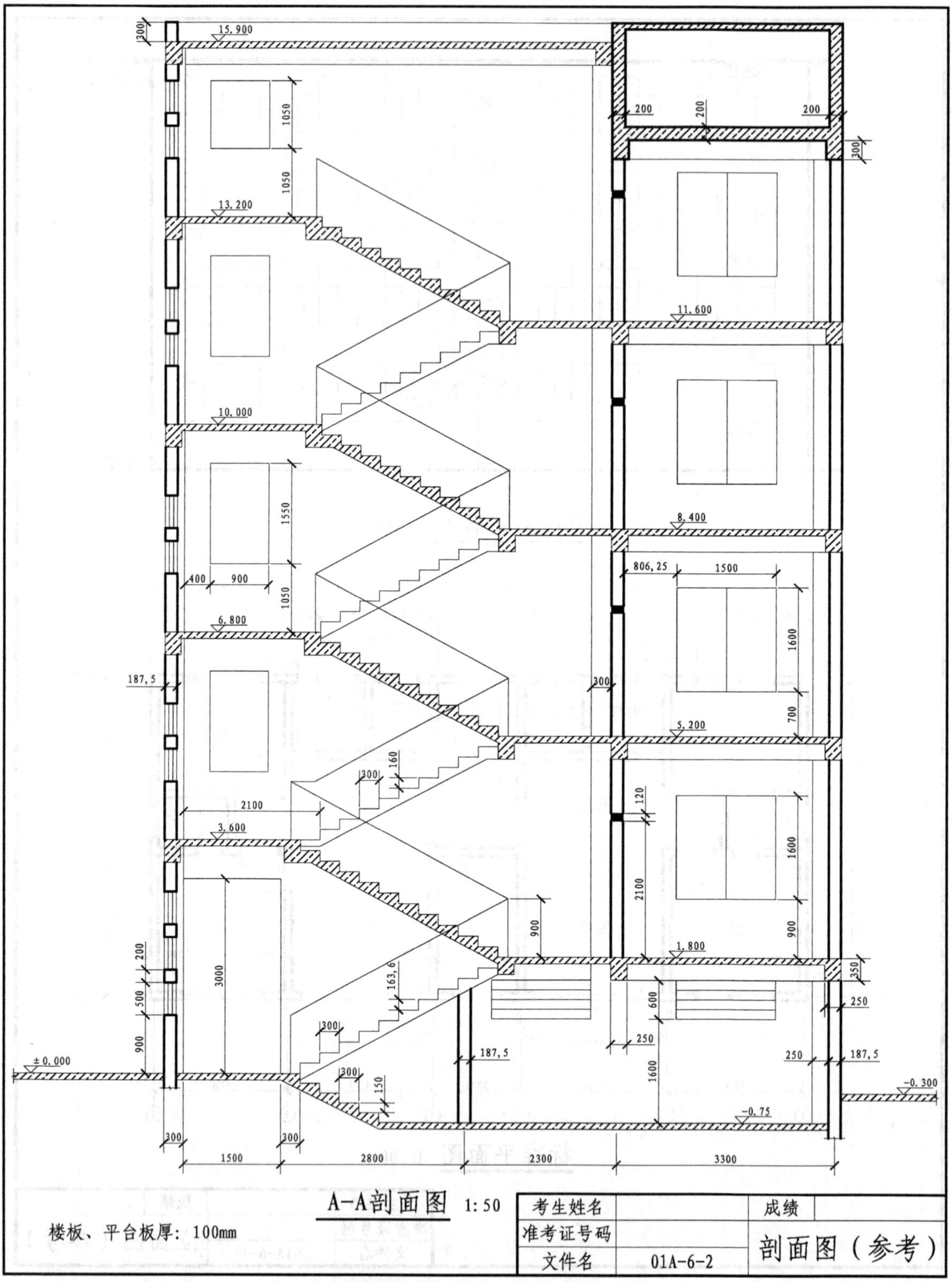

图 B.18　绘制剖面图（绘图比例为 1：50）

计算机绘图员职业技能鉴定模拟试卷2（高级）

（考试时间：180 分钟）

	第一题	第二题	第三题	第四题	总 分
得 分					
评分员					

一、单项选择题（10分，每题2分）

下列题目请先执行 Windows 的“开始”→“搜索”→“文件或文件夹”菜单命令，搜索到“教师机\\507”下的共享文件夹，用 AutoCAD 打开该文件夹下的“ATC-1.dwg”～“ATC-5.dwg”文件完成下列题目。

1．在本机的“E:\考试\ATC-1.dwg”图形文件中，使用 Dist 命令测量出两条空间直线的最短距离为（ ）。

A．86.0341　　B．86.9468

C．89.7039　　D．86.0399

2．在本机的“E:\考试\ATC-2.dwg”图形文件中，共有 335 个对象，其中（ ）。

A．矩形 209 个，圆环 126 个　　B．矩形 172 个，圆环 163 个

C．矩形 173 个，圆环 162 个　　D．矩形 167 个，圆环 168 个

3．在本机的“E:\考试\ATC-3.dwg”图形文件中，面积小于 300 的圆有（ ）。

A．165 个　　B．164 个

C．163 个　　D．161 个

4．在本机的“E:\考试\ATC-4.dwg”图形文件中，将图中的 1、2、3、4、5、6、7 点沿 Y 轴拉伸 25 个单位后，图形内的面积是（ ）。

A．10755.7420　　B．10755.7430

C．10755.7410　　D．10755.7440

5．在本机的“E:\考试\ATC-5.dwg”图形文件中，颜色为 163 的图层数量为（ ）。

A．31　　B．30

C．29　　D．32

二、创建组合体的三维实体模型（20分）

1．（8 分）按如图 B.19 所示尺寸创建组合体的三维实体模型，不标注尺寸。

2．（2 分）要求在模型空间创建四个平铺视口，分别代表如图 B.19 所示三维实体模型主视图、俯视图、左视图与西南等轴测视图。

3．（2 分）给实体模型赋予 WOOD-DARK ASH 材质。

4．（4 分）设置一个白色点光源，放置在模型的左、前、上方位置，并适当调整光源的强度，避免产生过亮或过暗的效果。

完成以上操作后，以文件名“CADB1-1××. dwg”保存到考生文件夹中。

5．（2 分）在西南等轴测视图中对三维实体模型进行渲染，渲染背景为白色。以 bmp 格

式保存渲染的图像文件，输出图像文件的像素应设置为“1024×768”，文件名应为“CADB1-1××.bmp”。

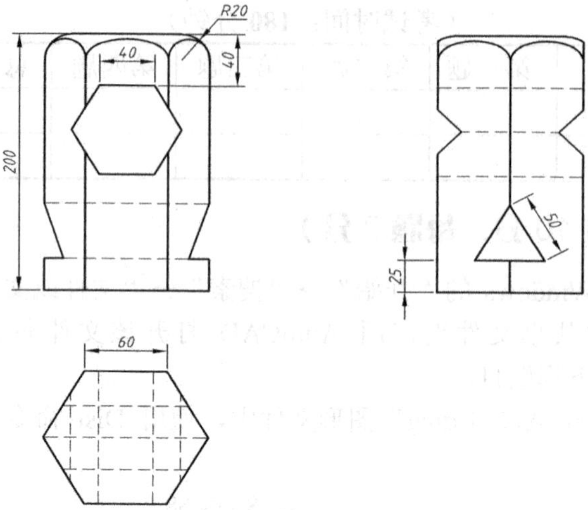

图 B.19

三、创建曲面模型(10 分)

1.（8 分）按如图 B.20（a）所示的尺寸绘制旋转曲面的截面线段，并创建如图 B.20（b）所示的三维曲面。

2.（2 分）旋转曲面三维网格密度要求为：经线数为 24，纬线数为 8。

完成操作后以文件名“CADB1-2××.dwg”保存到考生文件夹中。

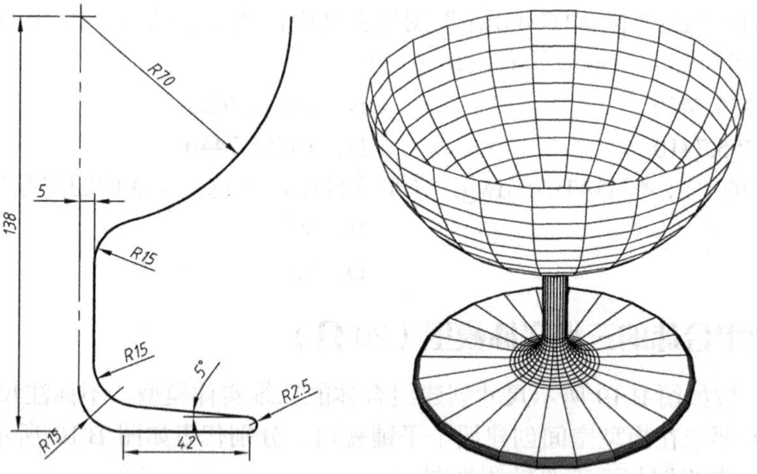

（a）　　（b）

图 B.20

四、实体建模与编辑工程图(60 分)

1.（30 分）根据如图 B.21 和图 B.22 所示的标准层建筑平面图和前立面图，按以下要求创建其三维实体模型。

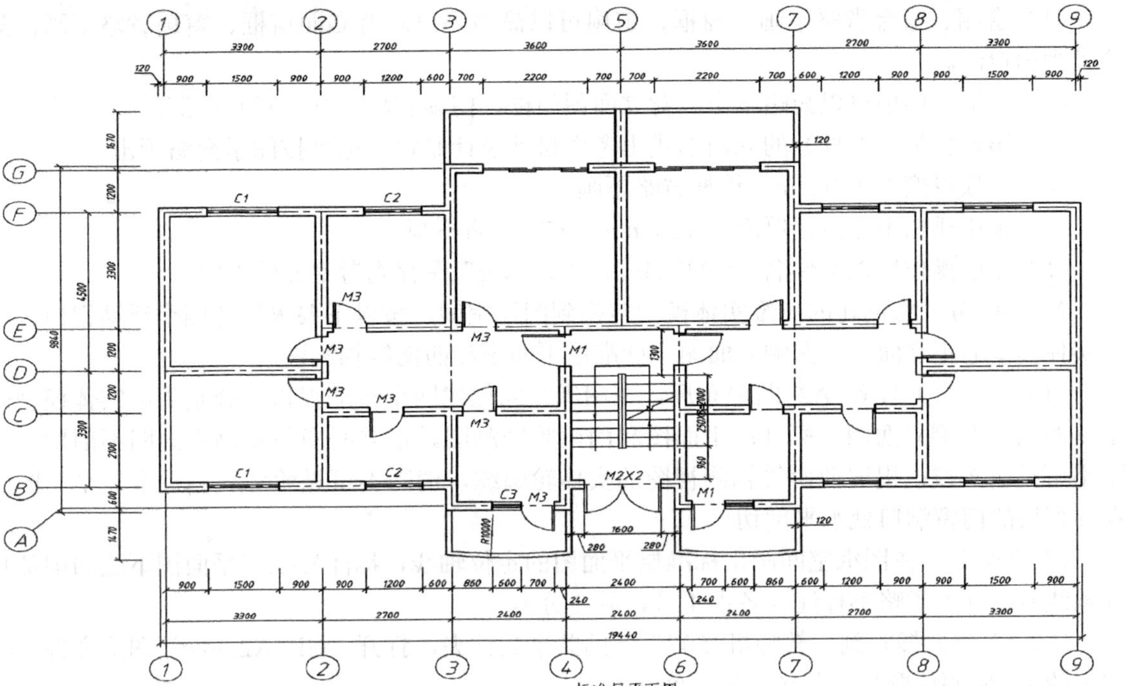

标准层平面图

说明：1.内、外墙及楼梯间墙厚240，未注门垛尺寸为120。

2.门洞宽：M1=900;M2=800;M3=700

3.窗洞宽：C1=1500;C2=1200;C3=600

4.楼板厚:100;屋盖厚:120

图 B.21

①-⑨立面

图 B.22

（1）窗楣、窗台省略不画，窗框、窗扇可以简略画出。背立面窗框、窗扇省略不画，只要求画出窗洞。

（2）门框、门扇可以简略画出。背立面图门框、门扇省略不画，只画门洞。

（3）阳台栏板（栏杆）的立面形式由考生自行设计制定，也可按图示简略画出。

（4）楼板厚度为 100 mm，楼梯省略不画。

（5）采用挑檐平屋盖，厚度为 120 mm，坡度省略不画。

（6）完成操作后以文件名“CADB1-3A××.dwg”保存到考生文件夹中。

2.（30 分）将创建的三维实体模型转换到图纸空间，按以下要求创建四个浮动视口，生成实体模型的正立面图、左侧立面图、标准层平面图和西南等轴测图。

（1）（24 分）设置 A2 图幅布局，在图纸空间创建四个浮动视口，分别生成实体模型的正立面图、左侧立面图、标准层平面图和西南等轴测图。正立面图与左侧立面图不剖切，消隐不可见轮廓线；提取西南等轴测视图的实体轮廓线，消隐不可见轮廓线；标准层平面图应在标准层的门窗洞口处水平剖切。

（2）（4 分）在图纸空间画出标准层平面图的定位轴线，标注标准层平面图下边的细部尺寸轴线号，其他省略不标注（各占 1 分，共 2 分）。

（3）（2 分）搜索到“教师机\\507”下的共享文件夹，打开“GB-A2.dwg”图形文件，将图中的 A2 图幅标题栏复制到图纸空间。

（4）完成操作后，以文件名“CADB1-3B××.dwg”保存到考生文件夹中

参考文献

[1] 郑阿奇，徐文胜．Auto CAD 2002 实用教程．北京：电子工业出版社，2005．

[2] 赖文辉，张士芬．建筑 CAD．重庆：重庆大学出版社，2004．

[3] 王强，张小平．建筑工程制图与识图．北京：机械工业出版社，2005.

[4] 何铭新，郎宝敏，陈星铭．建筑工程制图．北京：高等教育出版社，2002．

[5] 黄水生，李国生．画法几何及土木建筑制图．广州：华南理工大学出版社，2004．

[6] 胡可．建筑 CAD 设计基础．北京：电子工业出版社，2007．

反侵权盗版声明

举报电话：（010）88254396；（010）88258888
传　　真：（010）88254397
E-mail：dbqq@phei.com.cn
通信地址：北京市海淀区万寿路 173 信箱
　　　　　电子工业出版社总编办公室
邮　　编：100036